工业控制与智能制造产教融合丛书

现代工业控制网络与系统应用案例

主编 王华忠 姜庆超
参编 高 阳 胡 越 卿湘运

机械工业出版社

现代工业控制网络是工业控制系统和工业互联网的中枢神经。现代工业控制网络与系统内容繁多且不断发展，其应用领域很广泛。本书依据HMS公司对现场总线的调研结果，紧密结合实际应用案例，以市场占有率较高的几类现场总线和工业以太网作为本书的重点进行介绍，包括FF和Profibus总线（PA和DP）、Modbus（RTU和TCP）以及EtherNet/IP、ProfiNet和EtherCAT。本书对工业控制协议相关的网络模型、报文结构、通信机制、网络组态等均进行了深入讨论和分析，并对最新的EtherNet-APL和TSN通信技术进行了介绍。本书深入阐述了三个面向不同行业的工业控制网络与系统应用案例，对相关的控制网络与系统内容进行了深入剖析，从而帮助读者更好地学习工业控制网络与系统知识。

本书注重内容的系统性、准确性、新颖性与实用性，书中的程序都通过仿真或实物调试，可以指导读者进行类似的工程开发。

本书可作为自动化、电气工程及其自动化、机器人工程、智能制造等相关专业大学高年级本科生、研究生的参考教材，也可作为工业控制企业、自动化工程公司相关工程技术人员的参考书。

图书在版编目（CIP）数据

现代工业控制网络与系统应用案例 / 王华忠，姜庆超主编. -- 北京：机械工业出版社，2025.8. --（工业控制与智能制造产教融合丛书）. -- ISBN 978-7-111-79075-4

Ⅰ. TP273；TB4

中国国家版本馆CIP数据核字第2025V4V220号

机械工业出版社（北京市百万庄大街22号　邮政编码100037）
策划编辑：杨　琼　　　　　　责任编辑：杨　琼
责任校对：樊钟英　陈　越　　封面设计：马精明
责任印制：刘　媛
北京富资园科技发展有限公司印刷
2025年9月第1版第1次印刷
184mm×260mm・18.25印张・451千字
标准书号：ISBN 978-7-111-79075-4
定价：69.00元

电话服务　　　　　　　　　网络服务
客服电话：010-88361066　　机　工　官　网：www.cmpbook.com
　　　　　010-88379833　　机　工　官　博：weibo.com/cmp1952
　　　　　010-68326294　　金　书　网：www.golden-book.com
封底无防伪标均为盗版　机工教育服务网：www.cmpedu.com

前　言

现代工业控制网络包括现场总线、工业以太网、工业无线通信和物联网等不同网络，是工业控制系统和工业互联网的中枢神经。依赖工业控制网络实时、高效、可靠的数据传输，工业控制系统实现了横向和纵向的信息集成，从而确保工业控制系统的控制、监控、管理、优化和调度等功能集成得以实现。同时，工业控制系统为了面对企业对管控一体化和 IT（Information Technology，信息技术）和 OT（Operation Technology，操作技术）融合的挑战，也对工业控制网络和通信技术提出了新的要求。因此，工业控制网络与工业控制系统密不可分。

工业控制网络起始于现场总线，并在众多行业中得到成功应用，甚至产生了现场总线控制系统的理念，以期将控制功能彻底分散到现场。然而，现场总线使用中也暴露了较多问题，如种类繁多、异构网络互联成本高等。受益于商用以太网及互联网成功的鼓舞，工业以太网快速发展，已成为最有生命力的一类控制网络，其市场占有率已超过传统的现场总线，并且仍然在强劲发展。

现代工业控制网络与系统内容繁多且不断发展，其应用领域很广泛。现场总线种类繁多、内容庞杂，本书依据 HMS 公司对现场总线的调研结果，以市场占有率较高的现场总线和工业以太网作为本书的重点进行介绍。虽然传统现场总线市场占有率在下降，但是存量市场绝对值依然很大，因此，本书依然对主要的现场总线，如 Profibus（PA 和 DP）、FF 进行了较为详细的介绍。另外，本书结合应用案例，对主流的工业以太网，如 ProfiNet、EtherNet/IP 和 EtherCAT 进行了重点介绍；并对仍然有较高市场占有率、事实上的工业通信标准协议 Modbus 进行了深入分析；还对新型的单绞线以太网、以太网高级物理层（EtherNet-APL）和时间敏感网络（TSN）等最新的现代工业控制网络进行了分析。在工业控制系统内容的选取上，重点阐述了监控与数据采集（SCADA）系统和集散控制系统（DCS）。

工业控制网络与计算机网络以及衍生出来的控制网络信息安全相互交织，存在不少跨学科知识，这也给本书的编写带来了一定的困难。此外，该领域一定程度上存在理论与实践脱节的情况，有些书籍上介绍的控制网络知识已被淘汰，并不能反映实际工业现场的情况。因此，作者通过和工业自动化行业资深的设计工程师、项目工程师、项目经理和项目监理等不断交流，以获取更加全面和准确的工业现场知识，了解最新的工业控制网络与系统应用现状。例如，不少现场总线和工业控制类书籍都有"现场总线控制系统是 DCS 后的新一代控制系统，甚至要取代 DCS"之类的描述，但实际上目前的 DCS 支持现场总线和工业以太网，是最主流的流程工业控制系统。相反，"纯粹"的现场总线控制系统在工业现场是无法满足用户需求的。工业现场大量使用现场总线（包括以太网）与现场总线控制系统是不能画等号的。关于这些内容，本书中都有详细的解释。另外，本书中的案例均来源于作者和学生的科研实践，力求使内容更加贴近工业实际，试图更好地把理论、技术与应用实践结合起来。

本书共有 6 章，主要内容介绍如下：

第 1 章是现代工业控制网络与系统基础，属于本书的重点。包括工业控制网络的发展、工业控制网络的种类、工业控制网络的关键技术、物联网及云计算、工业互联网及智能传感器等概述性知识。对工业控制网络体系结构和网络通信相关的必要基础知识也进行了介绍。特别是结合实例对 Modbus 协议进行了详细的分析，从而帮助读者理解通信协议相关的基础知识并学会分析工业通信协议。最后对工业控制系统的内容进行了阐述。

第 2 章是现场总线技术及其应用案例，主要介绍了 HART 协议，并结合案例对 Profibus（含 PA 和 DP）总线和 FF 进行了重点介绍。对最新的单绞线以太网与高级物理层也进行了介绍。虽然这属于工业以太网的内容，但高级物理层主要作为流程工业现场总线来取代 FF 和 Profibus-PA，所以把这部分内容放在了本章。

第 3 章是工业以太网及其应用案例，是本书的重点部分。在介绍工业以太网基础知识时，结合实例对 ProfiNet、EtherNet/IP 和 EtherCAT 这三种使用最广泛的工业以太网进行了较详细的介绍，特别是利用 Wireshark 抓包来对部分典型工业控制通信协议进行了分析，以加深读者对于网络体系与协议的直观理解。在案例中还介绍了罗克韦尔公司最新的 FactoryTalk Optix 可视化平台。

第 4 章是城市污水处理厂工业控制网络与系统应用案例。详细阐述了污水处理厂工业控制网络设计、工业控制系统开发与调试的内容。对利用 VPN（Virtual Private Network，虚拟专业网络）的污水处理厂控制网络进行了详细介绍。

第 5 章是离散制造业工业控制网络与系统应用案例。详细阐述了如何利用工业机器人与机器视觉改造传统的汽车安全气囊引爆组件注塑工艺，以实现智能生产和质量检测。

第 6 章是化工实验装置工业控制网络与系统应用案例。在分析化工过程对象及其控制策略的基础上，重点阐述了过程控制系统编程和 HMI（人机界面）开发。给出了利用工业网关把传统的串口仪表连接到 EtherNet/IP 工业以太网的详细配置步骤。

本书在编写过程中，除了引用作者和学生多年的教学内容、工程实践与研究成果外，还翻阅了大量的资料，在此对这些资料的作者表示由衷的感谢！

本书 1.3 节和 1.4 节由华东理工大学机械与动力工程学院高阳和胡越编写，3.7 节由华东理工大学信息科学与工程学院卿湘运编写，其他章节由华东理工大学信息科学与工程学院王华忠和姜庆超编写。本书受华东理工大学信息科学与工程学院图书出版项目资助，在此表示感谢！

为便于读者学习，凡采用本书作为参考书的，作者免费提供电子资料。关注机械工业出版社"机工电气"公众号，回复"79075"即可下载。

由于作者水平有限，且现代工业控制网络与系统涉及的内容繁杂，书中难免存在疏漏或不妥之处，恳请广大读者批评指正，也欢迎读者交流讨论，作者的 Email 地址是 hzwang@ecust.edu.cn。

作 者

2025 年 3 月

目 录

前言

第1章 现代工业控制网络与系统基础 1

1.1 工业控制网络概述 1
1.1.1 从模拟信号到现场总线 1
1.1.2 从现场总线到工业以太网 3
1.1.3 现代工业控制网络的发展 4
1.1.4 工业控制网络信息传输及其性能表征 6
1.1.5 工业控制网络的关键技术 9
1.1.6 工业无线通信 12

1.2 工业控制网络技术基础 14
1.2.1 串行通信及其应用案例 14
1.2.2 工业控制网络的拓扑结构及其与计算机网络的比较 20
1.2.3 网络体系结构与参考模型 22
1.2.4 网络传输介质与介质访问控制 24
1.2.5 现代工业控制网络对工业控制系统的支撑 27

1.3 物联网及云计算 30
1.3.1 物联网及其典型通信协议 30
1.3.2 云计算概述 30
1.3.3 云计算的特征、技术与挑战 33
1.3.4 边缘计算 36

1.4 工业互联网及智能传感器 37
1.4.1 工业互联网 37
1.4.2 工业互联网中的智能传感器 39
1.4.3 离散制造业典型传感器及其在工业互联网中的应用 40

1.5 工业控制网络协议分析——以Modbus为例 45

1.5.1 Modbus协议概述 45
1.5.2 Modbus协议及报文解析 47
1.5.3 Modbus通信协议安全漏洞分析案例 51
1.5.4 工业控制网络协议分析器 53

1.6 现代工业控制系统及其应用 54
1.6.1 集散控制系统及其应用 54
1.6.2 监控与数据采集系统及其应用 58

1.7 工业控制系统下位机编程与人机界面组态案例 61
1.7.1 下位机控制程序编程 61
1.7.2 人机界面组态 67

思考题 71

第2章 现场总线技术及其应用案例 72

2.1 现场总线的发展与种类 72
2.1.1 现场总线的发展与应用 72
2.1.2 主要的现场总线 73

2.2 HART协议及其应用 74
2.2.1 HART协议概述 74
2.2.2 HART协议模型 75
2.2.3 HART命令分析示例 77

2.3 Profibus现场总线及其应用 77
2.3.1 Profibus现场总线技术 77
2.3.2 Profibus-DP总线及其应用 79
2.3.3 Profibus-PA现场总线 91
2.3.4 基于Profibus现场总线的过程控制实验系统 93

2.4 FF及其应用案例 103
2.4.1 FF概述 103
2.4.2 FF结构模型与协议 104
2.4.3 FF在流程工业的应用案例 109

2.5 单绞线以太网与高级物理层及其应用案例 ……………………………… 112
 2.5.1 单绞线以太网 …………………… 112
 2.5.2 高级物理层及其应用 …………… 112
思考题 ………………………………………… 115

第3章 工业以太网及其应用案例 …… 116

3.1 工业以太网基础知识 …………………… 116
 3.1.1 以太网及其结构模型 …………… 116
 3.1.2 TCP …………………………… 119
 3.1.3 UDP …………………………… 123
 3.1.4 IP ……………………………… 124
 3.1.5 主要的工业以太网 …………… 128
 3.1.6 基于时间敏感网络的新型工业以太网 ………………………… 129
3.2 Modbus TCP 及其应用案例 …………… 132
 3.2.1 基于 Modbus TCP 通信的协同式数据采集 …………………………… 132
 3.2.2 S7-1200 控制器与研华 ADAM 以太网模块协同数据采集案例 … 133
 3.2.3 基于 PC 的 Modbus TCP 分布式数据采集案例 ………………… 137
3.3 ProfiNet 工业以太网及其应用案例 …… 139
 3.3.1 ProfiNet 工业以太网概述 …… 139
 3.3.2 ProfiNet 协议的实时通信 …… 139
 3.3.3 ProfiNet IO ………………… 141
 3.3.4 ProfiNet 工业以太网应用案例 … 143
3.4 EtherNet/IP 工业以太网 ……………… 146
 3.4.1 EtherNet/IP 应用层协议 CIP … 146
 3.4.2 EtherNet/IP 通信协议模型与数据封装 ……………………… 152
 3.4.3 抓包分析 EtherNet/IP 工业以太网报文 ……………………… 154
3.5 EtherCAT 工业以太网 ………………… 158
 3.5.1 EtherCAT 工业以太网概述 … 158
 3.5.2 EtherCAT 通信协议模型 …… 159
 3.5.3 EtherCAT 的主站与从站及其分布时钟 ……………………… 162
3.6 EtherNet/IP 工业以太网在运动控制中的应用案例 ……………………… 163
 3.6.1 运动控制实验环境与设备 …… 163
 3.6.2 实验系统网络通信与运动控制编程 ………………………… 164
 3.6.3 运动控制系统上位机人机界面设计 ………………………… 170
3.7 基于 EtherCAT 的运动控制与数据采集系统案例 ……………………… 176
 3.7.1 系统实验环境 ………………… 176
 3.7.2 建立工程并搜索设备 ………… 177
 3.7.3 伺服驱动 PDO 配置 ………… 178
 3.7.4 控制伺服运行 ………………… 180
 3.7.5 EtherCAT 数据采集 ………… 185
思考题 ………………………………………… 187

第4章 城市污水处理厂工业控制网络与系统应用案例 ……………… 188

4.1 案例背景与概述 ………………………… 188
4.2 某城市污水处理厂工艺及其控制系统功能要求 …………………………… 189
 4.2.1 污水处理厂工艺流程 ………… 189
 4.2.2 污水处理厂控制系统功能要求 … 191
4.3 污水处理厂 SCADA 系统设计 ………… 192
4.4 污水处理厂控制设备选型与配置 ……… 198
 4.4.1 远程泵站 PLC 选型及 VPN 通信 …………………………… 198
 4.4.2 1#氧化沟 PLC 站设备配置与 ControlNet 网络组态 ………… 200
 4.4.3 3#氧化沟 PLC 站设备配置 … 203
 4.4.4 电源配置 …………………… 204
4.5 污水处理厂氧化沟 PLC 站控制程序开发 ………………………………… 205
 4.5.1 氧化沟污水工艺控制要求与程序总体设计 ………………… 205
 4.5.2 1#氧化沟 PLC 站硬件组态与软件开发 ……………………… 206
 4.5.3 3#氧化沟 PLC 站控制软件开发 …………………………… 209
4.6 远程泵站与进水泵房典型设备 PLC 程序开发 ……………………………… 212
4.7 污水处理厂 SCADA 系统上位机软件开发 ………………………………… 216
 4.7.1 上位机监控软件功能 ………… 216
 4.7.2 监控软件开发 ………………… 217
 4.7.3 监控界面及其测试 …………… 218
思考题 ………………………………………… 222

第5章 离散制造业工业控制网络与系统应用案例 …… 223

- 5.1 引言 …… 223
- 5.2 汽车安全气囊引爆组件注塑工艺与设备 …… 223
  - 5.2.1 汽车安全气囊引爆组件注塑工艺原理及生产现状 …… 223
  - 5.2.2 汽车安全气囊引爆组件注塑系统组成与工艺流程 …… 225
- 5.3 汽车安全气囊引爆组件注塑控制系统设计 …… 226
  - 5.3.1 控制系统功能需求分析 …… 226
  - 5.3.2 工业机器人选型 …… 227
  - 5.3.3 成品质量检测机器视觉系统选型 …… 228
  - 5.3.4 PLC选型与控制系统网络结构设计 …… 230
- 5.4 机器视觉引导系统设计 …… 233
  - 5.4.1 机器视觉引导系统设计概述 …… 233
  - 5.4.2 机器视觉引导系统工业相机标定 …… 235
  - 5.4.3 目标工件示教 …… 237
  - 5.4.4 机器视觉引导系统程序设计 …… 237
- 5.5 PLC控制系统程序开发 …… 238
  - 5.5.1 PLC控制系统的硬件组态 …… 238
  - 5.5.2 准备工位系统PLC程序设计 …… 239
  - 5.5.3 上下料控制PLC程序设计 …… 241
  - 5.5.4 故障报警处理PLC程序设计 …… 242
- 5.6 工业机器人运动控制程序开发 …… 243
- 5.7 成品质量检测程序开发 …… 247
  - 5.7.1 康耐视 In-Sight Explorer 视觉软件 …… 247
  - 5.7.2 检测要求及程序设计 …… 247
  - 5.7.3 成品质量检测程序测试 …… 249
- 5.8 HMI设计与开发 …… 250
- 5.9 系统现场调试 …… 252
  - 5.9.1 系统现场调试内容与步骤 …… 252
  - 5.9.2 调试结果 …… 253
- 思考题 …… 256

第6章 化工实验装置工业控制网络与系统应用案例 …… 257

- 6.1 换热实验装置工艺及其控制 …… 257
- 6.2 Anybus AB7007 网关配置 …… 259
- 6.3 Logix PLC 控制系统配置与编程 …… 264
- 6.4 HMI 工程中 OPC 服务器的配置 …… 270
- 6.5 上位机 HMI 组态设计 …… 272
- 6.6 配置 FactoryTalk View SE Client …… 278
- 6.7 系统调试与运行 …… 279
- 思考题 …… 283

参考文献 …… 284

第1章 现代工业控制网络与系统基础

1.1 工业控制网络概述

1.1.1 从模拟信号到现场总线

1. 工业自动化中的模拟信号传输

过程控制领域早期使用基地式仪表，该仪表把检测、控制和执行功能融为一体，安装在设备现场，实现对单变量的自动控制。这种方式不需要进行信号的远传就可以实现基本的控制功能。然而，这也造成了整个生产中的控制设备都是一个个自动化孤岛，无法实现对生产过程的集中监控和统一管理。20世纪60年代开始产生了电动单元组合仪表，这些单元包括变送、转换、计算、显示、给定、调节、辅助和执行8类，并经历了DDZ-Ⅰ型、DDZ-Ⅱ型和DDZ-Ⅲ型几个阶段。为了便于这些单元组合成控制回路，规定统一的交换信号就十分重要。这些统一的模拟信号包括早期的0～10mA信号以及后来的4～20mA信号。电流信号主要用于现场单元和控制室单元之间的联络信号，控制室单元仪表之间联络时采用标准电压信号，如1～5V直流信号。对于气动仪表则使用0.02～0.1MPa（表压）气压信号。图1.1所示为依赖模拟信号传输的控制系统基本结构和信号传输，其中IS表示信号隔离（如隔离器或安全栅）。

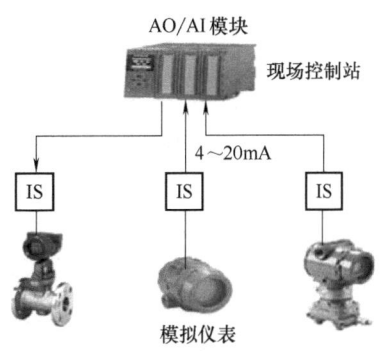

图1.1 模拟信号传输

由于模拟信号传输存在固有的缺陷，例如，抗干扰能力弱、精度和稳定性低、传输距离受限、信号传输时一对一物理连接等，采用数字化技术实现信号传输的需求变得越来越迫切。随着大规模集成电路的出现，单片机等嵌入式微处理器得到应用，产生了可编程序逻辑控制器（Programmable Logic Controller，PLC）、数字调节器等数字化控制设备，以及用于生产监控和管理的计算机，这为实现信号的完全数字化传输创造了条件。

2. 现场总线概述

（1）现场总线的产生

在流程工业中，20世纪70年代末产生了集散控制系统，该系统的中枢神经就是其分层的通信网络，通过网络通信实现控制、管理、调度等功能子系统的数字通信，但现场测控信号的传输主要还是模拟信号。流程自动化领域最早的现场信号数字化传输实践起始于 HART 协议，即在 4~20mA 的模拟信号上通过载波方式叠加数字信号，实现模拟信号和数字信号的共存。HART 协议和 HART 仪表的应用标志着现场总线技术的开端。

从 20 世纪 80 年代开始，计算机和通信技术快速发展，不同行业和公司各自开始开发用于现场层设备通信的现场总线技术。国际电工委员会（IEC）等组织在 1984 年就开始现场总线的标准化工作，但这项工作由于多种原因并不成功，导致众多互不兼容的现场总线并存的局面。根据 2007 年 IEC 61158 第 4 版本，已经有 20 种现场总线国际标准，这么多标准给广大用户及开发人员带来了很大的困扰。由于 IEC 61158 系列标准是概念性的技术规范，它不涉及现场总线的具体实现。在该标准中只有现场总线的类型编号，而不允许出现具体现场总线的技术名或商业贸易用名称。为了使设计人员、实现者和用户能够方便地进行产品设计、应用选型比较，以及实际工程系统的选择，IEC 又制定了 IEC 61784 系列配套标准。在现场总线应用中，IEC 61158 专注于底层的通信协议，而 IEC 61784 则专注于设备的集成和配置，两者相互补充，共同确保了不同设备和系统之间工业通信网络的互操作性、功能性和通信效率。

根据 IEC/ISA 定义，现场总线是连接智能现场设备和自动化系统的数字式、双向传输、多分支的通信网络。在流程自动化领域内，它就是从控制室延伸到现场测量仪表、变送器和执行机构的数字通信总线。在制造业，现场按钮、变频器、人机界面等与主站之间通过现场总线进行通信，实现信号的数字传输和控制的分散化。图 1.2 所示为基于现场总线的控制系统基本结构和信号传输原理。

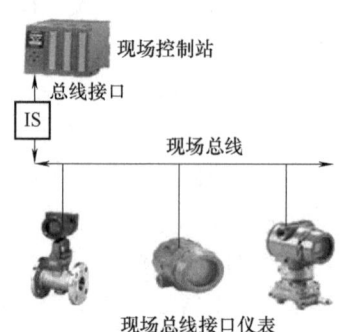

图 1.2 现场总线信号传输

不同的现场总线有不同的特点，人们通常也按通信帧的长短，把现场总线分为传感器总线、设备总线和过程总线。传感器总线面向最底层的开关量传感器/执行器（如按钮、指示灯、限位开关），特点是低成本、简单、传输距离短、数据量小。传感器总线数据帧长度只有几个或十几个数据位，属于位级的总线。典型的传感器总线就是 AS-I 和 IO-Link。设备总线面向中层的智能设备（如变频器、电机启动器、I/O 模块、简单 PLC），特点是中等速度、中等数据量、支持较复杂的诊断和控制。设备总线的数据帧为 1~64 字节，属于字节级的总线。典型的设备总线有 CANopen、DeviceNet、Profibus-DP 和 CC-Link 等。过程总线面向控制层及复杂过程自动化设备（如流量计、分析仪、调节阀、高级控制器），特点是高可靠性、支持本质安全、实时性要求高、数据量大、传输距离较长。过程总线数据帧的长度为 32~256 字节，典型的过程总线有 Profibus-PA 和 FF H1。当然，在实际使用中，这几类总线一般还是统称为现场总线。

（2）现场总线的体系结构

现场总线是以国际标准化组织（ISO）的开放系统互联（OSI）模型为基本框架的，并根据实际需要进行简化了的体系结构，它一般包括物理层、数据链路层、应用层和用户层。物理层向上连接数据链路层，向下连接传输介质。物理层规定了传输介质（同轴电缆、双绞线、光纤和无线介质）、传输速率、传输距离和信号类型等。在发送期间，物理层对来自数据链路层的数据流进行编码并调制。在接收期间，它把来自传输介质的控制信息进行解调和解码，并送给数据链路层。数据链路层负责执行总线通信规则，处理差错检测、仲裁和调度等。应用层为最终用户的应用提供一个简单接口，它定义了如何读、写、解释和执行一条信息或命令。用户层实际上是一些数据或信息查询的应用软件，它规定了标准的功能块、对象字典和设备描述等一些应用程序，给用户一个直观简单的使用界面。

（3）现场总线的特点

现场总线除具有一对N结构、互操作性、控制功能分散、互连网络和维护方便等优点外，还具有如下特点：

1）网络体系结构简单：其结构模型一般仅有4层，这种简化的体系结构有利于数据的快速处理和传输。

2）综合自动化功能：把现场智能设备分别作为一个网络节点，通过现场总线来实现各节点之间、节点与管理层之间的信息传递与沟通，易于实现各种复杂的综合自动化功能。

3）容错能力强：现场总线通过使用检错、自校验、监督定时等故障检测方法，大大提高了系统的容错能力。

4）系统的抗干扰能力和测控精度较高：现场智能设备可以就近处理信号并采用数字通信方式与主控系统交换信息，不仅具有较强的抗干扰能力，而且其精度和可靠性也得到了很大的提高。

5）总线供电：通过现场总线给现场设备直接供电。

1.1.2 从现场总线到工业以太网

1. 现场总线存在的不足

现场总线虽然解决了模拟信号传输存在的不足，把数字化技术带入了工业控制领域的现场信号传输，使得工业控制现场信号传输具有更好的稳定性、准确性和抗干扰能力，降低了信号线缆安装维护成本。由于控制系统每层的任务不同，为了便于分散数据采集、控制和管理功能，工业控制系统采用了分层的结构。与此相适应的是，控制系统不同的层次采取了不同的工业控制网络，以满足各层对数据传输的实时性和吞吐率的需求。工业控制网络的分层与分级结构虽具有一定的优点，但由于总线协议种类繁多，互不兼容，导致不同公司的控制器之间、控制器与远程I/O及现场智能单元之间在实时数据交换上还存在较大障碍，各类工业网关的使用也增加了异构网络互联成本，给系统的运行和维护也带来了困难。一些现场总线速率较低，限制了同一个网段上设备的数量，同时也不适合部分实时性要求高的应用。工业控制领域迫切需要一种实现监控层、控制层和现场层统一、高效、实时的通信标准，工业以太网就是适应这一需要而迅速发展起来的新的一类工业控制网络通信技术。

2. 工业以太网的产生

（1）以太网及其应用

以太网是一种计算机网络技术，它的产生可以追溯到20世纪70年代末和20世纪80年代初。当时，人们需要一种能够连接多台计算机并实现数据共享的网络技术。以太网最早是由施乐公司的研究人员发明的，他们在1973年设计了一种称为"EtherNet"的网络协议。后来，施乐公司与英特尔公司和数字设备公司合作，于20世纪80年代初将以太网标准化。以太网的产生和应用推动了计算机网络的发展，并在各个领域得到广泛应用。正是以以太为基础，产生了互联网，使得不同地理位置的计算机能够互相通信和共享资源，人类社会才进入了网络互联时代。

（2）工业以太网

进入 21 世纪，控制网络开始由现场总线进入基于以太网的实时网络时代。2001 年，贝加莱推出了工业应用的 EtherNet Powerlink；2003 年，在 Profibus 的基础上，西门子开发了 ProfiNet；罗克韦尔和 ABB 开发了基于 DeviceNet 应用层协议的 EtherNet/IP；倍福开发了 EtherCAT；Rexroth 开发了基于 SERCOS 的 SERCOS III。这些网络均采用了标准以太网，即在物理层和数据链路层统一了标准，而在应用层仍然保持原有的应用层协议，旨在保护用户的资产投入。

工业以太网是一种基于以太网技术的专门用于工业控制和自动化领域的网络通信协议，在技术上与商用以太网（lEEE 802.3 标准）兼容，但在产品设计、材质的选用、产品的强度、适用性以及实时性、可互操作性、可靠性、抗干扰性和本质安全等方面能满足工业现场的需要。

工业以太网技术的快速推广，与其优点分不开：以太网技术应用广泛，为大量的编程语言所支持；软硬件资源丰富；易于与企业信息网和因特网无缝连接；通信速度快等。

为了满足工业应用对通信实时性的要求，ProfiNet、EtherNet/IP 和 EtherCAT 等实时工业以太网被开发，并已经得到广泛支持。基于上述协议的各种类型控制器、变频器、伺服控制器、远程 I/O、HMI 等已大量面世，以工业以太网为统一网络的工业控制系统集成方案已被主流工控设备商所接受，并在实践中得到成功应用。流程工业由于现场仍然采用现场总线，因而以太网无法深入到现场层。随着 EtherNet-APL 的出现与小范围的成功应用，流程工业控制系统—（E）网到底的应用前景一片光明。

以太网技术用于工业网络通信历程中出现了工业以太网以及实时工业以太网，且目前实际使用的主要是实时工业以太网，所以本书如果不加说明，工业以太网就是指实时工业以太网。实时工业以太网的标准是 IEC 61784-2 "基于 ISO/IEC 8802.3 实时应用系统中工业通信网络行规。"在 IEC 标准中，工业以太网也被看作是现场总线。

1.1.3 现代工业控制网络的发展

1. 工业控制网络及其结构演变

在现场总线、工业以太网、工业无线通信共存的时代，工业控制网络应运而生并逐步成熟。现有的工业控制网络，通常都包含这几种不同的工业通信形式。工业控制网络构成了现代工业控制系统的中枢神经，支撑工业控制系统的信息集成和控制、管理、优化与调度等功能实施。目前，现代工业控制网络已扩展到包括物联网、工业互联网等新型网络。随着工业控制网络的演变，工业控制系统的架构也有相应的变化，总体趋势是结构更加明晰简单，并向扁平化发展。另外，由于企业的目标是在满足安全和环保的约束下，实现生产效益最大化，这就要求工业控制系统与上层计划调度和管理系统深度融合，做到管控一体化，现在的流行说法是 IT（信息技术）与 OT（操作技术）的融合。这种要求反过来又促进了工业控制网络技术的发展，现在最新的时间敏感网络、高级物理层和 OPC UA 等就是对这种需求的呼应。由此可见，工业控制网络与工业控制系统是相互依存和发展的。

由于工业控制系统不同的应用需求对数据的实时性有不同的需求。例如，现场层对数据的实时性和确定性要求最高，控制层和监控层次之，管理层处理事务性数据，对实时性要求最低。为了适应上述控制系统任务处理的特点，提高网络通信效率，便于网络管理，防止网络拥塞，工业控制系统中的控制网络基本都采用分层、分级网络结构，这些网络结构并不因不同厂家采用不同的网络通信协议而有明显差异。

传统的工业控制网络包括设备层（传感器/执行器层）、控制层和监控层三个层级，采用设备网、控制网和监控网把设备联网，实现信息交换。不同的自动化厂家，采用不同的网络协议来构建这样的控制网络。例如，罗克韦尔公司的传统控制网络架构自下而上分别采用设备网（DeviceNet）、控制网（ControlNet）和监控网（早期是以太网，后来是 EtherNet/IP 工业以太网）这三种不同的网络通信协议，如图 1.3 所示。为了实现三层网络的连通，现场控制站（如 PLC）上除了需配置以太网接口模块连接监控网外，还必须配置 DeviceNet 接口模块和 ControlNet 接口模块分别连接设备网和控制网，实现成本高昂，参数配置麻烦，现场布线成本高，且容易造成信息孤岛。

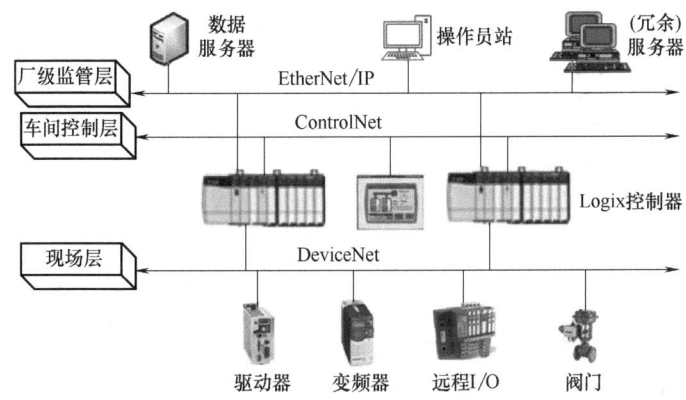

图 1.3　基于设备网、控制网和监控网三层网络结构的工业控制系统结构示意图

与现场总线相比，工业以太网体现了一系列技术优势，以工业以太网为统一网络的工业控制系统集成方案已成熟并在实践中得到了成功应用。图 1.4 所示为基于 EtherNet/IP 的工业控制系统结构示意图。该系统摒弃了传统的控制网和设备网，全部采用工业以太网设备，

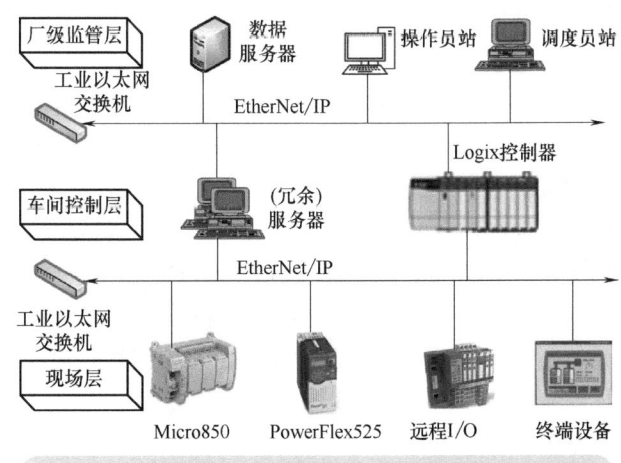

图 1.4　基于 EtherNet/IP 的工业控制系统结构示意图

实现 EtherNet/IP 一网到底。其他通信协议的第三方设备可以通过网关连接到 EtherNet/IP 网络上。这种采用一种网络的系统结构的好处是整个控制系统网络更加简单，设备种类减少，无论横向还是纵向的信息交换更加高效流畅。

在这个网络里，不仅罗克韦尔公司的所有支持 EtherNet/IP 的控制器（Micro800 系列、SLC 系列、Logix 系列等）、伺服驱动器、变频器、人机界面、按钮与指示灯等都可以实现以太网通信，而且第三方 EtherNet/IP 产品也可无缝接入该控制网络。

2. 现代工业控制网络使用现状分析

HMS 工业网络有限公司每年都会对工业控制网络市场进行全面分析，旨在估计工厂自动化中按类型和协议划分的新连接节点的分布情况。2024 年初进行的研究包括现场总线、工业以太网和无线技术的估计市场份额和增长率。研究表明，工业网络市场继续扩张。按照通信连接类型分类，工业以太网仍然占据主导地位，占所有新安装节点比例由上年的 68% 增加到 71%，现场总线从 24% 下降到 22%，无线技术从 8% 下降到 7%。按照连接协议类型分类，如图 1.5 所示，ProfiNet 占新安装节点的 23%，EtherNet/IP 占 21%，EtherCAT 占 16%。虽然现场总线安装仍占新安装节点的很大一部分，但 2024 年的年增长率下降 2%，其中 Profibus（包括 PA 和 DP）以 7% 的市场份额位居现场总线排行榜榜首。

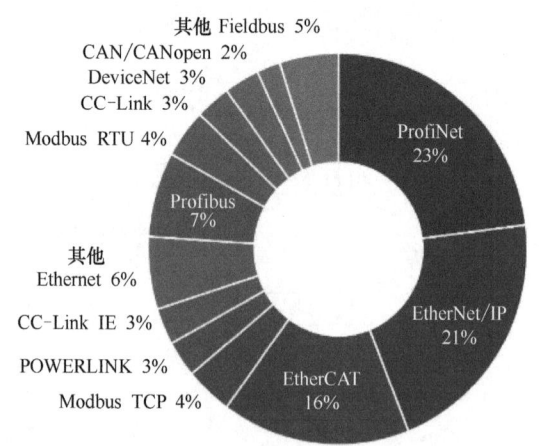

图 1.5 2024 年按照连接协议分类的工业控制网络市场份额

本书在工业控制网络的内容安排上很大程度上依据该统计结果，在侧重介绍流程工业现场总线的基础上，重点分析 ProfiNet、EtherNet/IP 和 EtherCAT 这三种工业以太网及其应用。对目前还大量使用的 Modbus 通信协议（Modbus RTU 和 Modbus TCP 合计占 8%）也进行了介绍，并给出了应用实例。

1.1.4　工业控制网络信息传输及其性能表征

1. 工业控制网络信息传输

工业控制网络主要传输工业控制系统的测量、控制、报警、组态等各类信息，这些信息有不同的来源和特点。

（1）工业现场检测与控制信息

在工业现场，感知各类生产信息的主要设备是各种传感器和变送器。按信号类型有模拟量和数字量。在离散制造中，还大量使用射频识别（Radio Frequency Identification，RFID）甚至工业相机。完成调节功能的设备主要是各种类型的执行器，如调节阀、开关阀、伺服和变频设备等。这些检测和控制信号对通信的需求有一定的相似性。对于这类可预测的信息，一般要求周期性地实时传输。

（2）工业现场设备信息

除了需要传输来自现场检测和执行设备获取的生产信息外，这些设备自身的状态信息对于设备管理和维护也非常重要,同样,工业控制网络和系统的运行信息也是要采集和传输的。对于这类不可预测的信息,一般要求周期性地实时传输,但对实时性和传输周期要求低。

(3) 组态信息

工业控制系统在投运后,也存在根据需求调整控制组态的情况。由于工业控制系统不能轻易停止,因此,下载或上传设备组态、控制算法组态等信息也需要通过控制网络进行传输。这类组态信息通常短时传输,数据量相对较大,且要求传输可靠。

(4) 上位机监控信息

工业控制系统是分布式控制,触摸屏、中控室上位机界面等都可以监控生产过程,对生产过程进行人工干预,以优化生产过程,处理生产异常,对报警进行确认等。通常,这类监控信息是非周期的,也具有突发性质,要求实时可靠地传输。

(5) 报警事件信息

安全是工业生产的基石,是一切生产活动的保证。因此,健全的工业控制系统必须有一套完备的安全保障手段,其中分级报警和报警管理是重要的措施。这些报警信息既包括生产工艺参数的异常,也包括控制系统设备的异常,还包括工业控制网络的异常。这类信息是突发的、非周期的,但需要实时可靠地传输。

从工业生产过程的特点来看,流程工业属于慢变过程,而离散制造属于快系统,它们对通信周期和时间的要求有较大的差距,因此,可以将实时性的要求进行划分:

1) 对于信息集成和低要求的流程自动化,实时响应时间要求是 100ms 甚至更长。

2) 普通的工厂自动化,实时响应时间要求是 1~10ms。

3) 高性能的同步运动控制,特别是在几百个节点下的伺服运动控制场合,实时响应时间要求低于 1ms,同步传送和抖动小于 1μs。

显然,不同的应用系统对实时性要求不同,因此,在进行控制网络配置时,要根据需求合理选择。当然,目前在控制网络的使用上已形成较为明显的行业趋势。

2. 工业控制网络性能表征

(1) 实时性指标

工业控制网络的实时性指的是网络系统能在规定的时间内可靠地传输信息的能力。在工业控制系统中,传感器实时地获取信息,控制器需要即时获取这些信息并在一个控制周期内进行处理和响应,这就要求控制网络的实时性要与控制系统中的其他设备实时性相匹配。与实时性相关的一个重要概念就是确定性,在规定的时间内实现数据的传输就是一种确定性。传统的以太网通信基于"尽力而为"的原则,数据交换缺乏确定性。实时性和数据传输的快慢是两个不同的概念,不能混淆。

实时性通常要求以延迟(即数据从采集到处理所需的时间)、抖动(即数据传输的不稳定性)和可靠性(即数据传输的准确性和可靠性)来衡量。工业控制网络的实时性要求取决于应用的特性和需求,例如,对于高速运动控制系统,实时性要求非常高,需要实时性能够满足毫秒级的延迟和微秒级的抖动。

(2) 服务质量(Quality of Service,QoS)

评价工业控制网络的性能一般还是需要根据工业控制网络的需求和特点,在传统信息网络评价方法的基础上进行完善。传统的网络评价指标是 QoS,它是指数据流过网络时的性能，目的是向用户提供端到端的 QoS 保障。QoS 主要的度量指标包括业务可用性、延迟、可变延迟、吞吐率和丢包率等。

现代控制系统网络是分层的，底层网络承载的数据不会与监控层数据竞争带宽，而且底层网络数据量小，无需使用 QoS。目前工业控制系统采用以太网一网到底，实现了从底层到上层的无缝集成，从而实现 IT 与 OT 的融合，这就造成管理系统信息直接访问现场设备的情况。未来甚至会在以太网上同时传输实时数据、生产管理数据甚至机器视觉的视频数据，此时，实时生产和控制数据必须要得到优先传输，以确保工业控制系统安全可靠地运行。

工业以太网的 QoS 一般是指其网络层也就是 IP 层的 QoS，其主要指标包括吞吐率、丢包率、传输延迟和延迟抖动。吞吐率是指单位时间内在网络中发送的数据量。丢包率是指网络中传输数据包时丢弃数据包的比率。传输延迟是指数据发送者和接收者（或网络节点）之间发送数据包和接收数据包的时间间隔。延迟抖动是指数据流中各个数据包传输延迟的大小差异。

（3）网络可用性

可用性的定义是：在某个考察时间，系统能够正常运行的概率或时间占有率期望值。它是衡量设备在投入使用后实际使用的效能，是设备或系统的可靠性、可恢复性和可关联性的综合特性。因此，控制网络的可用性是指控制网络正常运行的概率。若控制网络发生故障而不能很快修复，则其可用性就较低。高可用性通常包括高可靠性、可恢复性和可管理性。一般采用高可靠性设计来提高网络可靠性，采取网络冗余来提高恢复性。工业以太网通常采用环形或环形冗余来提高网络的可用性。

（4）功能安全

在工业现场存在高温、电击、雷击、辐射、爆炸、机械危险等恶劣的环境，往往会导致控制系统中通信短时中断、电磁不兼容、电源不稳定、通信设备软硬件失效等状况，从而引发网络通信过程中出现报文破坏、非预期的重传、乱序、丢失、延迟、插入、伪装、寻址出错等故障，影响了控制系统的可靠性。为了适应安全相关领域对工业通信安全性的需求，IEC 在其发布的 IEC 61158（GB/T 20438）功能安全基础标准上，又配套了 IEC 61784-3 系列标准。该标准规定了功能安全现场总线的安全通信层的要求，包括通信协议、数据传输、安全性能等方面。它旨在确保功能安全现场总线的通信过程中的数据完整性、可靠性和安全性，以满足工业场景中对安全性的特殊要求。目前，一些使用现场总线技术进行数据通信并构成通信系统的自动化厂商或组织，已经在现场总线原有通信协议的基础上添加了安全通信层，定义了功能安全相关的通信行规等，使其达到一定的安全完整性等级。目前，主要的功能安全通信行规有 EPASafety、FF-SIS、ProfiSafe、CIPSafety 等。

IEC 61784-3 规定通信功能的失效率不超过安全仪表系统（SIS）安全功能最大总失效率的 1%。安全通信的可靠性由残余错误率参数进行度量，也就是说，通信功能的残余错误率不超过安全仪表系统安全功能的最大 PFD（要求时的平均危险失效概率）或最大 PFH（每小时的平均危险失效频率）的 1%。为了实现上述功能安全通信需求，在通信系统中，面向安全的应用和标准的应用通常使用同一条通信链路，往往在原有黑色通道（安全非相关）的基础上增加安全通信层（见图 1.6），并通过对安全通信层的定义形成功能安全通信行规，来实现一系列的安全措施。与 IEC 61508 相一致的安全数据传输所需的安全措施，都在安全通信层内实现。显然，安全层协议是实现通信安全完整性的核心。在安全层，可以通过数据对比、循环冗余校验（Cyclic Redundancy Check，CRC）、时间戳检查、设备标识符校验等手段，检查出数据包中由于硬件随机故障、现场干扰、伪装攻击、软件逻辑问题产生的大部分数据错误。数据包内容包括：请求标志、功能码、冗余标志、物理地址、数据长度、有效数据、时间戳、CRC 码等。

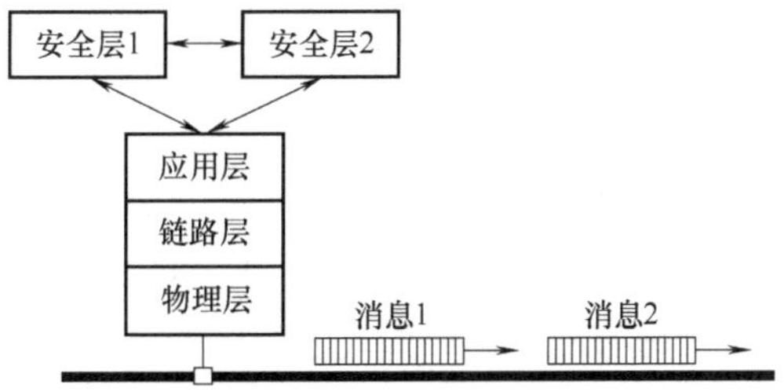

图 1.6 功能安全通信模型

（5）信息安全

传统信息安全的指标是机密性、完整性和可用性。传统 IT 系统或网络对实时性要求不高，允许一定延迟，注重高吞吐率和数据传输的机密性，这些特性使得 IT 系统对安全三要素的关注次序为机密性、完整性和可用性。但工业控制网络的信息安全是与工业控制系统的信息安全密切相关的。工业控制系统对实时性要求高，系统的抖动或延迟都可能威胁设备的正常运行，并且实际工业生产过程要求工业控制系统必须长时间稳定运行而不能随意停机，这些特性使得工业控制系统更注重"可用性"这一安全要素。此外，工业控制系统包含大量的执行元件、传感器、可编程控制器等设备。为了降低成本，系统的软硬件资源非常有限，难以支持复杂的审计等安全策略，因此"机密性"在工业控制系统中的要求相对较低。

（6）环境适应性

工业控制网络的环境适应性是指该网络在工业控制环境中的适应能力。工业控制网络的工作环境通常比较恶劣，例如电磁干扰、振动、粉尘污染、温湿度变化大甚至伴有腐蚀性和有毒有害气体。因此，要求工业控制网络（含网络设备）要能适应这种恶劣环境，必要的话要进行环境适应性测试等。

1.1.5 工业控制网络的关键技术

1. 实时性

在工业控制网络中，实时性是指网络系统能够在规定时间内及时响应和处理来自传感器、执行器以及其他设备的数据和指令，以确保工业控制过程的稳定运行和安全性。所以实时性概念里包含按时、可靠、确定这三重含义。实时性不能单纯地理解为快速性。

实时性要求主要包括三个方面：响应时间、可靠性和确定性。

1）响应时间：即系统接收到指令后，能够在规定的时间（应用场景不同，数值不一样）内给出响应并执行相应的操作。在工业控制中，由于控制过程的特殊性，要求系统的响应时间非常短，最高在毫秒级。

2）可靠性：指网络系统在任何情况下都能够保证数据的准确传输和处理。工业控制网络中的数据传输往往涉及生产或设备异常信息和控制指令，因此要求网络系统具有高可靠性，能够确保数据的完整性和可靠性。

3）确定性：工业网络传输数据时，会遇到比如网络拥塞等不可预制的原因导致数据不能在规定的时间内传输的情况。这种不确定性是不符合实时性要求的。

为了满足工业控制网络的实时性需求，需要采取一系列的措施，包括优化网络拓扑结构、选择适合的通信协议、提高网络带宽和降低延迟等。同时，还需要针对具体的工业控制应用，进行实时性需求的分析和优化设计。

响应时间和可靠性实际上可以看作控制网络对通信需求的时间确定性。影响工业控制网络确定性的因素通常有以下几点：

1）带宽：工业控制网络需要具备足够的带宽来传输实时数据。较高的带宽可以提供更快的数据传输速度，从而降低延迟和提高实时性。

2）网络拓扑：合理的网络拓扑结构可以减少网络中的数据冲突和碰撞，提高数据传输的可靠性和实时性。常见的网络拓扑结构包括总线型、环形、星型和树型等。

3）网络协议：选择适合实时通信的网络协议也是确保实时性的关键。因此，EtherNet/IP、ProfiNet、EtherCAT等网络协议正是在这种背景下产生的，它们具有较低的延迟和较高的带宽利用率，能够满足实时通信的要求。

4）网络硬件设备：选用高性能的网络交换机、路由器和网络接口卡等硬件设备，可以提供更好的数据处理能力和网络性能，从而提高实时性和可靠性。

5）网络管理和优化：对工业控制网络进行有效的管理和优化，包括网络拓扑规划、流量控制、负载均衡、网络监控等，可以最大程度地提高网络的实时性和可靠性。

2. 时间同步性

（1）时间同步性定义

工业控制网络的时间同步性是指在工业自动化系统中，各个网络节点之间能够保持统一的时间基准，以实现数据的精确同步和协同操作的能力。在工业控制系统中，许多设备和过程需要在精确的时间基准下进行协同操作，例如大多数多轴传动系统应用中，各轴之间保持一定的同步运行关系；许多功能的实现都与时间密切相关，例如趋势、报警、定时采样、精确的时间戳、事件顺序记录（SOE）等。

工业控制网络的时间同步性的重要性在于确保各个网络节点的数据和操作在时间上是一致的，以防止数据的错位、延迟和不一致带来的问题。例如，在一个工业过程中，不同的传感器和执行器需要在同一个时间基准下进行操作，以确保数据的准确性和系统的稳定性。在事故追忆时，要确保事件发生前后一段时间数据的同步性，从而有利于事故分析。而高速运动机床的多轴同步则有利于紧密机械的加工。

（2）时间同步技术

为了实现工业控制网络的时间同步性，通常会采用一些专门的时间同步协议和技术，如网络时间协议（Network Time Protocol，NTP）、精确时间协议（Precision Time Protocol，PTP）等。这些协议和技术可以确保网络节点之间的时间同步误差控制在毫秒或微秒级别，以满足工业自动化系统对时间精度和同步性的要求。一般而言，工业自动化对于时间同步精度要低于运动控制和电力自动化等快系统。

IEEE 1588 PTP也被称为时钟同步协议，是一种用于网络系统中实现高精度时间同步的协议，它能够提供亚微秒级的时间同步精度，适用于需要高精度时间同步的应用领域。该协议目标是在分布式网络中实现各个节点之间的高精度时间同步，以便协调和同步网络中的各种操作。

IEEE 1588 时间同步协议的工作原理是基于主从架构。网络中有一个主时钟和多个从时钟，主时钟提供参考时间信号，并通过网络广播给从时钟进行同步。从时钟根据接收到的主时钟信号进行调整，使得从时钟的时间与主时钟保持一致。

为了保证时间同步的精度，IEEE 1588 时间同步协议使用了多种技术和算法，如时钟同步算法、时延补偿算法等。它还支持分层结构和多个时间域，以适应复杂的网络拓扑和多时钟源的情况。

通用工业协议的同步协议 CIP Sync、SERCOS III 等就采用了 IEEE 1588 时间同步技术。ProfiNet IRT 采用了改进的 IEEE 1588。

3. 互操作性

工业控制网络的互操作性是指在工业自动化系统中，不同厂商的设备和系统能够共同使用网络技术进行通信和协同工作的能力。工业控制网络是用于连接和控制工业设备、传感器、执行器等的网络系统，用于实现工业过程的自动化和集成。

由于不同厂商的设备可能采用不同的通信协议、数据格式和设备接口，导致设备之间无法直接进行通信和协同工作。工业控制网络的互操作性的目标就是通过统一的通信标准和协议，使不同厂商的设备能够无缝地进行互联和通信，实现设备之间的互操作性。

实现工业控制网络的互操作性可以带来许多好处。首先，它使得工业企业可以更加灵活地选择和集成不同厂商的设备，提高了设备的可替换性和可扩展性。其次，它简化了系统的集成和维护，降低了成本和复杂性。最后，它促进了工业自动化系统的互联互通，实现了数据的共享和协同，提高了生产效率和质量。

为了实现工业控制网络的互操作性，需要采用一些通用的通信协议和标准，如 EtherNet/IP、ProfiNet、Modbus TCP 等。这些协议和标准定义了通信协议、数据格式和设备接口，确保了不同厂商的设备能够在同一个工业控制网络上进行互联和通信。此外，还可以采用以下措施进行验证。

1）标准遵从性测试：验证设备是否符合相关的通信协议和标准。可以使用专门的测试工具或测试软件来执行这些测试，检查设备是否正确实现了协议规范中定义的功能和行为。

2）兼容性测试：将不同厂商的设备连接到同一个工业控制网络中，测试它们之间的通信和协同工作。通过发送各种数据和控制命令，观察设备之间是否能够正确地进行数据交换和响应，是否能够实现预期的功能和行为。

3）互操作性测试：在实际工业场景中，使用不同厂商的设备组成一个完整的工业自动化系统，并进行各种实际操作和控制。例如，模拟工业过程、发送控制命令、读取传感器数据等。通过观察系统的运行情况和性能表现，评估设备之间的互操作性和协同工作能力。

4）实际应用测试：将工业控制网络设备部署到实际的工业环境中，进行长时间运行和使用的测试。观察设备的稳定性、可靠性和性能是否能够满足实际应用的要求，以及设备之间是否能够持续地进行通信和协同工作。

通过以上的测试和验证，可以评估工业控制网络设备的互操作性能力，确保设备能够在工业控制网络中实现稳定、可靠、协同的通信和控制。

4. 优先控制

工业控制网络的优先控制是指在工业自动化系统中，对不同类型的数据和控制命令进行分类和优先级排序，以保证重要数据和控制命令的实时性和可靠性。通常，在一个工业控制系统中，可能存在着多个设备和应用程序同时对网络进行通信和控制的需求，这些通信和控制请求可能具有不同的紧急程度和重要性。例如，在一个工业过程中，实时的传感器数据和控制命令可能需要优先处理，以确保系统能够及时响应并采取相应的控制动作。显然，不可能把这种优先级不同的通信需求用不同的网络实现，必须要采取一定的传输优先级措施，确保重要的数据优先传输。

网络化控制系统中有大量通信调度相关的理论研究。在实际应用中，例如时间敏感网络（Time-Sensitive Networking，TSN）和 ProfiNet IRT 也支持通信调度。工业控制网络的优先控制可以通过多种方式实现，例如使用优先级队列、流量控制、带宽分配、抢占帧和多链路冗余帧等。这些方法可以根据不同的应用场景和需求，对数据和控制命令进行分类、排序和调度，以满足系统对实时性和可靠性的要求。通过实施不同的优先控制策略或优先级调度，可以确保重要的数据和控制命令在网络中的传输和处理过程中得到优先处理，从而提高系统的性能和可靠性。

1.1.6 工业无线通信

1. 工业无线通信概述

到目前为止，各类控制系统中有线通信方式仍然占据主导地位。有线通信虽然有其优点，但其对通信线路的依赖无疑限制了其应用。无线通信正在得到巨大的发展和使用。无线通信技术在工业系统中的应用主要体现在两个层次，即系统级和设备级。系统级的应用主要体现在各种大型的分布式监控系统，例如对分布极其广泛和分散的大量油田设备的监控、城市煤气、污水泵站等公用设施的监控等，这类应用主要采用长距离无线通信，包括利用移动运营商的 4G/5G 无线网络、数传电台甚至卫星通信。近年来，由于物联网的发展，对低功耗、长距离通信的需求导致 NB-IoT 和 LoRa 等技术涌现，相关的应用也快速增加。这类广域网主要由内置通信模块的终端、无线网关和服务器等组成，已在城市远程抄表、污染源监控、城市停车服务等领域得到了应用。在现场设备级，主要还是采用各种短程无线通信技术。

2. 流程工业无线通信

目前，流程工业主要的无线通信标准有 WirelessHART、ISA100.11a 和 WIA-PA，主要应用在过程参数监测等领域，一般较少用于闭环控制。工业无线网络标准对比见表 1.1。

表 1.1 工业无线网络标准对比

对比标准	WirelessHART	ISA100.11a	WIA-PA
网络拓扑	网状结构	网状+星型结构	网状+星型结构
工作频段	802.15.4	网状：802.11，星型：802.15.4	802.15.4
通信方式	TDMA	时隙通信、信道通信	TDMA+CSMA
兼容性	与 HART、Profibus 兼容	与 HART、Profibus 兼容	兼容 WirelessHART
网络管理	网关集中管理	集中式与分布式相结合	集中式与分布式相结合

（1）WirelessHART

2010 年，WirelessHART 正式被 IEC（International Electrotechnical Commission，国际电工委员会）确认为国际上第一个流程工业自动化的无线通信标准——IEC 62591。WirelessHART 在兼容现有的 HART 设备和应用的基础上，进行了功能补充和应用拓展，传统的 HART 应用，无需进行任何软件升级，都可以利用 Wireless HART 协议，满足流程工业应用对无线通信技术的可靠、稳定和安全等关键需求。

WirelessHART 协议模型包括物理层、数据链路层、网络层、传输层和应用层这五层。

物理层采用 IEEE 802.15.4 标准的物理层。HART 和 WirelessHART 在传输层和应用层是兼容的。

每个 WirelessHART 网络包括以下三个主要组成部分：

1) 连接到过程或工厂设备的无线现场设备。

2) 使这些设备与连接到高速背板的主机应用程序或其他现有厂级通信网络能通信的网关。

3) 负责配置网络、调度设备间通信、管理报文路由和监视网络状态的网管软件。网管软件能和网关、主机应用程序或流程自动化控制器集成到一起。

要将 WirelessHART 设备接入网络，需要通过标准的 HART 有线接口，为其指定网络 ID 和网络加入密钥（Join Key），而不使用无线方式指定网络。这样就确保了其他无线网络不能"偷听"窃取加入密钥，这是指定无线设备加入网络的安全方式，无需特殊工具。对加入网络的 WirelessHART 设备的运行调试，和对有线设备调试一样，使用同样的手持通信器或 PC（Personal Computer，个人计算机）软件就可进行设备操作。

（2）ISA100.11a/IEC 62734

ISA（International Society of Automation，国际自动化学会）的 ISA100 工业无线委员会由终端用户和技术提供者组成，在 2013 年，ISA100.11a 标准由 IEC 批准成为国际标准 IEC 62734。霍尼韦尔公司和横河电机推出全套产品和解决方案，霍尼韦尔公司将其产品命名为 OneWireless。

ISA100.11a 标准协议体系结构遵循 ISO/OSI 的七层结构，但只使用了其中的物理层、数据链路层、网络层、传输层和应用层这五层，在这一点上与以太网是相同的。

ISA100.11a 定义了五种类型的设备角色：用于人机交互的上位机控制系统、用于上位机和网络连接的网关、骨干路由器、终端节点与现场路由器两类现场设备和用于现场维护与配置的手持设备。

ISA100.11a 采用了隧道和映射技术，使得 ISA100.11a 易于通过无线介质传输各种应用协议；采用的骨干网路由机制能高效传递数据信息，减少数据无线传输的跳数，特别适合较大规模网络；通过设备认证、消息认证、加密以及防止重放攻击来确保无线通信的安全。

3. 其他工业无线通信协议

在物联网应用中，LoRa、NB-IoT、ZigBee 和 Sigfox 等也得到了广泛使用。

（1）LoRa 无线通信协议

LoRa 是一种基于扩频调制技术的无线通信方案，由美国 Semtech 公司开发。其工作原理在于通过线性频率调制（Linear Frequency Modulation，LFM）产生"啁啾"信号，每个数据包的载波频率随着时间线性变化。这种调制方式允许信号在强干扰环境下保持良好的穿透力与抗多径衰落能力，从而实现远距离传输。LoRa 技术采用先进的前向纠错编码（Forward Error Correction，FEC）技术来增强数据传输的可靠性，即使在信号强度较低的情况下也能保证一定的数据完整性。此外，它支持多种扩频因子选择，以适应不同的传输速率和距离需求。

LoRa 无线通信系统主要由终端设备（可内置 LoRa 模块）、网关、网络服务器以及应用服务器等组成。终端设备可以是各种传感器，它们通过 LoRa 无线通信首先与 LoRa 网关连接，再通过 4G 网络或者以太网络，连接到网络服务器中；网关/基站是透明传输的中继，连接终端设备和后端中央服务器，所有的节点与网关间均是双向通信；网络服务器负责处理和管理网络中的数据传输和设备连接；应用服务器负责处理和分析从网络服务器接收到的数据，支持各种应用服务。

LoRa 通信协议在物联网、智能城市、农业、工业自动化等领域得到广泛应用，提供了一种低成本、低功耗、长距离的无线通信解决方案。

（2）NB-IoT 无线通信协议

NB-IoT 是一种低功耗、窄带宽的无线通信技术，专门用于物联网设备的通信，支持大量连接和低速传输，适用于低功耗、广覆盖、低速率的应用场景。NB-IoT 系统架构主要包括终端、基站和核心网。其中终端可以是传感器、智能手机或智能家居设备。基站是指 NB-IoT 网络中的基础设施，它可以是一个普通的基站或一个移动基站。核心网是指 NB-IoT 网络中的核心网络，它由一系列的核心网络设备组成，如网关、网络管理器、网络控制器等。

NB-IoT 广泛应用于智能城市、智能家居、智能能源、智能农业等领域，为物联网设备提供了一种可靠、低成本、低功耗的无线连接解决方案。

（3）LoRa 与 NB-IoT 的比较

NB-IoT 可以利用现有的移动通信基础设施进行部署，主要推动者是移动运营商，而 LoRa 需要单独建设和管理 LoRa 基站网络。NB-IoT 设备要符合 3GPP 标准且需要支付相关专利费用，相对来说设备更昂贵。NB-IoT 通信范围相对较广，传输速率相对较高，更适用于对数据传输速度和范围要求较高的应用场景，如智慧城市和工业自动化应用。而 LoRa 更适用于对通信范围和功耗要求较高的应用场景，如智能城市、智能家居和智能农业等。

实际应用中到底选择 NB-IoT、LoRa 还是其他无线通信技术取决于具体的应用需求和约束条件，包括通信范围、数据传输速率、功耗、设备成本、网络成本和运行维护成本等因素。

1.2 工业控制网络技术基础

1.2.1 串行通信及其应用案例

传统上，几乎所有的仪表、控制设备都配置有串行接口。PLC 控制程序的下载调试、单片机的调试、控制器与变频器及仪表通信等基本都是通过串口。一些现场总线的数据通信也普遍采用串行通信。通过对串行通信的学习，可以了解工业控制网络的基础知识。

1. 串行数据传输原理

串行数据传输是使数据流以串行方式在一条信道一位接一位地传输。串行数据传输仅需要一根通信线路就可以在两个通信设备之间进行数据传输，方法简单，易于实现，而且成本较低。通常情况下，采用串行数据传输的线路，在设备内部都采用并行通信方式，这就需要在发送方和通信线路之间以及通信线路和接收方之间的接口进行转换。串行数据传输的缺点是需外加同步措施，同时每次只能传输一位数据，所以速度较慢。

在串行数据传输时，接收端为从串行数据码流中正确地划分出发送的一个个字符所采取的措施，称为字符同步。根据实现字符同步方式的不同，串行数据传输分为同步传输和异步传输。同步传输是指在数据传输过程中，发送方和接收方之间通过某种方式保持同步，确保数据在发送和接收之间保持一致。在同步传输中，发送方和接收方之间需要使用某种时钟信号或同步信号来对数据进行定时和同步。异步传输是指在数据传输过程中，发送方和接收方之间没有明确的时钟信号或同步机制来保持数据的同步。在异步传输中，每个数据字节或数据块都附带有起始位和终止位，用于标识数据的开始和结束。

RS-232 和 RS-485 串行通信均采用异步传输。

2. 全双工与半双工

计算机在进行数据的发送和接收时，传输线上的数据流动情况可分为三种：当线上数据流动只有一个方向时，称为"单工"；当数据的流动为双向，且同一时刻只能一个方向进行时，称为"半双工"；当同时具有两个方向的传输能力时，称为"全双工"。单工模式已很少使用。串行通信、以太网等都存在全双工与半双工的工作模式问题。交换式以太网支持全双工通信，即设备可以同时发送和接收数据，减少了半双工通信中的冲突和碰撞。

在串行通信中，同时可以利用的传输线路就决定了其工作模式。RS-232 上有两条特殊的线路，其信号标准是参考接地端所得到的，分别用于数据的发送和接收，因此是全双工的模式。RS-422 也属于全双工。而 RS-485 上的数据线路虽然也有两条，但这两条线路却是一个信号标准电位的正、负端，真正的信号必须是两条线路相减所得到的，因此在一段时间内，只可以有一个方向的数据在发送，也就形成了半双工的工作模式。

3. 串行通信参数

在串行通信中，交换数据的双方利用传输在线上的电压变化来达到数据交换的目的，但是如何从不断改变的电压状态中解析出其中的信息，就需要双方共同约定才行，即需要说明通信双方是如何发送数据和命令的。因此，双方为了进行通信，必须要遵守一定的通信规则，这个通信规则就是通信端口的初始化。利用通信端口的初始化实现对以下几项的设置。

（1）传输速率—波特率

串行通信中用波特率来描述数据的传输速率，其单位为 bit/s。由于原始信号经过不同的波特率取样后，所得的结果完全不一样，因此通信双方采用相同的波特率非常重要。串行通信常用的波特率是 9600bit/s。一般传输速率和通信距离有关，通信距离越远，则传输速率越低。以 DeviceNet 为例，其波特率从 125k～500kbit/s，这个 125kbit/s 就是指通信距离最大（即 100m）时的数据传输速率。为了提高通信距离，一般要加中继器。

（2）数据的发送单位

一般串行通信端口所发送的数据是字符型的，这时通常采用 ASCII 码或 JIS（日本工业标准）码。ASCII 码中 8 个位形成一个字符，而 JIS 码则以 7 个位形成一个字符。若用来传输文件，则会使用二进制的数据类型。欧美的设备大多使用 8 个位的数据组，而日本的设备则大多使用 7 个位作为一个数据组。

（3）起始位和停止位

由于异步串行传输中没有使用同步时钟脉冲作为基准，故接收端完全不知道发送端何时将进行数据的发送。为了解决这个问题，就在发送端开始发送数据时，先将传输线的电压由低电位提升至高电位（逻辑 0），而当发送结束后，再将电位降至低电位（逻辑 1）。接收端会因起始位的触发而开始接收数据，并因停止位的通知而确知数据的字符信号已经结束。起始位固定为 1 个位，而停止位则有 1、1.5 和 2 个位等多种选择。

(4) 校验位的检查

为了预防错误的产生，使用了校验位作为检查的机制。校验位是用来检查所发送数据正确性的一种校验码，又分为奇校验和偶校验，分别检查字符码中"1"的数目是奇数个还是偶数个。在串行通信中，可根据实际需要选择奇校验、偶校验或无校验。

4. 串行通信中的流量控制

串行通信中的流量控制是一种机制，用于在发送方和接收方之间控制数据的传输速率，保证传输双方都能正确地发送和接收数据而不会漏失。流量控制在串行通信中非常重要，特别是在高速传输或数据处理能力有限的情况下。它可以帮助保证数据的可靠传输，避免数据丢失或溢出。流量控制又称为握手，主要有硬件流量控制和软件流量控制两种方式。

硬件流量控制是通过发送方和接收方之间的物理线路上的特殊信号进行控制。常见的硬件流量控制机制包括使用 RTS（请求发送）和 CTS（清除发送）信号进行握手控制，或者使用 DTR（数据终端就绪）和 DSR（数据设备就绪）信号进行流量控制。

软件流量控制是通过发送方和接收方之间的协议进行控制。发送方在发送数据之前发送特定的控制字符，告知接收方是否可以接收数据。接收方在接收到这些控制字符后，可以决定是否接收数据，从而控制数据的传输速率。

5. 差错校验

在数据通信过程中，由于各种干扰及传输线路本身的因素，在传输过程中会不可避免地发生错误。串行通信的差错校验是一种用于检测和纠正数据传输过程中可能出现的错误的技术。它通过在发送的数据中添加一些冗余的校验位或校验码，使接收方能够验证数据的完整性和准确性。

常见的串行通信差错校验技术包括：

1) 奇偶校验：即通过增加冗余位来使得码字某些位中"1"的个数保持为偶数或奇数的编码方式。在奇偶校验中，一个单独的位（奇偶校验位）被加在每个字符上，以使一个字符中"1"的总数要么是奇数（奇校验），要么是偶数（偶校验）。奇偶校验可能漏掉大量的错误，但是应用起来很简单。

2) 循环冗余校验（CRC）：发送方和接收方事先约定一个生成多项式，发送方通过对数据进行多项式除法运算得到校验码，将校验码添加到数据中一起发送。接收方也进行相同的多项式除法运算，得到一个余数，如果余数为 0，则表示数据没有出现错误。

3) 海明码：海明码是一种能够检测和纠正单个位错误的差错校验码。发送方在数据中添加一些冗余位，使接收方能够检测和纠正错误。海明码能够检测和纠正多个位错误的能力取决于所使用的码字长度和冗余位的数量。

这些差错校验技术可以提高数据传输的可靠性，但并不能完全消除错误。具体选择何种差错校验技术，取决于通信环境、传输速率和对错误纠正的需求。

6. 数据编码与信号调制

在控制网络通信中，数据编码与信号调制是物理层（OSI 模型第 1 层）的关键技术，它们共同作用，将数字信息（0 和 1）转换成适合在物理介质（如导线、光纤、无线信道）上传输的物理信号，并确保传输的可靠性、抗干扰性和同步性。

(1) 数据编码

数据编码的目的是将原始数字比特流转换成适合在特定物理介质上传输的电信号或光信

号的波形。

常见的数据编码包括不归零（Non-Return-to-Zero，NRZ）编码、归零（Return-to-Zero，RZ）编码、曼彻斯特编码、差分曼彻斯特编码等，如图1.7所示。

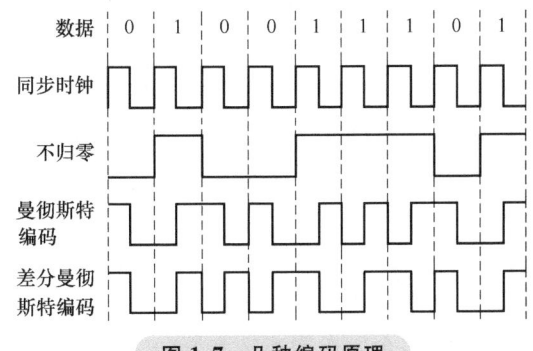

图1.7 几种编码原理

1）NRZ编码：NRZ编码中，逻辑1和逻辑0分别用高电平和低电平表示。NRZ编码简单直观，但存在直流偏移和时钟恢复问题。

2）RZ编码：RZ编码中，逻辑1和逻辑0分别用正脉冲和负脉冲表示，每个位时间内至少有一个脉冲。RZ编码解决了NRZ编码的直流偏移问题，但浪费了带宽。

3）自同步码：在传输信息的同时，把同步时钟信号也一起传输过去。局域网中的数据通信常采用自同步码。曼彻斯特编码和差分曼彻斯特编码是两种典型的代表。

① 曼彻斯特编码：曼彻斯特编码中，每一位的中间（1/2周期处）有一个跳变，该信号既作为时钟同步信号，也作为数据信号。高电平到低电平的跳变表示数字0，低电平到高电平的跳变表示数字1。曼彻斯特编码的优点是具有良好的时钟恢复能力和抗干扰能力，但缺点是传输速率只能达到原始数据速率的一半。

② 差分曼彻斯特编码：每一位的中间（1/2周期处）有一个跳变，该跳变只表示时钟同步信号。数据信号根据每位开始时有无跳变进行取值。有跳变表示数字0，无跳变表示数字1。显然，差分曼彻斯特编码的数据信号与上一个时钟周期的电平状态有关。

（2）信号调制

信号调制是使一种波形的某些特性按另一种波形或信号而变化的过程或处理方法，从而把被调制的信号转换为适用于信道传输或者利于信道进行多路复用的信号，信号调制在无线控制网络或电力线载波通信中至关重要。多数工业现场总线和以太网采用有线基带传输，直接使用编码后的电平信号，信号调制相对简单或不存在。例如，Profibus-DP、CAN、Modbus、CC-Link、AS-i及工业以太网是基带传输的典型代表，覆盖了80%以上的工业控制场景。而HART、Profibus-PA和FF H1等因安全或兼容性需求采用载波调制。常见的控制网络中的调制方法有幅移键控、频移键控、相移键控和正交幅度调制。

数据编码的选择取决于通信系统的要求、带宽利用率、抗干扰能力和解码复杂度等因素。不同的通信协议和应用场景可能会采用不同的数据编码方式。同时，数据解码器在接收端也要能够正确解码编码后的信号，以恢复原始的数据位。

7. RS-232串行通信接口

RS-232串行通信接口标准是EIA于1973年提出的，定义了数字终端设备（DTE）与数字电路终端设备（DCE）之间的接口标准，用于模拟信道传输数字信号的场合。标准所定义的内容属于ISO所制定的开放式系统互连参考模型中的最底层（即物理层）所定义的内容。RS-232接口规范的内容包括连接电缆和机械特性、电气特性、功能特性和规程特性四个方面。

RS-232的机械接口一般有9针、15针和25针三种类型。在仪表和控制器上最常用的是

9 针类型，简单的应用只要使用 2~3 个口。电气特性主要规定了发送端驱动器与接收端驱动器的信号电平、负载容限（3~7kΩ）、传输速率（最高为 20kbit/s）及传输距离（一般限定为 15m）。RS-232 接口使用负逻辑，即逻辑"1"用负电平（范围为-5~-15V）表示，逻辑"0"用正电平（范围为 5~15V）表示。显然，该电平与 TTL 电平不兼容，因此，为了与 TTL 器件连接需要采用现有的一些转换器来实现电平转换。功能特性主要是对接口各引脚的功能和连接关系做出定义。规程特性是指数据终端设备与数据通信设备之间控制信号与数据信号的发送时序、应答关系及操作过程。

8. RS-485 串行通信接口

由于 RS-232 接口只可用于点对点通信，通信距离短、速率慢、驱动能力弱，满足不了工业现场通信的需求。EIA 在 1983 年制定了 RS-485 接口标准，增加了多点、双向通信能力。即允许多个发送器连接到同一条总线上，同时增加了发送器的驱动能力和冲突保护特性，扩展了总线共模范围。RS-485 采用平衡传输方式，需要在传输线上接终端电阻等。RS-485 可以采用二线与四线方式，二线制可实现真正的多点双向通信，而采用四线连接时只能实现点对多的通信，即只能有一个主设备，其余为从设备。无论是二线还是四线方式，RS-485 总线上可连接的设备最多可达到 32 个。RS-485 的共模输出电压是-7~12V 之间，其最大传输距离为 4000ft⊖（约为 1219m），最大传输速率为 10Mbit/s。

RS-485 用于点对点或总线网络，不能用于星形或环形网络。通常情况下，若通信距离较长，需要在总线的两端分别接 1 个终端电阻，阻值要求等于传输电缆的特征阻抗。

RS-232 与 RS-485 等串行接口标准属于物理层，不涉及通信协议，用户可以在此基础上建立自己的高层通信协议。如 Profibus-DP 现场总线物理层采用了 RS-485 串行总线（通信介质可选双绞线或光缆），但数据链路层和用户层是西门子最早开发的通信协议。绝大多数采用 Modbus RTU 协议的设备其物理层也是 RS-485 接口。所以，"采用 RS-485 通信协议"之类的说法是错误的，只能说采用了 RS-485 总线或接口。

9. 串行通信应用案例

某测控系统，需要采集温度和压力等信号。由于还需要进行逻辑控制，因此选用了三菱的 FX3U 系列 PLC。三菱的 FX3U-4AD 模拟量输入模块较贵，若采集 8 路模拟量信号，需要配置 2 个这样的模块。因此，选用了比较经济的研华公司支持 Modbus RTU 协议的 ADAM-4117-B 分布式数据采集模块（也可采用国产与研华产品兼容的同类模块），该模块保存 8 个通道 AI 数据的 Modbus 寄存器地址是 40000~40007。该模块的 RS-485 接口与 FX3U 上的 FX3U-485-BD 通信插件连接，通过串行通信，FX3U 从模块读取 8 个通道的模拟量数值，完成了数据采集。这里 PLC 是主站，而研华模块是从站，两者之间属于主从通信。

首先把研华模块的 RS-485 两个端口与 USB/485 转接模块连接，转接模块的 USB 与电脑 USB 口连接，运行研华公司配套软件 AdamApax.NET Utility，对 ADAM-4117 模块进行设置。模块地址设为 2，串口通信参数：波特率为 19200bit/s，无奇偶校验，8 个数据位，1 个停止位，通信协议设置为 Modbus RTU 协议；8 个 AI 通道都设置为 4~20mA 输入（硬件也进行电流输入跳线）。然后把三菱通信插件上的 SDA 和 RDA 短接，再与研华模块的 DATA+连接；把插件上的 SDB 和 RDB 短接，再与研华模块的 DATA-连接，完成 RS-485 总线的接线。

⊖ 1ft = 0.3048m。——编辑注

硬件设置完成后，就要编写 PLC 应用程序。这里只给出控制器与模块的通信程序，如图 1.8 所示。程序解释如下：

程序第 0 步，设置采样周期为 500ms（基准时钟是 100ms，K5 就是 5 倍基准时钟）。

程序第 4 步，设置 FX3U-485-BD 插件的通信参数。根据三菱 PLC 手册以及项目中的通信参数需求，把 PLC 的 D8120 寄存器设置为 H1C91（十六进制），对应串行通信参数：19200，N，8，1。该通信参数与研华模块的 RS-485 接口设置必须一致。

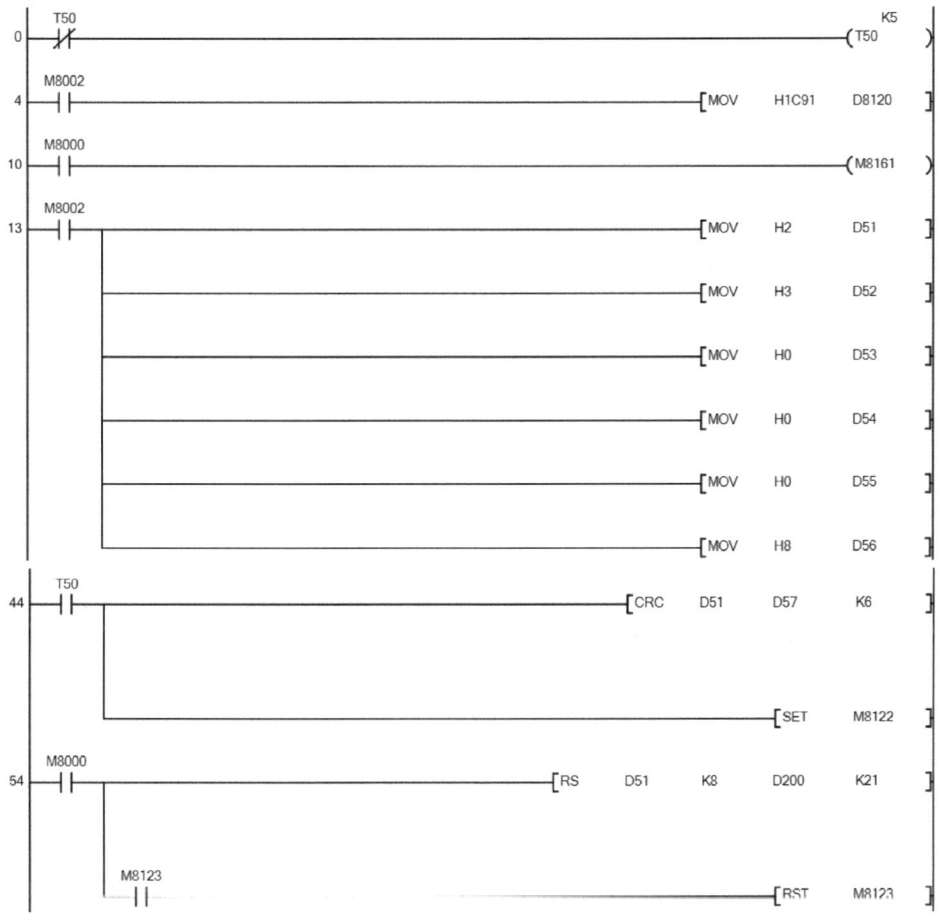

图 1.8　三菱 FX3U 控制器与研华 ADAM-4117 模块的串行通信程序

程序第 10 步，把数据处理位标志寄存器 M8161 置为 ON，表示串行通信时采用 8 位模式，即忽略 16 位数据的高 8 位。

程序第 13 步，设置 RS 指令中要发送的数据，其中 D51 保存研华模块地址，D52 设置为 H3 表示 Modbus RTU 协议中的读取寄存器指令（Modbus RTU 协议详见 1.5 节），D53 存储要读取的寄存器地址高 8 位，D54 为低 8 位，设置为 0，但实际上 8 个 Modbus 寄存器地址是 40000~40007。D55 表示读取的寄存器个数值的高 8 位，因为一共只读 8 个寄存器，所以 D55 为 0，读取寄存器数量的低 8 位 D56 设置为 H8，表示要读 8 个寄存器。

程序第 44 步，表示对指令中 D51 开始的前 6 个字节进行 CRC，结果保存在 D57 开始的 2 个数据寄存器中，同时置位 RS 指令的发送寄存器。

为了通过 RS-485 进行 Modbus RTU，需要利用三菱 PLC 的 RS 指令。这是串行数据传送指令，用于实现数据的发送和接收。

程序第 54 步，表示调用 RS 指令发送数据，D51 表示发送数据的个数，K8 表示发送数据（字）的个数是 8（D51~D58，最后 2 个是校验码），D200 表示接收数据存储的字元件首地址，K21 表示一共返回 21 个字数据。在返回的数据中，D203 开始表示研华模块的第一个通道数据的高 8 位，D204 是第一个通道的低 8 位。因此，假设模拟量 4~20mA 对应的温度量程范围是 -50~250℃，则该通道温度的实际温度值是（256×D203+D204）/65536×300-50。

M8122 是数据发送标志寄存器，当 RS 指令处于发送或接收数据的等待时要置位该寄存器，此时 RS 指令中发送数据寄存器里的数据将会被发送到研华模块，数据发送完成后自动复位，不能用程序来复位。M8123 是数据接收标志寄存器。当 RS 指令将数据发送完成后，进入数据接收状态，此时 M8123 被置位，并对接收到的数据进行处理，完成后需要编程将 M8123 复位，否则无法接收下一轮的数据。

这里介绍的通信方式也适合 PLC 与外围设备串行通信时采用用户自定义的通信协议情况，关键是要把发送指令和返回的数据弄清楚。

还可以配置三菱支持 Modbus 通信的模块 FX3U-485ADP-MB，这时 Modbus 串行通信程序就很简单了，用户编程时不用关心发送和接收数据的细节了，但该模块比 FX3U-485-BD 贵很多。

在串行通信调试中，可以利用串口调试软件发送指令，观察返回的字节，从而容易发现问题。在学习 Modbus 通信时，还可以利用 Modbus Poll 和 Modbus Slave 软件来模拟主站/从站或客户端/服务器（对于 Modbus TCP）。

1.2.2 工业控制网络的拓扑结构及其与计算机网络的比较

1. 工业控制网络的拓扑结构

工业控制网络的节点主要是各类嵌入式设备（仪表、变频器、执行器、按钮、触摸屏等），以及主控设备（控制器、计算机等）。为了支持网络通信，这些网络节点必须有相应的现场总线接口或以太网口。一般而言，工业控制网络基本的网络拓扑结构有四种，分别是星形、环形、总线形和树形。在实际应用中，可以根据需要，把基本的拓扑结构组合成更为复杂的网络。

（1）星形拓扑结构

在星形拓扑结构中，所有节点通过传输介质与中心节点相连，全网由中心节点执行交换和控制功能，任意两个节点之间的通信都要通过中心节点转发，典型的星形拓扑结构如图 1.9a 所示。星形拓扑结构简单，便于集中控制和管理，建网容易，故障容易隔离和定位，网络延迟较小；但网络的中心节点负荷过重，而其他节点通信负荷较轻，如果中心节点故障，则整个网络失效。星形拓扑结构适合用于终端密集的地方。交换式以太网属于典型的星形拓扑结构。

（2）环形拓扑结构

与星形拓扑结构不同，环形拓扑结构属非集中控制方式。网络上每个节点无主、从关系，各个节点由通信线路首尾相连成一个闭合的环路，如图 1.9b 所示。在环形拓扑中，数据通常单向流动，每个节点按位转发的数据可用令牌来协调各个节点的发送，任意两个节点都可实现通信。IBM 公司的 Token Ring（令牌环）及现代的高速光纤分布式数据接口（Fiber Distributed Data Interface，FDDI）网络都是典型环形拓扑结构的网络。由于环形网络信息通常单向流动，当网络中一个设备或传输介质出现故障时，可能引发全网故障，因此，在对可靠性要求较高的场合常采用双环冗余。

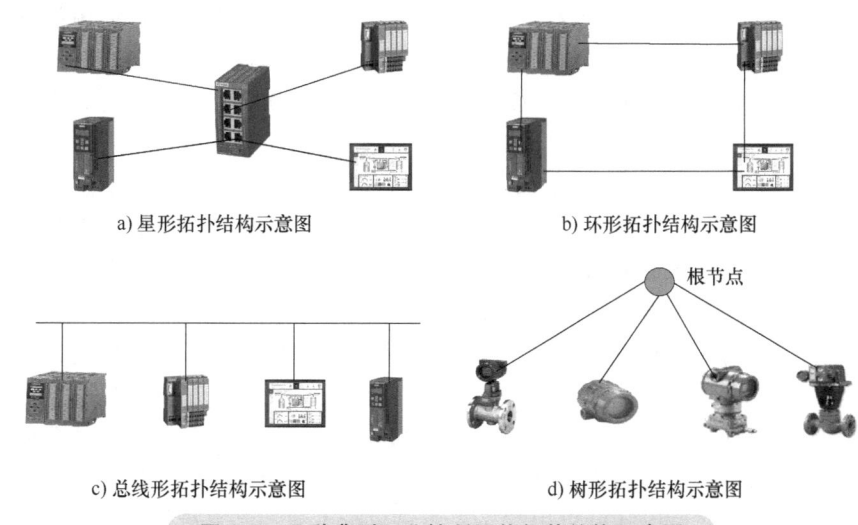

a) 星形拓扑结构示意图　　b) 环形拓扑结构示意图

c) 总线形拓扑结构示意图　　d) 树形拓扑结构示意图

图 1.9　几种典型工业控制网络拓扑结构示意图

（3）总线形拓扑结构

总线形拓扑结构是将若干个节点设备连接到一条总线上，共享一条传输介质，如图 1.9c 所示。该结构中，所有节点通过一个共享的总线进行通信。每个节点都可以通过总线发送和接收数据，但在任何给定的时间段内，只允许一个节点利用总线发送数据。这种通信方式称为广播通信方式，因为通过总线发送的数据将被所有节点接收到。总线形拓扑结构简单灵活、便于扩展、易于布线。总线网络可靠性较高，局部的节点出现故障不会导致整个网络瘫痪。因为总线上的所有节点都可以接收到总线上的信息，因此易于控制信息流动。但由于采用一条公用的总线通信，因此若总线上的任一节点出现故障，会造成整个网络瘫痪。

（4）树形拓扑结构

树形拓扑结构将节点按层次来连接，是一种具有顶点（根节点）的分层或分级结构，如图 1.9d 所示。一般来讲，越靠近根的节点，其处理能力越强，数据处理、命令控制等都由顶部节点完成。树形拓扑是总线形拓扑的扩展形式，可以在一条总线的终端通过接线盒扩展成树形拓扑，这也是基金会现场总线（Foundation Fieldbus，FF）等过程现场总线在现场最常用的方式。树形拓扑是适应性很强的一种拓扑，适用范围广，例如对网络设备的数量、传输速率和数据类型等没有太多的限制，可以达到很高的带宽。

菊花链形结构也是一种特殊的拓扑结构，可以看作总线结构的变种。在菊花链形结构中，设备按照线性的方式连接在一起，形成一个链条状的结构，每个设备只与前后相邻的设备直接连接。但现场总线一般不推荐采用这种结构，因为链条中某个设备的故障可能会影响整个链条的传输，可靠性相对较低。

除了上述几种网络结构外，在物联网等领域还有网状拓扑，设备之间通过多个连接点互相连接，形成网状结构。网状结构提供了更高的灵活性、可靠性和冗余性，但成本较高，管理和维护起来相对复杂。

2. 工业控制网络与计算机网络的比较

工业控制网络和计算机网络都是用于实现设备之间的通信和数据传输的网络系统，但由于它们是面向不同的应用场景，因此，两者有较大的不同，主要表现在以下几个方面：

1）实时性：为了确保生产的连续性和安全性，工业控制系统必须对现场信号在规定的时限内做出响应，这就要求工业控制网络具有相匹配的实时性能。越接近现场层，实时性要求越高，但对数据的吞吐率要求不高。而计算机网络通常更关注数据的可靠性和吞吐率，对实时性的要求较低。

2）网络拓扑：工业控制网络通常采用分布式的拓扑结构，将设备和控制节点分布在生产现场的不同位置。这种拓扑结构可以满足工业系统的布线和部署需求，同时提供灵活性和可扩展性。而计算机网络通常采用集中式的拓扑结构，将设备连接到集中的网络交换机或路由器。工业控制系统的上位机控制网络更接近一般的计算机网络。

3）网络安全：在信息安全的三个属性（即机密性、完整性、可用性）上，工业控制系统以"可用性"为第一安全需求，而IT信息系统以"机密性"为第一安全需求。IT信息系统的优先顺序是机密性、完整性、可用性，更加强调信息数据传输与存储的机密性和完整性，能够容忍一定的延迟，对业务连续性要求不高；而工业控制系统则是可用性、完整性、机密性。工业控制系统之所以强调可用性，主要是由于工业控制系统属于实时控制系统，对于信息的可用性有很高的要求，否则影响控制系统的性能。

4）环境适应性：工业控制网络主要工作在工业现场，而工业现场存在电磁干扰、振动、较大的温度和湿度变化等恶劣条件。这就要求工业控制网络能在这种现场环境下长期稳定工作。而计算机网络的工作环境好于工业控制网络。因此，工业控制网络通常需要使用耐用、抗干扰和高可靠性的设备，如工业级交换机、工业级服务器等，而计算机网络通常使用商用的网络设备，如普通交换机、路由器和服务器等。

1.2.3 网络体系结构与参考模型

1. 网络体系结构

网络体系结构是为了完成计算机间的通信，把计算机互联的功能层次化，并明确规定同层实体通信的协议及相邻层之间的接口服务。因此网络体系结构是计算机网络分层、各层协议、功能和层间接口的集合。不同的计算机网络在层的数量、各层的名称、内容和功能以及各相邻层之间的接口方面都是不一样的，然而，它们的共性就是每一层都是为它的邻接上层提供一定的服务而设置的，而且各层之间是相互独立的，高层不必知道低层的实现细节。这样，网络体系结构就能做到与具体的物理实现无关，只要它们遵守相同的协议就可以实现互联和操作。

TCP/IP（Transmission Control Protocol/Internet Protocol，传输控制协议/网际协议）模型和OSI模型是目前最典型的网络体系结构。TCP/IP的发展比OSI模型还要早几年，两者的设计目标都是为了实现异构计算机网络之间的协同工作。OSI模型和协议一开始就是作为国际标准来设计的，但其过于巨大和复杂，实现起来比较麻烦。相反，作为美国国防部的一个研究计划的TCP/IP，起先没有预计要成为一个国际标准，但令人始料不及的是它却成了实际中网络互连事实上的标准，被广泛采用。

2. 开放式系统互联参考模型

ISO 开发了开放式系统互联参考模型以促进计算机系统的开放互联，开放式系统互联就是可在多个厂家的环境中支持互联。该模型为计算机间开放式通信所需要定义的功能层次建立了全球标准。

OSI 模型将通信会话需要的各种进程划分成七个相对独立的功能层次，这些层次的组织是以在一个通信会话中事件发生的自然顺序为基础的，如图 1.10 所示。

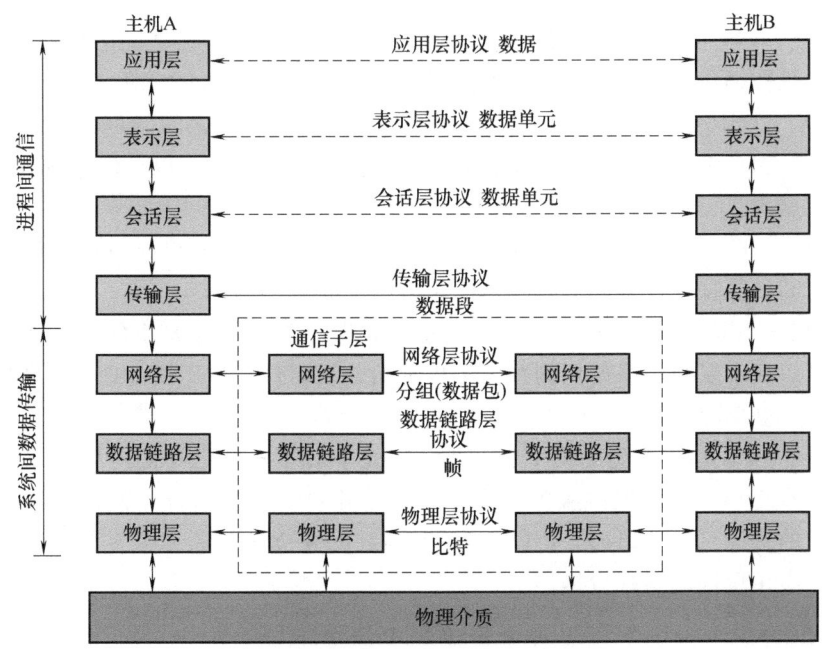

图 1.10 OSI 参考模型示意图

OSI 参考模型中的七个层是：物理层、数据链路层、网络层、传输层、会话层、表示层和应用层。4~7 层也称为主机层，主要面向用户。1~3 层称为网络层或媒介层，主要负责通信功能，常以硬件和软件相结合的方式来实现。具体的网络分层关系及作用如下：

1）物理层：OSI 参考模型的第 1 层。物理层定义了电气、机械、有关程序和功能的技术规范，目的是为了激活、维护和激活终端系统之间的物理链接，最终把比特流转换成电、光等信号进行传输。中继器、集线器属于典型的物理层设备。

以 Profibus-DP 现场总线为例，其物理层与 ISO/OSI 参考模型的第 1 层相同，采用 RS-485 标准，根据数据传输速率的不同，可选用双绞线和光纤两种传输媒体。Profibus-DP 通信采用半双工方式，编码方式为 NRZ 编码，最低有效位（LSB）被第一个发送，最高有效位（MSB）最后发送。

2）数据链路层：OSI 参考模型的第 2 层。这一层提供物理链路上的可靠的数据传输。数据链路层关系物理寻址、网络拓扑结构、线路规程、错误通告、帧的顺序传递和流量控制。网卡、网桥属于典型的数据链路层设备。

例如，Profibus-DP 现场总线数据链路（Fieldbus Date Link，FDL）层规定介质访问控制、帧格式、服务内容以及物理层、数据链路层的总线管理服务 FMA1/2。媒体访问控制

（Media Access Control，MAC）层描述了 Profibus 采用的混合访问方式，即主站与主站之间的令牌传递方式，主站与从站之间的主-从方式，主站通过获取令牌而获得访问控制权。Profibus 规定帧字符由 11 位组成，即 1 个起始位、8 个数据位、1 个奇偶校验位和 1 个停止位。FDL 层提供 4 种服务：SDA（发送数据要应答）、SRD（发送和请求回答的数据）、SDN（发送数据不需应答）、CSRD（循环性发送和请求回答的数据）。DP 总线的传输依靠 SDN 和 SRD 这两种 FDL 服务。FMA1/2 的功能主要有强制复位 FDL 和 PHY、设定参数值、读状态、读事件及进行配置等。

3）网络层：OSI 参考模型的第 3 层。本层提供两个终端系统之间的连接和路径选择。网络层传输的是数据包。路由器、多层交换机、防火墙等属于典型的网络层设备。

4）传输层：OSI 参考模型的第 4 层。本层负责两个端节点之间的可靠网络通信。传输层提供机制来建立、维护和终止虚电路，并传输错误检测和恢复，以及信息流量控制。传输层传输的是数据段。

5）会话层：OSI 参考模型的第 5 层。此层负责建立、管理和停止应用程序会话和管理表示层实体之间的数据交换。会话层传输的是数据单元。

6）表示层：OSI 参考模型的第 6 层。此层保证某系统应用层发出的信息能被另一系统的应用层读懂。表示层与程序使用的数据结构有关，从而作为应用层处理数据传输语法。表示层传输的是数据单元。

7）应用层：OSI 参考模型的第 7 层。此层为处于 OSI 模型之外的应用程序（如电子邮件、文件传输和终端仿真）提供服务。应用层识别并确认与通信合作伙伴的有效性（和连接它们所需要的资源），以及同步合作的应用程序，并建立关于差错恢复和数据完整性控制步骤的协议。应用层传输的是数据。

OSI 参考模型定义了开放系统的层次结构和各层提供的服务，其成功之处在于清晰地分开了服务、接口和协议这三个容易混淆的概念。当然，由于种种原因，目前还没有一个完全遵循七层 OSI 模型的网络体系。

基于 OSI 模型的数据通信可以这样理解：数据要通过网络从一个节点传输到另外一个节点时，要从高层一层一层地往下传，每一层协议都要在数据包上加对应的头部，这个过程称为数据的封装。最终在物理层把二进制比特流数据转换为适合在相应介质传输的信号（如电信号、光信号、微波信号等）并进行传输。数据包达到目标主机后，主机将删除这些添加的头部信息，并根据报头中的信息决定如何将数据沿协议栈向上传给合适的应用程序。这个过程称作数据解封。通过数据解封，接收方的应用程序可以得到发送方发送的数据。

实际的各类现场总线一般也不会使用这七层。例如，Profibus-DP 使用了 OSI 模型的第 1、2 层，由这两部分形成了其标准第一部分的子集。其用户层包括直接数据链路映像（Direct Data Link Mapper，DDLM）和用户接口，用户接口详细说明了各种不同 Profibus-DP 设备的设备行为，DDLM 将所有在用户接口中传送的功能都映射到 FDL 和数据链路层的总线管理服务，即从第 2 层直接链接到了用户层，而没有使用 3~7 层。

1.2.4 网络传输介质与介质访问控制

1. 网络传输介质

传输介质是数据通信的物理通路，是信号从发送设备到接收设备传递所经过的媒介，是通信系统中传送信息的载体,也是通信系统重要的硬件设备之一。工业控制网络通常采用多种类型的传输介质,既有有线介质,如双绞线、同轴电缆、光纤等,也有无线传输介质,如电磁波、红外线、微波。这里将重点介绍有线传输介质。

(1) 双绞线

双绞线是模拟数据及数字数据信号传输最通用的传输介质。双绞线采用了一对互相绝缘的导体以螺旋形式相互缠绕而成的,线芯一般是铜线。将两根导线缠绕在一起,可以使它们发射和接收的电磁干扰相互抵消。双绞线既可以传输模拟信号,也可以传输数字信号,其带宽取决于线芯的粗细和传输的距离。当传输模拟信号时,最大传输距离为15km;当传输数字信号时,最大传输距离为1~2km。双绞线的截面直径在0.38~1.42mm之间,典型的直径是1mm。

双绞线按其电气特性而进行分级或分类,一般分为屏蔽双绞线与非屏蔽双绞线。屏蔽双绞线在双绞线与外层绝缘封套之间有一个金属屏蔽层。屏蔽层可减少辐射,防止信息被窃听,也可阻止外部电磁干扰的进入,使屏蔽双绞线比同类的非屏蔽双绞线具有更高的传输速率。但由于成本、标准等原因,屏蔽双绞线使用得比较少。

常用的双绞线包括3类双绞线和5类双绞线。3类双绞线是由两根拧在一起的线构成的,一般在塑料外壳里有4对这样的线,外壳起到保护和约束的作用;5类双绞线比3类双绞线拧得更密、更绝缘,这使得它传输信号的距离更长,传输质量更好。与其他传输介质相比,双绞线在传输距离、信道宽度和数据传输速率等方面均受到一定的限制,但价格较为低廉。

(2) 光纤

光纤是一种光传输介质,是光导纤维的简称。它是一种能够传导光信号的极细而柔软的传输介质。光纤由纤芯和包层两部分组成。纤芯与包层是两种光学性质不同的物质。其中纤芯是光的通路,包层由折射率比纤芯低的玻璃纤维组成,其作用是将光线反射到纤芯上。纤芯通常是由石英玻璃制成的横截面积很小的双层同心圆柱体,它质地脆、易断裂,因此需要外加一保护层,这种在外层加了保护套的光纤就成为实际使用的光缆。光缆和同轴电缆相似,只是没有网状屏蔽层。

由于光纤只能传输光信号,因此光纤通信系统包括光发射机、光纤和光接收机。由于光纤具有单向传输性,因此,要实现双向通信,光纤必须是成对使用的,一根用于发送数据,另一根用于接收数据。

根据传输点模数的分类,可以把光纤分为单模光纤和多模光纤。单模光纤的纤芯直径小于光波波长($10\mu m$),此时光纤就如同一个波导,光在其中没有反射,而沿直线传播。单模光纤传输频带宽、传输容量大、传输距离更远。多模光纤能容纳多条满足全反射条件的光线同时在光纤中传播,光束以波浪式前进。多模光纤芯径大多在$50\mu m$以上,包层直径在$100~600\mu m$之间。与单模光纤相比,多模光纤的传输性能较差。

光纤传输信号的距离要比同轴电缆或双绞线远得多,它可以在30km的距离内不用中继器而传输,因此它适合长距离通信,且室外布线不需要防雷措施。由于光纤频带很宽,传输速率极高,因此十分适合传输大量的数据。光纤不漏光且难于拼接,这使得它们很难被窃听,安全性很高。光纤十分轻便,架设较容易,且占用空间少。光信号不受电磁干扰或噪声的影响,光波也不互相干扰,因此理论上不存在信号衰减问题。

2. 网络传输介质访问控制

在各种拓扑结构的网络通信中,需要解决在同一时间由多个节点发起通信而导致的争用传输介质的现象,需要采取某些措施来协调各个节点设备访问介质的顺序,即要实施介质访问控制。介质访问控制主要有争用型介质访问控制和确定型介质访问控制。其中带冲突检测的载波监听多路访问(Carrier Sense Multiple Access/Collision Detect,CSMA/CD)属于前者,而令牌环网和令牌总线属于后者。目前,由于以太网的广泛应用,CSMA/CD 成为主要的介质控制方式,而令牌环网和令牌总线用得较少。这里只对 CSMA/CD 和令牌总线两种典型介质控制方式做简单介绍。

(1)CSMA/CD

总线形控制网络的特点是:成本较低;接入的节点数较少时,负载较轻,时延小,网络效率可满足要求;接入的节点数较多时,负载加重,时延明显增大,网络效率下降;时延不确定,对实时应用不利。为了解决共享总线冲突,多采用载波监听多路访问(CSMA)的介质访问控制协议。

CSMA 的基本原理是:每个站点在发送数据前监听信道上其他站点是否在发送数据,如在发送,该站就不发送数据,从而减少发生冲突的可能,提高网络吞吐率。CSMA 可以分为非坚持 CSMA 和坚持 CSMA。

非坚持 CSMA 是某站一旦监听到信道忙,即发现其他站点在发送数据,就不坚持听下去,而是延迟一个随机的时间后重新监听。若进行载波监听时发现信道空闲,则将准备好的数据帧发送出去。

非坚持 CSMA 的一个明显缺点是,一旦监听到信道忙,马上延迟一个随机的时间再重新监听,但很可能在再次监听之前已经空闲。也就是说,非坚持 CSMA 不能将信道在刚变成空闲的时刻找出,这样一来就影响信道利用率的提高。为了克服这一缺点,可采用坚持 CSMA。

坚持 CSMA 的特点是在监听到信道忙时,仍坚持听下去,一直坚持听到信道空闲为止。这时有两种不同的策略:一种是一听到信道空闲就立即发送数据帧,也就是"1-坚持"CSMA,其缺点是如果有两个或多个站点同时监听信道,则可能发生两站发送冲突,影响网络的吞吐率;另一种是当听到信道空闲时,以 P 的概率发送数据帧,而以(1-P)的概率延迟一个时间单位(时间单位等于最大的传播时延时间)重新监听。这种策略称为"P-坚持"CSMA。"P-坚持"CSMA 是一种折中的算法,它一方面试图降低像"1-坚持"CSMA 的冲突概率,另一方面又减少像非坚持 CSMA 的介质浪费。

由于 CSMA 算法没有检测冲突的功能,即使冲突已经发生,仍然要将已破坏的帧发送完,使总线的利用率降低。一种 CSMA 改进方案可以提高总线的利用率,即 CSMA/CD 协议。采用这种协议时,每个站点在发送数据帧期间,同时具有冲突检测的能力,一旦检测到冲突,就立即停止发送,这样信道的容量不至于因传送已经破坏的数据帧而浪费。

在实际网络中,为了使每个站点都能正确地判断是否发生了冲突,常采用强制冲突的措施,即当发送数据帧的站点一旦检测到发生了冲突,除了立即停止发送数据外,还要向总线上发送一串阻塞信号,来通知总线上各个站点冲突已经发生。

对于冲突检测所需的时间,基带总线和宽带总线是不一样的。对于基带总线而言,冲突检测所需的时间等于任意两个站点之间最大的传播延迟时间的两倍。对于宽带总线而言,冲突检测时间等于任意两个站点之间最大传播延迟时间的 4 倍。

在 CSMA/CD 算法中，当检测到冲突并发完阻塞信号后，为了降低再冲突的概率，需要等待一个随机时间，然后再用 CSMA 的算法发送。为了决定这个随机时间，常用一种称为二进制指数退避的算法。这个算法是按先进后出的次序控制的，即未发生冲突或很少发生冲突的帧具有优先发送的概率，而发生多次冲突的帧发送成功的概率反而小。

IEEE 802.3 就是采用 CSMA/CD 介质访问控制协议，并使用二进制指数退避算法和"1-坚持"算法。这种算法在低负载时，当介质空闲时，要发送帧的站点就能立即发送；在重负载时，仍能保证系统稳定。它是基带系统，使用曼彻斯特编码，通过检测信道上的信号存在与否来实现载波监听。发送站的收发器检测冲突，如果发生冲突，收发器的电缆上的信号超过收发器本身发的信号幅度。由于在介质上传播的信号的衰减，为了正确地检测出冲突信号，以太网限制电缆的最大长度为 500m。

以太网的介质访问采用 CSMA/CD 协议也称为以太网的"尽力而为"机制，实时性较难得到保障。

（2）令牌总线

令牌总线介质访问控制协议是 IEEE 802.4。著名的 ARCNET 就是令牌总线网络。令牌总线类似于令牌环，每一个站点都可以侦听其他站点所发的信息，只有持有令牌的站点才可以发送信息。令牌总线采用总线形拓扑结构，因此具有简单、可靠、共享带宽等特点，具有适用于小规模的网络环境的优点。缺点是比较复杂、时间开销大。

IEEE 802.4 令牌总线网络在物理总线上建立一个逻辑环。从物理上来看，这是一种总线结构的局域网，和总线一样，站点共享的传输介质为总线。但是，从逻辑上来看，是一种环型结构的局域网，接在总线上的站组成一个逻辑环，每个站被赋予一个顺序的逻辑位置。令牌总线网络提供 1 个任选的 4 级优先级控制机制：级别 0（最低级）、2、4、6（最高级）。令牌总线的实现原理是：用令牌控制对介质的访问，只有令牌持有者才能控制总线，具有发送信息帧的权利，它可以发送一帧或多帧。令牌按一定的规则在网上的各站点直接循环地传递，从而形成一个逻辑环，每个站点在环中有一个指定的逻辑位置，它由 3 个地址决定：本地地址、先行站地址和后继站地址。网上各站可以不参加组成的逻辑环。环的组建、初始化和维护、站的插入和退出令牌的维护是由 MAC 控制帧来实现的。

令牌总线介质访问控制方法主要包括逻辑环的初始化、令牌的传递、插入环、退出环和故障管理等操作。

西门子现场总线 Profibus-DP 由 DP 1 类主站（DPM1，中央可编程控制器）、DP 2 类主站（DPM2，可编程、组态、诊断的设备）和 DP 从站（进行输入/输出信息采集/发送的设备）等构成，为了支持同一总线上的主站-主站（主主）通信和主站-从站（主从）通信模式，在数据链路层协议的 MAC 部分采用受控访问的令牌总线和主从方式。

1.2.5 现代工业控制网络对工业控制系统的支撑

1. 西门子 PCS7 集散控制系统的控制网络

PCS7 系统由操作员站（OS）、工程师站（ES）、控制站（AS）、分布式 I/O、现场设备、通信网络等组成。作为面向流程工业的大型工业控制系统，PCS7 实现了从底层控制到上层监控和管理的综合自动化功能。西门子 PCS7 系统的网络结构示意图如图 1.11 所示。

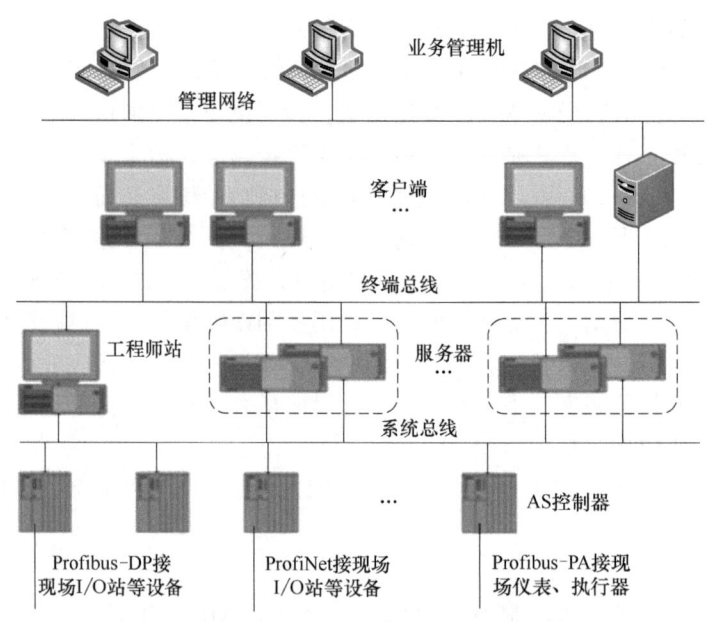

图 1.11 西门子 PCS7 系统的网络结构示意图

(1) 现场总线

现场总线包括 Profibus-DP、Profibus-PA 和工业以太网 ProfiNet。这些网络分别连接大量分布在现场的设备，包括远程 I/O、变频器、伺服驱动器、各类检测仪表、执行器等。Profibus-PA 设备要通过 DP/PA 耦合器与控制站的 DP 接口通信。有些情况下，现场总线下还有传感器总线 AS-I。AS-I 总线系统通过它主站中的网关可以和多种现场总线（如 FF、Profibus、CANbus）相连接。AS-I 总线可连接各种传感器和执行器。相比较而言，现场总线是工业控制系统的网络中比较复杂也最为重要的一层。

(2) 工厂总线（又称系统总线）

工厂总线用于 PC 和控制站之间的通信，例如，操作员站和控制站之间的通信以及工程师站和控制站之间的通信。

(3) 终端总线

终端总线用于 PC 之间的通信，例如，客户端和服务器之间的通信以及工程师站和操作员站之间的通信。

工厂总线和终端总线都是采用符合 IEC 802.3 标准的工业以太网 ProfiNet，传输介质可以是工业用双绞线或光纤。每个 PC 站都必须配置独立的网卡分别部署在两个总线中。因此，PC 站至少需要两个网卡，对于冗余的 PC 站，还可用第三网卡以支持操作员站之间的同步。在项目规划时，需要为工厂总线和终端总线配置不同的 IP 网段。

(4) 管理级总线

管理级总线主要连接企业的管理系统，包括 MES 及 ERP 等。由于这层对数据的实时性等没有特殊要求，因此采用标准的以太网。一般的工业控制系统开发时，只涉及管理级以下的三级网络。

2. 控制站与 I/O 站连接时的典型网络结构

(1) 控制站单站时的网络结构

图 1.12 所示为西门子 PCS7 过程控制系统的控制站单站网络拓扑结构示意图，采用的网络为工业以太网 ProfiNet，控制站通过 ProfiNet 与 ProfiNet IO（ET200S、ET200SP 等）通信。西门子 ProfiNet IO 通信可以在任何交换机网络中进行，对网络拓扑没有要求（星形、树形、总线形、环形、混合形均可），对交换机也没有特殊要求。只是在考虑实时性、MRP（介质冗余协议）、拓扑等高级功能时需要对交换机进行选择。例如，可选择西门子 SCALANCE 系列交换机。西门子 SIMATIC 的 ProfiNet 设备一般会具有多个 ProfiNet 接口（以太网控制器/接口），若每个 ProfiNet 接口具有 2 个以上端口（物理连接件），则可组成环网；若具有 3 个以上端口，则该设备还支持树形结构。需要注意的是，同一个 ProfiNet 接口下的端口共享一个 MAC 地址、IP 地址和 ProfiNet 设备名。

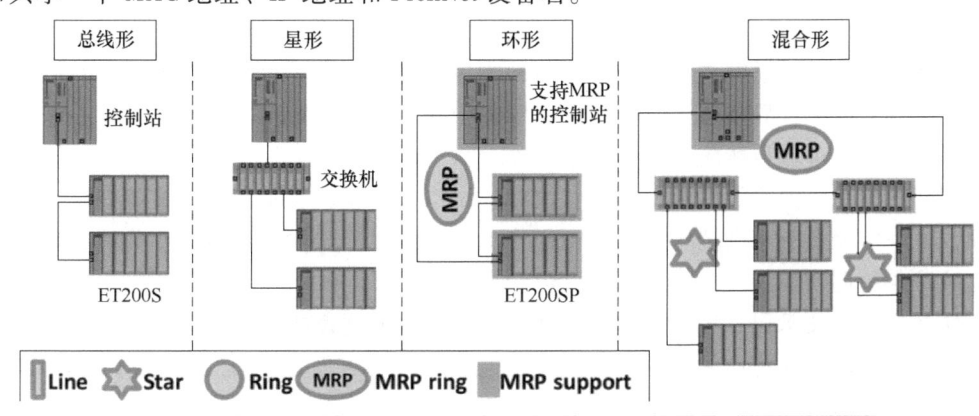

图 1.12 西门子 PCS7 过程控制系统的控制站单站网络拓扑结构示意图

(2) 控制站冗余时的网络结构

图 1.13 所示为西门子 PCS7 过程控制系统的控制站冗余网络拓扑结构示意图。所谓控制站冗余是指采用了 2 个控制站组成了控制站冗余。一般是 2 套 CPU 模块、2 个电源和 2 个以太网模块及光纤等。其中总线形结构中，远程 I/O 也进行了冗余，因此这是高可用性。而星形结构 I/O 没有冗余，属于标准可用性。这里需要注意的是，图 1.13 的混合形网络拓扑结构是总线形与星形混合，而图 1.12 的混合形是环形与星形混合，这是因为图 1.13 是冗余控制站的两个独立 ProfiNet 接口接入网络的，这两个 ProfiNet 接口并没有连接而使网络闭合，因此是总线形。而图 1.12 是一个控制站的同一个 ProfiNet 接口的两个端口接入网络使得网

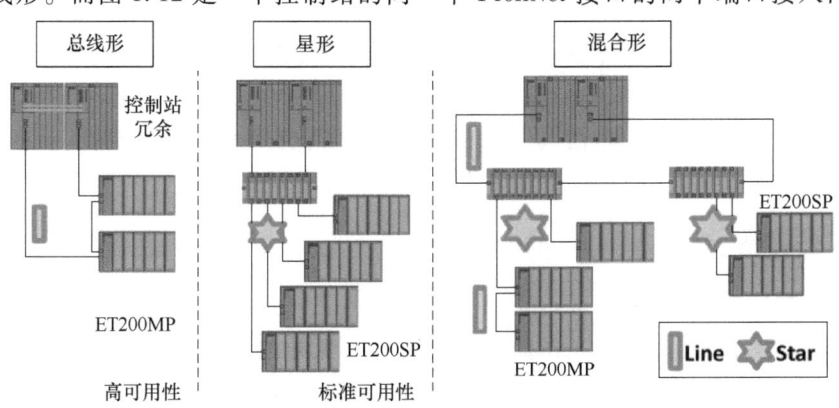

图 1.13 西门子 PCS7 过程控制系统的控制站冗余网络拓扑结构示意图

络闭合，从而构成 MRP 环形网络结构。

需要说明的是，MRP 属于介质冗余，不是协议冗余。就是当环网中有一个设备故障后，环网变成了总线结构，系统通信正常，可以在线维修。MRP 网络不支持控制站环形冗余（2 个环形网络冗余），西门子私有的高速冗余环 HSR 协议支持该结构。

1.3 物联网及云计算

1.3.1 物联网及其典型通信协议

1. 物联网（Internet of Things，IoT）

物联网是指通过互联网连接和交互的各种物理设备、传感器和其他对象。它的核心思想是将物理世界与数字世界相连接，使得设备能够相互通信、收集和共享数据，并通过云计算和人工智能等技术进行智能化处理和决策。

物联网的应用范围非常广泛，涵盖了家庭、城市、工业、农业、医疗等各个领域。通过物联网，可以实现智能家居控制、智能交通管理、智能工厂监控、智能农业种植、智能医疗远程监护等各种创新应用。

物联网的核心技术包括传感器技术、通信技术、数据处理技术和云计算等。传感器可以感知和采集各种环境和物体的信息，通过无线通信技术将数据传输到云端进行处理和存储，然后通过云计算和人工智能等技术进行数据分析和智能化决策。

物联网的发展带来了许多机遇和挑战。它可以提高生产效率、降低能耗、改善生活质量，但也需要解决数据安全和隐私保护等问题。

2. 物联网中典型的通信协议

物联网得以构建的关键是依赖于各种网络通信协议。除了 NB-IoT 和 LoRa 外，以下几种也是常见的物联网通信协议。

1）MQTT：一种轻量级的发布/订阅协议，广泛用于物联网设备和应用之间的通信。它具有低带宽、低功耗和可靠性强的特点，适用于大规模设备连接和实时数据传输。

2）CoAP：一种专为受限设备和网络设计的应用层协议，采用 RESTful 架构风格。它在物联网设备之间实现了轻量级的通信，具有低能耗、低带宽和简单的数据模型。

3）ZigBee：一种低功耗、短距离无线通信协议，适用于物联网设备之间的局域网通信。它具有自组网、低能耗和可靠性强的特点，适用于大规模设备网络和传感器网络。

4）OPC UA：一种开放的工业物联网通信协议，用于在工业自动化系统中进行设备和应用之间的数据交换和通信。它提供了统一的数据模型、安全性和可扩展性，支持跨厂商和跨平台的互操作性。实际上，工业互联网也广泛使用该协议。

1.3.2 云计算概述

1. 物联网与云计算

长期以来，物理访问受限、高昂的能源成本以及低效的应用事件处理，一直困扰着 IT 行业及其用户。云计算能提供广泛的计算资源和信息访问能力，使开发者能够更高效地解决问题，从而构建更加可靠的 IT 基础设施。

物联网功能的实现很大程度上依赖于云计算。物联网中的云计算是指将设备、生产数据和业务系统连接到云平台上，通过云计算技术进行数据存储、处理和分析。云计算可以提供强大的计算能力和存储资源，帮助企业及用户实现大规模数据的管理和分析，提升生产效率和产品质量，并支持智能化决策和预测分析。通过云计算，工业企业可以实现设备的远程监控、数据的实时采集和分析、资源的灵活调配等功能，从而实现数字化转型和智能化升级。

云计算框架通常分为物理层和虚拟化层。物理层管理关键硬件资源，包括服务器、存储设备和网络组件。虚拟化层则由运行在物理层之上的软件构成，体现了云计算的核心功能和特性。

2. 云计算概念

云被定义为一种网络基础设施，其中计算资源（例如计算机硬件、存储、数据库、网络、操作系统，甚至整个软件应用程序）都可以按需即时获取。尽管云计算可能不包含大量的新技术，但它确实代表了一种全新的 IT 管理方式。例如，云计算可以最大限度地实现可扩展性并降低成本。

云计算常常与面向服务的架构（SOA）、网格计算、效用计算和集群计算进行比较。虽然云计算和 SOA 各自独立发展，但云计算的平台和存储服务为 SOA 提供了附加价值。网格计算等技术使计算资源可以作为实用工具进行配置，而云计算则进一步简化了按需资源配置，避免了为满足多个客户需求而进行过度配置的必要性。效用计算是一种按资源使用付费的模式，类似于电力或天然气等公用事业的收费方式。

集群计算是一种低成本解决方案，适用于可并行处理的应用程序。表 1.2 列出了每种计算技术及其特征。图 1.14 展示了云服务交付模型的构建和部署。最终用户通过互联网访问云服务，需要拥有云服务提供商（CSP）的账户，以确保安全和计费。用户指定所需资源，CSP 以虚拟机的形式直接提供给用户账户。这种方式使用户能够灵活地在远程托管的资源上构建自己的应用程序，实际上是租用了 CSP 的操作系统、CPU、内存、存储和网络资源，从而提高了工作负载的弹性和可扩展性。

表 1.2 计算技术及其特征

计算技术	特征
云计算	成本高效,几乎无限的存储、备份和恢复,易于部署
面向服务的架构	松耦合、分布式处理、资产创建
网格计算	有效利用闲置资源,可以实现模块化、并行化,处理复杂性
集群计算	提高网络技术、处理能力,降低成本、可用性、可扩展性

3. 服务交付模型

云交付模型指的是云提供商提供的一组特定、预先打包的 IT 资源组合。目前，三种已广泛应用和正式化的常见云交付模型是基础设施即服务（IaaS）、平台即服务（PaaS）和软件即服务（SaaS），具体如下：

IaaS：提供处理、存储、网络等基本计算资源的配置能力。例如，通过 Amazon 的 IaaS 云运行 CPU/内存密集型应用程序。

PaaS：允许用户使用特定的编程语言、库、服务和工具，在云基础设施上构建和部署应

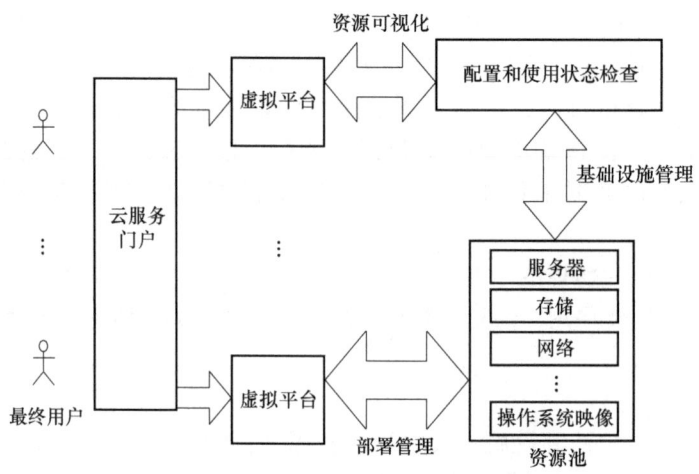

图 1.14 云服务交付模型的构建和部署

用程序。例如,使用 Google Cloud Platform 构建和部署应用程序。

SaaS:提供用户直接在云基础设施上运行应用程序。例如,使用 Google Apps 打开 Word 或 PDF 文件,而无需在本地安装 MS Office 或 Adobe Reader。

这三种云交付模型已经演变出许多专门的变体,各自提供不同的 IT 资源组合,例如:

数据库即服务(DaaS):通过云计算平台提供数据库服务,用户按需访问,由服务商负责数据库的可扩展性和高可用性。

通信即服务(CaaS):一种外包的企业通信解决方案,包括 IP 语音、即时消息、协作工具和视频会议应用。

集成平台即服务(IPaaS):提供支持应用程序、数据和流程集成的云平台,通常用于云应用程序、数据源、API 和本地系统的集成。

测试即服务(TaaS):将测试活动外包给第三方,重点在于模拟客户需求中的真实测试环境,即一种外包测试模式。

4. 模型部署

云托管部署模型定义了云环境的类型,主要依据所有权、规模和访问权限区分,从而明确云的目的和性质。要选择合适的部署模型,首先需要了解主要的云部署模型,如图 1.15 所示。

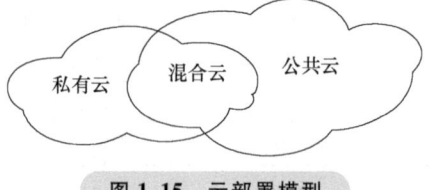

图 1.15 云部署模型

公共云:公共云通过公开网络向公众提供云服务。在这种模型下,服务提供商向各种客户提供共享的服务和基础设施,是云托管的典型代表。

混合云:混合云是一种集成的云计算环境,由两个或多个云(如私有云、公共云或社区云)组合而成,它们彼此关联但仍作为独立实体存在。

私有云:私有云是在基于云的安全环境中运行的平台,由特定公司的 IT 部门管理,并由防火墙保护。私有云仅供授权用户使用,使组织能够直接控制和保护其数据。

社区云:社区云是一种云托管模式,多个属于特定社区(如银行和贸易公司)的组织共享同一云基础设施。这是一种多租户环境,由具有相似计算需求的组织共同使用。

1.3.3 云计算的特征、技术与挑战

1. 云计算的特点和优势

云计算之所以在全球范围内迅速普及，与它的特点和优势是分不开的，主要表现在：

1）灵活付费：消费者可以根据需求自动获取计算功能，如服务器时间和网络存储，而无需与服务提供商进行人工交互。

2）广泛的网络访问：云计算功能可以通过网络获得，并通过标准机制访问，支持不同类型的客户端平台（如移动电话、平板电脑、笔记本电脑和工作站）。

3）资源共享：云计算通过虚拟化技术将物理资源划分为多个虚拟资源，实现多用户共享同一组物理资源。这样可以提高资源的利用率，降低成本，并且能够根据实际需求动态分配资源。不同的物理和虚拟资源根据消费者的需求动态分配和重新分配。客户通常无法控制或知晓资源的确切位置，但可以在更高的抽象级别（如国家、州或数据中心）指定位置。资源示例包括存储、处理、内存和网络带宽。

4）快速弹性：云计算可以根据实际需求快速扩展或缩小计算资源，用户可以根据需要灵活地增加或减少服务器、存储和带宽等资源，以适应业务的变化和峰值需求。

5）可测量的服务：云系统通过计量功能（如存储、处理、带宽和活动用户账户），自动控制和优化资源使用。它还可以监视、控制和报告资源使用情况，为提供者和消费者提供透明度。

6）安全可靠：云计算提供了多层次的安全措施，包括数据加密、身份认证和访问控制等，以确保用户数据的安全性和隐私保护。同时，云计算提供了高可用性和容错性，可以在硬件故障或自然灾害等情况下保障服务的持续性。

2. 云计算平台

（1）主要的云计算平台

为了满足企业和个人在云计算环境中构建和运行应用程序，不同的供应商提供了云计算平台或服务。这些云计算平台或服务都提供了一系列的基础设施和工具，使用户可以在云上构建和部署应用程序。它们提供了虚拟化的计算资源，如虚拟机、存储空间和网络连接等，用户可以根据自己的需求灵活地进行资源配置和管理。由于每个云计算平台或服务都有其独特的特点和功能，因此用户需要根据需求有针对性地进行选择。

Amazon 的 EC2、IBM 的 Blue Cloud、Microsoft 的 Azure、Sun Cloud、Salesforce.com 的 Force.com Cloud 和 Google 的 AppEngine Cloud 都是典型的公有云平台。EC2 提供了弹性计算服务，Blue Cloud 提供了企业级的云计算解决方案，Azure 提供了一体化的云计算平台，Force.com Cloud 专注于提供基于云的企业应用等。

除了选用上述公有云环境外，用户也可以选用开源云计算平台 Apache CloudStack、Eucalyptus 和 OpenStack 来构建和管理私有云和公有云环境。

1）Apache CloudStack 是 Apache 软件基金会的顶级项目，定位为"交钥匙"解决方案。它提供自助式 IaaS 功能，包括计算编排、用户和账户管理、本机 API 和 Amazon Web Services（AWS）API 转换器。为 CloudStack 编写的应用程序可以在 AWS 中运行，以及网络、计算、存储资源、多租户和账户分离的资源核算。

2）Eucalyptus Systems 是一家云管理软件开源提供商，与 Amazon Web Services 紧密相

关。部署 Eucalyptus 云平台的优势之一是，公司能够根据需求无缝接入 Amazon 公有云，实现从私有云到混合云的迁移。Eucalyptus 软件支持行业标准 AWS API，包括 Amazon EC2、Amazon Simple Storage Service（Amazon S3）、Amazon Elastic Block Store（Amazon EBS）和 Amazon Identity and Access Management（Amazon IAM）。它支持三种虚拟机管理程序：VMware ESXi（基于 vSphere 技术）、KVM 和 Xen Cloud Platform（XCP）。

3）OpenStack 由 Rackspace 和 NASA 于 2010 年共同创立，目前可在 Apache 2.0 许可证下使用。OpenStack 平台的使用增长迅速，目前已有包括 AT&T、HP 和 IBM 等知名公司在内的多家企业使用 OpenStack 作为其私有云产品的基础。IT 部门可以选择通过内部部署免费下载 OpenStack 软件，或从供应商处获取支持服务。

Microsoft Hyper-V 和 VMware vCloud Director 也是主要的用于虚拟化和云计算的解决方案，它们提供了强大的功能和工具，帮助用户构建和管理云环境。

1）Microsoft Hyper-V 软件和 Microsoft System Center 合称为 Microsoft Cloud OS，是一组基于 Windows Server 操作系统、Hyper-V 软件、Microsoft System Center 和 Windows Azure 平台构建的技术、工具和流程。这些技术共同提供了一个一致的平台，用于管理基础设施、应用程序和数据。

2）VMware vCloud Director 是一个全面的集成云平台，包含构建云环境和运行 VMware vSphere 虚拟化环境的所有组件。VMware vCenter Server 负责管理计算、存储和网络资源，而 VMware vCloud Director 将云的各部分连接在一起，便于部署一个安全的多租户云环境，在其中可以共享 VMware vSphere 资源。

开源平台通常提供了低成本的切入点，并且具备应用程序可移植性，但往往需要大量的内部开发。相比之下，商业供应商产品的成本通常高于开源工具。用户需要综合考虑虚拟化环境、云战略、业务需求的范围、技术资源的可用性以及预算来进行选择。

（2）应用程序部署

应用程序平台，无论是在本地部署还是在云环境中，都可以分为以下三个部分：

1）基础：几乎每个应用程序都依赖其运行的平台软件。这通常包括标准库、存储以及基本操作系统等支持功能。

2）基础设施服务：在现代分布式环境中，应用程序经常使用由其他计算机提供的基本服务。例如，远程存储、集成服务和身份服务等都是常见的基础设施服务。

3）应用程序服务：随着越来越多的应用程序转向服务化，它们提供的功能不仅面向最终用户，还可以被其他新应用程序利用。虽然这些应用程序的主要目的是为终端用户提供服务，但它们也逐渐成为应用程序平台的一部分。在面向服务的环境中，将其他应用程序视为平台的一部分已经成为一种常见的做法，尽管这种做法看起来有些不寻常。

3. 云计算网络架构

云计算网络架构是指用于支持云计算环境的网络架构设计和布局。它包括了各种网络组件、拓扑和协议，以实现高可用性、可扩展性和安全性的云计算网络环境。以下是云计算网络架构的一些关键组件和特点：

1）云服务提供商网络：云服务提供商通常会建立自己的网络基础设施，包括数据中心、服务器、交换机、路由器等。这些设备会被组织成一个或多个云区域，以提供高可用性和可扩展性的云计算服务。

2）虚拟网络：云计算平台通常会使用虚拟化技术，将物理网络资源划分为多个虚拟网络，以提供更好的资源隔离和多租户支持。虚拟网络可以根据用户需求进行创建、配置和管理，使得用户可以自定义网络拓扑和配置。

3）负载均衡：为了实现高可用性和性能优化，云计算网络架构通常会使用负载均衡技术，将网络流量分配到多个服务器或实例上。负载均衡可以均衡网络负载，提高系统的可靠性和性能。

4）弹性网络：云计算网络架构需要具备弹性，即能够根据需求快速扩展或缩小网络资源。这可以通过自动化的网络配置和服务编排来实现，以满足业务的变化和峰值需求。

5）安全性：云计算网络架构需要提供安全的网络环境，以保护用户数据和系统的安全。这包括网络隔离、访问控制、数据加密、身份认证等安全措施，以及网络安全监控和事件响应机制。

6）私有云和公有云互联：对于混合云环境，私有云和公有云之间需要建立安全和可靠的连接。这可以通过虚拟专用网络、专用链路或混合云互联网关等方式实现。

不同云服务提供商可能会有不同的网络架构设计和实现方式，用户可以根据自身需求选择适合的云计算网络架构。

4. 云计算的挑战

云计算虽然有较多的优势，但也给用户、开发人员、工程师、系统管理员和服务提供商带来了许多挑战，如图 1.16 所示。

1）安全性：自公有云出现以来，企业对潜在安全风险的担忧一直没有改变。

2）缺乏资源：许多公司希望通过雇用更多具备云计算认证或技能的员工来应对这一挑战。专家还建议对现有员工进行培训，以帮助他们适应快速发展的技术环境。

图 1.16 云计算的挑战

3）治理和控制：治理和控制也是云计算面临的重要挑战，可以通过建立和执行标准与政策来缓解部分云计算的管理问题。

4）合规性：随着欧盟通用数据保护条例（GDPR）的实施，合规性再次成为许多企业 IT 团队的首要任务。

5）多云环境：绝大多数用户推行使用多种云服务。大约 51% 的企业采用混合云战略（将公共云和私有云结合使用）。

6）迁移：虽然在云中启动新应用程序相对简单，但将现有应用程序迁移到云计算环境并非易事。

7）供应商锁定：目前，公共云市场由少数供应商主导，如亚马逊网络服务、微软 Azure、谷歌云平台和 IBM 云。这引发了分析师和企业 IT 领导者对供应商锁定的担忧。

8）技术不成熟：许多云计算服务涉及人工智能、机器学习、增强现实、虚拟现实和高级大数据分析等前沿技术。使用这些新技术的潜在缺点是，它们在性能、可用性和可靠性方面不一定能达到企业的期望。

9）一体化：许多组织，特别是拥有混合云环境的组织，报告了将公共云与本地工具和应用程序集成的挑战。

1.3.4 边缘计算

1. 边缘计算概述

传统的云计算模型是将数据发送到远程的云服务器进行处理和存储,然后再将结果返回到终端设备。云计算具有强大的计算能力和存储容量,适用于大规模数据处理和复杂计算任务,提供了高度可扩展性和灵活性。然而,在一些场景中,如物联网、智能工厂、自动驾驶等,产生的数据量非常庞大且部分数据需要实时处理和反馈。将大量数据传输到云端进行处理会造成较大的延迟和网络压力,不利于实时决策和快速响应。

工业互联网与物联网的迅猛发展和云服务的成功催生了新的计算范式,即边缘计算。边缘计算是将计算资源和处理能力移动到数据产生的地方,将计算任务在离数据源较近的边缘设备上执行。边缘设备可以是智能手机、传感器、控制器、工业计算机等。边缘计算的优势在于实时性好、响应快、数据和用户隐私得到保护,而且减轻了网络负荷,适用于需要快速决策和实时反馈的场景。

可以看出,云计算和边缘计算是两种不同的计算模型,它们在处理数据和执行计算任务的位置上有所不同,分别适合不同的应用需求和场景。在工业互联网中,云计算和边缘计算通常是结合使用的。边缘设备可以收集和预处理数据,然后将部分数据上传到云平台进行进一步的分析和处理。这种模式可以在保证实时性和低延迟的同时,利用云计算的强大计算能力来处理大规模数据和复杂任务。例如,在智能工厂中,设备状态监测与预测性维护就是在云端处理,而实时优化就是在边缘设备处理。

2. 边缘计算的定义

边缘计算是一种允许在网络边缘对云服务的下游数据和物联网服务的上游数据进行处理的技术。"边缘"定义为数据源与云数据中心之间路径上的任何计算或网络资源。例如,智能手机是人体与云之间的边缘,智能家居中的网关是家庭设备与云之间的边缘,而微型数据中心(MDC)和云节点(Cloudlet)是移动设备与云之间的边缘。

图1.17展示了边缘计算中的双向计算流。在边缘计算中,设备不仅是数据消费者,还充当数据生产者。边缘设备可以执行计算卸载,数据存储、缓存和处理,并将云端请求和服务分发给用户。为了确保这些工作顺利进行,边缘设备必须精心设计,以有效满足可靠性、安全性和隐私保护等要求。

3. 边缘计算的核心技术

(1)虚拟机和容器

虚拟机曾为云计算提供了有效支持。容器继承自虚拟机,直接运行在物理基础设施上,并提供操作系统级别的虚拟化。得益于共享操作系统的设计,容器的大小可缩小至MB级别,启动时间仅需几秒。轻量级容器非常适合资源需求有限的边缘计算应用程序,如存储容量和响应时间。

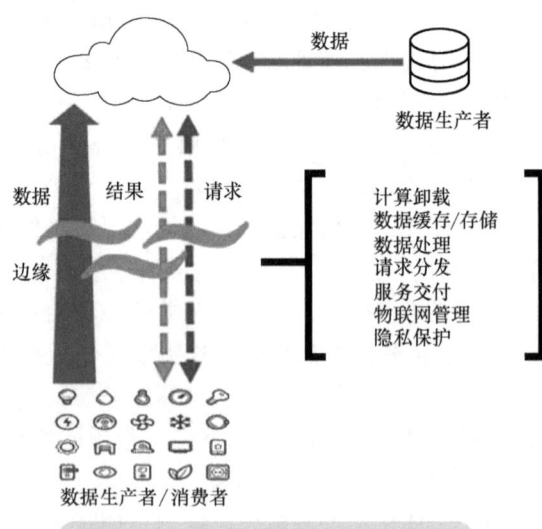

图1.17 边缘计算中的双向计算流

（2）软件定义网络（SDN）

边缘计算将计算基础设施推向数据源附近，从而增加了计算复杂度。SDN 为边缘网络虚拟化提供了一种经济高效的解决方案，简化了通过自动重新配置边缘设备和带宽分配的网络复杂性。通过 SDN 支持的即插即用方式，边缘设备可以轻松设置和部署。此外，SDN 在物联网、智能家居和智慧城市等边缘系统的安全性方面展现了巨大潜力。

（3）内容交付/分发网络（CDN）

最初，CDN 并不是为边缘计算设计的。然而，将内容缓存到靠近数据消费者的边缘服务器的概念非常符合边缘计算的基本原理。随着网络流量的增加，上游服务器成为网络瓶颈，而 CDN 在网络边缘提供可扩展的数据缓存，有效节省了带宽成本，并缩短了页面加载时间。

（4）云节点（Cloudlet）和微型数据中心（MDC）

Cloudlet 和 MDC 是用于增强移动性的紧凑型云数据中心，它们充当边缘/移动设备与云之间的网关。由于地理位置接近，边缘设备能够以较低的延迟访问 Cloudlet 或 MDC 上的计算能力。例如语音识别、语言处理、机器学习、图像处理和增强现实等边缘计算任务可以部署在 Cloudlet 或 MDC 上，从而降低资源成本。

4. 边缘计算系统

1）Apache Edgent：这是一种编程模型，能在边缘设备或网关上实时处理本地数据流。Edgent 决定数据是否在边缘设备或后端系统中存储或分析，使应用程序从发送连续的原始数据流转变为仅向服务器发送必要的数据，从而显著减少传输和存储量。

2）OpenStack：这是一个云操作系统，通过数据中心控制计算、存储和网络资源，并提供用户管理工具。OpenStack 的基础设施可以部署在边缘设备上，并支持虚拟机和容器技术，这是边缘计算的关键技术。

3）EdgeX Foundry：这是一个用于物联网和边缘计算的供应商中立的开放式互操作平台，由 Linux 基金会托管。它利用云原理和物联网通信协议，专注于工业物联网，还可以缩小到边缘设备，为边缘节点提供安全和系统管理。

除了开源解决方案，云服务提供商还提供了在网络边缘实现高级数据分析和人工智能的商业系统，如微软的 Azure IoT Edge、谷歌的 Cloud IoT 和亚马逊的 AWS Greengrass。

Azure IoT Edge 将数据分析从云转移到边缘设备。它由三个组件组成：IoT Edge 模块、IoT Edge 运行时和基于云的界面。IoT Edge 运行时管理边缘设备上的云逻辑，多个 IoT Edge 模块作为 Docker 兼容容器运行，执行 Azure 服务、第三方服务或自定义代码。云界面允许用户分配和监控边缘设备上的工作负载。

AWS Greengrass 是一款在边缘设备上实现本地计算、通信、数据缓存、同步和分析的软件，核心支持本地执行 AWS Lambda、消息传递、设备影子和安全功能。

1.4 工业互联网及智能传感器

1.4.1 工业互联网

1. 工业互联网概述

工业互联网是指在工业领域中，通过互联网技术和云计算平台，实现设备、系统和企业之间的信息共享和协同工作。工业互联网的目标是实现设备之间的无缝集成和协同,通过大数据分析和人工智能技术,提供智能化的生产和管理决策支持,进一步提高工业生产的效率和质量。图1.18所示为工业互联网平台典型结构。可以看出,这是一个巨大的信息系统,数据的采集、获取与存储是基础,所涉及的数据通信已超过传统的工业控制网络范畴。

一般认为,工业物联网注重设备的互联互通和数据交换,即所谓万物互联。而工业互联网注重整个产业链的信息共享和协同工作。两者都是推动工业领域数字化转型和智能化发展的重要技术和概念。

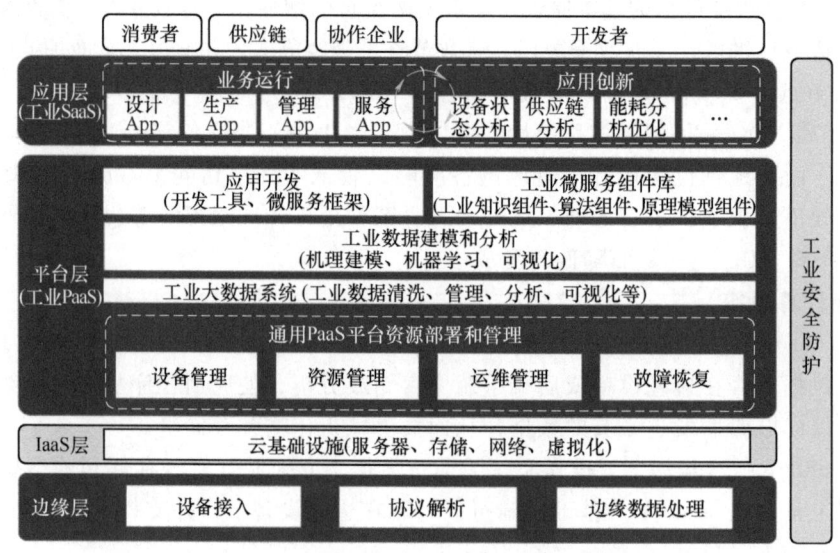

图1.18 工业互联网平台典型结构

工业互联网平台有多种不同的分类方式,以下为常见的几种:

1) **垂直集成模型**:垂直集成模型是指在某个特定的工业垂直领域中,集成了物联网、大数据分析、云计算等技术,并通过连接设备和传感器实现数据的采集、处理和应用。

2) **横向集成模型**:横向集成模型是指将工业互联网技术应用于跨不同工业领域的集成。它通过连接不同领域的设备和系统,实现数据的共享和协同,从而提高整个产业链的效率和协作。例如,将物流、供应链、生产等不同环节的数据进行整合和分析,实现更精确的物料调度和生产计划。

3) **工业云平台模型**:工业云平台模型是指通过建立云计算平台,将工业设备和数据连接到云端,实现数据的存储、处理和分析。这种模型可以提供大规模的数据存储和计算能力,使得企业可以更好地利用数据进行生产优化、预测分析和决策支持。

4) **边缘计算模型**:边缘计算模型是指将计算和处理能力下放到离设备近的边缘节点上,实现实时的数据处理和决策。这种模型可以减少数据传输的延迟和网络负载,提高响应速度和安全性。边缘计算模型十分适用于有实时决策需要的应用。

目前大量企业都推出了各自的工业互联网平台,但每种平台都有其特点和适用场景,需要根据实际需求来选择。

2. 工业互联网云平台

(1) 西门子 Mindsphere(现已更名为 Insights Hub)

西门子 Mindsphere 是西门子公司推出的一款工业互联网平台。它是基于云计算和边缘计算技术，旨在帮助企业实现数字化转型和智能化升级，提供实时的数据监测和分析，以及各种应用和解决方案来优化工业生产和运营。

Mindsphere 平台提供了一系列工具和服务，用于连接、监测、分析和优化工业设备和生产数据。它可以集成各种传感器、控制器和设备，实现数据的实时采集和传输。通过云计算和边缘计算的结合，Mindsphere 可以对大规模数据进行存储、处理和分析，从而提供工业企业的运营数据和业务洞察。

Mindsphere 平台还提供了各种应用和解决方案，包括预测性维护、能源管理、质量控制、生产优化等。这些应用基于机器学习和人工智能技术，可以实现设备故障预测、能源消耗优化、生产线优化等功能，提升生产效率、降低成本和提高品质。

（2）海尔卡奥斯 COSMOPlat

卡奥斯 COSMOPlat 是海尔推出的具有中国自主知识产权、全球首家引入用户全流程参与体验的工业互联网平台。卡奥斯的核心是大规模定制模式，将用户需求和整个智能制造体系连接起来，让用户可以全流程参与产品设计研发、生产制造、物流配送、迭代升级等环节，将用户由被动的购买者变为参与者、创造者。把以往"企业和用户之间只是生产和消费关系"的传统思维转化为"创造用户终身价值"。

海尔 COSMOPlat 工业互联网平台基于云计算、物联网、大数据分析等先进技术，实现了设备的连接，数据的采集、分析和应用的集成。通过该平台，企业可以对设备进行远程监视和控制，实时获取设备的运行状态和生产数据。同时，海尔工业互联网平台还提供了数据分析和挖掘的能力，帮助企业实现生产数据的实时监测和分析，以及预测性维护和生产优化。

海尔工业互联网平台还提供了各种应用和解决方案，包括智能制造、智能供应链、智能物流等。通过这些应用，企业可以实现设备的智能化管理、生产过程的优化、供应链的可追溯性和物流的智能化控制。

1.4.2 工业互联网中的智能传感器

1. 智能传感器及其典型应用

（1）智能传感器

工业互联网作为应用于工业场景的智能平台，首先要解决的就是各类现场信息的采集和传输。随着现代检测技术的发展和应用要求的不断提高，产生了不同类型的智能传感器。智能传感器通常由微处理器驱动，包括信号检测与处理、通信和诊断等功能单元。智能传感器作为工业互联网的组件，它实时感知现场的各类被测信号，通过数据通信的方式把信号传递到控制器或网关。智能传感器通常具有强大的数字信号处理能力，具备先进的故障检测与诊断功能，具有开放的标准化数字通信接口。智能传感器通常能在工业现场恶劣的环境下长期稳定工作。

（2）智能传感器的应用

智能传感器已经应用于各个行业，并对制造业产生巨大影响，主要功能包括：

1）监控生产设备和系统性能：智能传感器用于监控设备和系统性能，从而减少生产过程中的浪费和管理不善。

2）检测和收集数据：智能传感器用于连接不同类型的设备和系统来收集数据，在整个工厂中建立了无缝连接，使制造商能够汇总所有生成的数据。

3）预测机械故障并触发维护协议：智能传感器有助于预测机械和生产过程中的故障并触发维护协议。

4）加快信息流动：智能传感器有助于加快与实时更改相关的信息流动，从而提高产量。传感器生成的数据提高了信息的透明度和流动性。

2. 常见的智能传感器

智能传感器的普及和应用推动了智能制造的发展促进，显著提升了生产效率、生产的柔性和产品质量。下面介绍工业互联网中常见的三种智能传感器。

（1）智能跟踪传感器

智能跟踪传感器跟踪生产系统和流程并监控工厂生产。它们在制造过程的每一步收集数据和信息，并报告工厂内各台机器间的交互情况。这些传感器还向工厂操作员发送有关机器操作的数据。这样，生产线或生产过程中的任何问题都将被自动检测并传达给相关人。在智能跟踪传感器出现之前，工厂依靠工人对装配过程进行实时监控，而智能跟踪传感器能够大大消除工人失察的情况，提供生产制造效率。

（2）能源管理传感器

为了促进低碳生产，加强能源管理十分必要。能源管理是指获取有关生产过程中能源使用地点、时间、方式和原因等重要数据的过程，从而使生产者能够提高效率、降低成本并提高可持续性。智能传感器可用于跟踪和分析工厂的能源使用情况，以减少生产过程中的能源损失。

（3）设备状态传感器

提高设备可靠性需要通过数据分析技术来实现。设备状态传感器专注于监控设备自身的健康状况，而非整个生产过程的健康状况。其主要目标是提高生产过程中设备的工作效率和延长使用寿命。当设备状态传感器检测到机器中的缺陷时，它们会发出紧急维修的警报。此外，这些传感器还能够预测潜在的问题，以便在问题变得严重之前加以解决，从而帮助工厂避免减产或停产的情况，节省资金和时间。

1.4.3 离散制造业典型传感器及其在工业互联网中的应用

工业互联网中使用的传感器种类繁多，在不同的应用领域，使用的传感器会有较大的差别。例如，在水及污水处理中，主要是各种过程检测仪表和水质参数分析仪表。在流程工业中，主要是温度、压力、物位和流量等过程检测仪表和成份分析仪表。这里主要介绍在离散制造业中常用的几种传感器。

1. 机器视觉及其应用

机器视觉是一种使机器或系统能够"看到"并理解周围的环境的技术。这项技术通过模拟人类视觉的能力，允许机器自动捕捉、处理并解释图像数据。根据制造工程师协会的定义，机器视觉是指使用光学非接触式感应设备自动接收并解释真实场景的图像，以获得信息来控制机器或流程的技术。这意味着机器视觉不仅局限于简单的图像捕获，还包括了对图像的智能分析和处理。机器视觉技术的发展历程体现了从黑白影像到彩色影像、从低分辨率到高分辨率、从静态图像处理到动态视频分析，以及从二维到三维的技术进步。这一系列的演变标志着机器视觉技术不断成熟和完善的过程。

一个典型的机器视觉系统由多个关键组件构成，包括但不限于光源、镜头、相机、图像采集与处理单元、图像处理软件以及其他辅助设备。这些组件共同工作，其中"视"的部分负责将物理世界的图像转换为数字信号，"觉"的部分则侧重于通过软件算法对这些数字信号进行处理和分析，机器视觉的整体架构如图 1.19 所示。

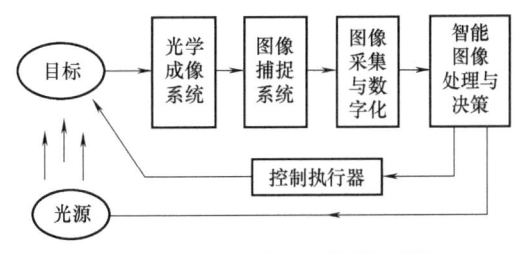

图 1.19　机器视觉的整体架构

机器视觉在工业中的应用极为广泛，涵盖了从质量控制到自动化生产。机器视觉主要应用在以下五个方面：

1）质量检测：如检查汽车零件的完整性、啤酒瓶盖的密封性等。

2）计量与测量：确定尺寸、距离或其他物理属性。

3）定位与跟踪：帮助机器人准确地找到和操纵物体。

4）瑕疵检测：识别生产过程中出现的任何缺陷。

5）分拣：根据物品的特性自动分类。

机器视觉在不同行业的应用情况介绍如下：

在汽车制造业中，机器视觉被用来确保每个部件的高质量，例如，在汽车焊装生产线上，机器视觉系统被用来检查四个车门和前后盖的内板边框所涂的减震和折边的胶条是否连续，以及这些胶条的高度是否满足技术要求，这种自动化检测比人工检查更为高效且准确。

在电子制造业中，机器视觉被广泛应用于 PCB（印制电路板）检测中，用于检测 PCB 上的表面缺陷、定位孔对位、丝网印刷质量、SPI 焊膏检测、回流焊和波峰焊等；此外，机器视觉还用于 SMT（表面贴装技术）元件的放置，指导机器人进行高精度的元件放置；在 3C 电子产品（如手机、平板电脑等）的组装过程中，机器视觉也被用来检测屏幕边缘间隙、摄像头位置、按钮安装等质量细节。

在食品和饮料行业中，机器视觉被用来确保产品的包装质量和安全性，例如，在啤酒罐装生产线上，机器视觉系统被用来检查啤酒瓶盖是否正确密封、装罐啤酒的液位是否正确等，这些质量检测比人工检验要快且更准确。

在仓储物流领域，机器视觉被用来提高自动化仓库管理的效率，通过识别货物的形状、颜色、文字等信息，实现货物的快速、准确分类和库存管理。

在医疗制药行业中，机器视觉被用来确保药品包装中正确数量的药片，并检测是否有破损，同时确认标签内容的准确性。

在半导体行业中，机器视觉被用来检查晶圆上的微小缺陷，如裂纹、颗粒污染等，并确保芯片封装过程中的精度和一致性。

在电池制造中，机器视觉被用来检测电池顶盖的焊接质量、确保密封钉安装正确、检查极耳的装配情况等。

在机器人导航领域，机器视觉通过识别环境中的特征和标识，被用来实现机器人的自主导航和避障功能。

在设备维护方面，机器视觉通过采集设备图像或视频信息，被用来自动检测设备是否存在缺陷或潜在故障。

在精密组装过程中，机器视觉被用来定位被测物的坐标和位置，用于零部件的对准贴合，此外，它还被用来引导机械手抓取、放置物料。这些案例展示了机器视觉如何提高生产效率、确保产品质量以及增强自动化程度。随着技术的进步，机器视觉的应用领域还在不断扩大。

这些具体的应用案例表明机器视觉技术在各个行业中发挥了重要作用，它不仅可以提高生产效率，提升产品的质量，同时还降低了成本，减少了人为错误。随着人工智能和深度学习的发展，机器视觉正朝着更加智能化的方向发展。未来的系统将具备更强的学习能力和适应性，能够更好地模仿人类的感知和决策过程。本书第 5 章的内容有更加详细的关于机器视觉与工业机器人的应用案例。

2. 射频识别（Radio Frequency Identification，RFID）**及其应用**

RFID 是一种非接触式的自动识别技术，能够实时、快速且高效准确地采集和处理对象信息。RFID 技术原理如图 1.20 所示，通过将一个小型的电子标签（也称为 RFID 标签）黏贴或嵌入物体上，该标签内部包含一个芯片和一个天线。当读卡器或 RFID 阅读器向标签发送无线电频率的信号时，标签会接收到该信号并用其内部的天线接收，并通过芯片中的电路将存储在标签中的信息回传给读卡器。一个完整的 RFID 系统主要包括电子标签（即 RFID 标签）、天线、读写器以及控制软件。

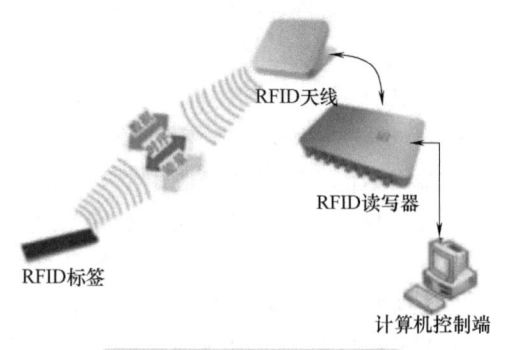

图 1.20　RFID 技术原理

RFID 技术具有非接触式、快速读取、大容量存储、耐用性好等特点，广泛用于物流追踪、库存管理、门禁系统、支付系统等。

在工业生产环境中，RFID 技术的应用能够显著提升生产效率和产品质量。例如，在生产线上，产品被放置在带有 RFID 标签的托盘或工装上，生产线上的 RFID 阅读器会自动识别这些标签，并与制造执行系统（Manufacturing Execution System，MES）进行实时数据交换，完成对物料的跟踪管理、零配件识别、加工工序自动识别以及检测设备的自动对接等功能。

在工业生产线使用 RFID 技术的优点包括以下几个方面：

1）确保装配准确性：实现物料防错，提高生产效率和产品质量。
2）自动识别与跟踪：对在制品进行实时自动识别与跟踪。
3）减少人力成本：降低对人工的依赖，提升环境适应性和自动化水平。
4）数据采集与分析：收集生产数据，支持 MES 的信息收集和分析。

在智能制造工位上，通过安装工位定置格、智能引导器、安灯系统、工位一体机等设备，并在定置格下方配备 RFID 读写器，可以实现对工位上工具的自动识别与管理。每个工具都会绑定 RFID 标签，MES 则集成所有相关设备，并在每个生产步骤中配置所需的工具类型。当工位开始自动执行任务时，工位一体机会显示待执行的任务，智能引导器指示操作员选择正确的工具，RFID 读写器会校验操作员是否选择了正确的工具，而安灯系统则通过不同颜色的灯光显示各个环节的执行状态。

在智能制造工作台上使用 RFID 技术的优点有以下几个方面：

1) 简化操作流程：操作人员只需按照引导进行操作，无需记忆复杂的流程。

2) 提高准确性和效率：通过智能引导、校验、提醒以及数据采集，减少操作失误，提高工作效率。

RFID 技术作为一项自动化的数据采集手段，必须与相关的软件系统（如 WMS、LES、MES 等）相结合，才能满足数据自动批量采集、自动校验以及自动反馈等业务需求。没有 RFID 技术的支持，智能制造系统将难以获取必要的产品数据，进而无法实现自动化控制。因此，RFID 技术是智能制造实现的关键技术之一。

3. 激光传感器

激光传感技术是一种先进的测量技术，它利用激光的特性来进行非接触式的测量和检测。激光传感器的工作主要包括激光发射、激光检测和数据处理三个主要环节。首先，激光发射器发射出一束具有高方向性、高单色性和高亮度的激光。当激光遇到目标物体后，会发生反射或散射。接着，激光检测器负责接收这些反射或散射回来的激光信号，并将其转换为电信号。最后，测量电路负责处理这些电信号，并通过相应的算法计算出物体的位置、速度、尺寸、形状等物理量。激光传感技术因其高精度、非接触性、响应速度快等特点，在多个领域有着广泛的应用。

激光传感器的测量方法主要有以下两种：

（1）激光三角测量法

激光三角测量法基于激光三角法测量原理。激光发射器通过镜头将可见红色激光射向被测物体表面，经物体表面散射的激光通过接收器镜头，被内部的 CCD（Charge Coupled Device，电荷耦合器件）线性相机接收。根据不同的距离，CCD 线性相机可以在不同的角度下"看见"这个光点。根据这个角度及已知的激光和相机之间的距离，数字信号处理器就能计算出传感器和被测物体之间的距离，如图 1.21 所示。这种方法适用于高精度、短距离的测量。

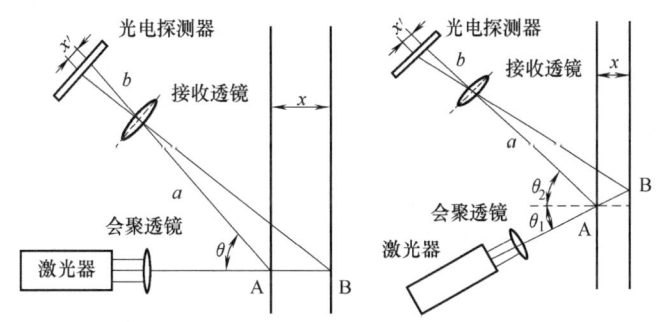

图 1.21 激光三角测量法的原理

（2）激光回波分析法

激光回波分析法则根据激光束的飞行速度和时间来获得物体与激光雷达之间的距离信息，其原理如图 1.22 所示。

距离计算公式为

$$d = 0.5ct \tag{1-1}$$

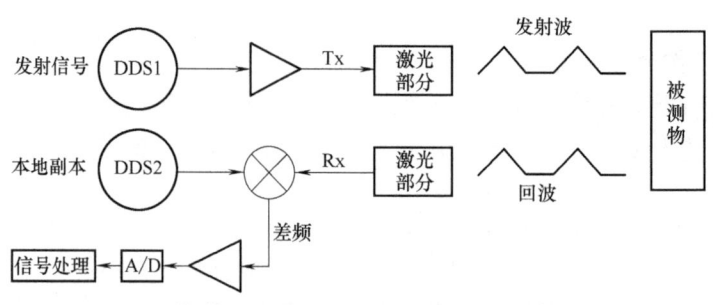

图 1.22 激光回波分析法的原理

式中，c 为光速；t 为发射和接收激光束的时间差。

智能激光传感器具有以下特点：

1）高精度：能够实现毫米级甚至更高精度的测量。
2）高速度：能够快速获取物体的三维信息，适用于高速运动物体的检测。
3）非接触式：不需要与被测物体接触，避免了可能造成的损坏。
4）适应性强：可以在各种环境下工作，包括高温、低温、潮湿等恶劣条件。
5）智能处理：内置智能算法，能够进行数据分析、特征识别等高级处理。

激光传感器的应用领域广泛且多样化。它们可以用来检测物体的存在与否、确定物体的位置，甚至可以用于计数和判断物体的凹凸、正反等属性，这对于自动化流水线上的产品检测尤为重要。此外，激光传感器还可以与物联网技术相结合，实现远程监控和实时数据传输。通过网络化连接，激光传感器能够与其他传感器、控制系统和云平台进行无线通信和数据共享，这样就能够实时地监控生产设备的状态，及时发现潜在的问题。在需要高精度测量的应用场景中，激光传感器能够提供稳定可靠的测量数据，特别是在精密加工、半导体制造等领域，激光传感器能够确保生产过程中的尺寸控制和质量一致性。激光传感器也被广泛应用于移动机器人和 AGV（自动导引车）系统中，用于定位、避障和路径规划，其中激光雷达（LiDAR）技术尤其发挥着重要作用。在生产线上，激光传感器可以用于检查产品的表面缺陷、尺寸偏差等质量问题，从而提高成品率和产品质量。在能源行业中，激光传感器可以用于监测设备的运行状态，例如通过测量振动和温度变化来预测维护需求，从而降低能耗并提高效率。在一些危险环境中，如矿井、化工厂等，激光传感器可以用来监测环境变化，如气体泄漏等，及时预警，保障人员安全。

总之，激光传感器凭借其高精度、非接触性以及快速响应等特点，在工业领域扮演着至关重要的角色，不仅提高了生产效率，还促进了制造业向更加智能化和自动化的方向转型。

4. 超声波传感器及其应用

超声波传感技术是一种利用超声波的特性来进行非接触式测量的技术。超声波是一种频率高于 20kHz 的机械波，具有频率高、波长短、方向性好等特点，使其在许多应用领域具有独特的优势。超声波传感器的工作原理基于超声波在介质中的传播特性。传感器通常包含一个换能器，它可以发射超声波脉冲，并且能够接收反射回来的信号。当超声波脉冲遇到物体时，部分声波会被反射回来。通过测量超声波从发射到接收所需的时间，可以计算出与物体之间的距离。雷达传感器也是基于类似原理，只是雷达传感器发送的是电磁波信号。

常见的超声波传感器由压电晶片组成，既可以发射超声波，也可以接收超声波。超声波探头有许多不同的结构,可以根据应用需求选择不同的类型,如直探头(纵波)、斜探头(横波)、表面波探头(表面波)、兰姆波探头(兰姆波)等。

超声波传感器具有以下特点:

1)非接触测量:超声波传感器能够在不接触被测物体的情况下进行测量。

2)穿透能力强:超声波对液体、固体的穿透能力很强,特别是在不透明的固体中。

3)适应性强:超声波传感器能够适应多种环境条件,如黑暗、潮湿等恶劣条件下的非接触测量。

4)成本低:超声波传感器相对于其他类型的传感器来说成本较低,维护方便。

超声波传感器应用广泛。在工业应用中,超声波传感器可以用于检测物料的存在与否,确保生产线顺畅运行;在储罐和水箱中测量液体的液位高度,这对于自动化控制和防止溢出至关重要;在自动化仓库和机器人导航中,超声波传感器可以用来测量物体的距离,实现精确的货物定位和障碍物避免;在材料加工过程中,超声波传感器能够测量材料的厚度,确保产品质量符合标准;在无损检测领域,超声波传感器可以用来检测材料内部的裂纹或其他缺陷,这对于保证产品的质量和安全至关重要;在工厂的安全监控系统中,超声波传感器可以用来检测是否有未经授权的人员进入限制区域;此外,超声波传感器还可以用于监测工厂周围的噪声水平、空气质量等环境参数,以及在智能仓库中跟踪库存位置、监测货架上的物品是否放置得当等。总之,超声波传感器凭借其独特的优点,在工业物联网中实现了多样化的应用,极大地提升了生产效率和自动化水平。

虽然超声波传感器有很多优点,但在使用过程中也需要考虑一些因素,比如超声波在不同介质中的传播速度差异、多普勒效应对于移动物体的影响等。此外,传感器的安装位置和角度也会影响测量结果的准确性。

1.5 工业控制网络协议分析——以 Modbus 为例

1.5.1 Modbus 协议概述

1. Modbus 协议

Modbus 协议是一种 Modicon 公司(经过多次收购,现在属于法国施耐德公司)开发的通信协议,最初目的是实现可编程控制器之间的通信。该公司后来还推出增强型 Modbus 协议,即 Modbusplus(MB+)。该串行网络上可连接 32 个节点,利用中继器可扩至 64 个节点。Modbus 通信协议具有简单易懂、开放、成熟等优点,被自动化行业广泛认可,成为一种事实上的标准协议。

Modbus 协议定义了一种主从结构的通信方式,其中一个设备(称为主站)负责发起通信请求,其他设备(称为从站)响应请求并提供数据。主站可以向从站发送读取数据、写入数据、控制命令等请求,并接收从站返回的响应。Modbus 协议支持多种物理层和传输方式,包括串口(如 RS-232、RS-485)、以太网、无线等。具体的物理层和传输方式取决于实际应用需求和设备支持。

Modbus 协议定义了不同的功能码,用于指示主站要执行的操作类型。常见的功能码包括读取线圈状态、读取输入状态、读取保持寄存器、读取输入寄存器、写单个线圈、写单个保持寄存器等。

Modbus 协议本身没有提供安全机制和加密功能，采用明文传输，因此比较容易受到网络攻击。

2. 主从查询-回应

Modbus 通信属于主从通信模式，其工作方式表现为请求/应答，每次通信都是主站先发送指令，可以是广播，或是向特定从站单播，从站响应指令，并按要求应答，或者报告异常；当主站不发送请求时，从站不会自己发出数据，从站和从站之间不能直接通信。在 Modbus 通信网络中，主从站的确定根据应用需求来定。例如，PLC 与多台变频器通过 Modbus 协议通信，一般 PLC 作为主站，变频器是从站。计算机与多台 PLC 通过 Modbus 协议通信时，计算机是主站，PLC 是从站。

Modbus 协议建立了主站查询的格式：设备（或广播）地址、功能码、所有要发送的数据和错误检测域。从站回应消息也由 Modbus 协议构成，包括从站地址、功能码、要返回的数据和错误检测域，如图 1.23 所示。如果在消息接收过程中发生错误，或从站不能执行其命令，从站将建立错误消息并把它作为回应发送出去。

Modbus 这种主从工作方式还可看作是典型的源/目的的通信模式。源端每次只能和一个目的地址通信，源端提供的实时数据必须保证每一个目的端的实时性要求。对于广播方式，源发出的数据有些目的端可能不需要这些数据，因此浪费了时间。此外，随着节点的增多，源端每次通信轮询需要的时间更多，导致源与目的端实时数据通信周期增加。

| 主站发送： | 从站地址 | 功能码 | 数据起始地址 | 数据量 | CRC |

| 从站应答： | 从站地址 | 功能码 | 数据量 | 应答数据 | CRC |

图 1.23　Modbus 协议主从响应消息格式

3. Modbus 通信仿真工具

Modbus Poll 和 Modbus Slave 分别是 Modbus 主站和从站的模拟程序，实用性强，十分便于 Modbus 通信程序的开发和调试。

（1）Modbus 主站仿真软件 Modbus Poll

该软件主要用于测试和调试 Modbus 从站，支持 ModbusRTU、ASCII、TCP/IP 等通信协议。它支持多文档接口，即可以同时监视多个从站/数据域。每个窗口简单地设定从站 ID、功能、地址、大小和轮询间隔。用户可以从任意一个窗口读写寄存器和线圈，也可以双击该数值来改变一个单独的寄存器或者多个寄存器/线圈值。软件提供多种数据格式，包括浮点、双精度、长整型（可以字节序列交换）等。

（2）Modbus 从设备仿真软件 Modbus Slave

该软件可以仿真 32 个从站/地址域。每个接口都提供了对 Excel 报表的 OLE 自动化支持。主要用来模拟 Modbus 从站设备，接收主站的命令包，回送数据包。该软件可以帮助 Modbus 通信设备开发人员进行 Modbus 通信协议的模拟和测试，用于模拟、测试、调试 Modbus 通信设备。可以在 32 个窗口中模拟多达 32 个 Modbus 子设备。该软件与 Modbus Poll 的用户界面相同，支持的 Modbus 功能码有：01（读取线圈状态）、02（读取输入状态）、03（读取保持寄存器）、04（读取输入寄存器）、05（强置单线圈）、06（预置单寄存器)、15(强置多线圈)、16(预置多寄存器)、22(位操作寄存器)和 23(读/写寄存器)。

(3) Modbus Poll 与 Modbus Slave 通信模拟

这里,分别运行 Modbus Poll 与 Modbus Slave 软件,在两个软件的连接设置中进行连接参数设置,如图 1.24 所示。分别设置 Modbus UDP 连接,IP 地址就是计算机的网卡 IP,端口号缺省 502。要保持两者之间一致,即主站设置的参数要与从站一致,从站设置的参数要与主站一致。

如果选串行通信测试 Modbus Poll 与 Modbus Slave 之间通信,除了需要设置串行通信参数外,还要用虚拟串口软件虚拟出一个串口用于主从站通信。同样,主从站之间的通信参数设置要一致。

在 Modbus Poll 的 Setup 中选保持寄存器。连接成功后,可以在主站或从站修改寄存器数据,在从站或主站能看到参数的传递,两者的数值是一定的,如图 1.25 所示。

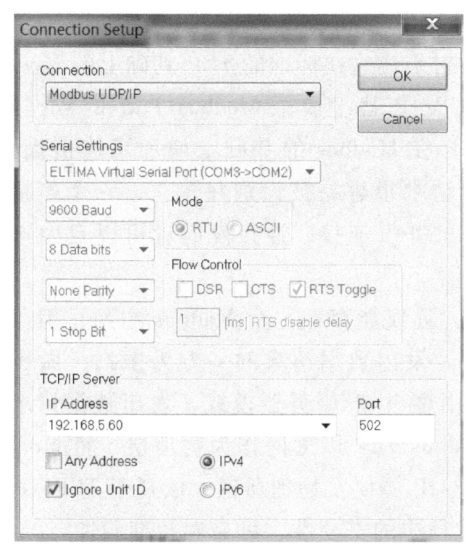

图 1.24 Modbus Poll 与 Modbus Slave 的连接设置界面

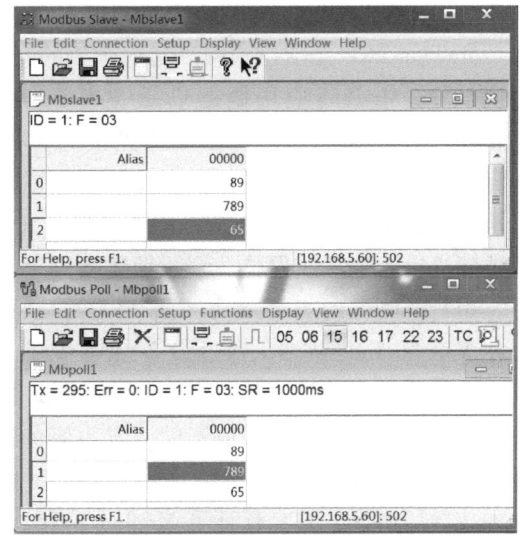

图 1.25 Modbus Poll 与 Modbus Slave 的通信界面

1.5.2 Modbus 协议及报文解析

1. Modbus 体系结构

Modbus 协议是 OSI 模型中应用层报文传输协议,借由各种类型传输介质连接不同网络通信设备,完成主站/从站之间信息的交换。

如图 1.26 所示,Modbus 协议分为三层,即物理层、数据链路层和应用层,对应于 OSI 模型层次。在工业现场中存在各种网络,可能采用不同的通信介质,Modbus 支持串行链路及以太网通信链路,使得协议应用场景广泛。

常用的 Modbus 串行通信协议有两种报文帧格式:一种是 Modbus ASCII;另一种是 Modbus RTU。一般来说,通信数据量少时采用 Modbus ASCII 协议,通信数据量大而且是二进制

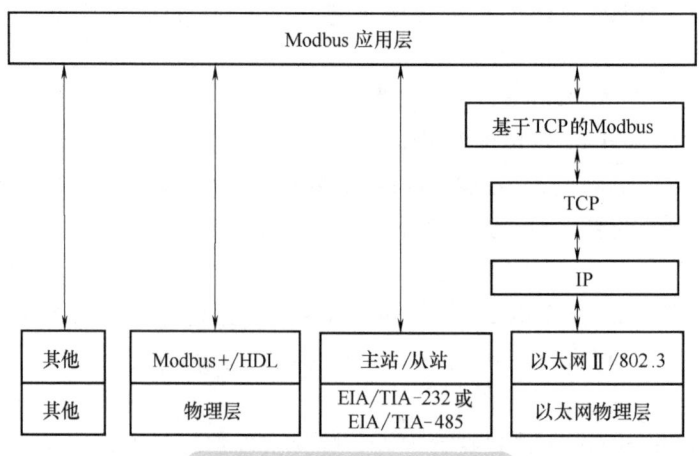

图 1.26 Modbus 协议架构

数值时,多采用 Modbus RTU 协议。工业上一般都是采用 Modbus RTU 协议。

Modbus TCP 是随以太网兴起后产生的新协议,它是建立在标准的 TCP 基础上的 Modbus 协议扩展。Modbus 应用数据单元(ADU)加上 TCP/IP 就组成了 Modbus TCP 的数据帧。Modbus TCP 的最典型特征是面向连接。Modbus TCP 在 Modbus 的基础上增加了连接操作,即涵盖数据交换和连接操作。在 TCP 中,一个连接请求很容易被识别并建立,一个连接可以承载多个独立的数据交换。此外,TCP 允许大量的并发连接,连接发起者可以自由选择另外建立一个连接或保持一个长期连接。

串行链路上的 Modbus 协议采用主站/从站模式,且仅能存在一个 Modbus 主站,但可以存在多个 Modbus 从站,通过设备站号/地址来识别。发出数据请求的一方为主站,做出数据应答的一方为从站。TCP/IP 上的 Modbus 协议采用客户端/服务器模式,发出数据请求的一方为客户端,做出数据应答的一方为服务器。Modbus TCP 以太网作为物理层,将 Modbus 报文嵌入 TCP/IP 协议应用层,通信质量取决于 TCP/IP 协议及物理通道,依托于 TCP/IP 协议的传输层协议,TCP 保证了 Modbus 协议在通信过程中的安全性、可靠性及准确性。

Modbus 协议的一系列操作都是以 Modbus 寄存器为基础的,Modbus 寄存器是逻辑上的寄存器,并非真实的物理寄存器。Modbus 协议定义了四种寄存器,即保持寄存器、线圈寄存器、输入寄存器及离散寄存器,Modbus 寄存器特性见表 1.3。不同寄存器代表不同的 Modbus 数据模型,具有不同的物理意义。

表 1.3 Modbus 寄存器特性

数据模型	对象类型	访问类型	内容
离散寄存器	1bit	只读	I/O 系统采集数据并提供
线圈寄存器	1bit	读/写	由应用程序操作此类数据
输入寄存器	16bit	只读	I/O 系统采集数据并提供
保持寄存器	16bit	读/写	由应用程序操作此类数据

Modbus 协议标准也规定了对 Modbus 数据模型的操作,不同 Modbus 功能码代表不同操作,见表 1.4。

表 1.4 公共功能码

功能码	描述	寄存器类别	访问位数
0x01	读线圈寄存器	内部位或物理线圈	1bit
0x02	读离散寄存器	输入寄存器	1bit
0x03	读多个寄存器	保持寄存器	16bit
0x05	写单个线圈	内部位或物理线圈	1bit
0x06	写单个寄存器	保持寄存器	16bit
0x10	写多个寄存器	保持寄存器	16bit

2. Modbus 报文解析

Modbus 协议规定了与数据链路层、物理层无关的通用协议数据单元（Protocol Data Unit，PDU），通用 Modbus 帧结构如图 1.27 所示。但 Modbus 在通信时，总要依赖物理网络，因此，要把 PUD 映射到物理网络上，这就形成了应用数据单元（Application Data Unit，ADU）。Modbus 协议采用

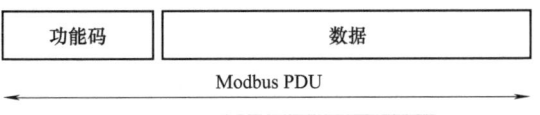

图 1.27 通用 Modbus 帧结构

大端模式，即在传输两个或以上字符时，地址和数据的高字节先发送。

对于串行链路上或以太网上的 Modbus 协议，其通用 Modbus 帧结构需要在 ModbusPDU 添加固定格式。Modbus 在串行链路上的帧结构是 PDU 基础上添加了地址域和校验字节，如图 1.28 所示。ADU 为 256 字节，其中地址占用 1 字节，校验码占 2 字节。每个从站地址均在 1~147（不包括预留的）中，地址 0 用于广播（此时从站不需要响应主站），主站不需要地址。

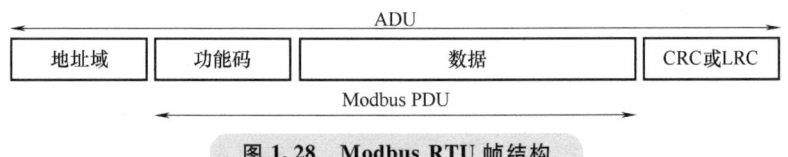

图 1.28 Modbus RTU 帧结构

Modbus 在 TCP/IP 上的帧结构在 ModbusPDU 头部添加了多个域，如图 1.29 所示。鉴于 TCP/IP 协议和以太网帧都对报文 CRC，Modbus TCP 相较于 RTU 取消了 CRC 域，加入了 MBAP 报文头，其中包括长度、单元标识符等字段域，共 7 个字节。Modbus TCP 在通信时，使用 502 端口，因此，系统要进行预留。

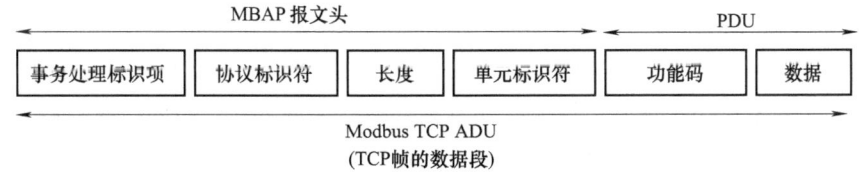

图 1.29 Modbus TCP 帧结构

下面举一个 Modbus TCP 功能码 01 的客户端和服务器通信案例，已知服务器（PLC）中物理线圈（Y32~Y37）存储值为 35，即 Y37、Y36、Y34 和 Y32 为 ON，其他位为 OFF。线

圈对应的寄存器地址范围为 0x0020~0x0025。现在客户端要求读取服务器中 Y32~Y37 物理线圈的状态。从物理层到 TCP 层报文不做分析，从应用层 ModbusADU 开始分析，请求报文是 0000 0000 0006 02 01 0020 0006，回应报文是 0000 0000 0004 02 01 01 35，具体内容解析见表 1.5 和表 1.6。

表 1.5 客户端向服务器发送请求报文解析

数据	说明		
0000	Transaction Identifier	2 字节	Modbus TCP MBAP 报文头
0000	Protocol Identifier。用来确定应用层协议。0 表示 Modbus，1 表示 UNI-TE 协议。默认为 0000	2 字节	
0006	后续字节长度，即从 Slave 的通信地址开始计算	2 字节	
02	Unit Identifier，从 Slave 的通信地址	1 字节	
01	功能码	1 字节	Modbus 协议 PDU 数据
0020	欲读取的线圈起始地址	最大字节数为 252	
0006	欲读取的线圈个数		

表 1.6 服务器向客户端发送回应报文解析

数据	说明
0000	Transaction Identifier
0000	Protocol Identifier
0004	后续字节长度，即从 Slave 的通信地址开始计算
02	Slave 的通信地址
01	功能码
01	欲读取的线圈的数目，8bit 为 1byte。当读取位装置的数目不足 1byte 时，以 1byte 计算
35	数据内容（Y37…Y32 的状态）35（00110101）

这里再举一个 Modbus TCP 功能码 03 的客户端和服务器通信案例。客户端 IP 为 192.169.1.75，服务器为 192.168.1.100。客户端读取服务器的 11 个保持寄存器（40001~40011）。Wireshark 抓取的客户端查询服务器的数据包如图 1.30 所示。可以看到，作为应用层，Modbus 是在 Modbus TCP 层之上，Modbus TCP 是在 TCP 层之上。该图还可以清楚地看出 Modbus TCP 帧结构、Modbus 帧结构。可以看出，客户端查询时发送的 Modbus TCP 报文为 03 c3 00 00 00 06 01 03 00 00 00 0b。对照图 1.29，03 c3 是事务处理标志项（对应十进制是 963），协议标志符是 0000，长度是 0006，表示 6 个字节。Modbus 协议数据单元是 03 00 00 00 0b，其中 03 是功能码，00 00 是参考码，表示读取的第一个寄存器地址相对初始地址的偏移，由于这里选了 PLC 地址，因此，初始地址是从 40001 开始，因而参考码为 0。如果从 40010 开始读，则该数值为 00 09。0b 表示读寄存器的数量是 11。

Wireshark 抓取的服务器响应客户端的数据包如图 1.31 所示。服务器返回的 Modbus TCP 数据报文是图中选中的部分（03 c3 开始，02 58 结束）。其中 Modbus 协议数据单元从 03 16 开始，03 表示功能码，16 表示返回了 22 个字节。7ffe 是读取的第一个寄存器（图中是 Register 0，即 40001）数值（十进制 32766），其他寄存器数值都为 0。TCP 的包头从 01 f6 开

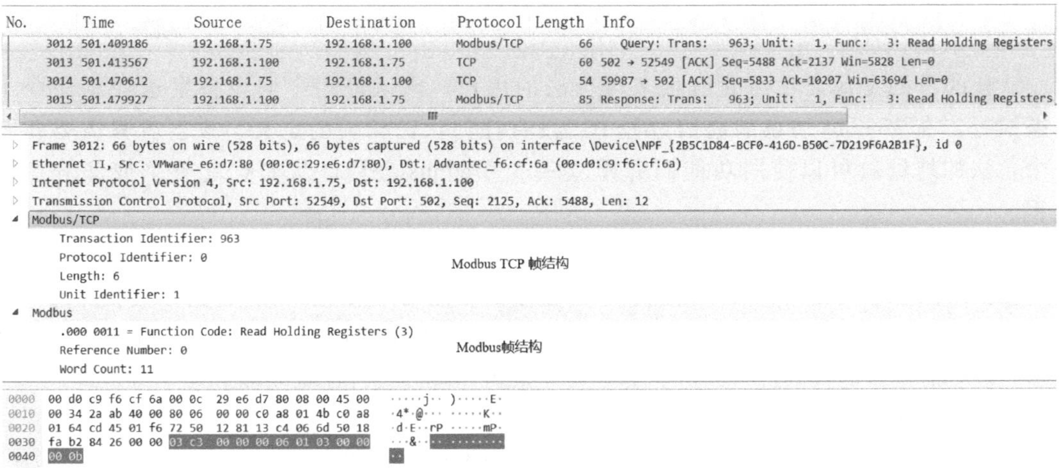

```
No.     Time         Source          Destination     Protocol    Length  Info
3012    501.409186   192.168.1.75    192.168.1.100   Modbus/TCP  66      Query: Trans:    963; Unit:    1, Func:    3: Read Holding Registers
3013    501.413567   192.168.1.100   192.168.1.75    TCP         60      502 → 52549 [ACK] Seq=5488 Ack=2137 Win=5828 Len=0
3014    501.470612   192.168.1.75    192.168.1.100   TCP         54      59987 → 502 [ACK] Seq=5833 Ack=10207 Win=63694 Len=0
3015    501.479927   192.168.1.100   192.168.1.75    Modbus/TCP  85      Response: Trans:  963; Unit:    1, Func:    3: Read Holding Registers
```

> Frame 3012: 66 bytes on wire (528 bits), 66 bytes captured (528 bits) on interface \Device\NPF_{2B5C1D84-BCF0-416D-B50C-7D219F6A2B1F}, id 0
> Ethernet II, Src: VMware_e6:d7:80 (00:0c:29:e6:d7:80), Dst: Advantec_f6:cf:6a (00:d0:c9:f6:cf:6a)
> Internet Protocol Version 4, Src: 192.168.1.75, Dst: 192.168.1.100
> Transmission Control Protocol, Src Port: 52549, Dst Port: 502, Seq: 2125, Ack: 5488, Len: 12
▲ Modbus/TCP
    Transaction Identifier: 963
    Protocol Identifier: 0   Modbus TCP 帧结构
    Length: 6
    Unit Identifier: 1
▲ Modbus
    .000 0011 = Function Code: Read Holding Registers (3)
    Reference Number: 0   Modbus 帧结构
    Word Count: 11

```
0000   00 d0 c9 f6 cf 6a 00 0c  29 e6 d7 80 08 00 45 00
0010   00 34 2a ab 40 00 80 06  00 00 c0 a8 01 4b c0 a8
0020   01 64 cd 45 01 f6 72 50  12 81 13 c4 06 6d 50 18
0030   fa b2 84 26 00 00 03 c3  00 00 00 06 01 03 00 00
0040   00 0b
```

图 1.30 Wireshark 抓取的客户端查询服务器的数据包

始，到 Modbus TCP 数据报文起始的 03 之前结束，共 20 个字节。其中 01 f6 是源端（从站或服务器）的端口号 502。

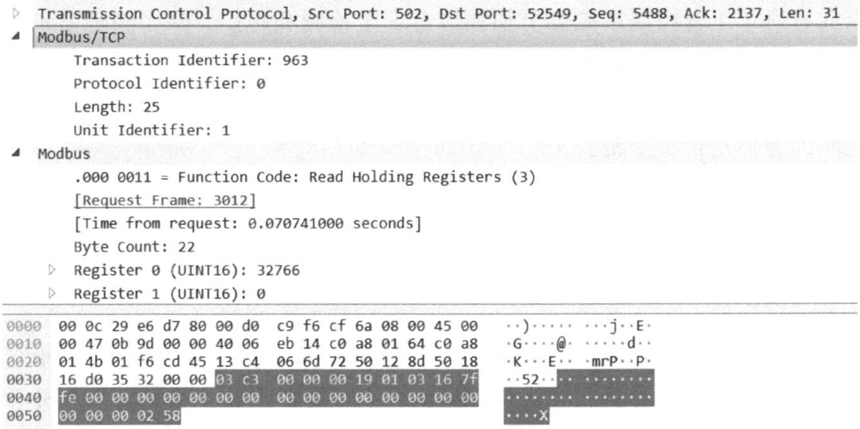

> Transmission Control Protocol, Src Port: 502, Dst Port: 52549, Seq: 5488, Ack: 2137, Len: 31
▲ Modbus/TCP
    Transaction Identifier: 963
    Protocol Identifier: 0
    Length: 25
    Unit Identifier: 1
▲ Modbus
    .000 0011 = Function Code: Read Holding Registers (3)
    [Request Frame: 3012]
    [Time from request: 0.070741000 seconds]
    Byte Count: 22
    > Register 0 (UINT16): 32766
    > Register 1 (UINT16): 0

```
0000   00 0c 29 e6 d7 80 00 d0  c9 f6 cf 6a 08 00 45 00
0010   00 47 0b 9d 00 00 40 06  eb 14 c0 a8 01 64 c0 a8
0020   01 4b 01 f6 cd 45 13 c4  06 6d 72 50 12 8d 50 18
0030   16 d0 35 32 00 00 03 c3  00 00 00 19 01 03 16 7f
0040   fe 00 00 00 00 00 00 00  00 00 00 00 00 00 00 00
0050   00 00 00 02 58
```

图 1.31 Wireshark 抓取的服务器响应客户端的数据包

1.5.3 Modbus 通信协议安全漏洞分析案例

1. Modbus 协议的安全问题

绝大多数的工业控制网络通信协议在设计时，仅仅考虑了功能实现、通信效率、实时性、可靠性等方面。即使一些用于功能安全场合的通信协议，也只会考虑到通信中的功能安全。现有的这些工业控制网络通信协议规约设计普遍缺乏认证、授权、加密等安全机制，导致目前采用这些通信协议存在较大的脆弱性，容易受到网络攻击。

以 Modbus 协议为例，来分析工业控制网络通信协议在信息安全上存在的问题。

（1）缺乏接入控制

接入控制的目的是保证只有授权用户才能接入系统，参与通信过程。接入控制的过程就包含认证与授权机制。Modbus 缺乏这个机制，攻击者可以把攻击设备接入网络而不被发现，进而冒充合法用户来对系统实施监听、攻击或破坏。

(2) 缺乏认证

认证的目的是保证收到的信息来自合法的用户，未认证用户向设备发送控制命令不会被执行。在 Modbus 协议的通信过程中，没有任何认证相关的定义，攻击者只需要找到一个合法的地址就可以使用功能码并建立一个 Modbus 会话，从而扰乱整个或部分控制过程。

(3) 缺乏授权

授权是保证不同特权的操作由拥有不用权限的认证用户来完成，这样可以大大降低误操作与内部攻击的概率。目前 Modbus 协议没有基于角色的访问控制机制，也没有对用户进行分类，没有对用户的权限进行划分，会导致任意用户可以执行任意功能。

(4) 数据明文传输，缺乏加密

Modbus 协议封装的是 ADU，传输的也是这个 ADU，在网络上都是以明文的形式传输，加密机制的缺乏，使得攻击者可以很容易通过抓包技术来解析数据包。

上述分析表明 Modbus 协议存在设计缺陷，导致在实际的应用中，会出现功能码滥用、代码缓冲区溢出而引发安全问题。

正是由于绝大多数工业控制网络存在安全漏洞，这给工业控制系统的信息安全带来了极大隐患，因此，对于工业控制系统需要加强信息安全检测和防护，除了物理防护外，还需要进行固件升级、异常行为检测、安全审计、加装防火墙和部署入侵检测系统等安全手段，从而降低安全风险。自从伊朗核电站"震网"事件后，一些工业控制厂商对 DCS 服务器与现场控制站之间的通信进行了加密。

2. Modbus 协议脆弱性验证实例

(1) 测试环境

在学习了 Modbus 协议后，通过应用案例，来具体分析攻击者如何利用协议漏洞，对工业控制系统开展攻击的。

在测试环境中，上位机与现场的 RTU 进行 Modbus TCP 通信。上位机监控液位和温度等被控变量。控制器与监控计算机之间通过 Modbus TCP 通信。正常情况下，人机界面的数据与控制器中的数据是对应的，工业控制系统正常工作。根据 Modbus 协议分析可知，Modbus 一次典型的请求/响应对话包含三个阶段：上位机向控制器发出"写"请求数据包，控制器根据请求数据包做出响应，发出响应数据包完成控制行为。

在测试环境下，控制器的注册 IP 为 20.0.0.3 和 192.168.0.3，子网掩码为 255.255.255.0。根据该控制器的使用手册可知，仅 20.0.0.X 和 192.168.0.X 网段内主机可与 RTU 通信。

(2) 测试过程

在实际工业环境下，RTU 与上位机之间的网络地址分配在同一个网段中，而外部攻击者的 IP 地址往往与 RTU 的注册 IP 地址在不同网段，这就需要外部攻击者先伪装成与注册 IP 同网段的主机之一，然后才能够发 Modbus 数据包与控制器通信，并对控制器展开攻击（修改程序、改变控制指令和控制参数等）。本例中，测试主机 A 地址为 192.168.1.20；控制器地址为 192.168.0.75。

假设这个攻击者要伪造 Modbus 协议数据与控制器通信，其首先要在 TCP 伪连接过程中，伪装成注册 IP 网段的一个主机，其步骤为：

1）攻击者首先开启一个 TCP 会话，如图 1.32 所示。

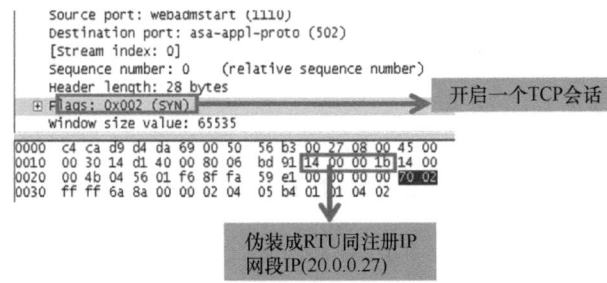

图 1.32 攻击者开启 TCP 会话

2）RTU 响应 TCP 连接请求，如图 1.33 所示。
3）攻击者与 RTU 之间完成三次握手，成功建立起会话建立，如图 1.34 所示。

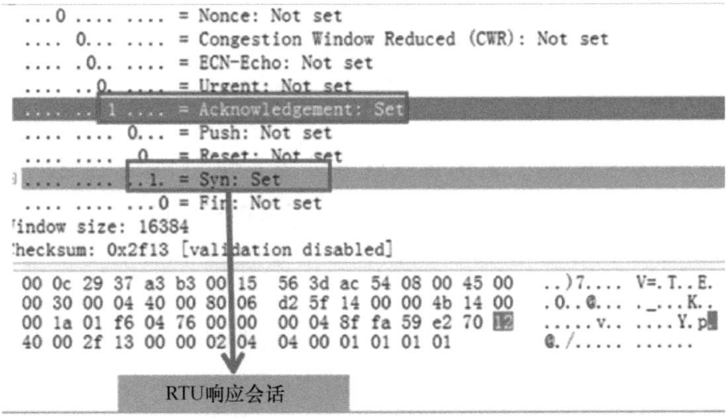

图 1.33 RTU 响应攻击者请求

将测试机伪装成注册 IP 网段内主机，并实现 TCP 伪连接，伪连接建立之后，即可继续向控制器发送包含读、写信息指令的 Modbus 数据包，从而实现对该工业控制系统的攻击。

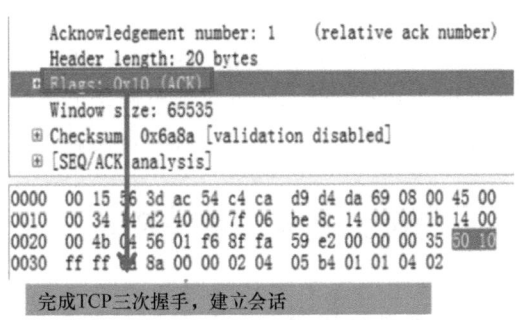

图 1.34 建立会话

通过此示例可以看出，攻击者是如何利用通信协议的漏洞发动对工业控制系统的攻击的，这种攻击可以对工业控制系统造成重大的影响。复杂的网络攻击会同时利用工业控制系统、操作系统甚至数据库的多个漏洞来进行攻击。因此在当今信息时代，工业控制网络的使用和工业控制系统设计时，一定要加强信息安全意识。

1.5.4 工业控制网络协议分析器

在进行工业控制网络调试分析、网络安全管理时，除了从宏观上管理网络的性能外，还需要从微观上分析数据包的内容，了解通信的细节，从而能够发现网络通信的问题，解决网络故障，确保网络安全运行。为此，需要使用协议分析工具，捕获网络中传输的数据包并对数据包进行统计和分析，例如，可以从数据包分析中剖析具体的通信协议、了解协议的实现情况以及是否存在网络攻击行为等。黑客也常常借助协议分析工具开展安全攻击，此时，协议分析器也称为嗅探器。

协议分析器就是捕获网络数据包进行协议分析的工具，可分为局域网分析器和广域网分析器。局域网分析器用来捕获和显示来自局域网的信息数据，一般局域网分析器通过集线器或交换机连接到局域网。

协议分析器的主要功能有：

（1）捕获数据包

要进行协议分析首先要捕获数据包，协议分析器可以捕获所有流经其所控制的媒体的数据。高端的协议分析器还可以制定捕获的计划和触发条件。

（2）数据包统计

协议分析器可以对捕获到的数据包进行统计和分析，根据时间、协议类型和错误率等进行分析，甚至可以打印出各种直观的图表和报表。

（3）过滤数据

大量的数据包的捕获会消耗太多的系统资源，造成性能下降。协议分析器可以设置过滤，只捕获满足特定条件的数据包。根据大量捕获结果排错的时候，也需要能过滤无关的大量数据包。

（4）数据包解码

捕获的数据包的内容就是 0/1 的比特流，协议分析器可以对这些比特流解码，识别哪些部分是封装的头部信息，哪些是有效净载荷。网络协议有很多，好的协议分析器能对各种协议数据包解码。工业控制系统中使用的通信协议较多，还有不少是私有协议，数据包解码有一定的困难。

协议分析器分为软件和硬件两种，软件的协议分析器有 Packetboy、Net monitor、tcpdump 与 Wireshark 等，其优点是物美价廉，易于学习使用；缺点是无法抓取网络上所有的传输，某些情况下也就无法真正了解网络的故障和运行情况。硬件的协议分析器通常称为协议分析仪，一般都是商业性的，价格也比较贵。

1.6 现代工业控制系统及其应用

1.6.1 集散控制系统及其应用

1. 集散控制系统（Distributed Control System，DCS）**概述**

DCS 也称之为分布式控制系统。DCS 是在 20 世纪 70 年代，为满足大型流程工业生产和日益复杂的控制要求，从综合自动化角度出发，将过程控制及监控综合在一起，结合当时的 4C 技术，即计算机、通信、图像显示和控制技术，发展起来的新型控制系统，是对传统仪表控制和计算机集中控制方式的一种革命，展现了极强的生命力，在其产生 50 年后的今天，仍然是流程工业最主用的工业控制系统。DCS 的成功，源于其针对流程工业的生产特点和控制、管理与维护需求的深入分析，以及先进的设计理念，即分散控制、集中管理、分级管理、配置灵活和易于组态。自美国霍尼韦尔公司于1975年推出世界首套DCS产品TDC-2000系统以来，DCS不仅开放性不断增加，而且不断融入新的网络通信和计算机技术，特别是对各类标准现场总线和工业以太网的支持，使得DCS向下能兼容各类现场智能设备，向上能与企业管理层无缝连接，适应现代流程制造业对管控一体化的综合要求。

目前，在数字化转型、智能制造与移动互联时代，DCS长期以来存在的封闭性，不同厂家产品没有兼容性等问题给用户带来了问题。一些国际机构（如开放流程自动化联盟）正制定开放流程自动化系统以逐步取代DCS。同时DCS厂商也在改进其现有产品。如西门子推出了PCS7 neo系统，与其主流的PCS7并行发展。PCS neo依然使用现有PCS 7成熟的硬件，但工程组态和运行界面都是基于Web。中控技术股份有限公司（以下简称中控技术）面向流程工业智能工厂建设，推出了智能运行管理与控制系统，该系统的核心控制设备还是DCS，但在安全性、自主化、智能化等方面有了极大升级。

2. 主要的 DCS 产品

DCS测控功能强、运行可靠、易于扩展、组态方便、操作维护简便，在各类化工、电厂、冶金、造纸和水泥等大型企业中得到广泛应用。主要的DCS产品有霍尼韦尔公司的Experion PKS、艾默生过程管理公司的DeltaV及Ovation、横河公司的Centum系列、ABB公司的Ability 800xA系统和西门子公司的PCS7等。国产DCS发展历史相对较长，产品也比较丰富，应用领域也不断扩大，典型厂家有中控技术、和利时、国能智深控制技术有限公司和科远自动化等。通常，不同厂家的DCS都有主攻的行业市场，如PCS7在啤酒制造领域市场占有率极高；DeltaV、Centum、PKS和中控技术ESC-700等主要应用于石化等流程领域；而Ovation在火电厂市场占有率较高。在水泥、炉窑等市场，ABB和西门子的DCS市场占有率较高。根据ARC统计，ABB在全球DCS市场占有率排名第一。

3. 现代集散控制系统的控制网络结构

（1）ECS-700集散控制系统

根据调查，目前中控技术DCS在我国流程工业市场占有率已超过50%。因此，以该产品为例，来说明主流国产DCS及其控制网络结构。

ECS-700系统是中控技术WebField系列高端控制产品，在流程工业大量使用。ECS-700系统按照可靠性原则进行设计，充分保证系统安全可靠；系统所有部件都支持冗余，在任何单一部件故障情况下系统仍能正常工作。ECS-700系统具备故障安全功能，输出模块在网络故障情况下，进入预设的安全状态，保证人员、工艺系统或设备的安全。ECS-700系统作为大规模联合控制系统，具备完善的工程管理功能，包括多工程师协同工作、组态完整性管理、在线单点组态下载、组态和操作权限管理等，并提供相关操作记录的历史追溯。ECS-700系统融合了主流的现场总线技术和网络技术，支持Profibus、Modbus、FF、Hart等国际标准现场总线的接入和多种异构系统的综合集成。ECS-700系统具有可靠的网络信息安全，是国内首家通过Achilles level Ⅱ认证的产品。

（2）ECS-700系统的结构与组成

ECS-700系统结构如图1.35所示，该结构也参照了IEC 62264/ISA95企业控制系统集成模型，属于其中的L1和L2层。ECS-700系统主要由控制节点（包括控制站及过程控制网上与异构系统连接的通信接口等）、操作节点及系统网络（包括I/O总线、过程控制网、过程信息网、企业管理网等）等构成。过程控制网和过程信息网都是EPA协议的工业以太网。

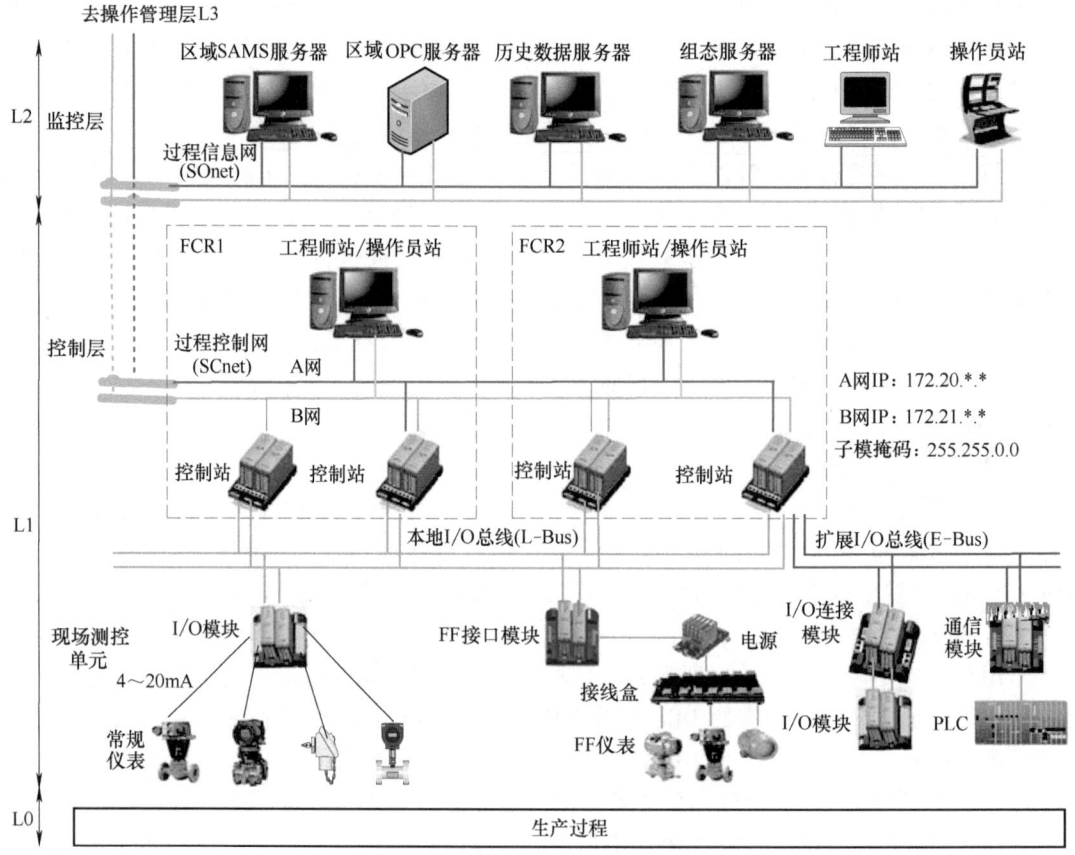

图 1.35　ECS-700 系统结构图

扩展 I/O 总线采用了以太网，而本地 I/O 总线采用了 CAN（Controller Area Network，控制器局域网）总线。

L3 层的企业管理网连接各管理节点，通过管理服务器从过程信息网中获取控制系统信息，对生产过程进行管理或实施远程监控。过程信息网连接位于中控室（CCR）监控层的工程师站、操作员站、组态服务器、数据服务器（历史、OPC 等）等操作节点，在操作节点间传输历史数据、报警信息和操作记录等。过程控制网连接工程师站、操作员站等操作节点和控制站，在操作节点和控制站间传输实时数据和各种操作指令。控制网上的工程师站/操作员站和控制节点都在现场控制室（FCR），主要用于开停车和工程师进行系统维护。

控制网上的实时数据同时送到了操作节点和数据服务器，这样监控层操作节点就可通过过程信息网来访问历史数据，从而减轻了过程控制网的网络负荷，提高了过程控制网的实时性和稳定性。当 DCS 规模较小，网络负荷较轻时，可以将过程信息网与过程控制网合并为一个网络。

扩展 I/O 总线（E-Bus）和本地 I/O 总线（L-Bus）为控制站内部通信网络。扩展 I/O 总线连接控制器和各类通信接口模块（如 I/O 连接模块、Profibus 通信模块、串行通信模块等），本地 I/O 总线连接控制器、I/O 模块和 FF 接口模块等。扩展 I/O 总线和本地 I/O 总线均可冗余配置。

这里需要说明的是，在图 1.35 中，DCS 的控制器、I/O 模块、通信模块等画成了分布式结构，实际上，这些模块都是安装在机柜中的。当 I/O 点数量多时，在控制机柜（安装有控制器模块）外可以增加扩展机柜，机柜之间通过扩展 I/O 总线通信，扩展机柜只有 I/O 连接模块、I/O 模块和通信模块。

4. 集散控制系统在垃圾焚烧发电厂的应用

某市垃圾焚烧发电厂有 4 条日处理 500t 的垃圾焚烧生产线和配套的 2 台 20MW 汽轮发电机组。垃圾焚烧发电过程包括垃圾预处理、焚烧、热能转化、汽轮机、发电机、冷却水循环、炉渣处理、烟气净化排放等多个环节，任何一个流程变化都会对整个生产过程产生影响，甚至造成烟气超标排放。由于设备众多，且测控点较为分散，采用 DCS 已成为垃圾焚烧过程中最主要的控制设备。

新华控制公司的 NetPAC II 产品被用于该垃圾焚烧发电厂的控制系统。中控系统通过配置操作员站、工程师站、实时/历史数据站、OPC 服务器等实现垃圾焚烧过程的各类管理、记录、操作等功能。现场控制站完成了现场设备和工艺生产过程的直接控制。第三方设备（垃圾焚烧、烟气处理、化学水处理等）自带的控制系统通过以太网与 DCS 现场控制站上的通信模块进行通信，实现相应的信号采集。该 DCS 的组态主要包括硬件组态、控制程序组态和人机界面组态。图 1.36 所示为某垃圾焚烧发电厂 DCS 操作员界面，从图中可以看出 DCS 的一些主要特征和功能。

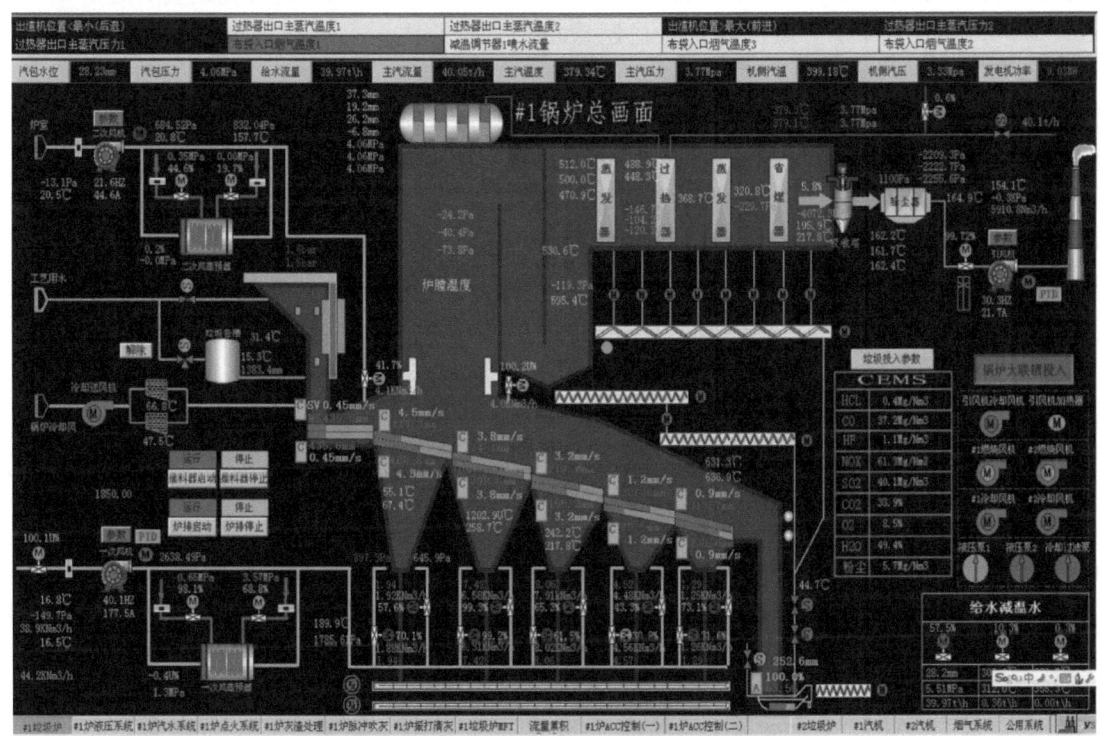

图 1.36 某垃圾焚烧发电厂 DCS 操作员界面

5. 关于现场总线控制系统

FF 等总线支持 CIF（Control in Field，现场控制）功能，可以用 FF 设备对现场生产过程进行调节，即通过 FF 设备的功能块互联，实现真正的分散控制，而不需要 PLC 或 DCS 控制器执行回路控制。现场总线的 CIF 示意图如图 1.37 所示。由变送器中的 AI 功能块为 PID 提供测量值，调节阀（阀门定位器）中的 PID 功能块的调节输出作为 AO 功能块的输入，由同样位于调节阀中的 AO 功能块把输出作用于执行机构。PID 的设定值来自于人机界面给定。根据 FF 功能块规则，需要将 AO.BKCAL_OUT 与 PID.BKCAL_IN 互联。

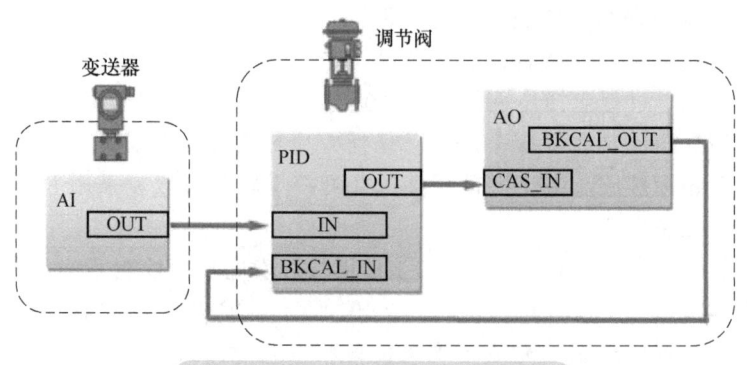

图 1.37　现场总线的 CIF 示意图

基于 CIF 功能，以及大家对现场总线的期望，在大量现场总线或工业控制的书籍中，都有现场总线控制系统是新一代控制系统的说法，甚至说要取代 DCS。作者也曾接受该观点。然而，从这些年的工程实践来看，这只是一个美好的愿望，如果我们现在还宣传这样的观点，那就会造成误导了。以流程工业控制领域为例，首先，生产现场大量使用现场总线（PA 和 FF）并不代表该生产控制系统就是现场总线控制系统。现场总线控制系统的核心是控制功能下放到现场总线仪表（即 CIF），但串级等复杂控制功能较难全部下放到现场仪表，若某控制回路的仪表不在一个总线网段，也不会把控制功能下放。也就是说，即使大量使用了现场总线仪表，但控制功能的执行多数还是在现场控制站中，较难实现控制功能大规模分散到现场仪表。此外，生产现场还存在大量信号需要模拟传输的情况，不是所有的测控点都可以采用总线仪表。例如，一些第三方设备、分析仪表等可能只有模拟信号接口，这样导致纯粹的现场总线控制系统在现场是无法使用的。最后，现场总线仪表使用和维护成本较高，也限制了现场总线技术的推广。维修人员用一台万用表就能对模拟仪表进行一定的检修，而现场总线仪表维护必须要有专门的总线接口和相关应用软件或专用设备。如果部分控制功能是 CIF 方式，还有些回路调节是在控制器中，这同样给系统维护带来了麻烦。

流程工业控制系统的实际情况是，DCS 不断发展，广泛支持现场总线。DCS 既能处理传统的模拟信号，也支持 Hart 通信和现场总线通信，更好满足了工业生产的实际需求。因此，DCS 并没有被现场总线控制系统取代，它仍然是流程工业占统治性地位的控制系统。目前，以太网高级物理层（Advanced Physical Layer，APL）的出现使得流程工业界看到了工业以太网深入到现场仪表的希望。高级物理层有望逐步取代流程工业现场总线，就像工业以太网大量取代现场总线一样。

1.6.2　监控与数据采集系统及其应用

1. 监控与数据采集（Supervisory Control and Data Acquisition，SCADA）**系统概述**

SCADA 系统的监控功能是通过人机界面来实现的，即操作人员可以通过人机界面监视被控系统的运行。从 SCADA 系统名称可以看出，其包含两个层次的基本功能：数据采集和监控。图 1.38 所示为 SCADA 系统结构示意图，可以看出，SCADA 系统的通信多样性和复杂性要远超一般的工业控制系统。

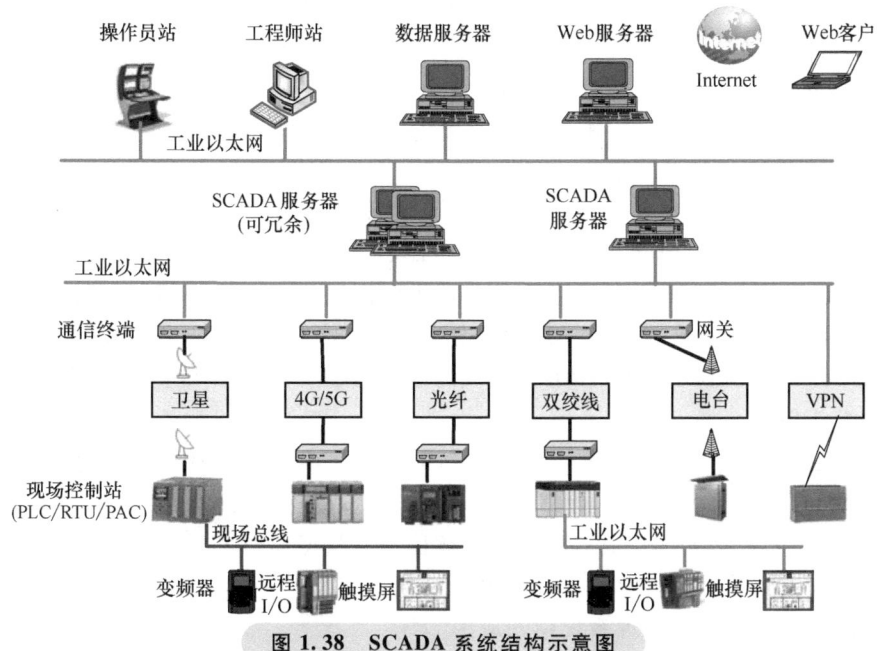

图 1.38　SCADA 系统结构示意图

目前对 SCADA 系统无统一的定义，一般来讲，SCADA 系统特指分布式远程计算机测控系统，主要用于测控点十分分散、分布范围广泛的生产过程或设备的监控，通常情况下，测控现场是无人或少人值守。SCADA 系统在控制层面上至少具有两层结构以及连接这两层子系统的通信网络，这两层子系统是处于测控现场的数据采集与控制终端设备（通常称作下位机或现场控制站）和位于中控室的集中监视、管理和远程监控计算机系统（上位机）。复杂的 SCADA 系统可以有多个现场监控中心，每个监控中心与一定数量的现场控制站通信，完成一定范围内的设备监控。上一层的调度中心再和现场监控中心通信，对整个现场设备进行远程监控，对整个被控设备、过程进行集中管理。对于重要的远程监控系统，如西气东输 SCADA 系统这样的关键基础设施工控系统，除了具有常规的现场控制系统，以及多个监控中心外，在通信层还会采取冗余措施以提高系统的可用性，在现场站点还会采用安全仪表系统以降低事故风险从而提高安全性，对于通信系统还进行加密以确保数据的保密性等。

近年来，随着网络技术、通信技术特别是无线通信技术的发展，SCADA 系统在结构上更加分散，通信方式更加多样，系统结构从 C/S（客户端/服务器）架构向 B/S（浏览器/服务器）与 C/S 混合的方向发展，各种通信技术如数传电台、GPRS、PSTN、VPN、卫星通信等得到更加广泛的应用。

2. SCADA 系统应用领域

SCADA 系统在以下领域也得到广泛使用：

1）无人工作站系统：用于集中监控无人值守系统，这种无人值守系统广泛分布在以下行业和应用领域：

① 无线通信基站网、邮电通信机房空调网。

② 电力系统配电网、变电站自动化系统、电力调度系统。

③ 铁路系统道口，信号管理系统。

④ 坝体、隧道、桥梁、水利设施（比如南水北调）、机场、油库和码头。

⑤ 地铁、铁路自动计费系统。

⑥ 高速公路、高铁沿线危险源、城市道路交通。

⑦ 城市供热、供水、供气、雨水泵站、污水泵站等公用设施。

⑧ 环境、天文、地理和气象等。

⑨ 风力发电厂、生物质电厂、太阳能电厂等新能源领域。

⑩ 发电厂、污水厂、垃圾发电厂的污染源在线监控。

2）生产制造系统的监控：用于监控和协调生产制造流水线上各种设备正常有序的运营和产品数据的配方管理。这些生产线包括家电、家具、汽车、卷烟、纺织品等。

3）大型设备远程监控：如大型港口机械的远程监控、大型中央空调的远程监控、远洋轮船的远程监控等。

4）重要危险源的远程监控：如矿山瓦斯等有毒有害气体、森林火警和化工危险品运输车的实时监控等。

5）其他生产和生活相关行业：如农业大棚监控、粮库质量和安全监测、油库安全、化工仓储设施的安全监控、自动化仓库及物流配送的监控等。

3. SCADA 系统在高铁防灾系统中的应用

铁路和城市地铁的控制系统在其行业称作信号系统，从系统结构来看也是典型的 SCADA 系统。除了信号系统保障轨道交通运行的安全性和可靠性外，还有各类辅助系统（如地铁或隧道的通风系统等）起保障作用，武广高铁的防灾系统也属于这种保障系统。

武广高铁从广州到武汉，全长 995km，途经 15 个车站，设计时速 350km/h，是我国重要干线铁路。由于铁路沿线部分区段自然条件恶劣，冰冻天气、松动的岩土及泥石流等容易发生；同时，沿途有较为复杂的居住环境，人、畜等非常规的穿越铁路。为了确保高铁稳定运行，减少这些自然和人为因素对高铁行车安全的影响，在武广高铁上建设了铁路防灾 SCADA 系统，其总体结构如图 1.39 所示。该系统有 3 个数据调度中心，分别位于武昌火车站、长沙火车站和广州南站内。全线共设置 155 个冗余监控单元，包括 2 处监控数据处理设备、2 处调度所监控设备。整个防灾监控系统采用贝加莱公司的软硬件产品，实现了对远程无人值守站点、环境恶劣站点的监控。系统设有风速监测站点 109 个、雨量监测站点 51 个、异物监测站点 125 个，可以将暴风与大雾在机车运行时产生的影响，暴雨造成的潜在泥石流、路基塌陷等潜在的因素以及在桥梁、隧道、山体等区段出现异物（包括人和动物）进入轨道运行区域等异常及时进行采集，并将上述数据上传给数据调度中心，以便工作人员能够及时做出响应，确保高铁行车安全。从该例子可以看出，由于受控对象地域跨度大，通信网络对于系统功能的实现发挥极为关键的作用，其网络通信明显比 DCS 要复杂。

由于该 SCADA 系统的可靠运行对于保障列车的运行安全和乘客的生命安全具有非常重要的作用，因此，在进行 SCADA 系统配置时，对包括电源、机架、CPU、I/O 和通信等单元都进行了冗余设计。主、从 CPU 模块切换时间短，对系统运行没有影响。系统硬件选用 X20 控制器，单机及 I/O 的平均无故障时间达到 50 万小时，且满足铁道电气系统 A 级 EMC 指标。

软件采用贝加莱的全集成自动化平台 Automation Studio,该软件可以完成系统组态、控制器编程和人机界面开发的全部功能,极大简化了系统开发和调试。最新版本 Automation Studio 4 允许使用所有符合 IEC 61131-3 标准的编程语言和 C 语言进行 PLC 编程,以及运用 C++进行面向对象编程。项目文件以 XML 格式实现共享,可以确保与第三方系统(如物料管理和生产规划软件)的开放通信。采用了 OPC 统一架构(OPC UA),可以从底层设备直接连接至工厂管理层。Automation Studio 还提供了广泛的诊断工具用于读取系统信息和优化系统。使用系统诊断管理器可以通过标准的 Web 访问读取广泛的目标系统信息。对运动控制系统开发的强大支持更是该软件的特色。

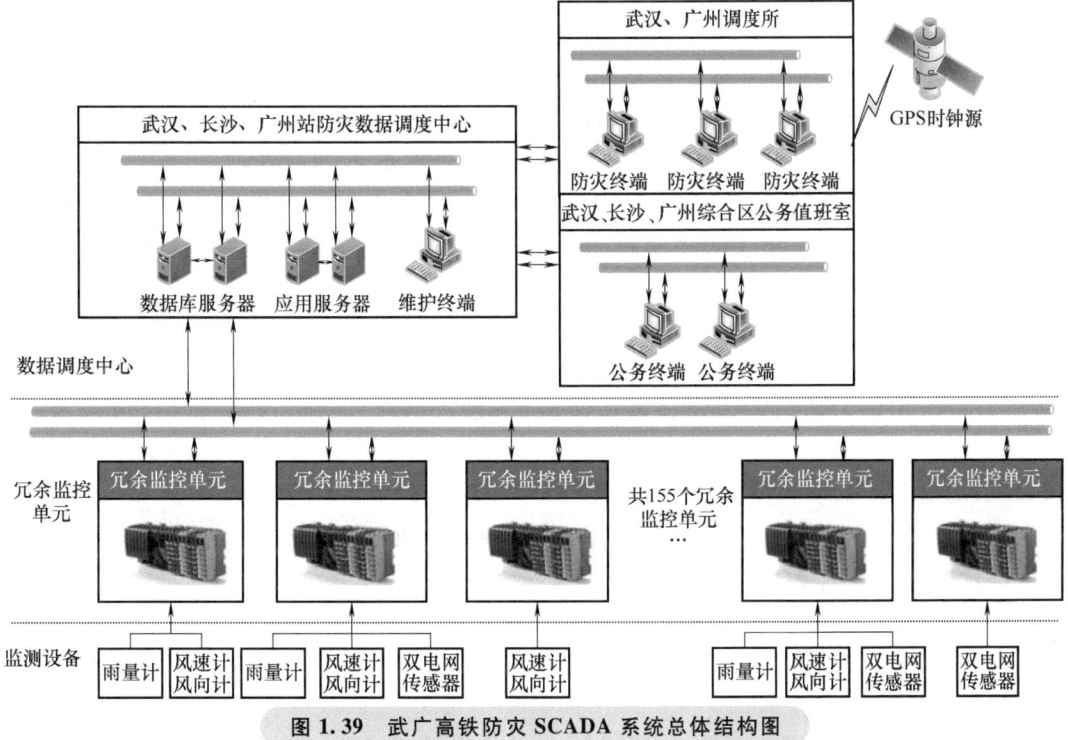

图 1.39 武广高铁防灾 SCADA 系统总体结构图

1.7 工业控制系统下位机编程与人机界面组态案例

1.7.1 下位机控制程序编程

1. 控制系统编程语言的发展及标准

在工业控制系统中,DCS 与 SCADA 系统的现场控制站/下位机,以及 PLC 等都可统称为控制器,控制器是控制程序的运行载体,控制程序的运行结果直接作用于被控物理过程和设备,对工业生产过程的连续、安全和稳定运行起决定作用。因此,必须确保控制器应用程序功能完善,运行可靠,满足生产实时控制要求,有利于工程师进行维护和故障排查。

由于各行各业都在使用各类控制器实现生产自动化,这就导致控制器的编程方式有一定的不同。西门子在制造业的 PLC 和用于楼宇自动化的直接数字控制器,本质上是一样的,但由于应用需求有一定的差别，因此导致编程软件等不一致。此外，传统上 PLC 的编程与 DCS 现场控制站的编程差别也较大，这些都给控制系统的开发、运行和维护带来了极大不便。IEC 和 PLCopen 组织开展了 PLC 标准化工作，并进行大力推广，其中 IEC 61131-3 就是控制器编程语言的规范。该规范给出了 5 种编程语言，并定义了这些编程语言的语法和句法。编程语言包括文本化语言和图形化语言两大类，其中文本化语言有指令表（Instruction list, IL）语言和结构化文本（Structure Text, ST）语言；图形化语言有梯形图（Ladder Diagram, LD）语言、功能块图（Function Block Diagram, FBD）语言和连续功能图（Continuous Function Chart, CFC）。另外，顺序功能图（Sequence Function Chart, SFC）是作为编程语言的公用元素定义的，它既是一种顺控程序设计技术，也是一种图形化语言。

IEC 61131-3 允许在同一个控制器中使用多种编程语言，允许程序开发人员对每一个特定的任务选择最合适的编程语言，还允许用不同编程语言为同一个控制程序的不同软件模块编程，以充分发挥不同编程语言的应用特点。一般而言，即使是一个很复杂的任务，采用这 6 种编程语言的组合，是能够编写出满足控制任务功能要求的程序的。

在 DCS 中，最常用的编程语言是 FBD，西门子 PCS7 是 CFC，而间歇过程和 DCS 的顺控任务常采用 SFC 编程。在 PLC 和 RTU 中，常采用 LD 和 ST 来编程。在安全仪表中，FBD 是最常用的编程语言。

德国 CODESYS 软件集团的 CODESYS Automation Development Suite 软件（工具包套件）是一款基于.NET 架构和 IEC 61131-3 国际编程标准的、面向工业 4.0 及物联网应用的软件开发平台，读者可以到该公司官网下载该软件进行编程学习，并通过仿真的方式来检查程序的正确性。

2. IEC 61131-3 的特点和优势

IEC 61131-3 的优势在于它成功地将现代软件的概念和现代软件工程的机制和成果用于 PLC 的编程语言，具体表现在以下几个方面：

1）采用现代软件模块化原则，主要内容包括：

① 编程语言支持模块化，将常用的程序功能划分为若干单元，并加以封装，构成编程的基础。

② 模块化时，只设置必要的、尽可能少的输入和输出参数，尽量减少交互作用和内部数据交换。

③ 模块化接口之间的交互作用均采用显性定义。

④ 将信息隐藏于模块内，对使用者来讲只需了解该模块的外部特性（即功能、输入和输出参数），而无需了解模块内算法的具体实现方法。

2）IEC 61131-3 支持自顶而下和自底而上的程序开发方法。自顶而下的开发过程是用户首先进行系统总体设计，将控制任务划分为若干个模块，然后定义变量和进行模块设计，编写各个模块的程序；自底而上的开发过程是用户先从底部开始编程，例如先导出功能和功能块，再按照控制要求编制程序。

3）将现代软件概念浓缩，并加以运用。例如：数据使用 DATA_TYPE 声明机制；功能使用 FUNCTION 声明机制；数据和功能的组合使用 FUNCTION_BLOCK 声明机制。

4）完善的数据类型定义和运算限制。软件工程师很早就认识到许多编程的错误往往由于在程序的不同部分对数据的表达和处理不同。IEC 61131-3 从源头上注意防止这类低级错误,虽然这可能导致程序效率降低,但提高了程序的可靠性、可读性和可维护性。

5)对程序执行具有完全的控制能力。传统的 PLC 只能按扫描方式顺序执行程序,对程序执行的其他要求,如由事件驱动某一段程序的执行、程序的并行处理等均无能为力。IEC 61131-3 允许程序的不同部分、在不同的条件(包括时间条件)下、以不同的比率并行执行。

6)支持结构化编程。对于循环/周期执行程序、中断执行程序、初始化执行程序等可以分开设计。此外,循环执行的程序还可以根据执行周期的不同分开设计。

3. IEC 61131-3 标准中主要的编程语言

在编写控制器程序时,可以根据任务特点选择不同的编程语言。通常,控制器设备厂家都会在配套的控制器编程软件(或集成环境 IDE)中提供大量的指令集,这些指令一般都包括表 1.7 中所示的类型,这类似于高级语言中大量的库函数,从而简化程序的开发。用户进行程序设计,主要都是调用这些指令。用户也可以通过编写功能和功能块来建立自己的指令。不同的编程语言调用这些指令时其调用方式有所不同,甚至个别指令只支持梯形图而不支持其他的编程语言。为了增加程序可读性,所有的编程语言都支持注释功能。标签的使用也使得程序的编写和维护更加简单。

表 1.7 典型的控制器指令集

种类	描述
报警(Alarms)	超过限制值时报警
布尔运算(Boolean Operations)	对信号上升下降沿以及设置或重置操作
通信(Communications)	部件间的通信操作
计时器(Timer)	计时
计数器(Counter)	计数
数据操作(Data Manipulation)	取平均,最大、最小值
输入/输出(Input/Output)	控制器与模块之间的输入/输出操作
中断(Interrupt)	管理中断
过程控制(Process Control)	PID 操作以及堆栈
程序控制(Program Control)	主要是延迟指令功能块
运动控制(Motion Control)	对特定轴的运动进行编程和设计

这里主要介绍 LD、ST、FBD 和 SFC 语言。IL 语言预计会被 IEC 从新修订的标准中删除,因此不做介绍。目前,几乎所有的控制器厂商都宣称自己的控制器编程语言符合 IEC 61131-3 规范,因此,现在不同厂家的控制器编程差异性比以往任何时候都小。

(1)LD 语言

LD 语言是从继电器-接触器控制基础上发展起来的具有最悠久历史的一种编程语言,具有易学易用的特点。虽然梯形图与继电逻辑图有较大的相似性,但梯形图软件的执行过程与继电器硬件逻辑实现方式是完全不同的。

梯形图程序及程序执行过程如图 1.40 所示。梯级是梯形图的组成元素,它表示着一组元件线圈的激活,图中有 2 个梯级。梯级中的电源轨线图形元素也称为母线。它的图形表示是位于梯形图左侧和右侧的两条垂直线。在梯形图中,能流从左侧电源母线开始向右流动,经过连接元素和其他连接在该梯级的图形元素最终到达右侧电源母线。LD 语言程序中有指令块、分支、线圈、触点，还有用于程序控制的跳转和返回指令。梯形图程序执行时，从最上层梯级开始执行，从左到右确定各图形元素的状态，并确定其右侧连接元素的状态，逐个向右执行，操作执行的结果由执行控制元素输出，直到右侧电源母线。然后，进行下一个梯级的执行过程。

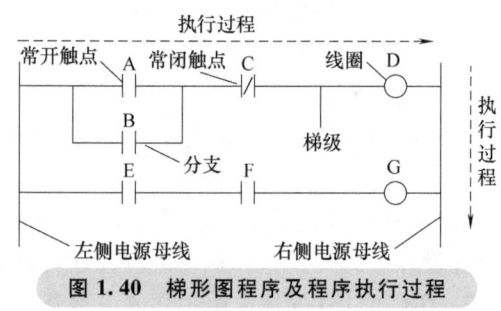

图 1.40　梯形图程序及程序执行过程

（2）ST 语言

ST 语言是高层编程语言，类似于 PASCAL 编程语言。它可以用来描述功能、功能块和程序的行为，也可以在 SFC 中描述步、动作块和转移的行为。相比较而言，它特别适合于定义复杂的功能块。这是因为它具有很强的编程能力，可方便地对变量赋值，调用功能和功能块，创建表达式，编写条件语句和迭代程序等。ST 语言编写的程序格式自由，可在关键词与标识符之间的任何地方插入制表符、换行符和注释。另外，ST 语言不区分大小写。

ST 语言程序根据"行号"依次从上至下开始顺序执行，每个扫描周期，先执行行号较小的程序行。同一段程序中的变量若被赋值两次，则第一次的赋值将被覆盖。利用 ST 语言编程时要注意运算符的优先级，这点与 LD 语言是不同的。如果不注意这一点，程序的执行结果很可能和预期不一致。ST 语言程序编辑时，一定要用英文输入法。

ST 语言程序由各种表达式组成。这些表达式包括赋值语句（如 A：=b;）、功能或功能块调用语句、选择语句（IF、THEN、ELSE、CASE）、迭代语句（FOR、WHILE、REPEAT）和控制语句（RETURN、EXIT）等。表达式由运算符/操作符及其操作数组成。操作数可以是常量（文本）、控制变量或另一个表达式（或子表达式）。对于每个单一表达式（将操作数与一个 ST 运算符合并），操作数类型必须匹配。此单一表达式具有与其操作数相同的数据类型，可以用在更复杂的表达式中。表达式中若操作数类型不匹配，必须进行类型转换。

（3）FBD 语言

FBD 语言源于信号处理领域，是一种相对较新的编程方法，FBD 语言是在 IEC 61499 标准基础上诞生的。FBD 用框图的形式来表示操作功能，用类似与门、或门的方框来表示逻辑运算关系，方框的左侧为逻辑运算的输入变量，右侧为输出变量；信号也是由左向右流向的，各个功能方框之间可以串联，也可以插入中间信号。在每个最后输出的方框前面逻辑操作方框数是有限的。功能块图经过扩展，不但可以表示各种简单的逻辑操作，也可以表示复杂的运算、操作功能。显然，和 LD 及 SFC 一样，FBD 也是一种图形化语言。

FBD 程序由功能、功能块、执行控制元素、连接元素和连接组成。功能和功能块用矩形框图图形符号表示。连接元素的图形符号是水平或垂直的连接线。连接线用于将功能或功能块的输入和输出连接起来，也用于将变量与功能、功能块的输入、输出连接起来。执行控制元素用于控制程序的执行次序。功能和功能块输入和输出的显示位置不影响其连接。

FBD 语言中的执行控制元素有跳转、返回和反馈等类型。跳转和返回分为条件跳转或返回及无条件跳转或返回。反馈并不改变执行控制的流向，但它影响下次求值中的输入变量。标号在网络中应该是唯一的，标号不能再作为网络中的变量使用。在编程系统中，由于受到显示屏幕的限制,当网络较大时,显示屏的一个行内不能显示多个有连接的功能或功能块,这时,可以采用连接符连接,连接符与标号不同,它仅表示网络的接续关系。

(4) SFC 语言

SFC 是一种强大的描述控制程序的顺序行为特征的图形化语言,可对复杂的过程或操作由顶到底地进行辅助开发,允许一个复杂的问题逐层地分解为步和较小的能够被详细分析的顺序,具有精确且严密的特点。因此,SFC 不仅是一种编程语言,还可以看作是一种系统化的控制器程序设计方法。

SFC 把一个程序的内部组织加以结构化,在保持其总貌的前提下将一个控制问题分解为若干可管理的部分。它由 3 个基本要素构成:步、动作块和转换。每一步表示被控系统的一个特定状态,它与动作块和转移相联系。转换与某个条件(或条件组合)相关联,当条件成立时,转换前的上一步便处于非激活状态,而转换至的那一步则处于激活状态。与被激活的步相联系的动作块,则执行一定的控制动作。步、转换和动作块这三个要素可由任意一种 IEC 编程语言编程,包括 SFC 本身。

按照结构的不同,SFC 可分为单序列控制、并行序列、选择序列和混合结构序列等。一个复杂的顺控任务,都可以用这些结构的组合来进行设计。

4. 下位机编程实例

电机类设备在生产控制中广泛使用,通常,这类设备的控制方式比较类似。设备除了现场手动控制(硬接线方式实现)以外,还可以在上位机(或人机界面)上进行手动或自动控制选择,由 PLC 对设备进行直接控制。当 PLC 中设备启动控制指令发出后,若超过一定时间没有收到运行信号反馈,则需要对设备启动超时报警,待工作人员发现并解除故障后,在人机界面执行超时复位指令,设备才能再次投入运行。此外,还需要统计设备的运行时间,以便于设备的维保。

从上述分析可以看出,电机控制关联的输入信号有远控允许、电机运行反馈、电机故障、上位机手动和自动选择指令、上位机手动开指令、上位机停设备指令、上位机超时复位指令、上位机运行总时间清零指令、上位机超时时间设置等。电机类设备控制输出有起动电机运行、起动超时报警和总运行时间统计。

这里在 CODESYS V3.5 SP15 软件环境下进行编程。

电机控制用数据结构定义如图 1.41 所示。变量的说明见注释。通过这样结构的定义,还可以避免使用大量单个的变量,为统一处理不同类型的数据和参数提供了方便。

除了定义电机类设备的数据结构外,还开发了用于电机控制的功能块 MotorFB。电机控制功能块的变量定义如图 1.42 所示。这里需要注意的是,由于结构变量中有些是输入,有些是输出,因此,必须把定义的 MotorStr 变量 Mt 作为 VAR_IN_OUT 类型。

```
1   TYPE MotorStr :
2   STRUCT
3       AutoLogic:BOOL; //自动运行逻辑
4       MasterMode:BOOL; //上位机手动和自动选择
5       MasterMan:BOOL; //上位机手动
6       FaultIn:BOOL; //故障输入
7       MotorState:BOOL; //电机运行输入
8       RemoteEna:BOOL; //远控允许
9       MasterStop:BOOL; //上位机停止
10      OverTimeRst:BOOL; //上位机起动超时复位
11      OvertimeSet:TIME; //起动超时时间设置
12      TotalTimeRst:BOOL; //电机总时间清零
13      StartMotor:BOOL; //起动电机控制信号
14      StartOT:BOOL; //电机起动超时标志
15      MotorRunTotalTime:DINT; //电机总运行时间
16  END_STRUCT
17  END_TYPE
```

图 1.41 电机控制用数据结构定义

```
1  FUNCTION_BLOCK MororFB
2  VAR_IN_OUT
3      Mt:MotorStr;
4  END_VAR
5  VAR
6      TON1,TON2: TON; SR1: SR;CTU1: CTU;R_TRIG_0: R_TRIG; R_TRIG_1: R_TRIG;
7  END_VAR
```

图 1.42　电机控制功能块的变量定义

定义好 FB 中的变量后，就写该 FB 的代码，采用 LD 语言编写，如图 1.43 所示。一共有三个梯级，第一个梯级是设备起停控制，第二个梯级是起动超时，第三个梯级是运行时间统计。对超时清零和总时间清零都利用了上升沿。这里设备工作总时间计时的最大值是 65535min。

这里上位机的控制信号的工作要求必须和上位机程序人机界面组态结合起来。例如，OverTimeRst 这个超时清零信号，应该是脉冲，为了防止上位机是电平，所以用了 R_TRIG 这个功能块。

编写好功能块后，在程序中调用该功能块就可以实现对设备的控制。新建立名为 PLC_LD 的 POU，然后编写程序，如图 1.44 所示。这里定义了结构数组，这样就可以方便处理不超过 10 个同类电机的控制。需要说明的是，在进行电机控制时，必须把 arrMotor［0］数组中的结构元素与对应要控制电机的输入和输出变量关联起来。这里省略了这部分程序，这些实际上都是赋值语句，用 ST 语言写起来更简单。但在仿真时可以进入 MotorFB 中进行强制，观察程序的运行结果。

从图 1.44 中还可以看出 CODESYS 的编程环境。在左侧设备窗口中，可以看到工程名①，新建的数据结构②、功能块③和 POU④。PLC_LD 程序见窗口中的⑥和⑦，分别是变量定义和代码编写，编写梯形图程序时要用的工具可以从工具箱⑧中拖拉过来。窗口⑨是显示编辑和编译等错误和告警的窗口。

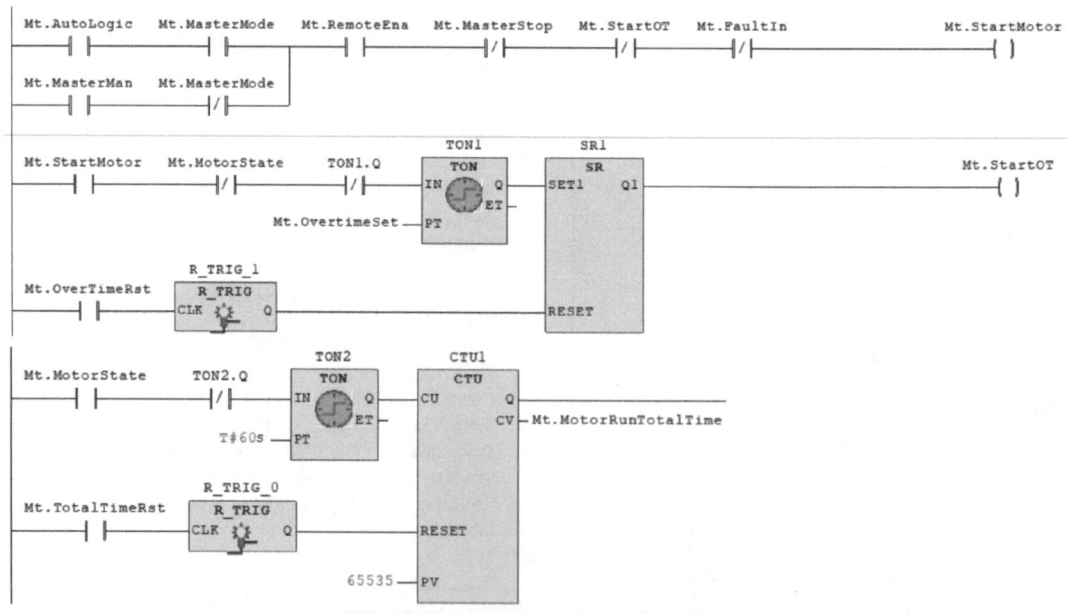

图 1.43　电机控制功能块的代码部分

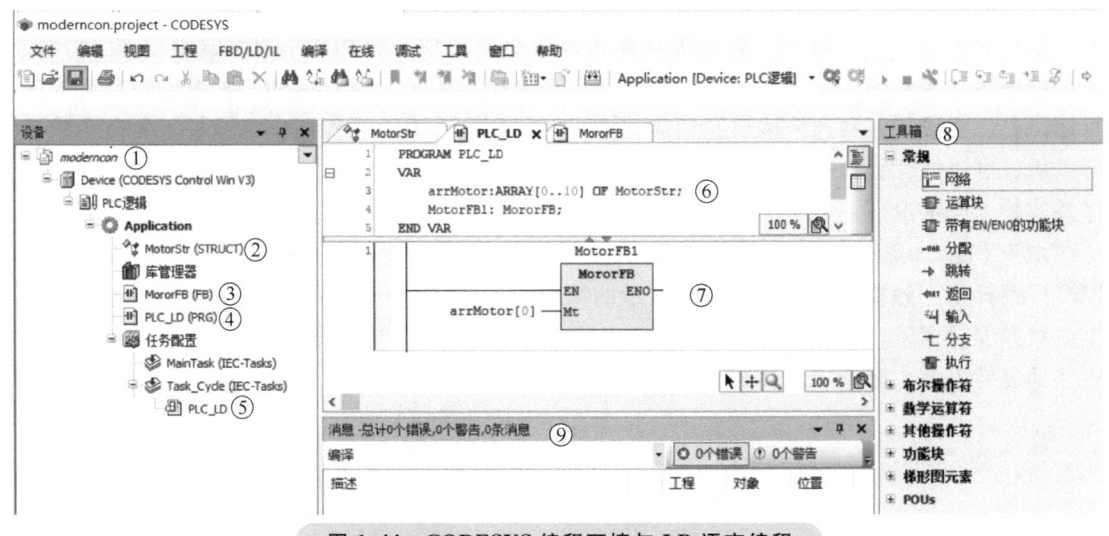

图 1.44　CODESYS 编程环境与 LD 语言编程

程序编写完成后，要对程序进行任务配置（见图中的⑤），这里没有 MainTask 任务，而 PLC_LD 是作为 Task_Cycle 任务（用户添加的），设置其优先级是 1，执行周期是 20ms。整个工程中的程序编写完成后，要进行编译。

编译完成后，若无错误，则可以进行仿真调试。CODESYS 提供了方便的仿真调试环境，可以对变量强制和写入来模拟各种信号变化和不同的参数设置图。

当然，这里的程序用于现场时还有很多因素要考虑，比如，总的工作时间，此变量应该保存在断电保存存储器中或者上位机中。当 PLC 重新上电后，从上位机把停电前的时间写入 PLC 中来。

此外，这里定义电机设备结构数据类型的好处是，在上位机中也同样可以定义电机设备的结构数据类型（上位机组态软件要支持自定义数据结构），这样在上位机中做设备电机控制的面板时，进行变量映射时就十分方便，不易出错。

1.7.2　人机界面组态

1. 工业控制系统的两类人机界面（Human Machine Interface，HMI）

人机界面是指人和机器在信息交换和功能上接触或互相影响的人机结合面。由于移动互联网出现后，对人机界面的需求更大，目前甚至产生了 UI（User Interface，用户接口）设计师职业。

在工业自动化领域，主要有两种类型的人机界面，其工作方式及应用场合有明显不同。

（1）触摸屏类人机界面

在制造业流水线及机床等单体设备上，大量采用了 PLC 作为控制设备，但是 PLC 自身显示、键盘输入等人机交互功能弱，因此，通常需要配置触摸屏或嵌入式工业计算机作为人机界面，它们通过与 PLC 通信，实现对生产过程的现场监视和控制，同时还可以实现参数设置、显示、报警、打印等功能。图 1.45 所示为某消防泵房触摸屏人机界面。触摸屏这类嵌入式人机界面，通常需要在 PC 上利用设备配套的人机界面开发软件（以往也称嵌入式组态软件），按照系统的功能要求进行组态，形成工程文件，对该文件进行功能测试后，将工程文件下载到触摸屏存储器中，触摸屏上运行该工程，就可实现监控功能。

触摸屏集成了信号输入、显示等功能，是简单、方便、自然的一种多媒体人机交互设备。触摸屏种类繁多，应用领域广泛。工业触摸屏是应用于工业环境的一种可触摸控制的多媒体设备，集成了多种通信接口，适应工业现场的恶劣环境。在控制柜等设备上安装了触摸屏以后，可以取代机械式的按钮、显示灯、LED 显示屏等装置，非常方便现场工人就近操作并监控生产情况。

由于 PLC 自身不带显示界面，因此触摸屏与 PLC 的组合基本是标配，几乎所有的主流 PLC 厂商都生产触摸屏，同时，还有大量的第三方厂家（昆仑通态、威纶通、研华科技等）生产触摸屏。通常，第三方厂家的产品配套的人机界面开发软件支持市面上主流的 PLC 和更多的硬件设备，因此运用领域更加广泛。

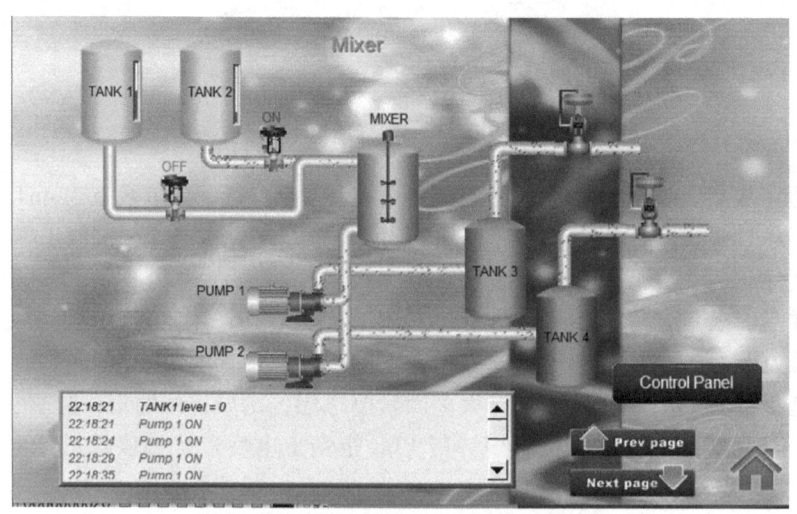

图 1.45　某消防泵房触摸屏人机界面

（2）上位机人机界面

工业控制系统通常是分布式控制系统，各种控制器在现场设备附近安装，为了实现全厂的集中监控和管理，需要设立一个统一监视、监控和管理整个生产过程的中央监控系统，中央监控系统的服务器与现场控制站进行通信，工程师站、操作员站等需要安装配置对生产过程进行监视、控制、报警、记录、组态的工控应用软件，具有这样功能的工控应用软件也称为人机界面，这类人机界面通常是用工控组态软件（简称组态软件）开发。图 1.46 所示为某饮料灌装生产线上位机人机界面。

目前，主要的组态软件有西门子公司的 WinCC，施耐德公司的 AVEVA InTouch，通用电气公司的 Proficy iFIX，罗克韦尔公司的 FactoryTalk View Studio 和 Optix，三菱电机的 GENISIS64（收购而来）以及 Inductive Automation 公司的 Ignition 等。国产产品主要有北京亚控科技公司的组态王系列、力控元通科技的 ForceControl 和大庆紫金桥软件公司的紫金桥等。中控科技在 2023 年底推出了 InPlant SCADA 中央监控软件，并采取 5 万点以下免费授权的市场策略进军组态软件市场。

和触摸屏人机界面相比，上位机组态好的工程不需下载，这类应用软件直接运行在工作站（通常是商用计算机、工控机或工作站）上，不同的工作站组成客户端/服务器结构，还

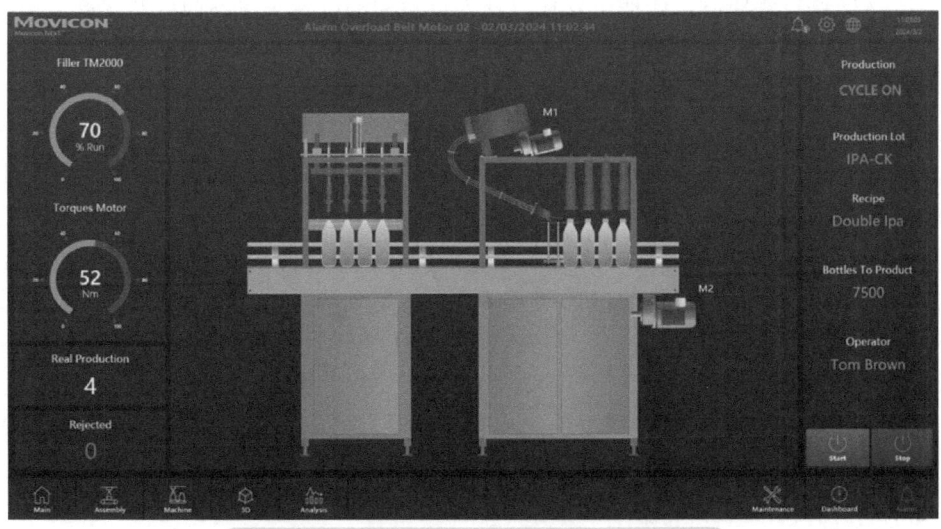

图 1.46　某饮料灌装生产线上位机人机界面

可以进行冗余配置，从而实现厂级规模监控，I/O 数量可达到 10 万点以上。而触摸屏人机界面监控的设备数量有限，对于大型流水线，会在不同工段配置多个触摸屏，每个触摸屏监控就近的设备，因此，触摸屏监控的 I/O 点数量较少。

2. 人机界面组态原则

工业控制系统上位机人机界面是操作人员对生产过程进行监控的窗口，因此一个好的人机界面对于操作人员准确监控生产状态、处理各类报警和异常事件具有重要的作用。

由于人机接口应用越来越广泛，ISA 组织制定了人机接口标准，即 ISA 101 规范，包括 ISA 101.01 过程自动化系统中的人机界面和 ISA 101.02 人机界面可用性和性能。ISA 101.01 的主要内容包括菜单结构、屏幕导航规范、图形和色彩规范、动态元素、报警规范、安全方法和电子签名属性、具有后台编程和历史数据库的接口、弹出窗口规范、帮助屏幕和报警关联的方法、编程对象接口、数据库、服务器和网络组态接口等方面。

一般来说，进行人机界面设计时，要遵循以下原则：

1）针对用户的需求进行设计：即系统的设计要以用户为中心，以用户的需求为出发点，满足用户对系统功能、操作习惯、操作优先级等要求，同时与工作和应用环境相协调。因此，在人机界面的开发过程中，要不断征求企业或操作人员的意见，通过反馈来提高用户的满意度，减少后期的修改工作量。

2）功能原则：人机界面实现的功能按照重要性分为主要功能、次要功能和辅助功能；按照使用频率分为常用功能和非常用功能；按照功能的可达性可分为快速可达或非快速可达等。因此，在功能设计上，要按照对象应用环境和场合（如流水线上、中控室等）的具体使用功能要求，针对不同类型的功能特点，通过功能分区、菜单分级、提示分层、对话栏并举等多种技术手段，设计出满足并行处理要求和交互实时性的功能界面。

3）顺序（层次性）原则：即按照操作人员处理事件的顺序、执行各类访问操作或查看操作的顺序来进行人机界面设计，体现一定的层次性。例如，操作人员一般先看整体流程，再看子系统流程这种由大到小、由顶层到底层的顺序；报警等异常操作需优先处理的顺序等。了解了这些操作顺序后,就能更好地设计人机界面的各类主要界面以及次要界面。

4)一致性原则:主要体现在色彩的一致性(如设备正常状态与故障状态的颜色动画)、文本的一致性、同类设备操作方式的一致性、同类指令界面的一致性、界面布局的一致性等。如果有企业或相关行业标准,应该遵循这些标准,从而做到更好的一致性。这种一致性,不仅可以提高人机界面的美观程度,使操作或管理人员看界面时感到舒适,而且能减少紧急情况下操作失误。

5)重要性原则:即按照人机界面中各种功能的重要性来设计人机界面的交互方式,如人机界面的主次菜单和对话窗口的位置与突显性,从而有助于操作人员实施操作、监控、调度和管理功能,特别是应急处理。

3. 人机界面设计与开发

触摸屏人机界面与 SCADA 系统上位机人机界面开发比较类似,而 DCS 由于软硬件集成度更高,人机界面组态相对简单。

(1)人机界面设计的主要内容

这是系统设计的起点和基础,如果总体设计有偏差,会给后续的工作带来较大麻烦。进行系统总体设计前,一定要吃透系统的功能需求有哪些,这些功能需求如何实现。系统总体设计主要体现在以下几个方面:

1)根据控制系统的总体结构和设备分布,确定人机界面系统的总体结构。例如,西门子的 WinCC 除了支持单机版项目外,还能够扩展为冗余系统、客户端/服务器结构和浏览器/服务器结构。客户端/服务器结构还有多用户系统和分布式系统两种类型。不同的结构需买的授权有所不同,组态方式也有所不同。

2)若采用多个服务器,就要确定下位机与哪台服务器通信。为保证监控功能快速、准确实现,又要尽量使得每台服务器的负荷平均化,就要合理配置服务器与下位机的通信。

3)服务器和下位机通信接口设计,确保服务器能和下位机通信成功,且通信速率满足系统对数据采集和监控的实时性要求。有些系统有第三方控制设备接入,要保留相关的通信接口。对于大型系统,还要考虑服务器与下位机的连接数量,这通常取决于系统性能和项目的组态限制。

4)由于上位机和下位机、管理计算机等构成了一个复杂的工业控制网络,因此,还需要采取系统信息安全防护策略。对于复杂的 SCADA 系统,要考虑网络的划分,包括 IP 地址的分配、网络的隔离和保护等。

5)根据工作量,确定开发人员任务分工及开发周期、系统调试方案、验收交付等。

(2)人机界面开发步骤

1)实时数据库组态:包括添加设备和定义变量等。在建立变量时,要注意是内存变量还是 I/O 变量。有些下位机的变量地址是寄存器方式,有些是标签寻址(典型的是罗克韦尔的 PLC)。目前越来越多的 PLC 的变量/标签可以导出,然后再导入人机界面的实时数据库中,极大地简化了变量定义。

2)画面组态:画面组态就是为人机界面设计一套方便操作员使用的操作画面。画面组态要遵循人机界面设计的原则。画面组态前一定要确定现场运行的计算机的分辨率,最好保证设计时的分辨率与现场一样,否则会造成软件在现场运行时画面失真,特别是当画面中有位图时,很容易导致画面失真问题。画面组态首先就是确定主窗口的显示内容。图 1.47 所示为人机界面显示画面的两种典型布局方式。主窗口模式确定后，就要根据功能需求及 HMI 设计原则确定流程画面的数量、流程切换顺序和每个流程画面的具体内容。

3) 设备控制面板设计：上位机要监控大量的现场设备，同样的现场设备控制方式基本类似，因此，要为同类设备设计面板。在 DCS 中，面板是和控制器中的回路/设备关联的，不需要用户设计。

4) 利用人机界面软件提供的控件完成趋势、报警、报表等组态。

5) 用户管理和安全管理组态。

6) 运行环境配置：包含主画面等一些运行参数配置。

人机界面有开发环境和运行环境，在人机界面开发过程中，可以随时切换到运行状态，以确保设计的功能是否和预期一致，同时及时修改界面中存在的问题，减少后期调试的工作量。

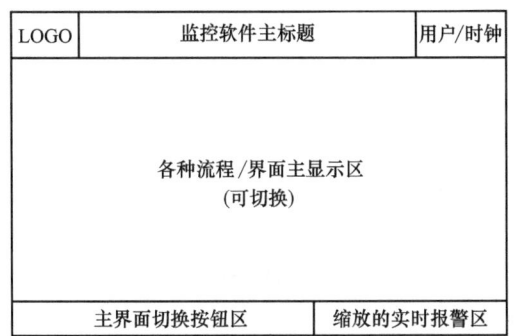
a) HMI 界面布局方式 1

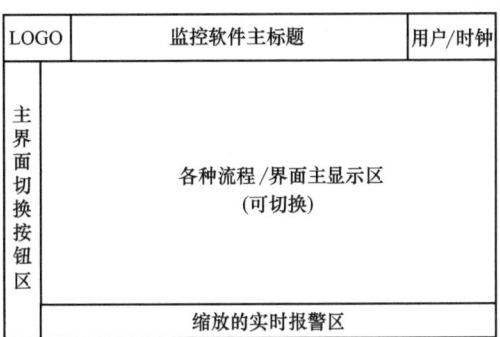
b) HMI 界面布局方式 2

图 1.47 人机界面显示画面的两种典型布局方式

（3）人机界面调试

上位机的程序调试相对简单，因为在开发过程中，要想判断每个人机界面或功能是否符合要求，则可以通过把组态软件从开发环境切换到运行环境，观察功能实现。对一个工业控制系统而言，重要的是把上位机、下位机及现场设备进行联机调试，确保现场所有测量信号都能在人机界面正确显示；人机界面的控制指令都能送到下位机；上位机能快速响应现场的故障，并根据需要进行声光报警。此外，人机界面上的用户管理、趋势显示、数据归档、报表功能等都需要根据设计要求进行调试。

思 考 题

1-1 工业控制网络有哪几类？工业控制网络的发展与演进过程是怎样的？

1-2 工业控制网络传输的信息有哪些？如何表征该网络的性能？

1-3 工业控制网络的典型拓扑结构有哪些？

1-4 云计算在物联网中的作用是什么？智能制造中为何需要边缘计算？

1-5 如何理解工业控制网络与工业控制系统两者之间的关系？

1-6 利用典型的 Modbus 通信工具软件模拟 Modbus 设备之间的通信。

1-7 工业人机界面有哪几种？各自的特点和应用场合是什么？

1-8 DCS 与 SCADA 系统相比，有什么不同？

第 2 章 现场总线技术及其应用案例

2.1 现场总线的发展与种类

2.1.1 现场总线的发展与应用

总线的概念最早是由计算机科学家约翰·冯·诺依曼（John von Neumann）提出的。他在设计计算机结构时，将数据和指令存储在同一块存储器中，并使用一组共享的通信线路将它们传输到中央处理器，这组通信线路就是总线的最初概念。随着计算机系统的发展和复杂化，为了提高计算机系统的性能和可扩展性，不同类型的总线，如数据总线、地址总线和控制总线等相继出现。

随着计算机应用的增加，计算机要和不同的外部设备通信，因此出现了外部总线的概念。这些外部总线接口提供了不同的传输速度、功能和适用范围，使计算机能够与各种外部设备进行连接和通信，满足不同的应用需求。

得益于 20 世纪 80 年代开始的微处理器技术的发展与应用，控制节点实现数字化并具有数字通信接口后，产生了强烈的在现场层进行数字化通信的需求，而通过串行总线方式实现现场设备和控制器的通信是非常适合工业领域应用需求的。

现场总线相对于传统的模拟信号传输是革命性的变化。例如，采用一对电缆只能单向传送 1 路模拟信号，而一对总线电缆可以挂接 10 台甚至更多的现场总线仪表，且每个仪表内部的成十上百变量（参数值、状态信息、故障信息、量程等组态信息）都可以通过总线传输到上位管理计算机。因此，现场总线极大地促进了工业现场信息传输质量和数量，可以把现场智能节点更多的信息传输到控制器和远程管控计算机，同时也可以接收远程的维护、调校、组态等各种指令，极大地提高了现场仪表维护使用的便利性。正是由于现场总线的发展和普及，才使得工业控制系统实现完全的数字化，并与企业信息系统构成综合自动化系统。现场总线的发展，也促进了工业控制系统架构的变化，给工业控制系统赋予了新的生命力。

罗斯蒙特、横河、ABB 和西门子等 80 家公司在 1987 年成立了一个专门委员会制定了 ISP 协议。而霍尼韦尔和贝利等 150 家公司成立了 WorldFIP 集团并推出了 WorldFIP 现场总线。直到 1994 年，两大集团宣布合并，成立基金会现场总线（Foundation Fieldbus，FF），共同制定遵循 IEC/ISA SP50 协议标准的总线。这是现场总线发展历史上的重要事件，体现了不同利益团体在现场总线标准制定上的纷争与妥协。

现场总线的发展并不顺利,这也是当今传统现场总线市场占有率逐步下降的原因。当然,在现场总线的发展中,还存在其他的总线制定纷争与合作。这主要还是牵涉到标准的制定和推广会带来经济利益,这也应验了一流企业制定标准这个说法,没有一家企业会主动放弃标准制定的主动权。目前,主要的现场总线国际标准有 IEC 61158 和 IEC 61784。

当今现场总线仍然存在多总线并存的格局,现有的现场总线超过 200 种。不同的总线有其特定的应用市场。例如,在汽车领域,CAN 总线以其高可靠性、实时性强、抗干扰能力强等特点而被广泛应用。国内一些 DCS、PLC 厂商也采用 CAN 总线来实现控制站与 I/O 模块通信。在楼宇自动化领域广泛使用 BACnet 和 LonWorks 总线。

当前现场总线的发展越来越明晰,即工业以太网后来居上,逐步占据更大的市场,而传统的现场总线市场逐步缩小,一些不常用的总线逐步退出市场。

2.1.2 主要的现场总线

现场总线是用于连接工业自动化设备的通信协议和接口标准。以下是一些常见的现场总线类型:

1)Profibus:Profibus 是一种广泛应用于工业自动化领域的现场总线标准,主要包括 DP 和 PA 两个类别。支持数据传输速率从 9.6k~12Mbit/s,DP 总线主要应用于离散制造,PA 应用于流程工业。

2)DeviceNet:DeviceNet 是一种基于 CAN 总线的现场总线协议,用于连接工业自动化设备和传感器。它具有高可靠性和实时性,支持数据传输速率从 125k~500kbit/s。

3)ControlNet 是一种工业控制网络,是基于 CAN 技术的现场总线系统。ControlNet 支持高速数据传输,最高传输速率可达 5Mbit/s,可以满足对实时性要求较高的工业自动化应用,主要用于控制器之间及与远程 I/O 站等大数据负荷的实时通信。

4)CAN 与 CAN FD:CAN 最早由德国 BOSCH 公司提出,用于汽车内部测量与执行元件之间的通信。其模型结构包括物理层、数据链路层和应用层。CAN 信号传输采用短帧结构,因此传输时间短,受干扰概率低。CAN 支持多主、点对点、一点对多点和全局广播方式。采用总线仲裁技术。CAN FD 是 CAN 的升级换代设计。目前 CAN 总线广泛应用于工业机械、机器人、自动化设备等领域。

5)CC-Link:CC-Link 由日本三菱电机公司开发。它是一种开放式的现场总线系统,支持高速数据传输,传输速率可达 10Mbit/s,适用于对实时性要求较高的工业控制应用,主要应用于制造业、工厂自动化、机械控制等领域。

6)AS-I 总线是由德国的 ASI 协会推出的标准化总线系统。AS-I 总线采用了简单的串行通信方式,使用 2 线制连接设备,成本较低,安装简单,可靠性高,特别适合工业现场传感器与执行器的通信连接,主要用于制造业等工厂自动化领域。

除了上述传统的现场总线,还产生了新型的工业以太网。IEC 61158 把工业以太网也看作是现场总线。国内一些专家认为工业以太网属于现代工业控制网络。

1)ProfiNet:一种基于以太网的工业通信协议,适用于工业自动化和过程控制领域。它支持高速数据传输和实时控制,具有灵活性和可扩展性。

2)EtherCAT:一种以太网通信技术,用于实时控制和数据传输。它具有高速传输和实时性能，特别适合运动控制应用需求。

3）EtherNet/IP：一种基于以太网的工业领域常用网络通信协议，集成了工业自动化设备所需的实时性、可靠性和安全性。EtherNet/IP 使用标准的以太网协议，使得工业设备能够通过以太网连接进行通信和数据交换。

在工业通信中，Modbus 实际上也是一种事实上的标准而得到广泛应用。Modbus RTU 在串行通信中仍然广泛使用，Modbus TCP 的市场逐步被上述几种工业以太网蚕食，应用量呈下降趋势。

2.2 HART 协议及其应用

2.2.1 HART 协议概述

HART（Highway Addressable Remote Transducer，可寻址远程传感器）使用工业现场广泛存在的 4~20mA 模拟信号传送数字信号。HART 协议采用基于 Bell202 标准的 FSK（频移键控）信号，在低频的 4~20mA 模拟信号上叠加幅度为 0.5mA 的音频数字信号（0：2200Hz；1：1200Hz）进行双向数字通信，数据传输速率为 1200bit/s。HART 协议信号图如图 2.1 所示。由于 FSK 信号的平均值为 0，不影响传送给控制系统模拟信号的大小，保证了与现有模拟系统的兼容。

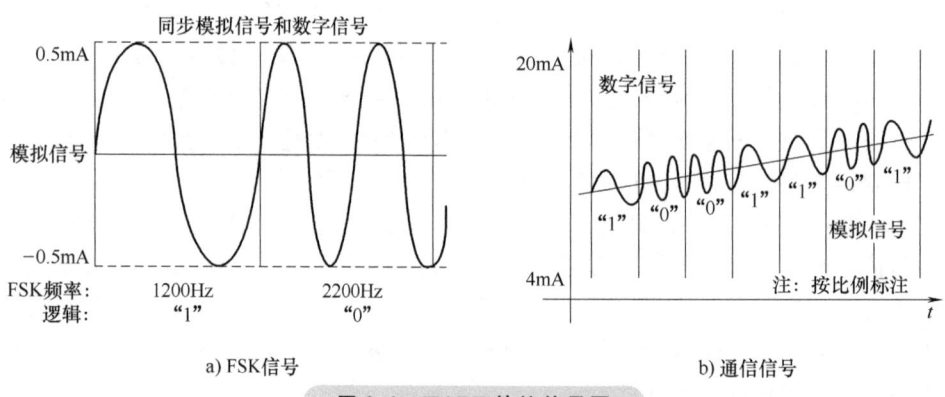

图 2.1 HART 协议信号图

传统的模拟量和离散量设备只能以单过程变量方式通信，因而很难找到一种简便的方式判定发送的信息是否有效。采用 HART 通信，不但可以获取过程变量，还可以获得其他类型的信息。通常每个 HART 设备中包括 35~40 个标准信息项，例如：

1）设备状态和诊断报警。
2）过程变量和单位。
3）回路电流和百分比范围。
4）生产商和设备标签等。

其他信息还包括：主机以数字方式查询 HART 设备，并告知设备的设置是否正确，运行是否正常。该功能可免除大多数的日常检验工作，并有助于在故障导致重大问题之前发现过程故障。

HART 协议支持仪表总线供电，且满足本质安全防爆要求，并可组成由手持编程器与主设备组成的双主设备系统，如图 2.2 所示。HART 协议使用简单的命令和响应结构，易于配置和操作。流程自动化仪表基本都支持 HART 通信，DCS 的 I/O 卡也支持与现场仪表的 HART 通信，从而可以通过 DCS 上的资产管理软件（艾默生 AMS、西门子 PDM、横河 PRM）与现场仪表通信开展远程的调校、诊断与集中管理，与工人在现场对单个仪表分别进行调校相比，极大地减少了工作量。

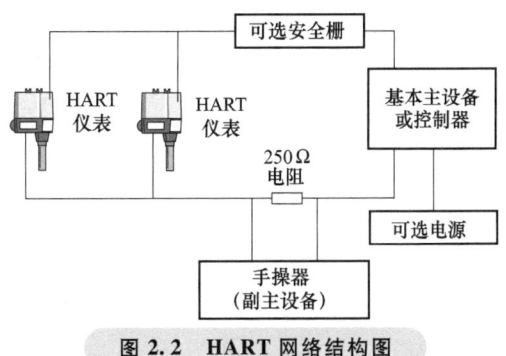

图 2.2 HART 网络结构图

HART 采用统一的设备描述语言（DDL）。现场设备开发商采用这种标准语言来描述设备特性，由 HART 基金会负责登记管理这些设备描述并把它们编为设备描述字典，主设备运用 DDL 技术来理解这些设备的特性参数而不必为这些设备开发专用接口。

随着以太网通信的兴起，又产生了 HART-IP 协议，即把 HART 数据封装在 IP 数据包中，是在 IP 网络上实现 HART 协议的一种方式。HART-IP 于 2007 年作为一种用于 WirelessHART 网关的高速以太网协议被引入，以实现从 WirelessHART 网关收集的 HART 数据传输。2012 年，HART-IP 列入 HART 规范。

2.2.2 HART 协议模型

HART 协议采用的通信方式为半双工通信。对比 OSI 七层网络模型，HART 协议应用了其简化后的三层模型结构，由上到下分别为应用层、数据链路层和物理层，而中间的第 3~6 层并未使用，HART 协议模型见表 2.1。

表 2.1 HART 协议模型

层数	ISO/OSI 模型	HART 通信协议
第 7 层	应用层	实现 HART 指令
第 2 层	数据链路层	规定 HART 协议中通信帧的格式
第 1 层	物理层	规定信号传输方法和传输介质

（1）物理层

HART 通信协议的物理层规定了信号的传输方法、传输介质，以实现模拟通信和数字通信同时进行而又互不干扰。通信中的主要变量与控制信息由模拟信号进行传送，而如参数值、数据测量值、校准信息等通过 HART 协议传送。

（2）数据链路层

1）数据帧结构。

HART 协议的数据链路层规范了通信信息的格式、错误校验方式等内容，实现了建立、维护与终结通信的功能，HART 协议帧格式及功能见表 2.2。HART 协议中的每一个字符都包含 1 个起始位、8 个数据位、1 个校验位以及 1 个停止位。HART 协议下的错误校验采取的是纵向奇偶校验，并根据校验码信息自动重复发送请求，以消除噪声等干扰带来的误码，实现数据的无差错传输。

表 2.2 HART 协议帧格式及功能

字段	字节数/Byte	功能
PREAMBLE	5~20	序文，一般是 5~20 个字节的 0xFF
START	1	起始符，用于告知长短帧、消息源与突发模式
ADDR	1/5	地址符，包含主机和从机地址，短帧中地址符占 1 个字节，长帧中则占 5 个字节
COM	1	命令符，用 0x00~0xFD 表示（除 0x1F 和 0x7F）
BCNT	1	数据长度，表示下一字节起至校验字节前一字节间的字节数，取值范围为 0x00~0x1B
STATUS	2	状态字节，即响应码，只在从站设备给主站设备返回的应答帧中存在（即主从通信的协议帧无此字段），第 1 字节表示通信状态，第 2 字节表示设备状态
DATA	0~25	数据，最少可为 0 字节，最多可为 25 字节。数据的形式可以是无符号的整数、浮点数（用 IEEE 754 单精浮点格式）或 ASCII 字符串，还有预先制定的单位数据列表。具体的数据个数根据不同的命令而定
CHK	1	校验位，从起始符至该位的前一个字节

2）HART 协议的两种通信模式。

HART 本身是一个简单的主/从类型协议，主设备包括上位机、控制器或手操器。允许同时最多有两个主设备（基本主设备和副主设备），在运用副主设备建立连接时（如使用 HART 手操器进行参数组态修改），不会对基本主设备的控制或监测通信造成干扰。

HART 协议有两种通信模式，即主从通信和成组通信。采用主从通信模式时，可寻址范围 0~15。当从设备地址为 0 时，处于 4~20mA 及数字信号点对点模式，现场仪表与两个数字通信主设备之间采用特定的串行通信。单站操作中，主变量（过程变量）可以以模拟形式输出，也可以以数字通信方式读出，以数字方式读出时，轮询地址始终为 0。也就是说，单站模式时数字信号和 4~20mA 模拟信号同时有效。当从设备地址为 1~15 时，为多点或多站模式，HART 智能变送器处于全数字通信状态。采用多点模式时，4~20mA 的模拟输出信号不再有效（输出设在 4mA，使功耗最小，主要是为变送器供电，各个现场装置并联连接），系统以数字通信方式依次读取并联到一对传输线上的多台现场仪表的测量值（或其他数据）。多点模式时，通信模式有"问答"式与"突发"式两种。按问答式工作时的数据更新速率为 2~3 次/s，按突发式工作时的数据更新速率为 3~4 次/s。

HART 协议采用成组通信模式时，无需主设备发出请求，而从设备自动地连续发出数据。从设备突发模式的启动和终止，由主设备通过命令来控制。成组方式的数据帧传输速率较快。无论是"点对点"的连接方式，还是"多点"的连接方式，通常只能有一台现场从设备可以使用成组通信模式。

（3）应用层

HART 协议的应用层使用 HART 的命令集，可以获取并解释现场仪表的数据。HART 的指令一共分为三类，包括通用命令、普通行为命令和设备专用命令。

第一类称为通用命令，对应的命令代码范围是 0~30。这是所有设备都理解、都执行的命令，例如读制造厂及产品型号，原始过程变量及单位，读电流输出及百分比输出等；第二类称为一般行为命令，对应的命令代码范围是 32~126。所提供的功能可以在许多现场设备（尽管不是全部）中实现，这类命令包括最常用的现场设备的功能库，它用于常用的操作，例如写变量阻尼值、标定、写过程变量单位等。第三类称为特殊设备命令，对应的命令代码范围是 128~253。这类命令是针对每种具体设备的特殊性而设立的，因而它完全不要求统一。例如 SMAR 公司的压力变送器 LD301 具有 PID 运算功能的有关命令，其他没有这一功能的变送器就不具备。

2.2.3 HART 命令分析示例

在某应用中，HART 手操器（主机）与某 HART 仪表（从机）连接，向仪表发送命令如下：

| FF | FF | FF | FF | FF | 82 | A6 | 06 | BC | 61 | 4E | 01 | 00 | B0 |

前 5 个字节值都为 FF，显然是前导符字节。接着的 82 起始字节，表示主机到从机发出的是长结构消息。后 5 个字节"A6，06，BC，61，4E"是地址字节，用二进制表示如下：

A6	06	BC	61	4E
1010 0110	0000 0110	1011 1100	0110 0001	0100 1110

可见首字节 A6 的最高位为 1 表示主机，次高位为 0 表示非突发模式，A6 的后 6 位"100110"是生产厂家代码，值为 38，是 Rosemount 公司的代码；

后一个字节 06 是设备型号代码，06 代表的型号是 3051C；

后面的 3 个字节是设备识别号，本例中的值为 12345678；

再接下来的 01 是命令字节，表示 1 号命令，即读取 PV 值，后面的 00 表示数据的长度；

本例中无数据，值为 0；

最后是校验字节 B0。

仪表对手操器的响应如下：

| FF FF FF FF FF | 86 | A6 06 BC 61 4E | 01 | 07 | 00 00 | 06 40 B0 00 00 | 45 |

该消息与手操器发往仪表的比较相似，但数据字节不再为 0，其中的 06 表示单位 PSI（压力单位）；后面的 4 个字节 40 B0 00 00 符合 IEEE 754 单精浮点格式，转换后为 5.5。

并且由于本例是由从机到主机的应答消息，所以存在着状态位，其数值为"00 00"，表示"OK"。

2.3 Profibus 现场总线及其应用

2.3.1 Profibus 现场总线技术

1. Profibus 现场总线概述

Profibus 起源于 1987 年，是由西门子公司提出并极力倡导的现场总线，它以 EN 50170

和 IEC 61158 标准为基础，在制造自动化、流程自动化、楼宇自动化、交通监控、电力自动化等领域得到广泛应用。Profibus-DP 和 Profibus-PA 是目前最常用的 Profibus 兼容总线协议。Profibus-FMS 已经很少使用了。

在现场应用中，Profibus-DP 电缆的颜色是紫色，Profibus-PA 通信电缆的颜色是蓝色，ProfiNet 网络的颜色是绿色，因此可以很容易区分这几种总线。

Profibus 总线具有以下特点：

1）开放性：Profibus 协议不归属于任何特定的供应商，它是一个开放的、供应商中立的、无知识产权保护的通信协议。因此，不同厂商的设备可以通过 Profibus 进行互操作，而不受特定厂商的限制。国内外有大量的厂家生产 Profibus 总线设备。

2）灵活性：Profibus 总线支持总线形、星形、树形和冗余环网等类型拓扑结构，可以连接多种类型的设备和传感器，具有较高的兼容性和互操作性。Profibus 还支持单主站-单从站、单主站-多从站、多主站-多从站以及纯主站的通信方式。

3）高可靠性：Profibus 总线具有强大的抗干扰能力，适用于工业环境中的长距离数据传输和高噪声环境。

4）高性能：Profibus 总线支持高速数据传输，可以满足实时性要求高的应用场景。

5）Profibus 总线支持 PROFIsafe 协议，一条总线上既可以传输数字型号，也可以同时传输故障安全信号。

6）安装和维护容易：Profibus 总线使用简单的物理层和连接方式，安装和维护容易。

2. Profibus 协议结构

Profibus 协议采用分层结构，如图 2.3 所示。它采用了 ISO/OSI 模型的第 1 层（物理层）、第 2 层（数据链路层），必要时还采用了第 7 层（应用层）。第 1 层和第 2 层的介质和传输协议依据 RS-485 标准、IEC 870-5-1 标准和欧洲标准 EN 60870-5-1。总线存取程序、数据传输和管理服务基于 DIN 19241 标准的第 1~3 部分和 IEC 955 标准。管理功能（FMA7）采用 ISO DIS 7498-4（管理架构）的概念。Profibus-DP 和 Profibus-PA 在数据链路层和应用层上有一些差异，以适应不同的应用场景和需求。

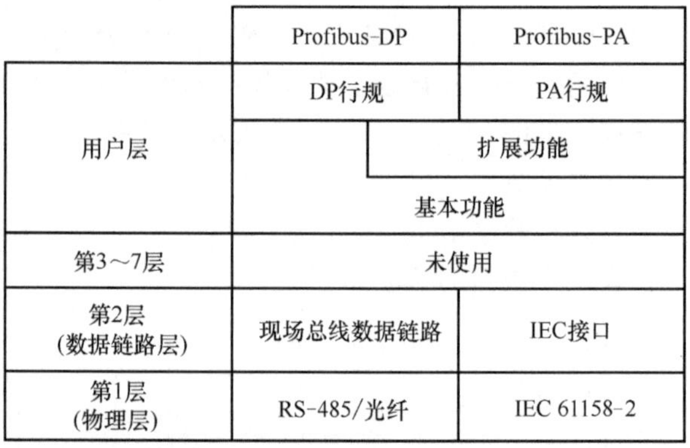

	Profibus-DP	Profibus-PA
用户层	DP行规	PA行规
	扩展功能	
	基本功能	
第3~7层	未使用	
第2层（数据链路层）	现场总线数据链路	IEC接口
第1层（物理层）	RS-485/光纤	IEC 61158-2

图 2.3 Profibus 协议层次结构

3. Profibus 行规

Profibus 行规是一种规定或规范，它对每个总线设备或装置的 I/O 数据、操作以及功能都进行了清晰的描述和准确的规定，确保 Profibus 网络中设备的互操作性，使得不同制造商的设备可以在 Profibus 网络中协同工作，而用户无需了解这些不同设备的内部区别。Profibus 行规提高了系统的灵活性和可扩展性，保证了工业自动化系统的效率和安全性。Profibus 行规是由 Profibus 国际组织（Profibus International，PI）的各工作小组所订定，并由 Profibus 国际组织所发布的。

Profibus 行规分为两大类：应用行规和系统行规，其中应用行规又分为通用应用行规和专用应用行规。通用应用行规适用于广泛的工业自动化应用，如 Profibus-DP 和 Profibus-PA 属于用户层的通用应用行规。Profibus DP-V1、Profibus DP-V2 等属于 Profibus-DP 行规经过功能扩展而产生的不同版本行规。专用应用行规针对特定的应用领域和通信需求进行了定制化的扩展和优化，如 PROFIsafe 面向功能安全领域。这些行规提供了一致的通信标准和规范，使得不同设备和系统能够互操作，并实现可靠的数据交换和控制。

（1）应用行规

1）设备配置规范：定义了设备的配置参数和设置，包括设备的地址、通信速率、数据格式等。

2）数据对象规范：定义了数据对象的格式和内容，用于描述和传输设备的数据。

3）周期性通信规范：定义了周期性通信的方式和参数，用于实时传输数据。

4）事件驱动通信规范：定义了基于事件触发的通信方式，用于实现设备间的事件通知和响应。

5）诊断和状态监测规范：定义了设备的诊断功能和状态监测方式，用于检测设备的运行状态和故障情况。

Profibus 的应用行规能够满足不同应用领域的需求，例如，PROFIdrive 可以使多个变频器或伺服系统同步运行；而 PROFIsafe 则添加了一个额外的安全协议层，帮助用户满足严格的防错要求；PROFIenergy 通过网络途径来协调耗电设备的运行状态，并采集相关的能量数据，为企业的灵活节能带来了新的选择。这些应用行规不仅适合 Profibus 现场总线，也适合 ProfiNet 工业以太网。

（2）系统行规

1）网络拓扑规范：定义了 Profibus 网络的拓扑结构，包括总线形、星形、环形等不同的拓扑结构。

2）网络地址分配规范：定义了 Profibus 设备的地址分配方式，用于唯一标识每个设备。

3）网络管理规范：定义了网络的管理方式，包括网络监测、配置和维护等。

4）安全性规范：定义了网络安全的要求和措施，用于保护 Profibus 网络的数据和通信安全。

2.3.2　Profibus-DP 总线及其应用

1. Profibus-DP 总线概述

Profibus-DP 是一种高速低成本总线，适用于分散的外部设备和自控设备之间的高速数据传输。在 Profibus-DP 网络中，一般 PLC、上位机等作为主站，传感器、执行器、远程 I/O、伺服驱动器、编码器、变频器等为从站。Profibus-DP 一般采用总线形拓扑。Profibus-DP 的基本特征如下：

1）速率：在一个有着 32 个站点的分布系统中，Profibus-DP 对所有站点传送 512 bit 输入和 512bit 输出，在 12Mbit/s 速率时只需 1ms。

2）诊断功能：经过扩展的 Profibus-DP 诊断功能能对故障进行快速定位。诊断信息在总线上传输并由主站采集。诊断信息分为以下三级：

① 本站诊断：本站设备的一般操作状态，如温度过高、压力过低。

② 模块诊断：一个站点的某具体 I/O 模块故障。

③ 通道诊断：一个单独输入/输出位的故障。

3）安全性和稳定性：Profibus-DP 系统的可靠性和保护机制确保了数据传输的安全性和系统的稳定性。

2. Profibus-DP 的基本功能

1）高速数据传输：Profibus-DP 适用于现场层的高速数据传输，主站周期性地读取从站的输入信息并周期性地向从站发送输出信息。

2）周期性用户数据传输：主站与从站之间的用户数据传输是按照确定的递归顺序自动进行的，形成循环主-从用户数据传送。

3）非周期性通信：Profibus-DP 还提供智能化设备所需的非周期性通信，如组态、诊断和报警处理。

4）单主或多主系统支持：Profibus-DP 支持单主或多主系统，总线上站点（主-从设备）数最多为 126。

5）点对点通信与广播控制指令：除了主-从功能外，还支持主-主之间的数据通信，这些功能使组态和诊断设备通过总线对系统进行组态。

6）输入或输出的同步：通过同步模式和锁定模式，允许输入和输出同步，实现事件控制的同步。

7）通过总线配置 DP 从站和主站：支持通过总线给 DP 从站赋予地址，并对 DP 主站（DPM1）进行配置。

这些功能使得 Profibus-DP 成为工业自动化领域中广泛应用于过程自动化和制造自动化的一种通信协议。

3. Profibus-DP 协议模型

Profibus-DP 采用了 OSI 模型的物理层、数据链路层，由这两部分形成了其标准第一部分的子集，隐去了 3~7 层，还采用了用户层。

（1）物理层

Profibus-DP 物理层规定了线路介质、物理连接的类型和电气特性。Profibus-DP 通常采用 RS-485 串行通信，半双工模式。Profibus-DP 物理层可以使用屏蔽双绞线和光缆两种传输介质。Profibus-DP 总线采用屏蔽双绞线时，采用 9 针 D 型插头链接器，总线段的两端各有一个总线终端器。一般在电磁干扰很大或传输距离很长的情况下可以使用光缆。支持 Profibus 光纤的网络设备主要有光纤链接模块（Optical Link Module，OLM）和光纤总线终端（Optical Bus Terminal，OBT），其中 OLM 是作为主干网设备使用的，针对不同的网络拓扑，需要进行一定的拨码参数的设置；而 OBT 只是作为网络介质的转换。

每个 Profibus-DP 网络理论上最多可连接 127 个物理站点，其中包括主站、从站以及中继设备。一般情况下 0 默认为 PG 的地址，1~2 为主站地址，126 为软件设置地址的从站的默认地址，127 为广播地址，由于这些地址不再分配给从站，因此 DP 从站最多可连接 124 个，站号设置一般为 3~125。Profibus-DP 每个物理网段最多有 32 个物理站点设备，物理网段两终端都需要设置终端电阻或使用有源终端电阻。

Profibus 规定帧字符由 11 位组成，包括 1 个起始位、8 个数据位、1 个奇偶校验位和 1 个结束位。

（2）数据链路层

Profibus-DP 的数据链路层称为现场总线数据链路（Fieldbus Data Link，FDL）层，它规定介质访问控制、帧格式、服务内容以及物理层、数据链路层的总线管理服务 FMA1/2（第 1 层、第 2 层现场总线管理）。媒体访问控制（MAC）层描述了 Profibus 采用的混合访问方式，即主站与主站之间的令牌传递方式，主站与从站之间的主-从方式，主站通过获取令牌获得访问控制权。Profibus-DP 有多种报文格式，依其报文起始字符（Start Delimiter，SD）可以识别是哪一种消息。

FDL 为其上层提供 4 种服务，即发送数据须应答（SDA）、发送数据无须应答（SDN）、发送且请求数据必须应答（SRD）以及循环发送且请求数据必须应答（CSRD）。用户若想要 FDL 服务，则必须向 FDL 申请，而 FDL 执行只会向用户提交服务结果。用户和 FDL 之间的交互过程是通过一种接口来实现的，在 Profibus 规范中称为服务原语。

用户还可以对 FDL 及物理层进行一些必要的管理，比如强制复位 FDL 和物理层、设定参数值、读状态、读事件及进行配置等，在 Profibus 中这一部分称作 FMA1/2。

（3）用户层

1）用户层的作用。

Profibus-DP 的用户层包括直接数据链路映射（Direct Data Link Mapper，DDLM）和用户接口/用户等，它们在通信中实现各种应用功能。这是因为 Profibus-DP 没有定义应用层，而是在用户接口中描述其应用。用户接口详细说明了各种不同 Profibus-DP 设备的设备行为，DDLM 将所有在用户接口中传送的功能都映射到 FDL 层和 FMA1/2 服务。它向第 2 层发送功能调用中 SSAP、DSAP 和 Serv_class 等必须的参数，接受来自第 2 层的确认和指示并将它们传送给用户接口/用户。

2）Profibus-DP 行规。

Profibus-DP 只使用了 OSI 模型的第 1 层和第 2 层，而用户层接口定义了 Profibus-DP 设备可使用的应用功能以及各种类型的系统和设备的行为特性。Profibus-DP 协议详尽地规定了用户数据在总线各站之间的传输机制，而这些用户数据的具体含义则在 Profibus-DP 行规中进行了详细解释，对所有与应用相关的细节进行了精确的规定。行规还专门针对不同应用领域如何实施和应用提供了明确的指导。这样，不同制造商生产的设备，只要遵循同一行规，就可以在工厂环境中无缝互换使用，无需担心设备间的差异。Profibus-DP 的一些关键行规有 NC/RC 行规（3.052）、编码器行规（3.062）、变速传动行规（3.071）、操作员控制和过程监视行规（HMI，即人机交互）等，其中，括号内数字为对应的文件编号。

4. Profibus-DP 系统组成及其工作机制

（1）Profibus-DP 系统组成及其网络通信

1）典型的 Profibus-DP 网络。

Profibus-DP 通信主要是主站和从站之间的主从通信。从站可以是 ET200SP、变频器等纯粹的 I/O 设备，也可以是将 DP 接口设置为从站模式的 CPU，称之为智能从站。图 2.4 所示为典型的 Profibus-DP 网络。Profibus-DP 网络系统配置的描述包括：站数、站地址、输入/输出地址、输入/输出数据格式、诊断信息格式及所使用的总线参数等。

DP/DP 耦合器也可以连接两个 Profibus-DP 主站网络，以便在这两个主站网络之间进行数据通信，数据通信区最高可以达 244 字节输入和 244 字节的输出。在这种情况下，2 个网络的设备地址可以重复，通信速率可以不同。这两个网络是电气隔离的，一个网段故障不影响另一个网段的运行。需要注意的是，在进行网络组态时，对于通信数据区，网络1的输入区必须和网络2的输出区完全对应，同样地，网络2的输入区必须和网络1的输出区完全对应，否则会造成通信故障。

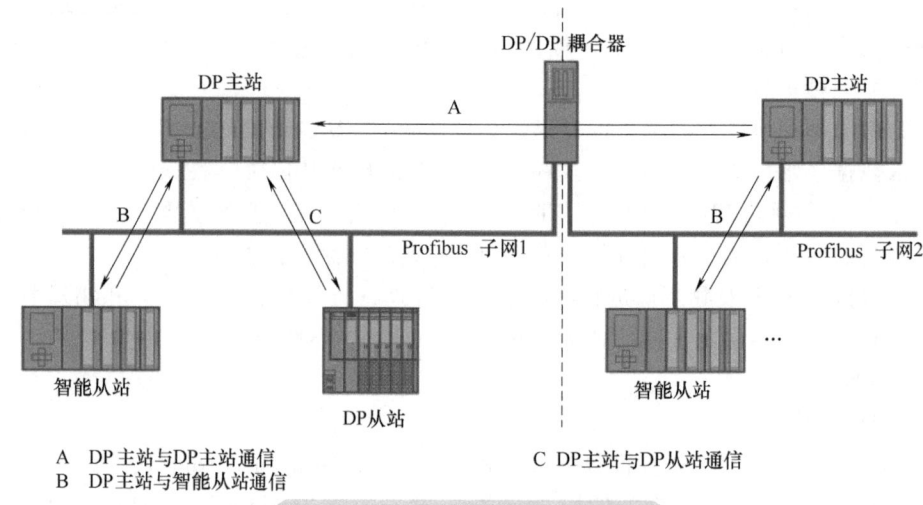

A　DP 主站与DP主站通信
B　DP 主站与智能从站通信
C　DP主站与DP从站通信

图 2.4　典型的 Profibus-DP 网络

① DP 主站与 DP 从站通信。

该通信方式用于带有 I/O 模块的 DP 主站和 DP 从站之间的数据交换。DP 主站依次查询主站系统中的 DP 从站并从 DP 从站接收输入值，然后再将输出数据传输回 DP 从站（主站-从站原理）。

② DP 主站与智能从站通信。

该通信方式在 DP 主站和智能从站的 CPU 中的用户程序之间循环传输固定数量的数据。DP 主站不访问智能从站的 I/O 模块，而是访问所组态的地址区域（称为传输区域），这些区域可位于智能从站 CPU 的过程映像的内部或外部。若将过程映像的某些部分用作传输区域，就不能将这些区域用于实际 I/O 模块。数据传输是通过使用该过程映像的加载和传输操作或通过直接访问进行的。

③ DP 主站与 DP 主站通信。

该通信方式在 DP 主站的 CPU 中的用户程序之间循环传输固定数量的数据。需要将1个 DP/DP 耦合器作为附加硬件使用。各 DP 主站相互访问位于 CPU 的过程映像的内部或外部的已组态地址区域（传输区域）。若将过程映像的某些部分用作传输区域，就不能将这些区域用于实际 I/O 模块。数据传输是通过使用该过程映像的加载和传输操作或通过直接访问进行的。

2）复杂的 Profibus-DP 网络组成及其通信。

通过主站间的令牌逻辑环和主从通信方式，可以将 Profibus-DP 系统组态为纯主系统、主-从系统以及两者的混合系统，在同一总线上最多可连接 126 个站点。这种复杂的 Profibus-DP 系统组成如图 2.5 所示。该图中包括 3 个主站（虽然 Profibus-DP 网络支持多主站，但在同一网络中，不建议多于 3 个主站）和 8 个从站。3 个主站之间构成令牌逻辑环，任何时刻只能有一个主站发送数据。当某主站得到令牌时，该主站可以在一定时间内执行主站工作,例如它可以依照主-从通信关系表,以轮询的方式,与所有从站进行主从关系的点对点通信;也可以根据主-主通信关系表,与所有主站通信,包括对所有主站广播(不要求应答),或有选择地向一组主站广播。在该 Profibus-DP 网络系统中,令牌只能在主站之间传递,且每个主站必须在一个规定的时间间隔内得到令牌,取得总线控制权。令牌是所有主站的组织链,按照主站的地址构成逻辑环,令牌在规定的时间内按照地址的升序在各主站中依次传递。

在 Profibus-DP 系统初始化时,要为总线上的站点分配地址并建立逻辑环。令牌的循环时间和各主站令牌的持有时间长短取决于系统配置的参数。在总线运行期间,应保证令牌按地址升序依次在主站间传递,能将断电或损坏的主站从逻辑环中移除,而新上电的主站能加入逻辑环。此外,还应监测传输介质及收发器是否损坏,检查站点地址是否出错或重复,以及是否出现令牌错误(多个令牌或令牌丢失)。

Profibus-DP 通信中还要保证数据传输的正确性与完整性。Profibus-DP 使用特殊的起始和结束定界符,对每个字节做奇偶校验,以及采用间距为 4 的海明码纠错等措施保证数据可靠传输。DP 从站带看门狗定时器对 DP 从站的输入/输出进行存取保护,DP 主站上带可变定时器监视用户数据传送。

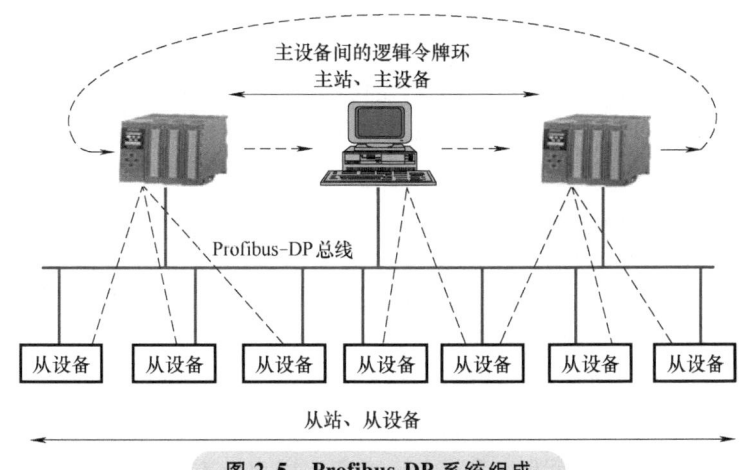

图 2.5 Profibus-DP 系统组成

3)Profibus-DP 从站之间的直接数据交换(Direct Date Exchange,DX)通信。

基于 Profibus-DP 协议的 DX 通信模式是在主站轮寻从站时,从站除了将数据发送给主站,同时还将数据发送给在 STEP 7 中组态的其他从站,如图 2.6 所示。通过 DX 方式实现 Profibus-DP 从站之间的数据交换,无需再在主站中编写通信和数据转移程序。对于基于 Profibus-DP 协议的从站和从站之间的 DX 通信的

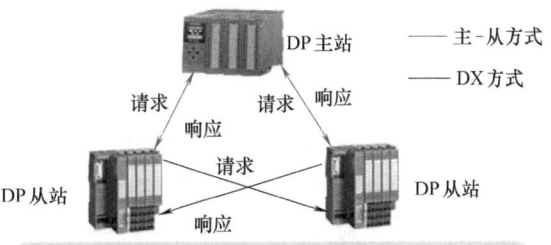

图 2.6 Profibus-DP 从站之间的 DX 通信原理

必要条件是从站要有数据发送给主站。换句话说,首先,从站要有输出区对应主站的输入区;其次,从站是智能从站,如 S7-300 站、S7-400 站、带有 CPU 的 ET200 站(如 IM151-7

和 IM154-8 等），旧版本的从站或主站 CPU 不支持 DX 通信功能。

（2）Profibus-DP 系统设备类型

每个 Profibus-DP 系统可包括以下三种不同类型的设备，每类设备都需要有 Profibus-DP 接口以便连接到总线上。

1）一级 DP 主站（DPM1）：一级 DP 主站是中央控制器，它在预定的周期内与分散的站（如 DP 从站）交换信息。典型的 DPM1 有 PLC 或 PC。

2）二级 DP 主站（DPM2）：二级 DP 主站是编程器、组态设备或操作面板，在 DP 系统组态操作时使用，完成系统操作和监视目的。

3）DP 从站：DP 从站是进行输入和输出信息采集和发送的外围设备（I/O 设备、驱动器、HMI、阀门等）。

（3）Profibus-DP 系统行为

Profibus-DP 系统行为主要取决于 DPM1 的操作状态，这些状态由本地或总线的配置设备所控制，主要有运行、清除和停止三种状态。在运行状态下，DPM1 处于输入和输出数据的循环传输，DPM1 从 DP 从站读取输入信息并向 DP 从站写入输出信息；在清除状态下，DPM1 读取 DP 从站的输入信息并使输出信息保持在故障安全状态；在停止状态下，DPM1 和 DP 从站之间没有数据传输。

DPM1 设备在一个预先设定的时间间隔内，以有选择的广播方式将其本地状态周期性地发送到每一个有关的 DP 从站。如果在 DPM1 的数据传输阶段中发生错误，DPM1 将所有相关的 DP 从站的输出数据立即转入清除状态，而 DP 从站将不再发送用户数据。在此之后，DPM1 转入清除状态。

（4）DPM1 和 DP 从站之间的循环数据传输

DPM1 和相关 DP 从站之间的用户数据传输是由 DPM1 按照确定的递归顺序自动进行的。在对总线系统进行组态时，用户对 DP 从站与 DPM1 的关系作出规定，确定哪些 DP 从站被纳入信息交换的循环周期，哪些被排斥在外。

DPM1 和 DP 从站之间的数据传输分为参数设定、组态和数据交换三个阶段。在参数设定阶段，每个从站将自己的实际组态数据与从 DPM1 接收到的组态数据进行比较。只有当实际数据与所需的组态数据相匹配时，DP 从站才进入用户数据传输阶段。因此，设备类型、数据格式、长度以及输入/输出数量必须与实际组态一致。

除主-从功能外，Profibus-DP 允许主-主之间的数据通信，这些功能使组态和诊断设备通过总线对系统进行组态。

（5）同步和锁定

除 DPM1 设备自动执行的用户数据循环传输外，DP 主站设备也可向单独的 DP 从站、一组从站或全体从站同时发送控制命令。这些命令通过有选择的广播命令发送。使用这一功能将打开 DP 从站的同级锁定模式，用于 DP 从站的事件控制同步。

主站发送同步命令后，所选的从站进入同步模式。在这种模式中，所编址的从站输出数据锁定在当前状态下。在这之后的用户数据传输周期中，从站存储接收到输出的数据，但它的输出状态保持不变；当接收到下一同步命令时，所存储的输出数据才发送到外围设备上。用户可通过非同步命令退出同步模式。

锁定控制命令使得编址的从站进入锁定模式。锁定模式将从站的输入数据锁定在当前状态下,直到主站发送下一个锁定命令时才可以更新。用户可以通过非锁定命令退出锁定模式。

5. Profibus-DP 的三个版本

随着 Profibus-DP 应用领域的不断扩大,它的版本也在不断地更新,以满足不同应用的需求。Profibus-DP 包括三个版本,DP-V0、DP-V1 和 DP-V2。新版本 100%地向后兼容,例如 DP-V0 的从站设备也可以在主站版本是 DP-V1 的系统中使用,只不过该从站没有 DP-V1 的功能。

DP-V0 是 Profibus-DP 的最基本的版本,它只能完成主站和从站之间的循环数据交换,以及站诊断、模块诊断和特定通道的诊断,不能适应过程控制系统中的报警处理和参数设置等功能的要求,也不能适应运动控制系统中的同步、等时控制的要求。

DP-V1 是专门针对 Profibus 在过程控制领域的使用而开发的扩展功能,Profibus-PA 使用的就是 DP-V1。和 DP-V0 相比,最大的区别就是 DP-V1 增加了非循环数据交换功能,完成过程控制中的一些非实时性的数据交换,如参数赋值、操作、智能现场设备的可视化和报警处理等。此外,DP-V1 有三种附加的报警类型:状况报警、刷新报警和制造商专用的报警。非循环数据交换与循环数据交换是并行执行的,但是优先级较低。

DP-V2 是为 Profibus 在运动控制和对实时性、精确性要求更高的场合使用而开发的扩展功能。PROFIDrive 使用的就是 DP-V2。它主要增加的功能有:从站之间的通信、等时模式、同步模式、上载与下载以及冗余功能。DP-V2 也可以被实现为驱动总线,用于控制驱动轴的快速运动时序。

6. 支持 HART 和 Profibus-DP 通信的手操器设计案例

(1) 总体设计要求

本设计中,手操器设计可以作为主站与单台 Profibus-DP 执行机构相连接,实现其周期通信等功能,也可以作为主站设备对 Profibus-DP 网络的在线设备进行扫描,如图 2.7 所示。根据需求,手操器作为 I 类主站设备与现场从站设备之间进行周期性通信,与其他主站之间并无通信,故遵循主-从通信原理,无需进行令牌的传递。

手操器的操作界面使用的是一块 320×240 的点阵液晶屏和 19 个按键,整体操作界面分为液晶显示区和按键操作区两大部分,多协议手操器整体界面设计示意图如图 2.8 所示。液晶显示区用于显示当前设备所处的功能界面情况和设备数据信息,按键操作区便于用户对手操器的操作,区域内的方向键可以控制光标的上/下移动进入或退出当前选中的菜单。

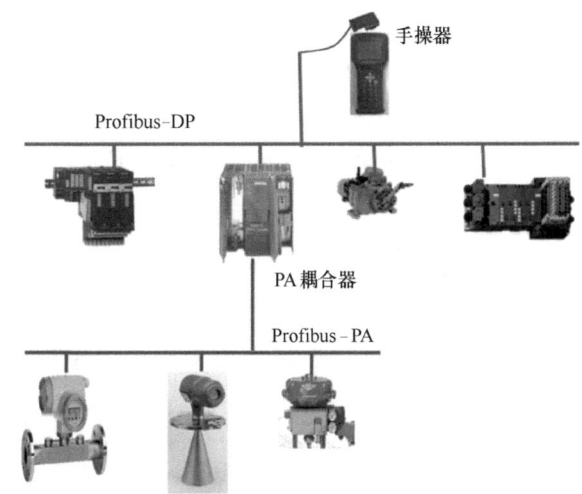

图 2.7 Profibus-DP 网络在线设备扫描示意图

(2) 物理层接口设计

物理层选用 RS-485 接口。选用的 MCU 为 STM32F103VET6,内置多个通用同步/异步收

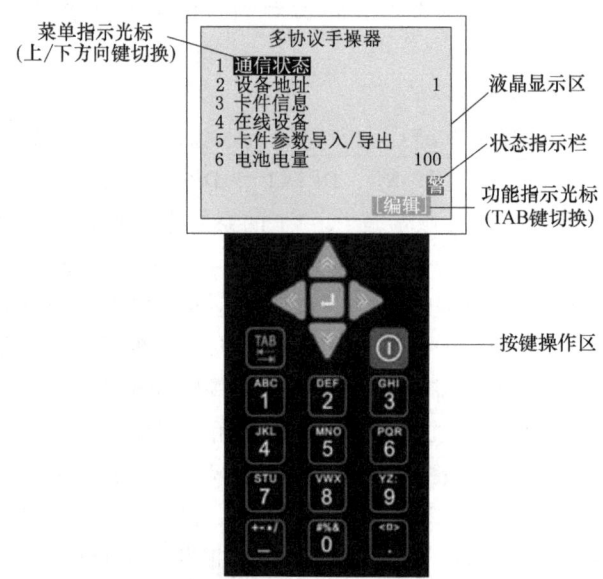

图 2.8 多协议手操器整体界面设计示意图

发器（USART），通过差分总线收发器 ADM2486BRWZ 后，可以与 RS-485 总线之间进行数据交换。ADM2486BRWZ 芯片是一款集成式的电流隔离组件，专为多点总线传输线上的双向数据通信而设计，符合 RS-422 和 RS-485 串行通信协议标准。该芯片为高电平使能，且具有限流和热关断功能，可以防止总线争用和输出短路所导致的过度功耗。在本设计中，MCU 通过 USART2，即 PA2、PA3 引脚，经两个 N 型场效应管与 ADM2486BRWZ 的 RXD、TXD 引脚相连。ADM2486BRWZ 的相关电路图如图 2.9 所示，VDD1 引脚为逻辑侧电源输入，接入 3.3V 的电源电压，VDD2 引脚为总线侧电源输入，接入 5V 的隔离电源。RTS 引脚为请求发送输入接口，接入 MCU 的 PA1 引脚，当需要启用该驱动器时输入高电平即可。A、B 两个引脚分别为同、反相驱动器输出/接收器输入，均需串联一个 110nH 的电感，经 9 针 D 型数据接口连接器（DB9）接至现场设备，从而实现通信。

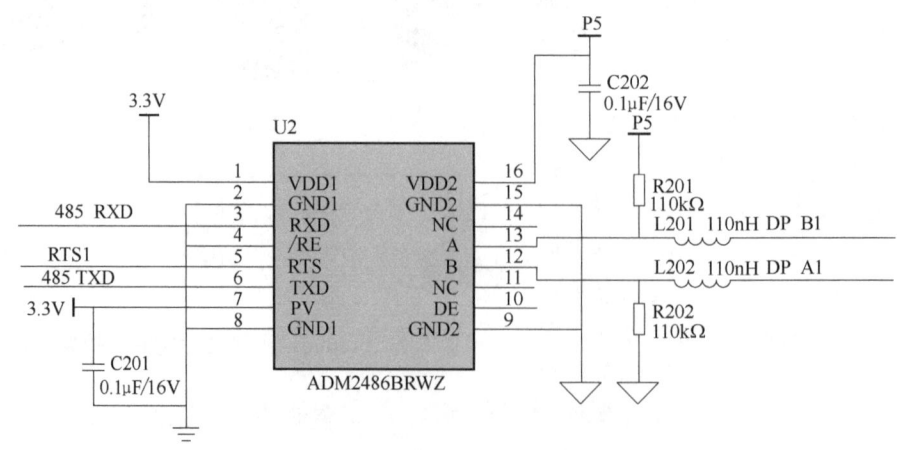

图 2.9 ADM2486BRWZ 的相关电路图

（3）通信接口选择电路

由于将 HART 协议、Profibus-DP 协议集成于一台手操器上，因此，在设计时，有必要针对不同的通信协议情况进行如图 2.10 所示的通信接口选择设计。

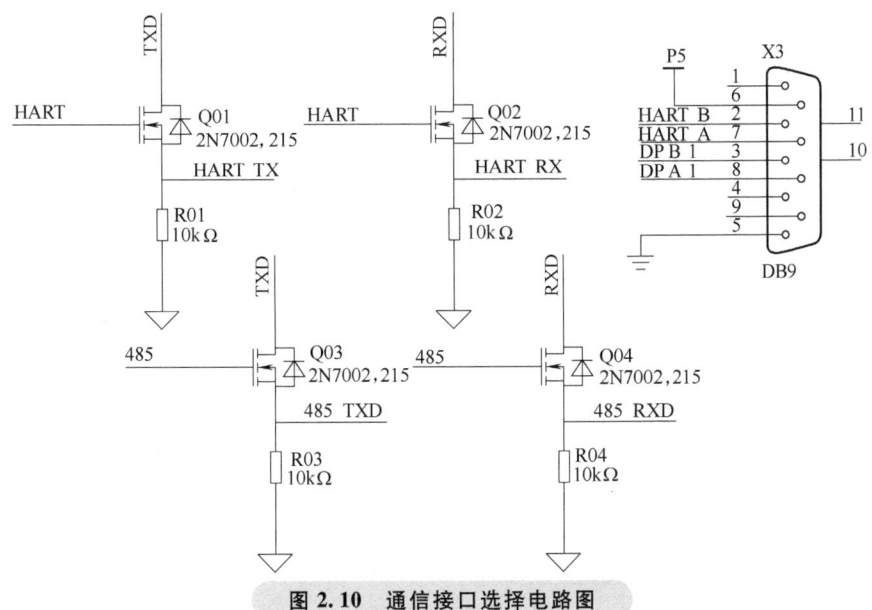

图 2.10 通信接口选择电路图

设计中采用四个 N 型绝缘栅场效应管（MOS 管）进行通信接口选择，两两一组分别用于选通 HART 接口和 485 接口。其中，MOS 管的栅极（G）分别接入 MCU 的 PC10 和 PC11 引脚，用于控制信号输入。每组两个 MOS 管的漏极（D）接入 MCU 的 USART2 串口，HART 组的源极（S）串入一个 10kΩ 的电阻接地，并经 A5191HRT 调制解调后接入 DB9 数据接口连接器，与外设连接，485 组的源极（S）同样串联一个 10kΩ 的电阻后接地，并通过 ADM2486BRWZ 接至 DB9 后与外设相连。MOS 管 G 极高电平时 D 与 S 间导通，低电平时 D 与 S 间截止，因此可以通过控制两组 MOS 管的 G 极电平高低，进行当前通信接口的选取，从而实现通信功能。

（4）Profibus-DP 协议栈实现

设计的手操器作为 I 类主站设备与现场从站设备之间进行周期性通信，无需进行令牌的传递。现场设备可以被手操器依次进行访问，实现数据交换、获取从站诊断信息、设置参数、检查组态信息、全局控制等功能，Profibus-DP 协议通信程序设计流程图如图 2.11 所示。

手操器在进入 Profibus-DP 模式后，首先进行该通信模块的初始化，包括通过调用 "PB_init_win_parameter_setup()" 函数进行通信参数的设定，实现菜单变量的初始化，以及调用 "PB_init()" 函数，完成对串口工作方式与功能、时钟、中断、DMA 通道等内容的配置。其中，应将该模式下默认通信速率设置为 500kbit/s，单字节长度设置为 9 位，采取 "Even" 偶校验模式和收发都允许的通信模式，并使用 GPIO 进行流量控制。

初始化完成后，要实现主站与从站之间的数据通信，还需两者之间使用统一的报文格式进行数据交换。Profibus-DP 协议下的报文有以 "SD1 = 0x10"、"SD2 = 0x68"、"SD3 =

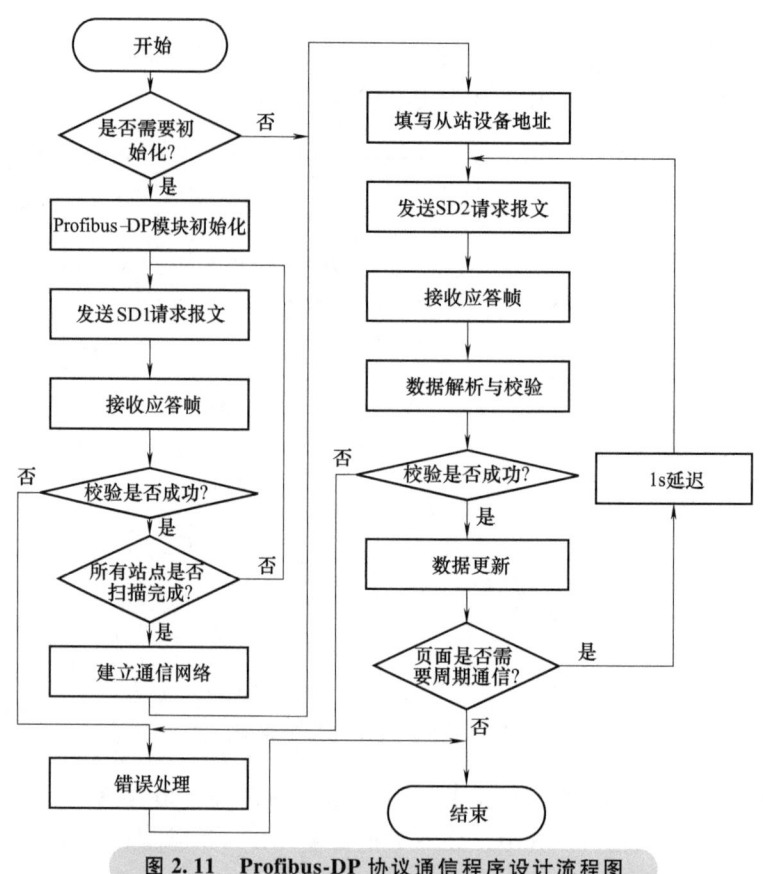

图 2.11 Profibus-DP 协议通信程序设计流程图

0xA2"、"SD4=0xDC"为起始定界符的四种请求/应答帧和"SC=0xE5"短应答帧,其通用报文格式如图 2.12 所示。

请求帧	SYN	SD	LE	LEr	SDr	DA	SA	FC	DU	FCS	ED
	同步时间	报头	数据长度	重复LE	重复SD	目标地址	源地址	功能码	数据域	校验码	报尾

应答帧	SD	LE	LEr	SDr	DA	SA	FC	DU	FCS	ED
	报头	数据长度	重复LE	重复SD	目标地址	源地址	功能码	数据域	校验码	报尾

短帧	SC

图 2.12 Profibus-DP 通用报文格式

其中,SD1 为无数据字段的固定长度的帧,SD2 为有数据字段的可变长度的帧,SD3 为有数据字段的固定 8 字节的帧,SD4 为令牌帧,每种类型帧包含的报文字段不尽相同,但报尾均采用"0x16"作为结束定界符。

在对通信模块实现初始化之后,手操器首先循环发送包含"SD、DA、SA、FC、FCS、ED"六个字段的 SD1 请求报文,即"10 12 00 49 5B 16"请求 FDL 状态,其中,FCS 字段值为 DA、SA、FC 三者的二进制代数和。在等待接收到从站设备返回的响应帧并解析匹配正确后,可判定为成功扫描该从站设备,随后选择并填写从站设备的地址,双方可以建立通信。

接下来在进行通信任务时，可以发送 SD2 请求报文，与在线设备进行周期通信或网络参数配置，Profibus-DP 协议模式下功能逻辑关系图如图 2.13 所示。当执行周期通信任务时，手操器收到应答帧后需进行数据解析，获取从站设备的参数信息并写入相应寄存器，进行数据展示，同时需要判断"Cyclically"标志位，确定是否需要进行周期性扫描，若需要，则还需在系统定时器完成 200 次计时，即 1s 后循环发送请求帧，实现参数的更新。当进行参数配置时，若收到从站返回的短应答帧，且手操器发送回读指令时，配置参数与读取参数一致，则说明参数配置成功。本设计中，手操器是针对某厂 ID 为 0x0DB9 的执行机构进行的开发设计，故目前仅支持与该设备的周期通信及组态，当与其他设备进行数据交换时，则无法正常解析设备的各项参数信息，仅展示原始的输入/输出数据。

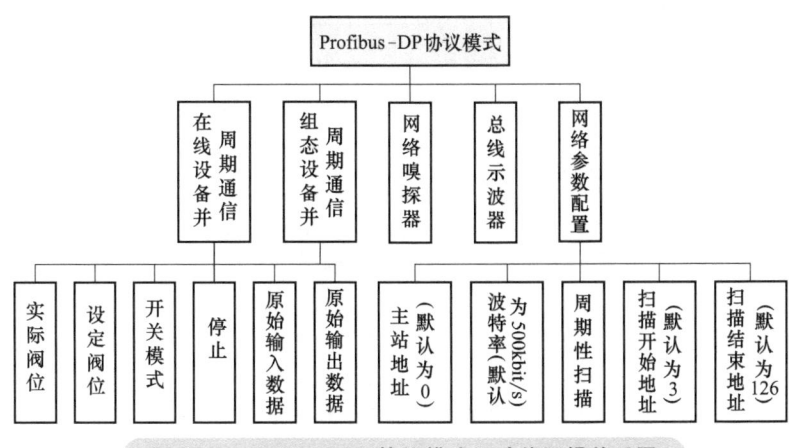

图 2.13　Profibus-DP 协议模式下功能逻辑关系图

（5）HART 协议栈实现

HART 通信程序的设计基于硬件电路所实现的物理层基础上完成，包括数据链路层和应用层两个部分的设计实现，其核心为帧数据的收发。在 HART 协议中，通信帧包括长帧和短帧两种，其界定方式依赖于"START"字段上的值，起始符格式见表 2.3。为减少数据误传输和误接收的概率，本设计采用长帧结构进行命令发送。故手操器在第一次发送帧数据时，需通过 0 号命令短帧获取每一个地址的标识码。

表 2.3　起始符格式

帧类型	长帧	短帧
请求帧	0x82	0x02
应答帧	0x86	0x06
阵发帧	0x81	0x01

通信过程由手操器发起，HART 协议通信程序流程图如图 2.14 所示。手操器在进入 HART 模式后，通过调用"HART_init()"指令对通信模块进行初始化配置，其内容包括串口工作方式、数据帧格式、波特率设定、清通信缓存区等。其中，MCU 的 PA2 引脚用于指令的发送，PA3 引脚用于接收，"USART_BaudRate"写为 1200，数据长度为 9 位，停止位为 1 位，采用"Odd"奇校验，并开启接收中断和 5ms 定时器。初始化过程中同时需要完成

菜单变量的初始化，即完成变量与菜单的关联，HART 协议模式下功能逻辑关系图如图 2.15 所示。

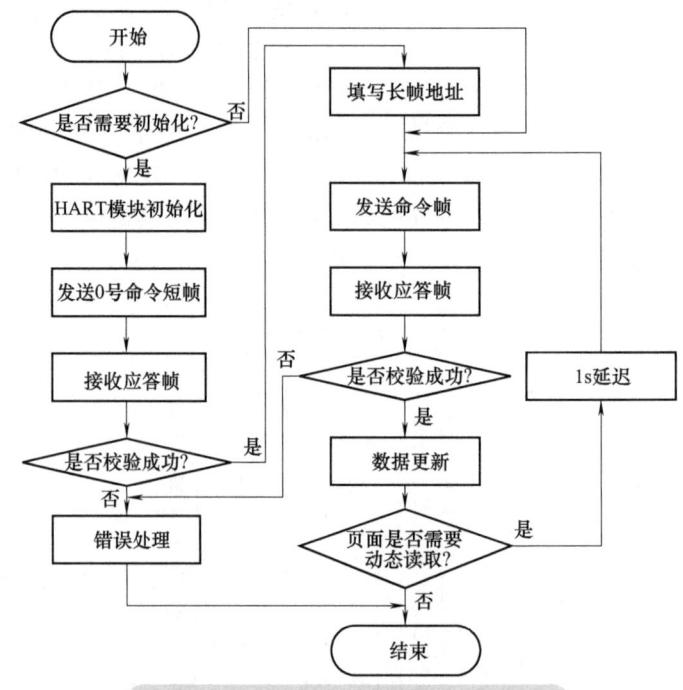

图 2.14　HART 协议通信程序流程图

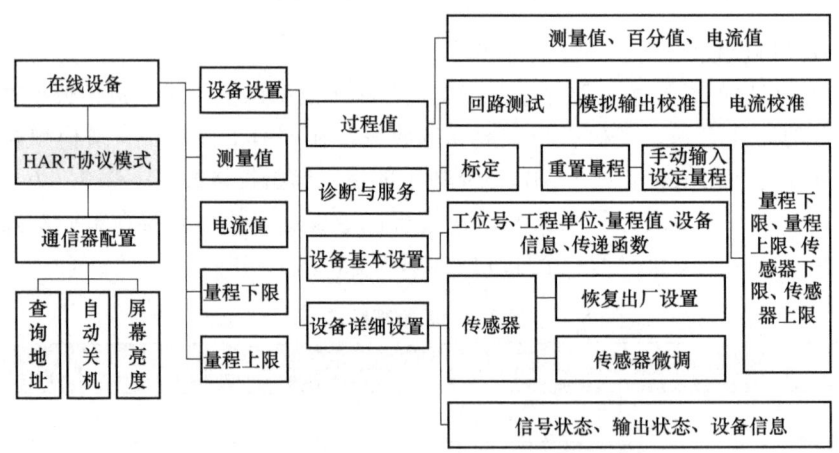

图 2.15　HART 协议模式下功能逻辑关系图

在进行通信任务时，手操器作为主站设备，按照 HART 协议帧格式生成 0 号命令短帧，通过 USART 传送给 A5191HRT 调制解调器，由其调制后发送给从站设备，若成功接收到了返回的应答帧，再根据其内容获取设备信息并填写长帧地址，完成后即可依据通信任务向从站设备发送命令。其中，在 DDL 的编译和执行方面，保留了 HART 基金会制定的 DDL 标准，并在此基础上进行二进制文件格式的定义，以保持手操器的兼容性。当能够接收到从站设备返回的应答帧并校验成功后，用跳动的心形图标表示通信成功并进行数据更新，完成一次通信任务，若校验失败或中间环节出错，则发出错误警示。

手操器采用了通用的 HART 命令集，不同的通信任务对应不同的命令帧，在线状态下可实现对所连接的 HART 智能仪表的过程值等测量参数的读取，仪表量程上、下限等控制参数的设定，工位号等管理参数的修改及传感器上、下限的校准。例如，当测量过程值时，需要获取主变量电流和百分比。若当前设备地址为 0，则先发送 0 号命令"FF FF FF FF FF 02 80 00 00 82"给从站设备，接收到应答帧后进行校验，校验正确则可获取当前设备所对应的长帧地址，再发送 2 号命令"FF FF FF FF FF 82"+"长帧地址"+"02 00"+"校验码"，其中，校验码的计算从起始符开始到校验位的前一个字节为止，通过纵向奇偶校验方式产生。当手操器再次接收到应答帧并校验正确后，可获取到主变量电流和百分比，并将值写入寄存器显示在界面中。

2.3.3 Profibus-PA 现场总线

1. Profibus-PA 总线概述

Profibus-PA 现场总线专为流程自动化（如石油、化工、冶金等）设计，可使传感器/变送器和执行机构连在一根总线上，可通过总线供电。其基本特性同 FF 的 H1 总线，十分适合防爆安全要求高、通信速度低的过程控制场合。该协议定义了 OSI 模型的第 1、2、7 层。Profibus-PA 物理层采用 IEC 61158-2 标准，通信速率固定为 31.25kbit/s。数据传输采用扩展的 Profibus-DP 协议，还使用了描述现场设备行为的 PA 行规。Profibus-PA 总线得到了大量欧洲公司的支持，在欧洲市场占有率高，而 FF 的主要市场在北美国家。

Profibus-PA 的主要技术特点有以下几个方面：

1) 基于扩展的 Profibus-DP 协议和 IEC 61158-2 传输技术。
2) 仅用一根双绞线进行数据通信和供电，适用于代替 4~20mA 模拟信号传输。
3) 通过串行总线联接仪表与控制系统，通信可靠。
4) 适用于本质安全的应用区域。
5) 经由 Profibus-PA 行规，保证了不同设备制造商产品的互操作性和互换性。
6) 即插即用，减少了设备停机，易于维护。

2. Profibus-PA 设备标准参数

现代的测控仪表内部都具有多个微控制器，具有较强的信息处理和通信功能。PA 设备行规定义不同类别过程设备的所有功能和参数。PA 行规包含一般定义与设备数据单两部分，其中一般定义对所有类型的设备都有效，主要描述设备与 PA 间的关系以及操作、起动和再起动方式；设备数据单则定义每个设备类型（如变送器、阀、分析仪）各自的特定参数和操作，PA 设备的标准参数见表 2.4。其中测量值一般为 32 位浮点数，状态数据则为字节，即 0x00：数据错误；0x400：不确定是哪个数据；x80：数据正确（非级联）；0xC0：数据正确（级联）。

表 2.4 PA 设备的标准参数

参数	读	写	功能
OUT	√		过程变量的当前测量值和状态
PV_SCALE	√	√	过程变量测量范围的上、下限，单位及小数点后的数字个数

(续)

参数	读	写	功能
PV_FTIME	√	√	功能块输出起动时间(以秒为单位)
ALARM_HYS	√	√	报警功能的滞后是测量范围的百分之几
HI_HI_LIM	√	√	报警上限:若超过,则报警和状态位设定为1
HI_LIM	√	√	警告上限:若超过,则警告和状态位设定为1
LO_LIM	√	√	警告下限:若过低,则警告和状态位设定为1
LO_LO_LIM	√	√	报警下限:若过低,则中断和状态位设定为1
HI_HI_ALM	√		带有时间标记的报警上限的状态
HI_ALM	√		带有时间标记的警告上限的状态
LO_ALM	√		带有时间标记的警告下限的状态
LO_LO_ALM	√		带有时间标记的报警下限的状态

图 2.16 给出了设备定义的示意图,这里还可以看到对于不同的设备参数,所采用的数据通信方式也是不同的。

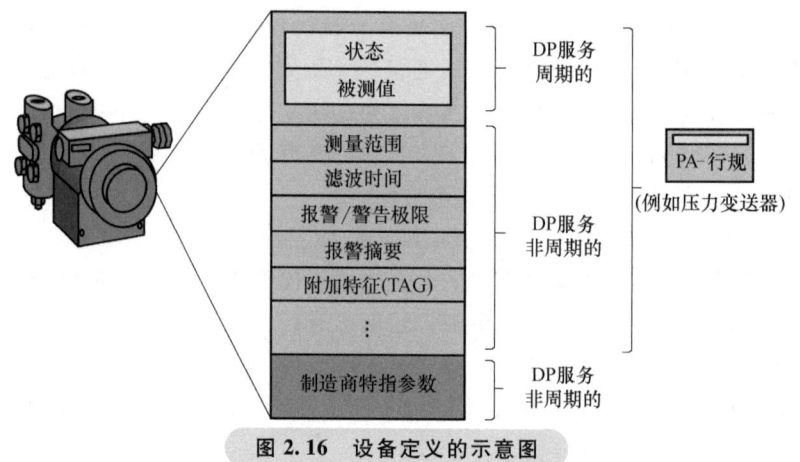

图 2.16 设备定义的示意图

3. Profibus-PA 的拓扑结构

Profibus-PA 支持总线和树形结构,以及这两种简单结构的组合。树形实际可以看作是总线的扩展。在工业现场,树形是最典型的总线仪表安装方式。现场分配器连接现场仪表和主干总线,多个现场仪表可以和分配器并行接线。由于 PA 总线速率较慢,且受到总线供电、设备耗电、通信距离的限制,一般规定一个总线网段不超过 8 台设备。

Profibus-PA 通过耦合器/链接器和 Profibus-DP 网络连接,由速率较快的 Profibus-DP 作为网络主干,将信号传递给控制器,从而构成更大规模的工业控制网络,实现复杂工业过程的分布式信号采集和控制。耦合器/链接器还可以将异步数据格式转换为同步数据格式,将传输速率转换为 31.25kbit/s,支持现场供电,限制馈电流(适用于防爆)。耦合器与链接器的区别是,耦合器相当于一对导线的作用,不是系统的组态对象。从总线角度看,它是不可见的;链接器应用于对循环时间要求高、现场仪表数量多的场合。链接器对上位主站而言是从站,对下面连接的 PA 总线设备来说又是主站。链接器要进行组态,每个链接器可以连 3

个耦合器。

4. Profibus-PA 的通信方式

对 PA 总线的访问方法有令牌协议（有源主站）或 DP 轮询方式（无源从站）两类。现场设备通常都是作为从站存在，Profibus-PA 通信方式如图 2.17 所示。主站通过标准的 DP 周期性数据交换功能传输测量值和状态，使用扩展 DP 的非周期性读/写功能传输设备参数及报警等信息，这个从图 2.16 中也可以看出。

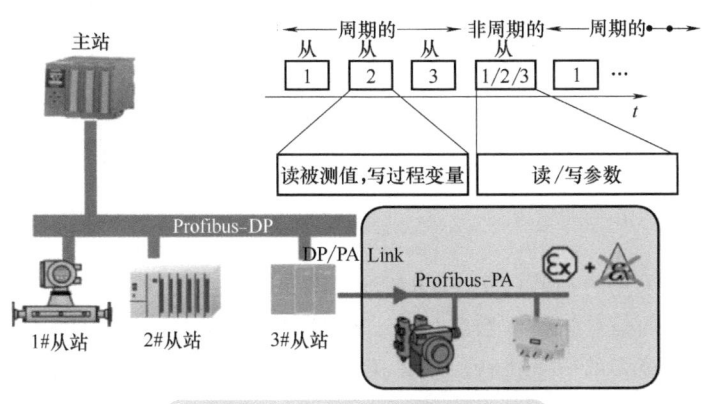

图 2.17 Profibus-PA 通信方式

2.3.4 基于 Profibus 现场总线的过程控制实验系统

1. 过程控制实验系统概述

化工生产过程中的典型工艺参数是温度、压力、物位和流量。为了在实验环境下模拟典型化工过程工艺参数检测与控制，需要设计工艺模拟装置，并配置自动化仪表和系统。本实验装置对工业过程对象进行物理模拟，集自动化仪表技术、计算机技术、通信技术、自动控制技术为一体，包括流量、压力、温度、液位等热工参数，可实现系统参数辨识、单回路控制、串级控制等多种控制形式。

该装置由上、中、下位三级水箱、水槽、隔套加温圆筒、纯滞后盘管以及水泵、气动调节阀、电磁流量计、压力变送器、温度传感器、变频器等部件组成。上位水箱和中位水箱采用 8mm 厚进口淡蓝有机玻璃，透明度好。其具有独特的三槽结构，可有效克服水流的动量冲击，使液位检测与控制更精确。水箱容积达 80L，满足实验要求且不会出现水箱干涸情况。水箱内部采用覆塑工艺，整个系统的管道采用铝塑管组成，所有的水阀采用铜质球阀。锅炉为双层结构，实验中可以在外套里进水作为扰动。

2. 过程控制实验系统主要的检测仪表

实验装置中主要使用了进行液位测量的压力变送器、流量测量的电磁流量计、温度测量的热电阻和温度变送器等。本实验装置配置的 PA 现场总线仪表，和工业现场应用的完全一致，在本装置上的控制效果能很好地模拟工业现场情况。

（1）压力变送器

由于液位变化很小（0~270mm），为了精准测量该小量程液位，采用了西门子 SITRANS P DSIII 压力变送器进行液位测量，如图 2.18 所示。该系列产品提供了最高的测量精度，坚固耐用并且易于操作，符合过程工业的标准。变送器带有取压法兰，用于开口容器和封密容器内非腐蚀性和腐蚀性液体的液位测量。测量适用范围为 2.5k～500kPa。测量开口容器液位时，变送器低压侧通大气（以大气压为参考压力）。变送器在使用时，若水箱干涸，空气会流入压力变送器的取压软管，造成压力测量偏差。因此，需要卸下传感器侧的软管，排空空气。为了校准液位测量，后续的 PLC 程序还进行了曲线拟合，使得液位测量更加准确。

（2）电磁流量计

实验装置中有 2 台电磁流量计，一台是西门子的 SITRANS FM Intermag2，如图 2.19 所示，另外一台是非总线的国产电磁流量计（原有的西门子电磁流量计损坏后替换的）。SITRANS FM Intermag2 是带有 16 位微处理器的智能变送器，能很好地对扰动进行信号处理，提高测量精度，量程为 $0～2m^3/h$。由于电磁流量计要进行励磁，因此，需要外接交流 220V 电源。仪表配置了 Profibus-PA 通信接口。电磁流量计存储区有瞬时流量、累积流量，都可以通过通信方式获取。

（3）温度变送器

温度变送器同样采用的是西门子 SITRANS T3K，如图 2.20 所示。它将来自热电阻、电阻式传感器、热电偶的信号转换成数字信号。SITRANS T3K 还配置了 Profibus-PA 通信接口，可对传感器、量程及更多的信息进行编程。用于测温的传感器是 Pt100 热电阻。热电阻与变送器之间采用三线制连接。

图 2.18 实验装置中用于液位测量的压力变送器

图 2.19 实验装置中用于流量测量的电磁流量计

图 2.20 实验装置中用于温度测量的温度变送器

3. 智能阀门定位器和其他执行器

由于气动执行器具有结构简单、输出推力大、动作平稳可靠、本质安全防爆等优点，因此气动薄膜控制阀在化工、炼油生产中获得了广泛的应用。实验装置中的气动执行器的执行机构和调节机构是一体的。执行机构为薄膜式，可直接带动阀杆。实验装置中使用的气动薄膜调节阀及西门子阀门定位器如图 2.21 所示。

阀门定位器是气动控制阀的主要附件，它与气动控制阀配套使用。阀门定位器接收控制器的输出信号，然后将控制器的输出信号成比例地输出到执行机构，当阀杆移动以后，其位移量又通过机械装置负反馈作用于阀门定位器，因此它与执行机构组成一个闭环系统。采用阀门定位器，能够增加执行机构的输出功率，改善控制

图 2.21 实验装置中使用的气动薄膜调节阀及西门子阀门定位器

阀性能。

实验对象中的阀门的流量特性为等百分比特性。采用了西门子智能阀门定位器 SIPART PS2 系列，是当前过程工业中最广泛使用的用于直行程和角行程执行机构的定位器。行程范围：3~200mm，转角范围：30°~100°，环境温度：-30~80℃。在实验开始前，要根据控制阀的参数设定阀门定位器参数，对阀门进行调试。

此外，实验装置中还使用了电磁阀和晶闸管等执行元件。晶闸管主要用于锅炉对象的温度控制。晶闸管具有移相触发单元，输入控制信号来自 PLC 的 AO 模块，信号为 4~20mA 标准电流信号，其移相触发角与输入控制电流成正比。晶闸管输出交流电压来控制加热器的端电压，从而控制锅炉的内胆温度。当输入 4mA 电流时，加热器端电压为 0V；当输入 20mA 电流时，加热器端电压为 220V。

电磁阀主要根据实验操作需要进行管道流体通断控制。由于电磁阀通电瞬间电压要求高，而通电后，维持电压可以降低。为了保护电磁阀线圈，系统还采用了一个控制电路，接通瞬间，电磁阀工作电源为直流 24V，接通后延迟 30s 后，自动把电磁阀的线圈电压切换到直流 5V 开关电源。

实验装置中采用磁力泵把储水箱中的水送到不同水箱形成流体循环，并为磁力泵配置了西门子 SINAMICS G120 变频器。这是一种模块化变频器，其功率范围宽为 0.55~250kW，可确保始终能够组合出一种满足要求的理想变频器。本装置中功率模块是 0.75kW，工作电源是交流 220V，配置了 Profibus-DP 通信接口与 PLC 通信。

4. Profibus 现场总线系统配置

为了在模拟工艺对象上开展与化工自动化有关的实验操作，实验装置配套了一套过程自动化控制系统。该系统采用先进的 Profibus 现场总线技术，主控系统配置西门子 S7-300 PLC，PLC 连接 Profibus-DP 总线，与总线上的 G120 变频器、数据采集模块 DAQM-5200 和 PA 主站通信。PA 总线上连接西门子公司的 PA 总线压力、流量、温度变送器和阀门定位器，进行信号采集和输出控制。

在 Profibus 网络系统中，PA 的设备必须由 DP 段的主站控制。DP 和 PA 的物理层不同，DP 侧是 RS-485、异步 NRZ 编码、波特率可变，而 PA 侧是 IEC 61158-2、同步 Manchester 编码、波特率固定为 31.25kbit/s。所以它们之间必须通过一个转换设备连接，这个转换设备可选耦合器或链接器。耦合器不占用设备地址，PA 段的从站设备的地址和 DP 段的设备一起统一编排，它们之间的地址不能重叠。使用链接器时，该连接模块要占用一个 DP 网络中的从站地址，它和连接在它下面的 PA 设备一起就像一个 DP 从站一样，但它对 PA 从站来说又是一个主站。PA 总线上的总线设备地址可以和 DP 部分的设备地址重叠。使用链接模块的一个好处是 DP 总线可以在各种允许的波特率下运行。本设计选用了 IM157 作为 DP/PA 链接器。

由于是实验装置，为了简单起见，PA 总线采用了菊花连接（总线连接的变种），各个从站设备前后相连。若采用树型连接，要增加分配器，PA 从站要连接到分配器，该分配器再连接到 PA 总线。

在进行 PA 总线系统安装时，首先要对每个总线仪表进行单独调试，按照控制网络规划，配置好地址等参数。可以在订货时要求厂家设置好地址，也可以用西门子的 PDM 软件来设置地址和仪表参数。

5. Profibus 现场总线系统硬件组态

实验系统配置的是西门子公司 S7-300 系列 PLC，该系列产品具有模块化结构、易于实现分布式的配置，且电磁兼容性强、抗振动冲击性能好，使其在工业控制领域广泛使用，成为一种既经济又切合实际的解决方案。S7-300 PLC 是模块式中型 PLC，电源、CPU 和其他模块都是独立的，CPU 的右边是可以选择的 IM 接口模块，如果只用主架导轨而没有使用扩展支架则可以不选择 IM 接口模块。目前 S7-300 系列已被 S7-1500 系列取代。

图 2.22 所示为安装在机柜中的 PLC 控制硬件，从左至右的模块分别是电源模块、CPU 模块、以太网模块、DI/DO 混合模块、AO 模块和 PA 主站模块。其中 DI/DO 混合模块用于实现对电磁阀等开关量输出设备的控制。CP343-1 模块用于以太网通信。CPU 模块型号为 315-2DP，支持 DP 通信，插入了西门子专用的 SD 卡。电源模块为 PLC 系统提供 24V 直流电源。外部电磁阀等负载的控制另外独立配置开关电源。

图 2.22　安装在机柜中的 PLC 控制硬件

在进行 DP 总线和 PA 总线设备组态时，由于每个设备都有相应的地址要设置，一个网络上设备地址不能冲突。PA 总线设备和 DP 总线设备都要设置地址。阀门定位器的地址可以通过仪表上的按键设置，也可以通过 PDM 软件设置。DP 总线设备的地址是通过设备上的拨码开关设置，但软件组态时的地址要和硬件拨码开关设置一致。因为 DP 总线是源/目的通信模式，只有通过地址来寻找设备，所以地址设置一定要正确。其他 PA 总线的仪表地址可以通过 PDM 软件设置。

在 Step7 中，新建工程，进入硬件组态，根据实际硬件型号，把 PLC 的电源、CPU 模块、CP343-1 以太网模块、AO 模块、DI/DO 混合模块拖入机架上。系统会自动为相关的硬件分配 I/O 资源。还会为 CP343-1 模块配置以太网，用于与上位机通信。组态好的控制主站如图 2.23 中的①所示。

接着，建立 Profibus-DP 总线。由于采用的 CPU 模块 315-2DP 内置 DP 接口，因此，双击该模块 DP 口，新建一个 DP 网络，在网络设置选项卡中选择通信速率（缺省是 1.5Mbit/s）。建立完成后看到图 2.23 中的②处有一条 PROFIBUS(2)：DP 主站系统(1)。DP 主站的地址通过拨码开关设置为 1。

DP 总线建立后，安装对应版本和接口的 G120 变频器驱动，把 G120 变频器加入 DP 主站系统总线，选择"Standard telegram1，PZD-2/2"。设置该变频器的地址为 3（硬件拨码开关也要同样设置），见图 2.23 中的③处。再在 Step7 中安装 DP 从站 DAQM-5200 的 GSD 文件，这样就可以把该模块添加到 DP 总线，模块地址设为 5，见图 2.23 中的④处。DAQM-

5200 使用前要用拨码开关设置 DP 地址，且硬件组态时要设置输入模拟信号类型。

再把 IM157 模块拖拉到 DP 总线上，待指针出现"+"时松开鼠标，将 IM157 地址设为 4（这也是 DP 总线的地址），在随后弹出的对话框中，选择 Profibus-PA 接口模块。PA 的通信速率设置为 31.25kbit/s，如图 2.24 所示。配置完成后，可以看到图 2.23 中的⑤和⑥。所有从站的 I 和 Q 地址都是系统自动分配的。

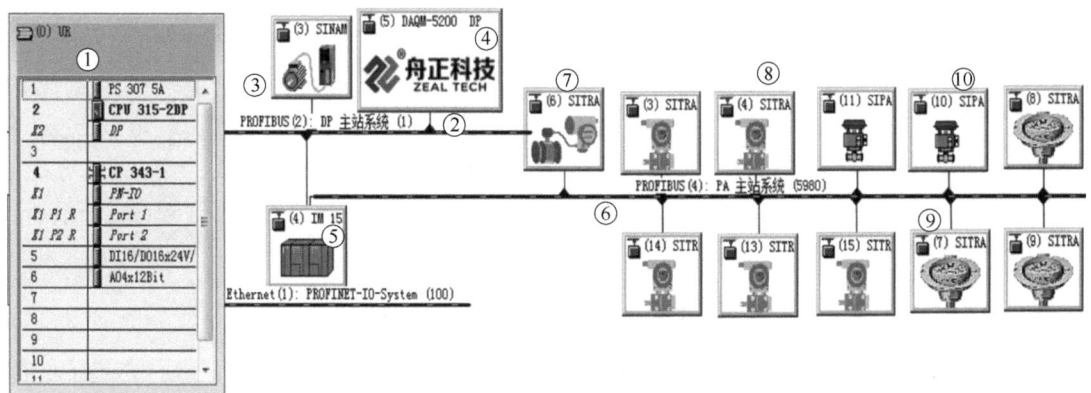

图 2.23 实验控制系统的硬件组态

接下来，在 PA 总线添加 PA 总线仪表。为了在 Step7 编程软件下组态西门子的 PA 总线仪表，需要使用到西门子 SIMATIC PDM 软件。该软件主要用于过程仪表的参数设置、状态监控和故障诊断，并能作为系统资产管理的一部分。该软件是一个开放的调试工具，用户需导入设备厂家提供的符合 IEC 61804-2 标准的 EDDL（Electronic Device Description Language，电子设备描述语言）文件才可组态和调试设备，目前该软件已经集成了 100 多个厂家的 1000 多种设备。

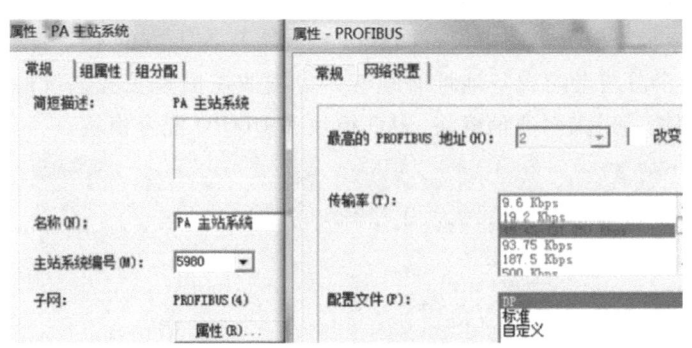

图 2.24 PA 主站组态

如图 2.25 所示，鼠标选中①，按下鼠标，把 SITRANS P DSIII 拖拉到 PA 总线上，待指针出现"+"时松开鼠标，设置该仪表地址（系统默认会自动增加地址）。需要说明的是，这个是 PA 总线的地址，由于使用了 DP/PA 链接器，所以 PA 总线设备地址和 DP 总线地址互相独立，因而可以重复。双击 SITRANS P DSIII 设备，会弹出如图 2.26 所示的对话框，在这里进行仪表参数等设置。

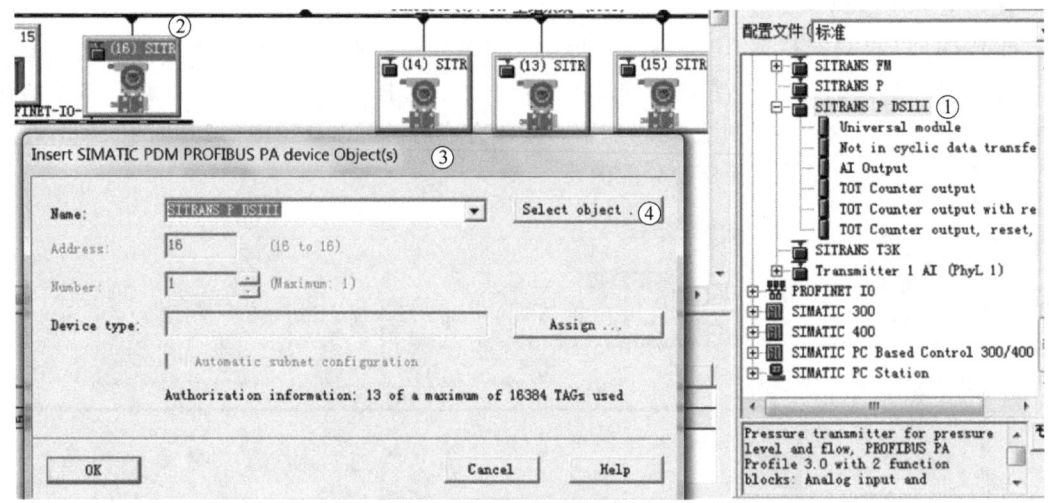

图 2.25 添加 PA 总线的压力变送器

采用同样的方法添加其他的压力变送器（见图 2.23 中的⑥）、温度变送器（见图 2.23 中的⑨）和流量仪表（见图 2.23 中的⑦）。

在添加电气阀门定位器（见图 2.23 中的⑩）时，在预置界面（Selection of the Preset Configuration）选择"RB+RC_OUT+POS_D+CB, SP+RC_IN"。表示该阀门定位器具有反馈、输出、位置设定和控制信号功能。其中，设定值为 SP，输入信号为 RC_IN，反馈信号为 RB，输出信号为 RC_OUT，位置设定信号为 POS_D，控制信号为 CB。即这些信号通过 PA 通信是可以读写的。2 个阀门定位器也是同样的设置，只是地址不同。

设备组态完成后的界面如图 2.23 所示。可以看到 PA 总线上有 1 个电磁流量计、5 个压力变送器、3 个温度变送器和 2 个阀门定位器。在 DP 总线上有 1 台变频器和 1 个舟正科技的 DAQM-5200 数据采集模块。图中设备图标（功能块）左上方的数字表示在各自总线上这些设备的地址。每个总线上的设备地址必须唯一。图的左侧是实验系统的 PLC 配置，包括电源模块、CPU 模块、以太网通信模块、AO 模块和 DI/DO 混合模块。

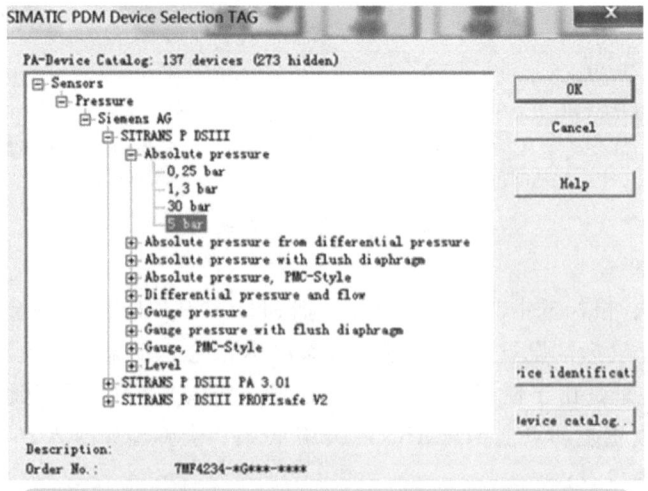

图 2.26 SITRANS P DSIII 压力变送器参数选择与设置

在进行 Profibus-DP 总线接线时，要注意每个节点终端开关的位置。这里采用的 DP 接头是带有终端开关的 DB9 链接器，需要时可以接入（On）和切除（Off）。当终端电阻设置为"On"时，表示一个物理网段的终结，因此连接在出线端口"Out"后面的网段信号也将被中断。在每个物理网段两个终端站点上的插头，需要将网线连接在进线口"In"，同时将终端电阻设置为"On"，而位于网段中间的站点，需要依次将网线连接在进线口"In"和出线口"Out"，同时将终端电阻设置为"Off"。终端电阻的结构如图 2.27 所示。DP 总线通信故障常常出现在终端接线或终端开关处。在电磁干扰比较强的场合，注意 DP 电缆接线时的屏蔽层接地。有时 DP 链接器故障导致 DP 通信故障时，可以通过万用表来检测 A、B 两端的电阻。

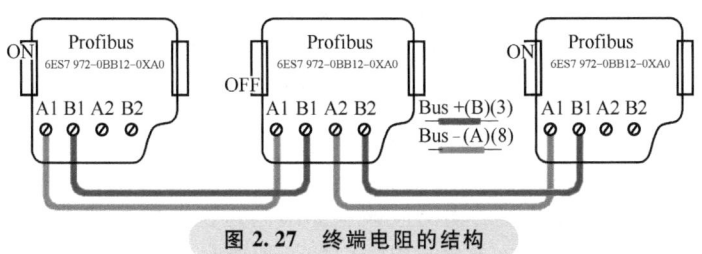

图 2.27　终端电阻的结构

6. PLC 程序开发

本实验装置的 PLC 编程采用了 Step7 软件，可以用于对西门子 S7-300 等系列的 PLC 进行硬件配置和参数设置，通信组态、编程、测试、启动和维护，以及文件建档、运行和诊断功能，是 SIMATIC 工业软件的重要组成部分。该软件与 PLC 通过以太网进行通信。

（1）从仪表读取工艺参数

首先需要编写程序，把工艺参数从 PA 总线仪表读到 DP 主站中。这里需要知道仪表对应工艺参数的地址，先前的硬件组态完成后，这些地址就已经确定了。压力、温度、流量和阀门定位器的数据交互接口如图 2.28 所示。这里每种仪表只给出了一个，其他原理类似。

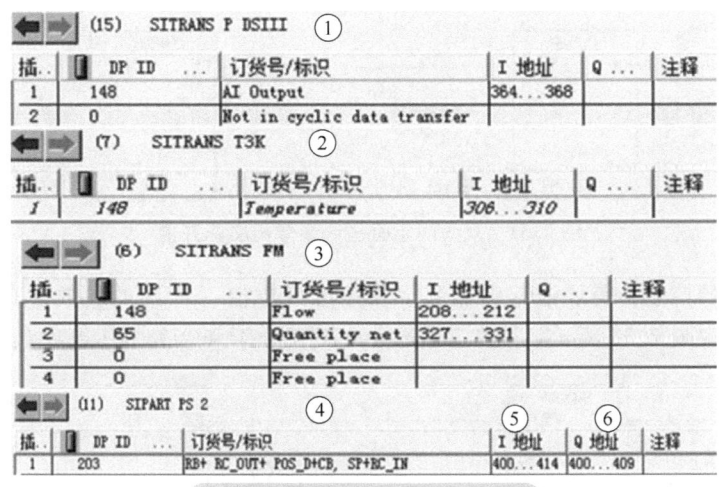

图 2.28　仪表的数据交互接口

主站读取仪表数据有 2 种方式，若所组态仪表参数数据长度超过 4B，则需要调用 SFC14 和 SFC15 指令进行从站接口的数据读写。对于小于 4B 的数据，可以使用端口指令

PID、PQD、PIB、PQB 直接进行访问。这里给出采用后面方法的梯形图程序。图 2.29 所示为读取上水箱压力值并转换为液位（单位为 mm）的程序。

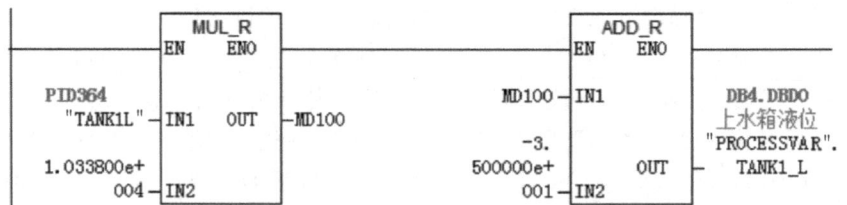

图 2.29　读取上水箱压力值并转换为液位的程序

"MUL_R" 指令的 IN1 端口连接的 PID364 这个地址就是图 2.28 中①处压力变送器的输入寄存器地址，因此访问该地址就是读取压力变送器的测量值。这里可以看到，由于采用了 PA 总线仪表，因此读出来的压力值就是仪表表头显式的压力工程量数值。如果采用的是 4~20mA 模拟仪表，则必须要从 PLC 的 AI 模块读数据，而且读出来的数据还要转换成压力值。

为了控制阀门的开度，控制器的输出应该送到阀门定位器的 Q 地址，如图 2.28 中的⑥处所示。把控制器的输出送到气动调节阀门定位器的程序如图 2.30 所示。

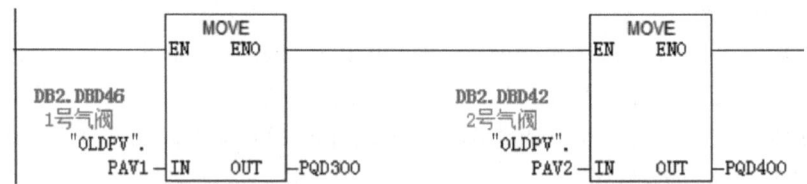

图 2.30　把控制器的输出送到气动调节阀门定位器的程序

为了更好地监控阀门的实际开度（反馈信号 RB），需要读回该开度，因此，编写了图 2.31 的程序，把 2 个阀门定位器的开度读回到控制器（见图 2.28 中的⑤处的 I 地址）。

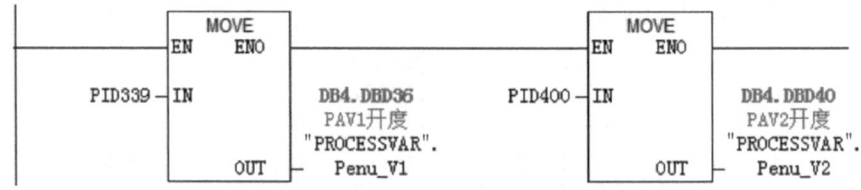

图 2.31　从阀门定位器读调节阀实际开度

对于变频器的控制，需要送起停控制字和速度设定值（详细的参数含义见设备手册）。变频器控制程序如图 2.32 所示。图 2.33 所示的 A 部分①和②处为 I 地址和 Q 地址。当然，

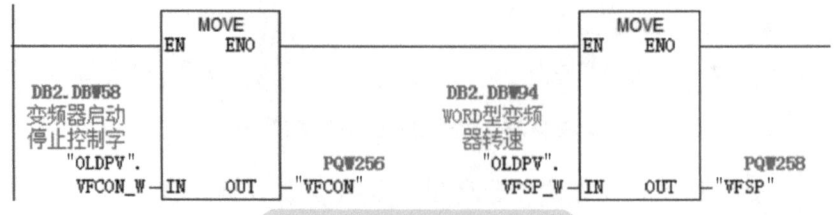

图 2.32　变频器控制程序

在使用变频器前，要对变频器参数进行设置，包括根据电机参数对变频器相关参数进行设置。设置完成后先用手动操作变频器，待变频器正常工作时可改为 DP 总线控制。

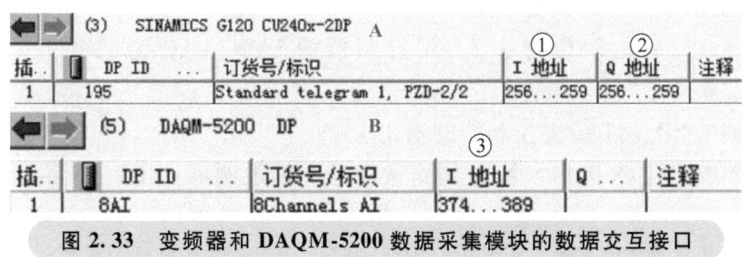

图 2.33　变频器和 DAQM-5200 数据采集模块的数据交互接口

数据采集模块是用来采集被控过程的其他模拟量的，该模块共有 8 个 AI 通道，地址如图 2.33 的③处所示。程序比较简单，这里就不给出。由于该模块采集的是 4~20mA 电流信号，因此程序要根据仪表量程把电流信号转换成相应的工程量。

（2）液位控制串级控制回路组态

本实验系统中，上、中和下三个水箱是串联的，每个水箱液位最高值为 270m，超出该高度后水溢出。每个水箱的出水开度是可以调节的，这样每个水箱都是一个自衡对象，特性近似一阶过程。当上、中两个水箱串联时，若要用上水箱的进水来控制中水箱的液位，则变成了二阶对象。由于该对象时间常数大，若采用单回路控制，则控制效果较差。现采用如图 2.34 所示的串级控制方案，即以上水箱液位为副被控变量，以中水箱液位为主被控变量。

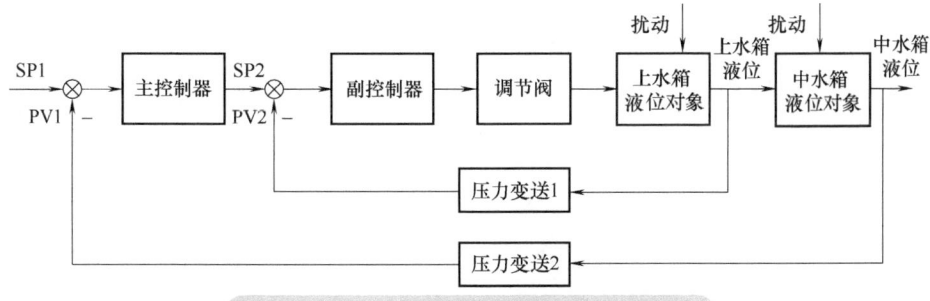

图 2.34　上、中水箱液位串级控制结构图

在 Step7 中进行串级控制组态时，调用 FB41 "CONT_C"（连续控制器）功能块实现 PID 控制功能。主控制器的设计比较容易，测量值为水箱液位，设定值由人机界面给定，控制器的输出设为 0~100。由于该控制器的输出为副控制器的设定值，而副控制器的测量值是上水箱液位，其量程为 270mm。为了保证两者数值在同样的范围内，就需要把主控制器 FB41 功能块的 LMN_FAV 输入端设置为 2.7。这样副控制器的设定值就从 0~270，与副控制器的测量值一致。此外，如果副控制器的输出下限是 0，则有可能造成副被控变量的数值接近 0，而一般来说这在工艺上是不允许的，因此，需要设置控制器输出的下限。这里 2 个 PID 控制调用了 2 次 FB41，用了两个背景 DB 块。

串级控制时，FB41 功能块输入和输出参数设置如下：

1）由于这里的液位值都来自总线仪表，是实际的液位工程量，因此，两个功能块输入参数 PVPER_ON 都要设为 0（OFF）。

2）主、副控制器的过程变量的系数 PV_FAC 用缺省值 1，过程变量的偏移量 PV_OFF

用缺省值 0。

3）主控制器的输出参数 LMN_LLM 设为 30，副控制器的输出量 LMN_LLM 设为 10。主、副控制器的输出上限 LMN_HLM 都设为 90。

4）主控制器的 LMN_FAC 为 2.7，副控制器的 LMN_FAC 为缺省 1。两个控制器的 LMN_OFF 为缺省 0。

5）副控制器的 SP_INT 接主控制器的输出 LMN。

6）主控制器的 PV_IN 接中水箱液位测量变量，副控制器的 PV_IN 接上水箱液位测量变量。

7）副控制器的输出为 LMN，没有用 LMN_PER，因为使用的是 PA 总线的电气阀门定位器，而不是 4~20mA 电流信号的模拟定位器。

8）FB41 其他的输入和输出参数都是缺省值，也就是说，在组态时，不用连接变量。

当然，除了 5）、6）两点，上述的转换系数、输出上下限等参数也可以直接在 FB41 对应的 DB 块设置，在 FB41 的输入和输出端不做参数连接/设置。

主控制器的设定值、控制器控制规律和参数、手/自动切换等可以在人机界面输入。

7. 人机界面组态

实验操作界面采用西门子 SIMATIC WinCC（Windows Control Center）进行二次开发。WinCC 是西门子公司开发的一款人机界面组态软件，广泛应用于工业自动化和过程控制领域。它允许用户创建和设计用于监控和控制工业过程的图形界面。图 2.35 所示为基于 Profibus 总线的过程控制实验系统人机界面总貌图。该图显示了实验系统工艺、测控点等。在该界面，可以对所有的控制点进行手动控制。

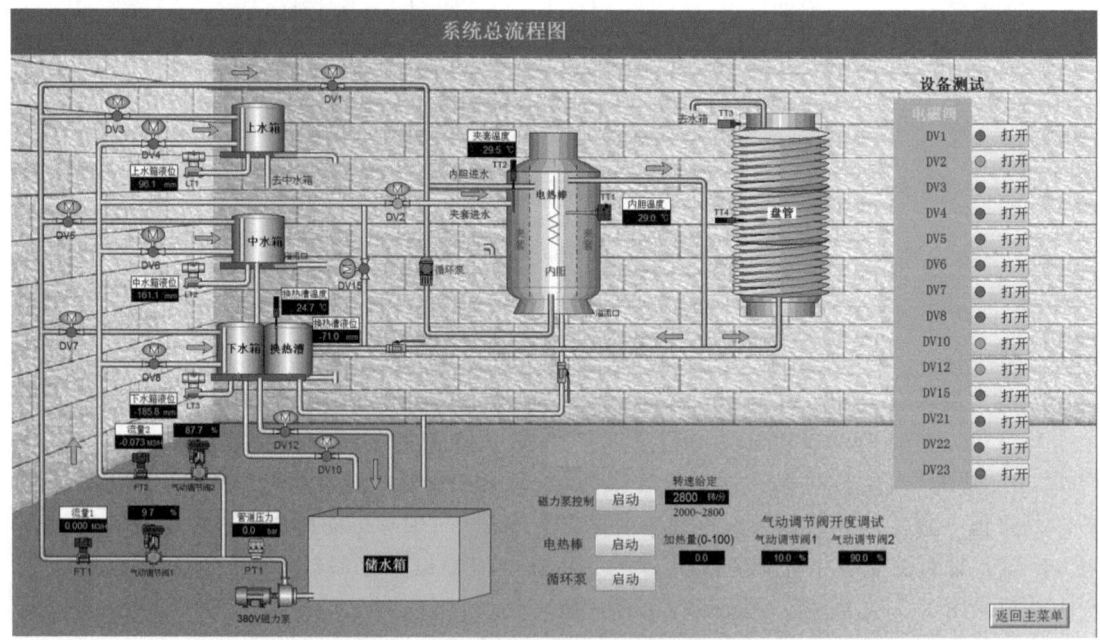

图 2.35 基于 Profibus 总线的过程控制实验系统人机界面总貌图

图 2.36 所示为上、中水箱液位串级控制效果图。由图可以看到，当系统稳定后，开 DV3 电磁阀，气动调节阀开度设置为 35%，给上水箱施加扰动，因为这个扰动加在副回路，

所以气动调节阀 2 开度立刻有一定的减小。由于副回路的及时动作，下水箱的液位（主被控变量）变化极小，测量值基本和设定值重合。当液位稳定后，即系统进入新的平衡状态后。把上述扰动切除（相当于又施加了扰动），阀门开度立刻增加，下水箱的液位变化同样很小。也就是说，加在副回路的扰动被很快克服。打开 DV5 给中水箱加扰动，由于扰动是加在主回路上的，导致主被控变量增加，因此主控制器输出立刻快速降低，副控制器输出也减小，气动调节阀开度也立刻减小，主、副控制器共同作用，快速克服进入主回路的扰动。从该实验可以看到串级控制的好处。在进行 PID 参数整定时，除了 PI 的作用，还增加了微分的作用。由于水箱对象属惯性环节，因此由实验可发现，增加微分的作用控制效果会更好。

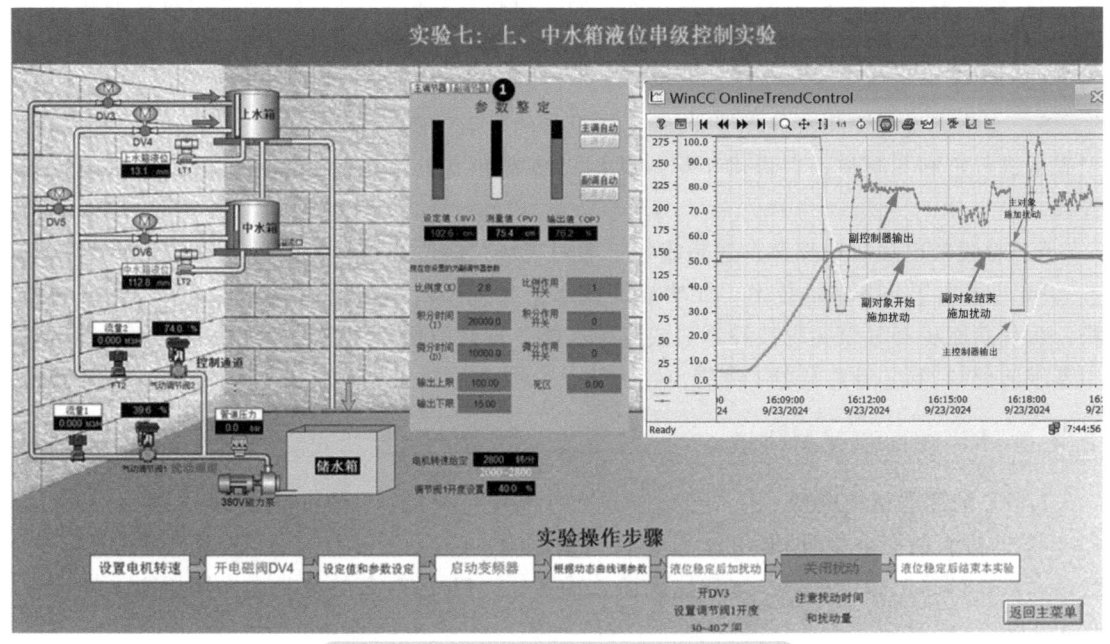

图 2.36 上、中水箱液位串级控制效果图

在系统调试过程中还可以发现，若气动薄膜调节阀的气源压力低于正常值，PLC 的 CPU 模块的 SF 灯和 DP/PA 耦合器上的 SF 灯会变红，这也体现了现场总线的优越性。当气源压力升高到正常值，则红灯消失。若是模拟信号，则控制器上是不会出现这样的报警信号的。

此外，该系统虽然主要使用了 Profibus 现场总线，但控制功能都是由 PLC 执行的，没有下放到现场的阀门定位器。

2.4 FF 及其应用案例

2.4.1 FF 概述

FF（基金会现场总线）是由过程工业主要的公司在 1995 年发起制定的，是一种用于工业自动化领域的数字通信总线技术。在 IEC 61158 标准中，有低速 H1、高速 H2 和以太网

HSE 几种类型，但目前主要应用的是 H1 总线。FF 满足了流程工业对现场总线的要求，在石油、化工、天然气等领域得到广泛应用。我国最早大规模使用 FF 的项目是 2005 年投运的上海赛科石化。

FF 应用广泛，与自身的技术特点密不可分，这些特点包括以下几个方面：

1）高可靠性：FF 采用了冗余通信和错误检测机制，实现可靠性传输。它具备故障检测和自动切换的能力，能够在出现通信故障时进行故障恢复，保证系统的稳定运行。

2）高实时性：FF 支持实时通信，能够满足对数据传输实时性有较高要求的应用场景。

3）灵活的拓扑结构：FF 支持多种拓扑结构，包括总线形、树形、菊花形及混合结构。这种灵活的拓扑结构可以根据实际需求进行配置，适应不同的系统架构和布线需求。

4）高级诊断和管理功能：FF 具备强大的诊断和管理功能，能够实时监测设备的状态和性能，并提供相关的报警和诊断信息。它支持设备的自我诊断和自动校正，有助于提高系统的可靠性和维护效率。

5）支持设备配置和参数设置：FF 支持设备的灵活配置和参数设置，能够根据不同的应用需求进行定制和调整。它提供了标准化的设备描述文件，可以方便地进行设备的配置和管理。

6）总线供电和本质安全：这是流程工业对现场仪表和通信技术的最重要的需求之一。

FF 还采取了一些新的技术，如功能块技术。在现场仪表和设备中定义了多种标准功能块，每种功能块都可以实现某种算法或应用功能，这样就便于用户进行组态，以构成满足应用需求的控制回路。FF 采用了令牌总线传输，总线上的站点只有取得令牌后才能发送数据。

2.4.2 FF 结构模型与协议

1. FF 的四层结构模型

FF 的体系结构是参照 ISO 的 OSI 协议而制定的，FF 采用了 OSI 七层模型中的三层：物理层、数据链路层和应用层。与其他现场总线相比，FF 的显著特征是在应用层之上还设置有用户层。

（1）物理层

FF 遵从 IEC 61158-2 标准，采用了双线信号传输技术，支持双绞线、同轴电缆、光缆和无线发射等传输介质。物理层编码采用曼彻斯特编码。H1 总线的传输速率为 31.25 kbit/s，传输距离可达 1900m，可采用中继器延长传输距离。FF 为现场仪表提供两种供电方式：非总线供电和总线供电。根据本质防爆要求，FF 规范规定了接入现场总线的本质安全型标准现场设备相关技术指标。

（2）数据链路层

数据链路层位于物理层与总线访问子层之间。所有连接到同一物理通道上的应用进程都是通过数据链路层的实时管理来协调的。在数据链路层，FF 没有采用 IEEE 802.4 标准中定义的总线管理方式，而是采用了集中式管理的令牌总线访问机制，减少了通信时延。现场总线设备在数据链路层可分为两种：基本设备和链路主设备。基本设备不具备链路活动调度能力，链路主设备可作为链路活动调度器（Link Active Scheduler，LAS）。

FF 的通信活动分为受调度/周期性通信和非调度/非周期性通信两类。受调度/周期性通信一般用于在设备间周期性地传送测量和控制数据，其优先级最高，其他操作只在受调度传输之间进行。受调度/周期性通信是严格周期定时的,用于重要的过程控制信息。非调度/非周期性通信也称为背景通信,是插空进行的,用于和人机界面等进行实时性不高的通信。两者共同构成一个"宏周期",它表征了总线控制速度的快慢。

受调度/周期性通信由 LAS 按预订调度时间表周期性依次发起,一旦到了某台设备要发送的时间,LAS 就发送一个强制数据给这台设备,该设备收到数据后就可以向总线发送它的信息。在预订调度时间表之外的时间,LAS 向总线发出一个传递令牌,得到这个令牌的设备才能发送信息。这样的通信称为非调度/非周期性通信。

（3）应用层

应用层的主要任务是定义现场总线的命令、响应、数据和事件。应用层又分为两个子层:上层是总线报文规范层（Fieldbus Messaging Specification, FMS）,为用户层提供服务;下层是现场总线访问子层（Fieldbus Access Sublayer, FAS）,与数据链路层连接。

FAS 位于 FMS 和数据链路层之间,利用数据链路层的受调度通信与非调度通信作用,为 FMS 提供服务。FAS 的协议机制可以划为三层：FAS 服务协议机制、应用关系协议机制、DLL 映射协议机制,它们之间及其与相邻层的关系如下所述。

FAS 服务协议机制负责把发送信息转换为 FAS 的内部协议格式,并为该服务选择一个合适的应用关系协议机制。应用关系协议机制包括客户端/服务器、报告分发和发布/接收三种由虚拟通信关系（VCR）来描述的服务类型,它们的区别主要在于 FAS 如何应用数据链路层进行报文传输。DLL 映射协议机制是对下层即数据链路层的接口。它将来自应用关系协议机制的 FAS 内部协议格式转换成数据链路层可接受的服务格式,并送给数据链路层,反之亦然。FMS 规定了用于向应用进程对象提供的通信服务、信息格式和建立报文所必需的协议行为,它把对象描述收集在一起,形成对象字典（Object Dictionary, OD）。应用进程中的网络可视对象和相应的 OD 在 FMS 中称为虚拟现场设备。FMS 层由 7 个模块组成,包括虚拟现场设备 VFD、对象字典管理、联络关系（上下文）管理、域管理、程序调用管理、变参访问和事件管理。

（4）用户层

FF 协议规定的功能块（Function Block, FB）和设备描述/设备描述语言（Device Description/Device Description Language, DD/DDL）是用户层的核心内容。FF 协议规定将分散在控制系统或现场的各种功能封装成通用结构,即功能块。

FF 把功能块分成了三类,即资源块、转换块和功能块。资源块描述了诸如设备名、生产厂家和序号等现场总线设备特征,还提供设备健康状态的信息。一台设备只有一个资源块,在运行期间,可利用它获得整个设备的组态信息和状态信息,以及运行一些特定设备的诊断程序。

转换块把传感器和命令输出到硬件的本地输入/输出的功能分开,并控制执行机构、显示模块等其他输出硬件。它们还包含标定日期和传感器类型等信息。每个输入或输出功能块就是一个转换块。

功能块提供了控制系统行为,其输入和输出可通过现场总线连接,包括模拟量和离散量输入和输出块,以及诸如表决器、分路器或 PID 之类的控制算法,通过现场总线连接以执行过程控制。在一个用户应用中可以有多个功能块。

用户层规定了一些标准的功能块供用户组态使用。其中基本功能块 10 个（模拟量输入、模拟量输出、偏置、控制选择、离散输入、离散输出、手动装载、比例微分、比例积分微分、比率系数），先进功能块 7 个，计算功能块 7 个，辅助功能块 5 个。这些功能块各自满足不同的需要。功能块由输入、输出、算法和参数四大要素组成。功能块应用进程（FB Application Process，FBAP）作为用户层的重要组成部分，用于完成 FF 中的自动化系统功能，并实现控制功能的去中心化，即实现了控制功能下放现场智能设备。而在完成功能块服务的过程中，要运用 FMS 子层。功能块和功能块应用进程是 FF 系统的特色，是为实现不同系统控制功能而设计的，不同的功能模块表达了不同类型的应用功能。

DD/DDL 是 FF 设备互操作性的实现基础。DD 为 FF 设备提供了设备描述，包括标签、参数、工程量、单位、参数关系、诊断菜单等所有 FF 设备信息。部署在上位机的 FF 组态配置工具通过 DD/DDL，可方便地对 FF 进行设备管理以及对 FB 进行组态配置。

2. FF 协议的通信模型与协议数据单元

（1）FF 通信模型

FF 通信模型按功能可分为三部分，即通信实体、系统管理内核和功能块应用，如图 2.37 所示。各部分之间通过 VCR 来传递信息。VCR 表示了两个或多个应用进程之间的关系，是各应用进程之间的逻辑通信通道。FF 有三种类型的 VCR，分别是：

1）发布者/订阅者（计划），也称为缓冲网络计划单向。
2）客户端/服务器（非计划），也称为排队用户触发的双向。
3）源/接收器（非计划），也称为排队用户触发的单向。

发布者/订阅者 VCR 模型具有高度确定性，因为所有此类通信都按精确定义的计划进行，主要传输过程控制变量（如测量值、PID 输出等）。客户端/服务器 VCR 描述一类计划外通信，用于传递非关键消息（如维护和设备配置数据、操作员更改设定值、报警确认、PID 参数更改等）和趋势数据。源/接收器 VCR 描述了另一类计划外的通信，主要传输趋势报告和报警信息。

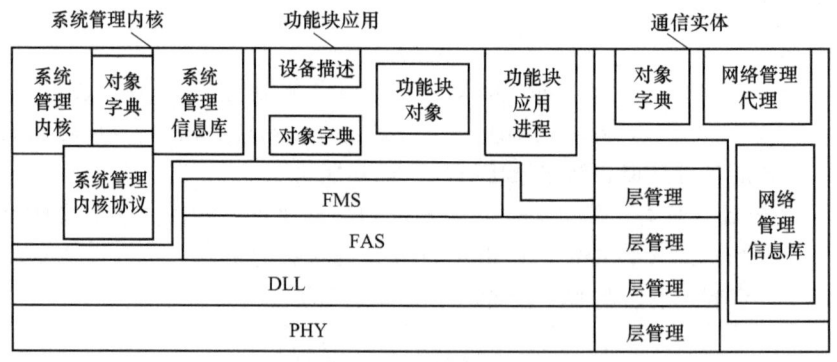

图 2.37 FF 通信模型

FF 通信模型的相应软件和硬件开发过程中，将数据链路层、应用层、用户层的软功能集成为通信栈，供软件开发商开发使用，通过软件编程来实现。另外再开发 FF 专用集成电路及相关硬件，用硬件来实现物理层和数据链路层的部分功能。目前市场上应用比较广泛的符合 FF 通信规范的通信控制芯片有西门子的 SPC4-2 等，它具有低功耗管理系统，适用于本质安全场合，内置曼彻斯特编码器，数据传输符合 FF 物理层标准，只需外加 MAU 电路即可实现 FF 传输。芯片内部集成了通信模型中物理层以及数据链路层的部分功能，减轻了软硬件设计的难度。这样通过软件和硬件结合，从而在物理上实现了 FF 的通信模型。

以图 2.38 所示的典型 FF-H1 设备为例，采用 FF-H1 通信圆卡作为常规现场仪表与 FF 控制系统的通信接口，实现了 FF 协议的应用层、数据链路层以及部分物理层的功能。由 FF-H1 通信卡上的 MCU 实现 FF 协议栈，通信控制芯片一方面对从媒体访问单位（MAU）接收到的单向曼彻斯特信号进行解码及数据包的拆包操作，另一方面，还将来自 MCU 的数据打包后编码为单向曼彻斯特信号传输给 MAU。

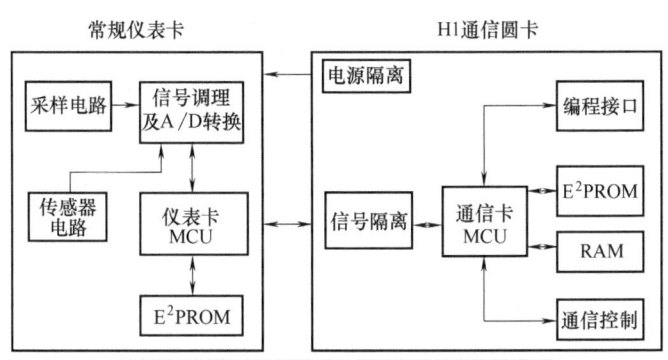

图 2.38　常规仪表实现 FF 通信的方式

巴西著名的现场总线产品公司 Smar 公司和美国的 NI 公司等都提供 FF 产品的开发工具和产品，用户在此基础上可以有效缩短开发周期。

（2）FF 协议数据单元

图 2.39 所示为 FF 的协议数据单元报文结构，它也从另外一个角度反映了现场总线报文信息的形成过程。FF 在传输系统的每一层都建立协议数据单元，它包含来自上层的信息，以及当前层的实体附件的信息。如某个用户要将数据通过现场总线发往其他设备，首先用户层最多可将 251 个字节用户数据送往总线报文规范层处理，再加上 FMS 协议控制字，形成 FMS 的报文；与之类似，报文再在 FAS 和数据链路层分别加上各层的协议控制信息，并在数据链路层加上帧校验信息后，送往物理层。数据链路层报文在物理层加上硬件电路自动生成的前导码（或称为同步码）、帧前界定符、帧结束码后，即数据链路层报文经过编码后被送往传输介质，以帧的形式传输。图 2.39 中还标明了各层所附的协议信息的字节数。接收端收到信号后，先去除前导码、帧前界定符和帧结束码，再送到数据链路层，依照类似的方式处理报文，最终接收端的用户层得到发送端的用户数据。

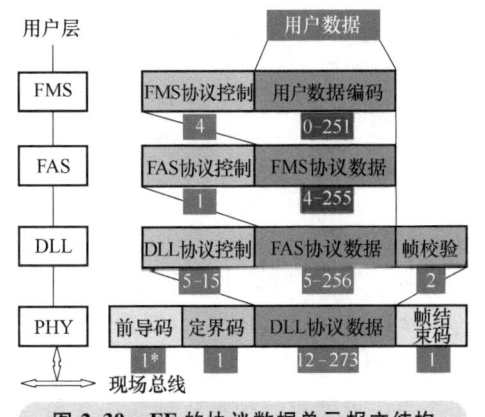

图 2.39　FF 的协议数据单元报文结构

3. FF-H1 网段组成与现场应用方式

FF-H1 在一根屏蔽双绞线电缆上完成对多台现场仪表供电和双向数字通信。控制系统所配备的 H1 接口卡通常只负责与现场仪表的双向通信，而总线的配电则需由专门的 FF 配电承担。FF-H1 以"段"为单位组成总线网络。每台 H1 接口卡通常有两个或 4 个端口。每段总线需配 1 台 FF 电压调整器/配电器。每段总线的两端需各配一个网端（又称终端电阻），以消除高频信号的回声。

在实际应用中，现场的 FF 仪表都接到现场接线箱，即构成树形拓扑结构，如图 2.40 所示。若在防爆场合还需安装总线安全栅，则现场接线箱再连接到电源调整器，为解决现场仪表供电问题，FF-H1 再连接到 DCS 的 FF-H1 接口卡。FF-H1 接口卡支持采集 FF 仪表的实时 I/O 数据，上送给控制器，实现对 FF 仪表集中管理，还支持控制功能下放到 FF 现场仪表，实现分散控制。操作人员可以通过操作员站上的 FF 组态软件与设备管理软件来管理现场 FF 仪表的所有参数。网段保护器也称为现场总线分支保护器，是 FF-H1 仪表（一般也支持 PA 仪表）的接线模块。保护器上具有连接总线主干电缆的端子，同时具有多个分支端子，分支端子通过分支电缆连接现场 FF 仪表。每个分支具备过电流、欠电压、过电压和短路保护功能。内部集成总线终端电阻，可通过短路块配置是否启用该终端电阻。考虑到防雷等安全需要，还可以选配主干浪涌保护器和分支浪涌保护器。

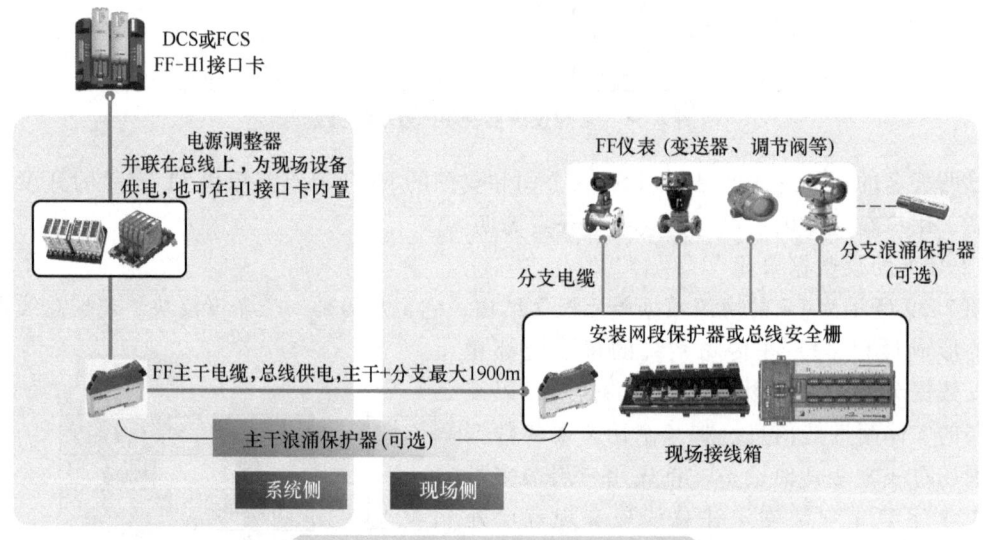

图 2.40　FF-H1 典型设备连接方式

通常 1 个 H1 分支上的设备数量不超过 8 个，主干+所有分支的距离不超过 1900m。

4. FF-H1 段的功能块设置规定

由于 FF-H1 是低速总线，总线上设备数量受限。在现场应用时，会遇到各种情况，若使用不当，可能影响现场数据通信甚至控制的稳定性。根据工程实践经验，对于总线网段的功能块设定有以下规定：

1）为了限制一个现场总线网段上的通信量，一个总线网段不应该超过 2 个控制回路（即在现场仪表中组态的控制回路），控制块总运行宏周期为 0.25s 的现场总线设备不能超过 3 台。

2）模拟量输入 AI 功能块始终放置在现场变送器中；模拟量输出 AO 功能块始终放置在现场阀门定位器中。

3）标准单回路 PID 控制功能块下放在阀门定位器中。

4)复杂控制回路 PID 控制功能块一般设置在 DCS 的控制器中。

5)对于串级控制回路,主回路控制 PID 功能块放在 DCS 控制器中执行,副回路控制 PID 功能下放到阀门定位器中(AI 和 AO 需要在一个网段)。

6)计算和逻辑的功能块放置在 DCS 中执行。

实际上,在一个工程项目现场应用的控制系统,一部分控制功能下放总线仪表,一部分在 DCS 中执行,这对于控制软件组态和维护、现场仪表替换/维护都带来了麻烦。之所以有上述规定,根本还是 FF-H1 的低速通信满足不了复杂过程控制系统对数据通信的需求,这也是高级物理层快速推进的重要原因之一。

2.4.3 FF 在流程工业的应用案例

这里以某精馏塔的压力控制为例加以说明。控制系统为艾默生的 DeltaV,它是艾默生 Plantweb 数字生态系统的重要组成部分。但 DeltaV 也不是纯粹的现场总线控制系统,只是它能更好地支持现场总线,并能实现 CIF 功能。在 DeltaV 中组态 FF 仪表和实现 CIF 的过程如下。

1. 添加 FF-H1 卡和 FF 设备

在 DeltaV 软件中,打开 DeltaV Explorer,如图 2.41 所示在左侧添加 CTRL 控制器(①),在控制器的 I/O 下(②)增加卡件,弹出窗口③,选择现场总线 H1 卡,系列选 Series2,从特性里可以看到该系列支持卡件冗余,卡件槽位为 10。这样槽位 10 和 11 上的卡件自动为一对冗余卡件。完成卡件组态后,每个卡件带 2 个网段。

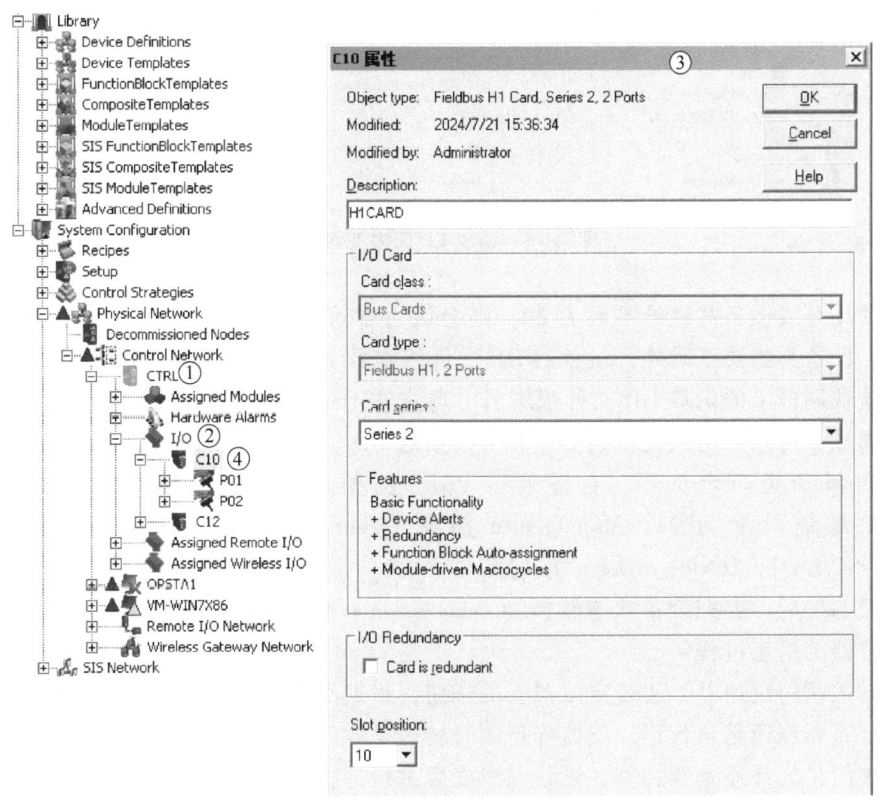

图 2.41 添加 FF-H1 卡件

在完成 H1 卡件和网段的建立后，就要添加 FF 设备。由于进行压力控制，因此要添加压力变送器和阀门定位器。如图 2.42 所示，右键单击 C10 下的 P01 网段（①），选择 Add New Device，出现窗口②，在窗口②中填写设备位号 PT625023 和说明，由于要选用的 3051 压力变送器可以作为后备链路主机，因此 Address 地址设置为 20，勾选 Use as backup link master。在制造商中选择 Rosemount Inc，在 Device type 中选择 3051 Fieldbus Pressure Transmitter，Device revision（DD 文件版本号）对设备进行注册。

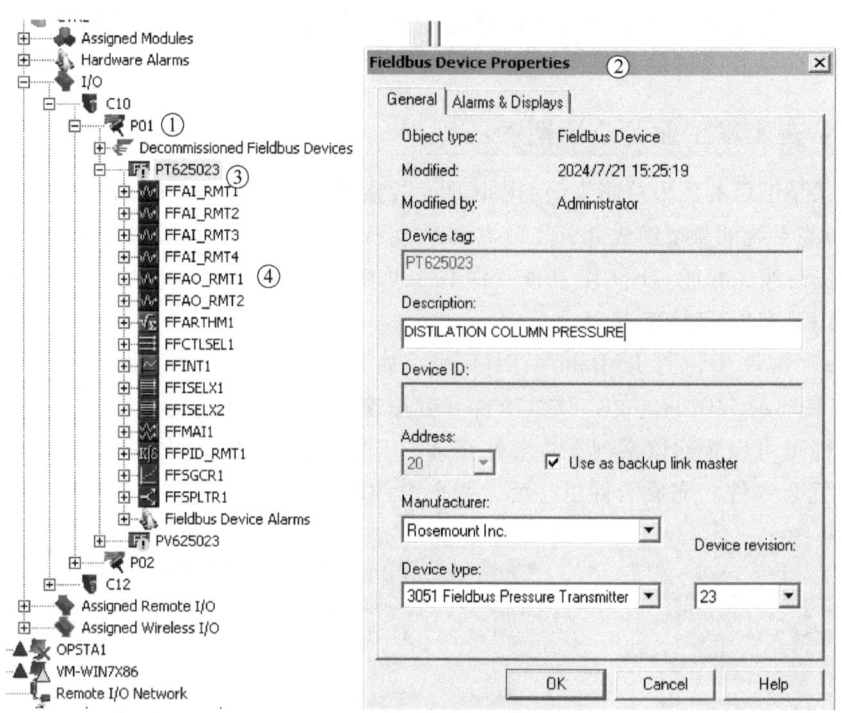

图 2.42　添加 FF 压力变送器

如果现场总线设备的地址不设为 20，则会认为自动取消后备链路主设备的功能。除了制造厂家、设备类型要正确外，设备的 DD 文件版本号也要正确，否则设备会连接不上。如果不知道挂在网段上的设备 DD 文件版本号，通过在 Decommission Fieldbus Device 一栏查看该设备的属性，可以知道该设备的类型和所需要的 DD 文件版本号。

然后再添加阀门定位器，右键单击 P01，选择添加新设备，在设备位号中填写 PV625023，地址设置为 21，Manufacture 选择 Fisher Controls，Device type 选择 Fisher DVC6000F-SC rev 1，Device revision 为 1。

设备组态好后，要把设备状态转换为 commissioned（投运状态），然后下装该设备，完成阀门定位器的组态过程。

对于新的阀门定位器，通过定位器上的按钮，根据手册说明对定位器的一些参数进行设置。例如是直行程还是角行程，反馈杆是顺时转还是逆时转，所配的阀门是弹簧薄膜式还是气缸式，阀门是气开还是气关等。设置完成之后进行一次自动行程校验，并把其工作模式设置为自动模式。

2. 控制功能组态与下装

(1) 组态 PID 回路

所谓控制功能组态即利用 FF 表中的功能块来组态 PID 控制回路。这个过程包括建立控制回路、将功能块分配到设备中并配置功能块参数。

在 DeltaV_System→Library→Module Templates→Analog Control 下有系统自带的 7 种控制回路面板。把其中的名为 FF_PID_LOOP 的模版拖动到 AREA_625 中，重新命名为 PICA625023。

然后在 Control Studio 中打开该模块，如图 2.43 所示，这时 PID 回路就是刚才模版生成的。图中①有三个功能块，右键单击 FFAI（②），选择 assign I/O TO Fieldbus，出现一个 Browse 对话框，单击 Browse，查到 CTRL 控制器的第 10 块卡件的 Port1 下的 PT625023 设备，双击该设备，出现了 4 个 AI 功能块可选，选择第 1 个 AI 功能块，这样就把控制回路中的 AI 功能块分配到压力变送器 PT625023 中了。

接着分配 PID 功能块。右键单击 FFPID（③），选择 assign I/O TO Fieldbus，出现一个 Browse 对话框，对话框显示的是该网段下的所有设备，双击 PV625023，出现了 1 个 PID 功能块，选择该功能块，这样就把控制回路中的 PID 功能块分配到阀门定位器 PV625023 中了。同样地，把 AO 功能块也分配到 PV625023 中。

要实现 PID 调节，需要对一些参数进行设置，例如对于 AI 功能块，要设置量程等参数。对于 PID 功能块，要设置的参数更多一些。选中 PID 功能块，看到左侧⑤这里就是可以设置的 PID 参数。双击 CONTROL_OPTS，出现对话框⑥，在对话框中的特性处（⑦），可以设置控制器的正、反作用以及跟踪模式等。还可以看到在窗口右侧⑧处，有许多组态控制回路时可用的指令块。

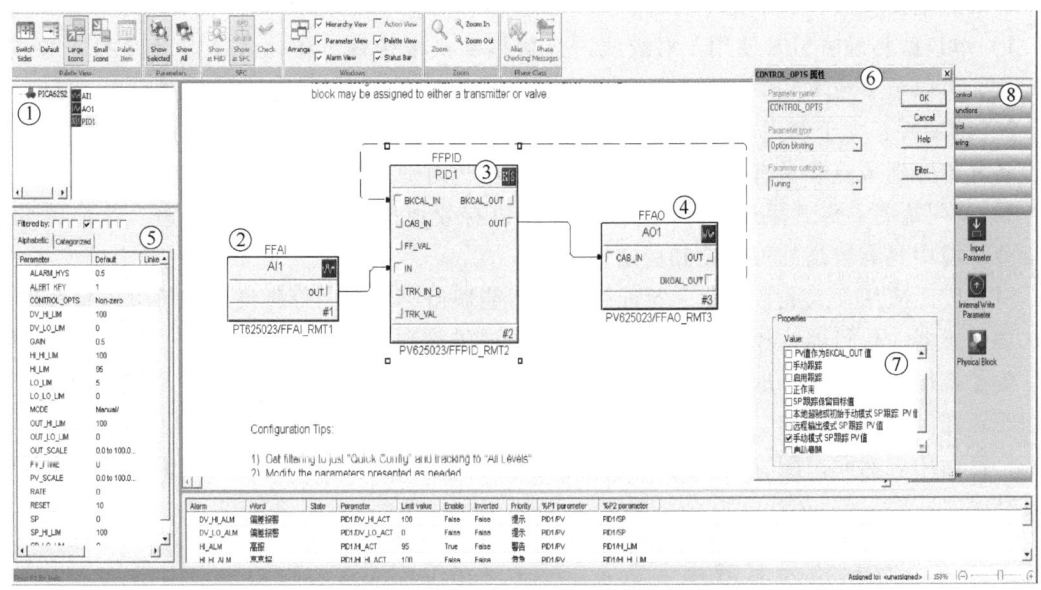

图 2.43 FF-H1 典型设备连接方式

(2) 控制功能分配问题

在一个工业过程控制系统中，有总线仪表，也有模拟仪表。DCS 的控制器能实现控制功能，FF 仪表也能实现控制功能，这就存在控制功能分配的问题。一种方式是所有控制由 DCS 控制器来实现，另一种方式是把控制功能分配到控制器和 FF 仪表中。这两种方式各有利弊，要根据需要来确定。PID 功能块分配到现场设备的不同位置，对网段的调度时间的影响不同，特别是对时间有要求的控制回路，在控制功能分配时要特别注意。PID 功能块分配在 2 个不同的现场设备中，其效果是不同的。

在采用 CIF 时，AI 功能块一般在变送器，AO 功能块在阀门定位器，这样即使变送器失效或掉线，也可在操作域站手动操作阀门，通过 PID 面板的 OUT 参数来手动控制阀门开度。如果把 PID 分配到了变送器，当压力变送器失效或掉电时，无法通过 PID 面板的 OUT 参数设置阀门开度。这时必须把 PID 的模式打开为 IMAN 方式，直接设置 AO 模块的 SP 值来控制阀门开度。

（3）控制组态下装

完成系统的组态后要把组态下装到现场总线设备。在下装过程中有提示要下载现场仪表的对话框，一般选默认就可以。下载完成后，就实现了现场总线设备的组态。

2.5 单绞线以太网与高级物理层及其应用案例

2.5.1 单绞线以太网

单绞线以太网（Single Pair EtherNet，SPE）是一种新兴的以太网通信标准，它使用单绞线传输数据和供电。SPE 旨在提供在工业和物联网应用中传输数据的低成本、低功耗和高可靠性的解决方案。

SPE 的主要特点有以下几个方面：

1）单绞线传输：SPE 使用 1 对绞线进行数据和供电传输，相比传统以太网的 2 对或 4 对绞线，可以节省成本和空间，这使得 SPE 适用于需要长距离传输数据的场景。

2）低功耗：由于使用单绞线，SPE 的功耗较低，适合需要低功耗的应用。这对于物联网设备和传感器节点非常有益，可以延长设备的电池寿命。

3）高可靠性：SPE 采用差分信号传输，可以有效地抵抗电磁干扰和噪声。这使得 SPE 在工业环境中具有较高的可靠性和稳定性。

SPE 广泛应用于工业自动化、智能楼宇、智能城市、物联网等领域。它可以连接各种设备，如传感器、执行器、控制器等，实现实时数据传输和设备之间的通信。

为了推广和规范 SPE 的应用，IEEE（电气电子工程师学会）和 TIA（电信工业协会）等组织正在制定相关标准，如 IEEE 802.3cg 和 TIA-1005 等。目前 SPE 仍然处于发展阶段，尚未广泛商用。然而，随着物联网和工业自动化的快速发展，SPE 有望成为未来通信领域的重要技术之一。

2.5.2 高级物理层及其应用

1. APL 技术原理及其发展

在离散工业，工业以太网已能深入到现场层的测控设备，但在流程工业，目前现场层还是使用 FF 和 PA 等现场总线。由于这两种总线在应用中存在抗干扰能力差、通信速率慢等问题，制约了现场总线在过程工业的应用，因此，过程工业还是大量使用 4～20mA+HART 进行信号传输。

2018 年，FieldComm 组织联合 ODVA、PI 等组织，协调西门子、ABB、罗克韦尔、横河、E+H、P+F、KROHNE、菲尼克斯等一些仪表供应商和其他相关设备厂商，组织了一个将以太网用于现场的规划，并推动制定了工业级的基于 IEEE 以太网标准的解决方案。其首要目的是将现场的各类传感器/执行器及各种现场仪表和仪表装置与基于 IP 的互联网相联接。这项工作推动了 EtherNet-APL 的发展。

APL 技术基于 2019 年批准的 10BASE-T1L（IEEE 802.3cg）以太网物理层标准，可以看作是一种单绞线以太网。该标准提供了到现场的单根双芯电缆的以太网连接，可将现场传感器和执行器等设备连接到控制网络。APL 同时还符合 IEC TS60079.47 关于双线本质安全以太网的技术规范，因此可以用于防爆区域（0、1 及 2 区）。也就是说，APL 满足了过程工业对两线制、总线供电、防爆、通信速度和通信距离等多方面诉求，具有极大的应用前景。

由于 APL 只是传统以太网标准模型中一种新的物理层标准，没有对以太网原有的上层协议进行改变，因此，APL 支持 EtherNet/IP、HART-IP、OPC UA、ProfiNet 或任何其他更高级别的网络协议。由于现场层的 APL 设备可以无缝融入标准的以太网中，因此 APL 的出现使得过程工业能够实现以太网一网到底，消除 OT 与 IT 融合中的一道鸿沟。

ABB、E+H、艾默生等国外公司和中控技术等国内企业都推出了成套的 APL 设备和解决方案。中控技术目前可提供包括电源交换机、现场交换机、压力变送器、温度变送器、阀门定位器等 APL 产品。2023 年，中控技术在湖北三宁精制磷酸主装置率先使用了 APL 技术。德国 BASF 公司在广东湛江一体化基地的大型化工装置上也将全面采用 APL 技术，在现场 APL 仪表还没有普及的情况下，首先大量使用支持 PA 仪表的 APL 交换机与 PA 仪表通信，这标志着 APL 技术的大规模应用即将出现。

2. APL 的网络拓扑结构及其现场应用技术

APL 明确规定了点对点连接，交换机之间的每个连接构成一个"网段"。因此，APL 交换机隔离了网段之间的通信，消除诸如"串扰"之类的干扰，并在本地保护通信免受不同网段上的设备故障的影响。APL 还定义了主干与分支这两种一般类型的网段，主干在 1000m 的距离内传输高级电源和数据；分支在 200m 的距离内传输电源和信号，具有可选本质安全性。

APL 网络可以采用不同的网络结构，但均可分解为主干和分支两种，且从 APL 现场交换机到 APL 设备的分支结构都是相同的。在图 2.44a 所示的网络结构中，现场 APL 交换机无需辅助电源，通过主干给 APL 现场交换机和现场仪表供电，APL 主干上的现场交换机用 10Mbit/s 的速率连接 APL 电源交换机。在图 2.44b 所示的方式中，未使用 APL 主干，但需要为 APL 现场交换机供电，APL 现场交换机可以用 100Mbit/s 的速率直接连接到支持工业以太网的标准交换机。由于 APL 电源交换机还可以作为网络中继，因此，APL 网络结构可以更加多样和复杂，以满足不同的应用需求。

在 APL 网络中，电源功率、设备数、分支与主干长度、通信介质类型和电缆线径等都要根据设计手册进行计算。

在实际工业应用中，虽然有不少仪表可以接入 APL 交换机，但仍然存在一定量的模拟量信号并无对应的 APL 仪表，不能直接接入 APL 交换机。一般的做法是在安装 APL 交换机

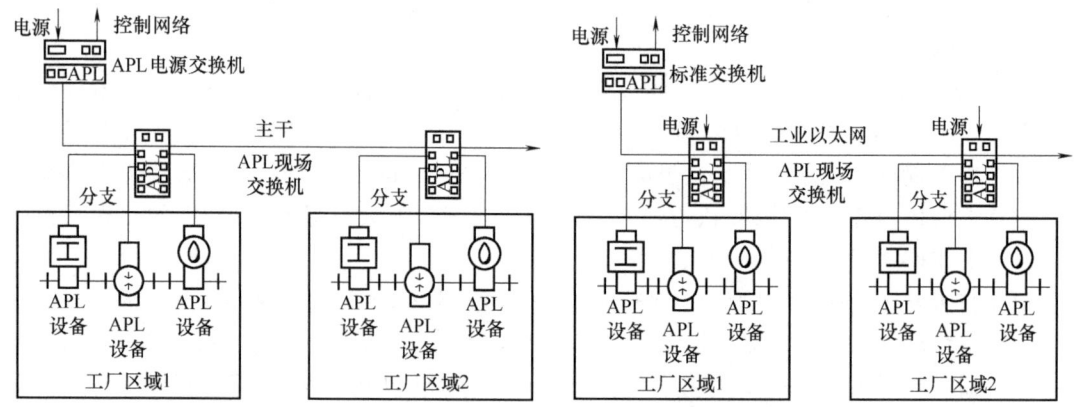

a) APL主干-分支网络结构　　　b) 标准以太网拓扑结构

图 2.44　APL 网络的拓扑结构

的机柜中再安装 DCS 厂家的远程 I/O 站,两者可以共用一个网络连接到上级交换机。中控科技还推出了 APL 接口的远程 I/O,如 APL SmartEIO 支持 16 路模拟量接入,然后通过 APL 接口与 APL 电源交换机连接,解决通信和供电问题。目前,还有一些 APL 交换机端口也支持 PA 仪表的接入,从而使得 PA 仪表也能通过 APL 交换机方便地接入 DCS 中。

3. 基于 APL 的工业控制系统结构

图 2.45 所示为中控科技基于 APL 的工业控制系统结构图。有了 APL,就可以实现过程控制网络通信的 E(E 表示以太网)网到底,简化了传统控制系统现场网络结构,提高了现场设备通信速率。现场大量的 APL 仪表代替了传统的模拟仪表,DCS 控制站上 I/O 卡件数

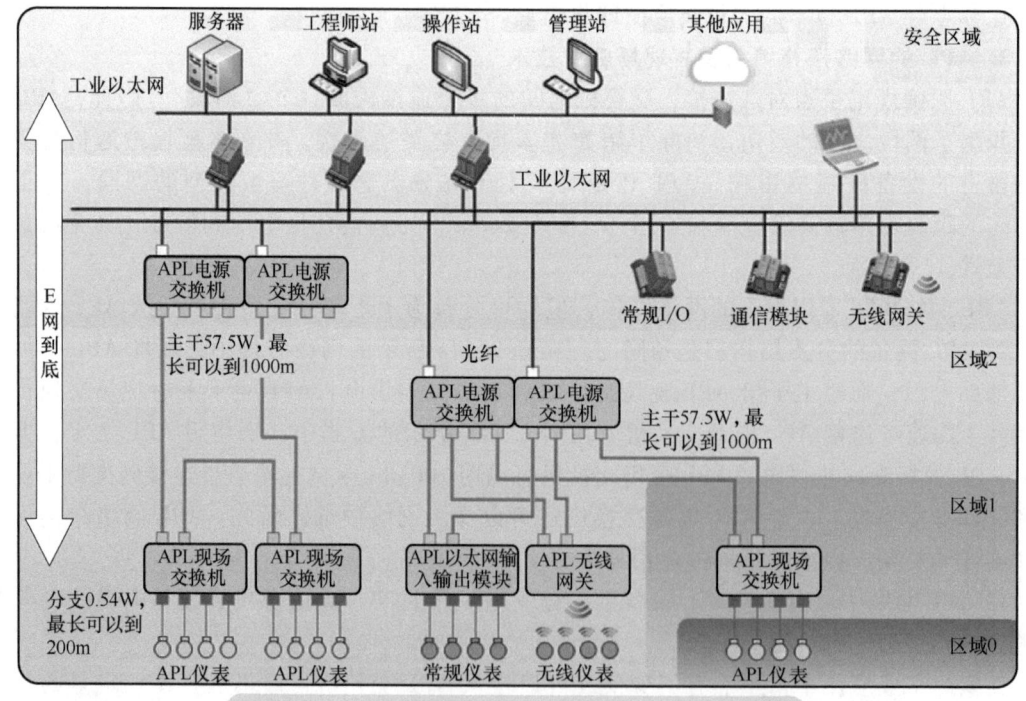

图 2.45　中控科技基于 APL 的工业控制系统结构图

量大大减少。同时，控制网络中多了 APL 电源交换机、APL 现场交换机、APL 无线网关、APL 远程 I/O 等各种 APL 设备。APL 电源交换机向上可通过光纤或双绞线连接工业以太网，从而接入 DCS，向下可通过单绞线与 APL 现场交换机通信，而 APL 现场交换机通过接线端子方式连接 APL 仪表与现场仪表通信，最终实现 DCS 控制器与现场测控仪表的通信。中控科技的 ECS-700 单控制器（FCU713）支持 31 个（对）电源交换机，256 个现场交换机，3072 个 APL 仪表。每台现场交换机可提供最多 50 个两线制分支端口连接现场仪表。主干和支线电缆的最大长度分别可达 1000m 和 200m，满足现场仪表通信距离要求。

对于现场部分不能接入 APL 网络的设备，还可以采用传统的 DCS I/O 通道进行输入和输出。另外，还可以通过通信模块与第三方设备进行通信。

思 考 题

2-1 从模拟信号传输的不足等方面阐述现场总线的产生与发展。

2-2 主要的现场总线有哪些？并举例说明它们主要的应用领域是什么。

2-3 HART 协议为何在流程工业广泛使用？

2-4 Profibus 总线有哪两大类？它们的物理层有何不同？

2-5 Profibus-DP 最常用的网络结构和通信方式是什么？

2-6 比较 FF-H1 与 Profibus-PA 这两种最典型的流程工业现场总线。

2-7 阐述一下 FF 的特点，并说明为何现场总线控制系统不能替代 DCS。

2-8 APL 相对现场总线的优势是什么？为何 APL 有助于流程工业控制网络的以太网 E 网到底？

第3章 工业以太网及其应用案例

3.1 工业以太网基础知识

计算机网络可分为局域网（LAN）、城域网（MAN）、广域网（WAN）和互联网（Internet）等。按传输介质所使用的访问控制方法的不同，局域网可分为以太网（EtherNet）、光纤分布式数据接口（FDDI）、异步传输模式（ATM）、令牌环网（Token Ring）和交换网（Switching）等，它们在拓扑结构、传输介质、传输速率、数据格式等方面有较多不同。经过市场和用户的选择，以太网成为应用最为广泛和成功的局域网。

IEEE 802.3 规定了以太网物理层和数据链路层中介质访问控制子层的媒体访问控制（MAC）部分，它只包括了第二层的一部分功能，而 IEEE 802.2 定义了逻辑链路控制（LLC）子层的功能。MAC 与介质访问控制方法密切相关，而 LLC 子层与介质访问方法无关。LLC 的隔离作用，使得网络层仅针对 LLC 这种接口工作，不必关心下面的介质类型及介质访问方法。

工业以太网是在以太网基础上发展而来的。在 OSI 层协议中，以太网本身只定义了物理层和数据链路层，作为一个完整的通信系统，它需要高层协议的支持。自从 ARPANET（阿帕网，互联网的前身）将 TCP/IP 和以太网捆绑在一起之后，以太网便采用 TCP/IP 作为其高层协议，TCP 用来保证传输的可靠性，IP 则用来选择传输路径。IEC 等组织又制定了一系列以太网应用层协议，从而形成了不同类型的工业以太网，为工业以太网的应用与发展奠定了基础。因此，在学习工业以太网时，必须完整了解整个网络通信系统。本章将重点对以太网的物理层和数据链路层、TCP/IP 协议簇等知识进行介绍。在此基础上概述介绍几种主流的工业以太网及新型的基于时间敏感网络的工业以太网。

3.1.1 以太网及其结构模型

1. 以太网的物理层

（1）物理层的作用与特点

以太网的物理层规范确保了数据在物理介质上的可靠传输，为高效的网络通信提供了基础。不同的物理层规范适用于不同的环境和需求，以满足不同场景下的网络连接需求。

以太网物理层的主要特点和参数如下所示：

1）传输介质：以太网可以使用多种传输介质，包括双绞线、光纤和同轴电缆（现基不使用了)。双绞线是最常见的传输介质,分为不同的类别,如 Cat5e、Cat6 和 Cat6a,每个类别支持不同的传输速率和距离。

2) 连接器:以太网使用不同类型的连接器来连接电缆和设备。常见的连接器类型包括 RJ-45(用于双绞线)、LC 和 SC(用于光纤)以及 BNC(用于同轴电缆)。一些工业以太网有专门的连接器,确保在现场振动等恶劣环境下能够可靠连接。

3) 信号传输方式:以太网使用基带传输方式,即将数字信号直接传输到物理介质上。它使用不同的调制技术,如非归零编码(NRZ)、曼彻斯特编码和 4B/5B 编码,以在介质上表示二进制数据。

4) 最大传输距离:以太网的传输距离取决于所使用的传输介质和速率。通常情况下,双绞线的传输距离为 100m,而光纤可以覆盖更长的距离,如几公里甚至几十公里。

5) 速率:以太网的速率通常以 bit/s 来衡量。最早的以太网标准是 10Mbit/s,后来发展出了 100Mbit/s、1Gbit/s 和更高速的标准,如 10Gbit/s、100Gbit/s、1000Gbit/s 等。

6) 自动协商:以太网支持自动协商功能,即设备能够自动检测和协商最佳的传输速率和双工模式(全双工或半双工)。这样可以确保连接的设备以最高的速率和最佳的性能进行通信。

(2) 物理层的组成与工作机制

物理层的组成如图 3.1 所示,包括传输介质和物理层(PHY)。物理层和数据链路层的 MAC 进行接口。

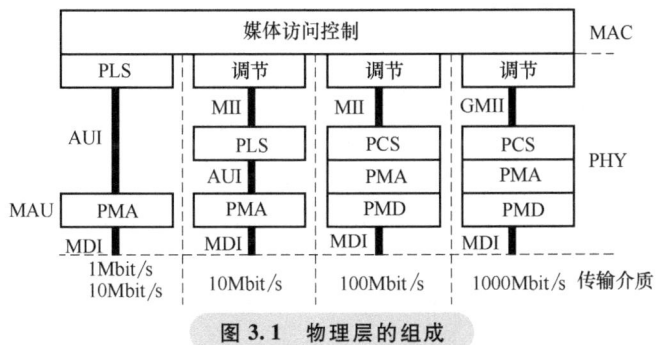

图 3.1 物理层的组成

PHY 实现 OSI 模型的物理层。包括 MII/GMII(介质独立接口)子层、PCS(物理编码子层)、PMA(物理介质附加)子层、PMD(物理介质相关)子层和 MDI(介质依赖设备)子层等。

MII 是 MAC 与 PHY 连接的标准接口,起分离 MAC 逻辑功能和实际物理编解码的作用。MII 提供了 MAC 与 PHY 之间、PHY 与 STA 之间的互联技术,该接口支持 10Mbit/s 与 100Mbit/s 的数据传输速率,数据传输的位宽为 4 位。

PCS:对要通过支撑体传送的信息进行编解码。对于发送数据来说,PCS 将 MAC 层传递来的数据通过编码转换为可用于单对双绞线传输的数字信号,形成传输序列传递至 PMA,并且在此过程中同步进行了频率转换,确定了数据传输的频率,即确定了传输的速率。对于接收数据则相反。此外,PCS 还提供启动和通信控制等功能。实际定义的子层有 4 个:100BASE-X、100BASE-T4、100BASE-T2 和 1000BASE-X。

PMA:接收到 PCS 的数据序列后转换为对应编码的电信号进行传输,或将接收到的电信号转换为数字编码传递至 PCS 进行解码。PMA 同时提供连接状态检测、链路控制、时钟恢复等功能。

PMD：在 MDI 接口之前，用于为 MDI 和传送支撑体提供接口。

MDI：用于将收发器连接到发送支撑的插头的总称。它可以是 10BASE2 网络中的 BNC 插头、双绞线网络的 RJ-45 插头或光纤连接器。

2. 以太网的数据链路层

（1）数据链路层的组成与作用

数据链路层提供寻址机构、数据帧的构建、数据差错检查、传送控制、向网络层提供标准的数据接口等功能。以太网的数据链路层分为 MAC 子层和 LLC 子层。

MAC 位于数据链路层的下半部分，主要负责控制与连接物理层的物理介质，并解决网络上的所有节点共享一个信道所带来的信道争用问题（以太网的 CSMA/CD 介质访问方式见 1.2.4 节）。在发送数据时，MAC 协议可以事先判断是否可以发送数据，如果可以发送将给数据加上一些控制信息，最终将数据以及控制信息以规定的格式发送到物理层。在接收数据时，MAC 协议首先判断输入的信息是否发生传输错误，如果没有错误，则去掉控制信息发送至 LLC 子层。

LLC 子层的任务是把要传输的数据组成帧，并且解决差错控制和流量控制的问题，从而在不可靠的物理链路上实现可靠的数据传输。MAC 与介质访问控制方法密切相关，而 LLC 子层与所有介质访问方法无关。LLC 的隔离作用，使得网络层仅针对 LLC 这种接口工作，不必关心下面的介质类型及介质访问方法。

（2）以太网帧格式

由于历史的原因，以太网帧格式较多。但目前大多数应用的以太网报文是 EtherNet Ⅱ 格式的帧（如 HTTP、FTP、SMTP、POP3 等应用），而交换机之间的 BPDU（桥协议数据单元）报文则是 IEEE 802.3 的帧，VLAN Trunk 协议（如 802.1Q 和 Cisco 的 CDP 等）则是采用 IEEE 802.3 SNAP 的帧。现在大部分的网络设备都支持这几种以太网的帧格式。

EtherNet Ⅱ 的帧格式由前导码（7 字节）、帧起始定界符（1 字节）、目的地址（6 字节）、源地址（6 字节）、类型（2 字节）、MAC 客户数据（46～1500 字节）、FCS（帧校验序列）（4 字节）等组成，如图 3.2 所示。

前导码包括 7 字节同步码和 1 字节帧起始标志码。同步码是 7 字节十六进制数 0xAA，帧起始标志码为 0xAB，它标识着以太网帧的开始。前导码其实是在物理层添加上去的，并不是（正式的）帧的一部分。其目的是允许物理层在接收到实际的帧起始定界符之前检测载波，并且与接收到的帧时序达到稳定同步。

目的地址表示帧准备发往目的站的地址，可以是单址（代表单个站）、多址（代表一组站）或全地址（代表局域网上的所有站）。当目的地址出现多址时，表示该帧被一组站同时接收，称为"组播"。当目的地址出现全地址时，表示该帧被局域网上的所有站同时接收，称为"广播"。通常以 DA 的最高位来判断地址的类型，如果为"0"则表示单址，为"1"则表示组播，如果目的地址内容全为"1"，则表示该帧为广播帧。

源地址表明该帧的数据是哪个网卡发出的，即发送端的网卡地址。网卡地址是唯一的。为了标识以太网上的每台主机，需要给每台主机上的网络适配器（网络接口卡）分配一个唯一的通信地址，即以太网地址或称为网卡的物理地址、MAC 地址。IEEE 负责为网络适配

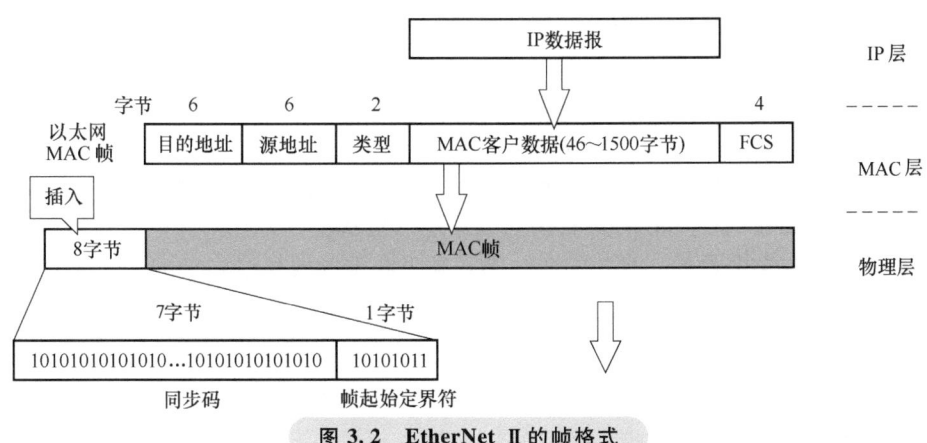

图 3.2　EtherNet Ⅱ 的帧格式

器制造厂商分配以太网地址块，各厂商为自己生产的每块网络适配器分配一个唯一的以太网地址。因为在每块网络适配器出厂时，其以太网地址就已被烧录到网络适配器中，所以有时也将此地址称为烧录地址（Burned In Address，BIA）。以太网地址长度为 6 个字节，其中，前 3 个字节为 IEEE 分配给厂商的厂商代码，后 3 个字节为网络适配器编号。

类型字段用于标识数据字段中包含的高层协议，该字段长度为 2 个字节。类型字段值为 0x0800 的帧代表 IP 帧，类型字段值为 0806 的帧代表 ARP 帧。

数据字段是网络层数据，最小长度必须为 46 字节以保证帧长至少为 64 字节，数据字段的最大长度为 1500 字节。

FCS 是 32 位循环冗余校验（CRC）码，校验除前导码和 FCS 以外的内容。当发送端发出帧时，一边发送，一边逐位进行 CRC 校验。最后形成一个 32 位 CRC 和填在帧尾 FCS 位置中一起在媒体上传输。当接收端接收后，从目的地址开始同样边接收边逐位进行 CRC。最后接收站形成的校验和若与帧的校验和相同，则表示媒体上传输帧未被破坏。反之，接收端认为帧被破坏，则会通过一定的机制要求发送端重发该帧。

3.1.2　TCP

1. TCP 概述

TCP 是为同一网络中或者连接到一个互联网络系统的成对计算机提供可靠的主机到主机的通信协议。其主要目的是为驻留在不同主机的进程之间提供可靠的、面向连接的数据传送服务。在网络体系结构中，TCP 的上层是应用程序，下层是 IP，TCP 可以根据 IP 提供的服务传送大小不等的数据，IP 负责对数据分段、重组，在多种网络上传送。

为了在并不可靠的网络上实现面向连接的可靠的数据传送，TCP 必须解决可靠性、流量控制的问题，还必须能够为上层应用程序提供多个接口，同时为多个应用程序提供数据，而且必须解决连接问题，这样 TCP 才能称为面向连接的可靠的协议。TCP 通过以下方式来实现数据的可靠传输：

1）将信息分割成 TCP 认为最适合发送的数据块。

2）当 TCP 发出一个段后，会启动一个定时器，等待目的端确认接收到这个报文段。如果不能及时收到这个确认，将重发这个报文段。

3）当 TCP 收到发自 TCP 连接另一端的数据，它将发送一个确认。这个确认不是立即发送，而是延迟一段时间。

4）TCP 将保持它首部和数据的校验和。如果收到段的校验和有差错，TCP 将丢弃这个报文段并不确认收到此报文段（希望发端超时并重发）。

5）TCP 报文段作为 IP 数据报来传输，而 IP 数据报的到达可能会失序，因此 TCP 的到达也可能会失序。必要时，TCP 将对收到的数据进行重新排序。

6）IP 数据报会发生重复，TCP 的接收端必须丢弃重复的数据。

7）TCP 还能提供流量控制，这将防止较快主机致使较慢主机的缓冲区溢出。

TCP 的数据传输具有 5 个特征：面向数据流、虚电路连接、有缓冲的传送、无结构的数据流和全双工连接。一旦数据报被破坏或丢失，则由 TCP 将其重新传输。

2. TCP 报文段的格式

TCP 数据报在 IP 数据报中的封装如图 3.3 所示。

TCP 报文段的首部格式如图 3.4 左侧所示。由于利用 Wireshark 抓包工具可以更好地学习网络通信知识，因此这里结合 Wireshark 进行介绍。图 3.4 把 TCP 体系及 TCP 首部格式与 Wireshark 抓取的报文进行了对照。图中，Flags 包含的字段没有展开。每个 TCP 段

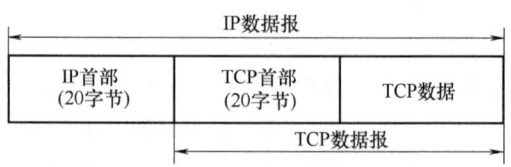

图 3.3　TCP 数据报在 IP 数据报中的封装

都包含源端和目的端的端口号，用于寻找发端和收端应用进程。这两个值加上 IP 首部中的源 IP 地址和目的 IP 地址，可唯一确定一个 TCP 连接。有时，一个 IP 地址和一个端口号也称为一个套接字，套接字对（包含客户 IP 地址、客户端口号、服务器 IP 地址和服务器端口号的四元组）可唯一确定互联网络中每个 TCP 连接的双方。

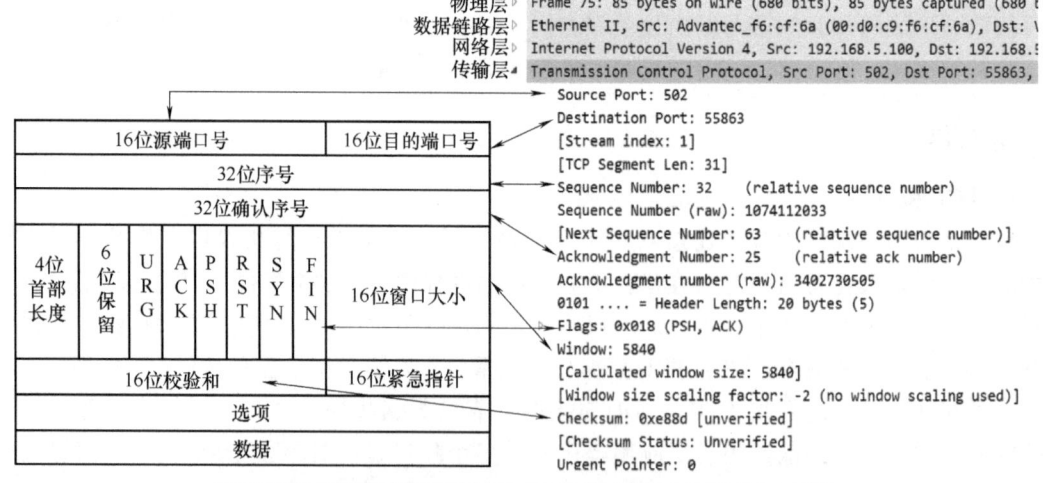

图 3.4　TCP 报文段的首部格式与 Wireshark 抓包对照图

序号用来标识从 TCP 发端向 TCP 收端发送的数据字节流，它表示在这个报文段中的第一个数据字节。如果将字节流看作在两个应用程序间的单向流动，则 TCP 用序号对每个字节进行计数。序号是 32 位的无符号数，序号到达 $2^{32}-1$ 后又从 0 开始。存在同步序列

(SYN)时,当建立一个新的连接时,SYN 标志变为 1。序号字段包含由这个主机选择的该连接的初始序号(Initial Sequence Number, ISN)。该主机要发送数据的第一个字节序号把这个 ISN 加 1,因为 SYN 标志消耗了一个序号。

确认序号包含发送确认的一端所期望收到的下一个序号,因此,确认序号应当是上次已成功收到的数据字节序号加 1。只有当后面的 ACK 标志为 1 时,确认序号字段才有效。一旦一个连接建立起来,这个字段总是被设置,ACK 标志也总是被设置为 1。

首部长度给出首部中 32 位字的数目表明段中数据开始的位置。之所以需要此字段是因为选项字段长度可变(与报头一样)。

在 TCP 首部中有 6 个标志位,它们中的多个可同时被设置为 1。

1)URG:紧急指针有效。
2)ACK:确认序号有效。
3)PSH:接收方应该尽快将这个报文段交给应用层。
4)RST:重建连接。
5)SYN:同步序号用来发起一个连接。
6)FIN:发送端完成发送任务。
7)窗口大小:声明段发送者可接收的字节数,该编号以确认字段编号的首位开始。
8)校验和:证明段传送无误,如果传送错误则丢弃该段。
9)紧急指针:是一个正的偏移量,与序号字段中的值相加表示紧急数据最后一个字节的序号。只有在 URG 置位时才有效,紧急方式是发送端向另一端发送紧急数据的一种方式。
10)选项:表示 TCP 选项的长度可变字段。

图 3.5 给出了 1.5.3 节 Modbus TCP 通信例子中的 TCP 报文段首部,共 20 个字节。其中十六进制 ea 53 就表示 16 位源端口号 59987。TCP 首部后面是 Modbus TCP 报文。关于图中的其他参数,读者可以结合报文首部格式进行分析。

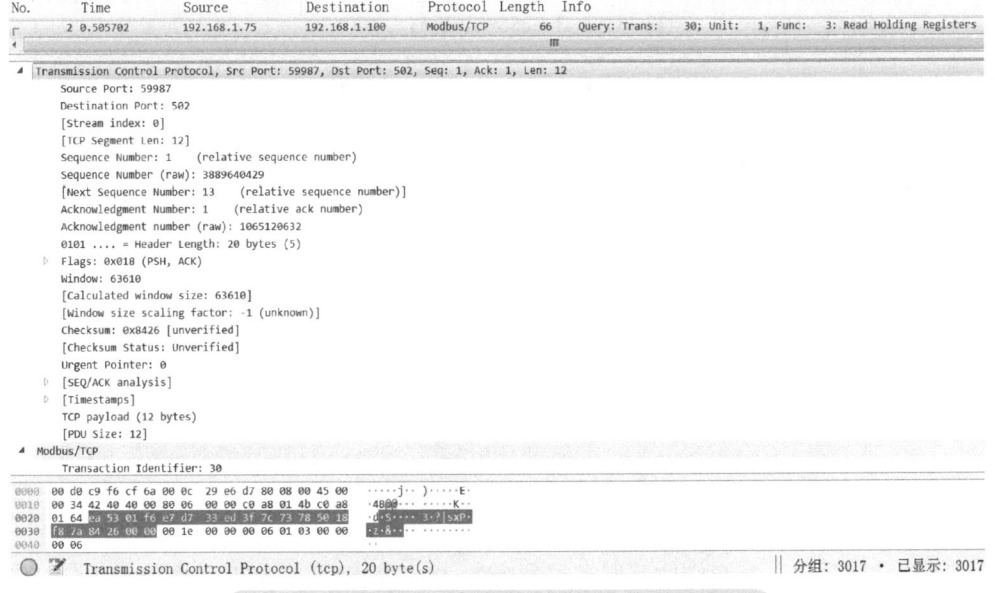

图 3.5 Modbus/TCP 协议中的 TCP 报文段首部

3. TCP 连接的建立和终止

TCP 协议栈支持同时建立两个 TCP 连接：一个为主动连接，另一个为被动连接。TCP 是基于连接的协议，因为必须保持对 TCP 连接状态的监视，且与状态有关的信息保存在发送控制块中。而 TCP 连接状态的改变由 TCP 的软件状态机来实现，软件状态机又由事件或用户来触发。比如，当监视到一个带有 SYN 标志的 TCP 报到达时，软件状态机就将 TCP 连接转换到接收状态，用户也可以手动控制软件状态机使其处于发送状态来建立 TCP 连接。

建立了 TCP 连接之后，才可以发送或接收数据。接收数据时，上层协议（ULP）按字节发送，并被划分到 TCP 数据片中，经过软件状态机去掉 TCP 首部后再送到应用层；发送数据时，软件状态机会在数据前面加上 TCP 首部再发送到 IP 层。发送数据时，有一点值得关注，即为了防止接收缓冲区的溢出，相对于发送数据报，协议栈给予接收数据报以更高的优先级。也就是说，协议栈软件会一直处理接收的数据报，直到接收缓冲区中没有任何数据。

TCP 是一个面向连接的协议。从一方向另一方发送数据之前，都必须先在双方之间建立一条连接。为了建立一条 TCP 连接，必须经过以下三次握手过程：

1）这里以 Wireshark 抓包中的报文为例来说明，TCP 连接第一次握手数据报分析如图 3.6 所示。客户端发送一个 SYN 报文，标志位 SYN = 1，这里发送序号置为 0（X）。客户端端口号为 55863，服务器端口号为 80。

2）第二次握手时，服务器收到 SYN 报文后，向客户端返回一个 TCP 数据段（即端口是从 80 到 53992），其中 SYN = 1，ACK = 1，并将确认序号设置为第一次握手时客户发送序号加 1（即 X+1 = 0+1 = 1），设置 SYN 的发送序号为 0（Y）。

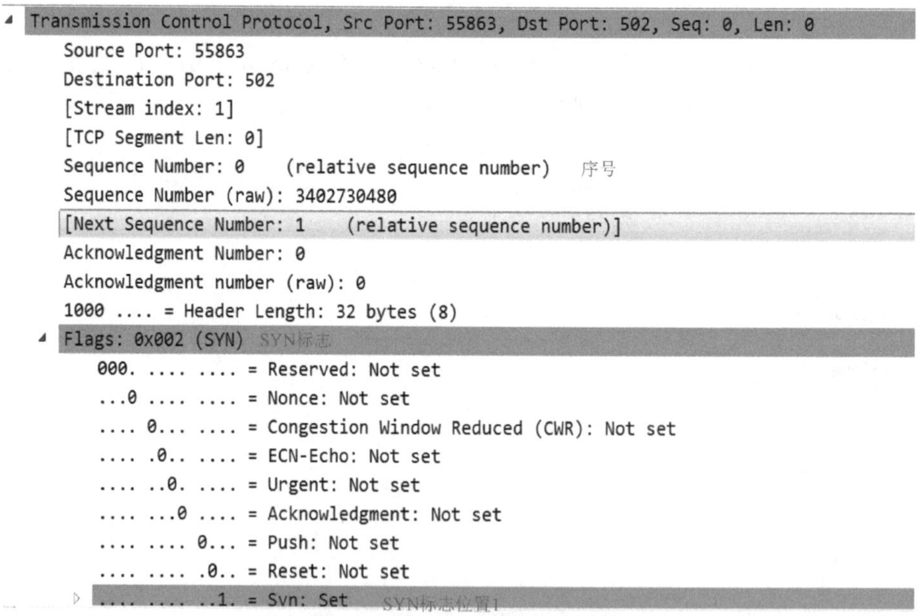

图 3.6 TCP 连接第一次握手数据报分析

3）第三次握手时，客户端收到服务器发来的 ACK 与 SYN 报文后，检查标志位 ACK 是否为 1（ACK 为 1 确认序号才有效）、确认序号是否正确（即是否为第一次握手时发送序号

X 加 1）。若正确，客户端会再向服务器发送一个 ACK 报文，其中标志位 SYN＝0，ACK＝1，并置本次 ACK 的发送序号为第二次握手时 SYN 发送序号加 1（即 Y+1＝0+1＝1）。至此 TCP 连接建立，便可以传送数据了。

限于篇幅，第二次和第三次握手的 Wireshark 数据包没有给出，读者可以自己尝试。

在此过程中，发送第一个 SYN 的一端将执行主动打开，接收这个 SYN 并发回一个 SYN 的另一端执行被动打开。

这里再以计算机中 Kepware 服务器与研华 ADAM-6024 模块的 Modbus TCP 通信为例来说明三次握手。电脑网卡的 IP 地址为 192.168.5.75，模块的 IP 地址为 192.168.5.100。OPC 服务器作为客户端，模块作为服务器端。通过 Wireshark 抓包的标志位，可以看到三次握手过程，如图 3.7 所示。第一个报文标志位［SYN］表示第一次握手，第二个报文标志位［SYN，ACK］表示第二次握手，第三个报文标志位［ACK］表示第三次握手。

Time	Source	Destination	Protocol	Length	Info
105.693240	192.168.5.75	192.168.5.100	TCP	66	55863 → 502 [SYN] Seq=0 Win=8192 Len=0 MSS=1460 WS=256 SACK_P
105.696731	192.168.5.100	192.168.5.75	TCP	60	502 → 55863 [SYN, ACK] Seq=0 Ack=1 Win=5840 Len=0 MSS=1460
105.696870	192.168.5.75	192.168.5.100	TCP	54	55863 → 502 [ACK] Seq=1 Ack=1 Win=64240 Len=0

图 3.7　TCP 连接中的三次握手的标志位

建立一个连接需要三次握手，而终止一个 TCP 连接要经过四次握手。因为一个 TCP 连接是全双工的，所以每个方向必须单独关闭。收到一个 FIN 只意味着这一方向上没有数据流动，一个 TCP 连接在接收到一个 FIN 后仍能发送数据。首先进行关闭的一方（即发送第一个 FIN）将执行主动关闭，而另一方（收到这个 FIN）将执行被动关闭。

3.1.3　UDP

1. UDP（User Datagram Protocol，用户数据报协议）**概述**

UDP 主要用来支持那些需要在计算机之间传输数据的网络应用。众多的客户端/服务器模式的网络系统都使用 UDP。与 TCP 一样，在 TCP/IP 层次模型中，UDP 位于 IP 层之上的应用程序范围，然后 UDP 层使用 IP 层传送数据。IP 层的首部表明了源主机和目的主机的地址，而 UDP 层的首部指明了主机上的源端口和目的端口。

UDP 是一个简单的面向数据报的传输层协议，进程的每个输出操作都正好产生一个 UDP 数据报，并组装成一份待发送的 IP 数据报。这与面向流字符的协议不同，如 TCP，应用程序产生的全体数据与真正发送的单个 IP 数据报可能没有什么联系。UDP 和 TCP 相似，同属传输层协议，都作为应用程序和网络传输的中介。

与 TCP 相比，UDP 不提供可靠性，它把应用程序传给 IP 层的数据发送出去，但是并不保证它们能到达目的地。但 UDP 提供某种程度的差错控制，它只完成非常有限的差错检验。如果 UDP 检测出在收到的分组中有一个差错，它就悄悄地丢弃这个分组。UDP 的优点是非常简单，且开销最小。若一个进程想发送一个很短的报文而不关心可靠性，那么使用 UDP 要比使用 TCP 简单许多。

2. UDP 数据报格式

UDP 数据报包含 20 字节的 IP 首部、8 字节的 UDP 首部和 UDP 数据。其中 UDP 首部和 UDP 数据构成 UDP 数据报。而 UDP 数据报加上 IP 首部构成 IP 数据报。

端口号表示发送进程和接收进程。由于 IP 层已经把 IP 数据报分配给 TCP 或 UDP（根据 IP 首部中协议字段值），因此 TCP 端口号由 TCP 来查看，而 UDP 端口号由 UDP 来查看。TCP 端口号与 UDP 端口号是相互独立的。尽管相互独立，如果 TCP 和 UDP 同时提供某种知名服务，两个协议通常选择相同的端口号。这纯粹是为了使用方便，而不是协议本身的要求。

UDP 长度字段：指的是 UDP 首部和 UDP 数据的字节长度。该字段的最小值为 8 字节（发送一份 0 字节的 UDP 数据报是 OKB）。这个 UDP 长度是有冗余的。IP 数据报长度指的是数据报全长，因此 UDP 数据报长度是全长减去 IP 首部的长度（该值在首部长度字段中指定）。

检验和：检验出现的差错。UDP 的检验和与 IP 的检验和不同。UDP 检验和覆盖 UDP 首部和 UDP 数据，TCP 也是这样，但 UDP 的检验和是可选的，而 TCP 的检验和是必需的。

UDP 数据报的长度可以为奇数字节，但是检验和算法是把若干个 16 位字相加。解决方法是必要时在最后增加填充字节 0，这只是为了检验和的计算（也就是说，可能增加的填充字节不被传送）。

UDP 数据报和 TCP 段都包含一个 12 字节长的伪首部，它是为了计算检验和而设置的。伪首部包含 IP 首部一些字段，其目的是让 UDP 两次检查数据是否已经正确到达目的地（例如，IP 没有接收地址不是本主机的数据报，以及 IP 没有把应传给另一高层的数据报传给 UDP）。

3.1.4　IP

1. IP（Internet Protocol，网际互连协议）**概述**

IP 是 TCP/IP 体系中的网络层协议。设计 IP 的目的是提高网络的可扩展性，一方面解决网络互联问题，实现大规模、异构网络的互联互通，另一方面是分割顶层网络应用和底层网络技术之间的耦合关系，以利于两者的独立发展。IP 是开放系统互连模型的一个主要协议，是 TCP/IP 协议簇使用的传输机制，也是 TCP/IP 协议簇中最为核心的协议。所有的 TCP、UDP、ICMP 及 IGMP 数据都以 IP 数据报格式传输。

IP 位于 TCP/IP 模型的网络层，对上可接收传输层各种协议的信息，如 TCP、UDP 等；对下可将 IP 数据报传送到链路层，通过以太网、令牌环网等各种技术传输。为了能适应异构网络，IP 强调适应性、简洁性和可操作性，并在可靠性做了一定的牺牲。IP 提供的是一种无连接、不可靠、尽力发送的服务。其中无连接表示每个 IP 数据报都是独立发送的，因此它必须包含目的地址，每一个分组使用不同的路由传到目的站；不可靠表示在传输过程中，IP 数据报可能出现丢失、延迟等差错，数据报可能不按顺序到达；尽力发送是指 TCP/IP 并不随意地放弃数据报。

IP 根据其版本可以分为 IPv4 和 IPv6。目前 IPv4 仍然在大量使用。

2. IP 提供的服务

IP 提供的服务大致可归纳为两类，即 IP 数据报的传送与 IP 数据报的分片与重组。

（1）IP 数据报的传送

IP 是网络之间信息传送的协议，可将 IP 数据报从源设备（例如用户的计算机）传送到目的设备（例如某部门的 www 服务器）。为了达到这样的目的，IP 必须依赖 IP 地址与 IP 路由器两种机制来实现。

IP 地址与 IP 路由是 IP 数据报传送的基础。此外，IP 数据报使用非连接式传送。非连接式传送方式是指 IP 数据报传送时，源设备与目的设备双方不必事先连接，即可将 IP 数据报送达。至于目的设备是否收到每个信息包、是否收到正确的信息包等，则由上层的协议（例如 TCP）来负责检查。这样可提高传输的效率。此外，由于 IP 数据报必须通过 IP 路由的机制，在一个个路由器之间传递，非连接式的传送方式较易在此种机制中运行。

（2）IP 数据报的分片与重组

网络层转发 IP 数据报给物理网络，经过物理网络的数据链路层封装成帧后在物理网络传输。不同的物理网络，封装成帧的大小是有一定限制的，能封装成的最大长度称为最大传输单元（MTU），如以太网帧的 MTU 是 1500。因此，当路由器在转发 IP 数据报时，如果数据报的大小超过了出口链路的最大传输单元时，则会将该 IP 数据报分解成一些足够小的片段，并在每个片段上设置相应的偏移和标志字段，然后每个分片加上首部（包含新的偏移和标志字段信息）组成独立数据报进行传输，并在到达目标主机时才会把几个数据报重组成一个数据报。这些数据报首部的标准字段都相同，表明这些 IP 数据报属于一个大的数据报。片偏移是每片数据在原始数据中的位置，以 8B 为单位。

重组是分段的逆过程，把若干个分片后的 IP 数据报重新组合后还原为原来的 IP 数据报。

分片与重组一般是在网络层（网络互联层）进行的，由于这个过程要消耗主机资源，因此会影响通信效率。目前一些功能强大的网卡就可实现分片与重组。

（3）IP 分组的转发规则

路由器仅根据网络地址进行转发。当 IP 数据报经由路由器转发时，如果目标网络与本地路由器直接相连，则直接将数据报交付给目标主机，这称为直接交付；否则，路由器通过路由表查找路由信息，并将数据报转交给指明的下一跳路由器，这称为间接交付。路由器在间接交付中，若路由表中有到达目标网络的路由，则把数据报传送给路由表指明的下一跳路由器；如果没有路由，但路由表中有一个默认路由，则把数据报传送给指明的默认路由器；如果两者都没有，则丢弃数据报并报告错误。

3. IP 数据报的格式

IP 第 4 版（Internet Protocol version4，IPv4）是 TCP/IP 使用的数据报传输机制。IP 层分组称为数据报，是一个变长分组。它由首部和数据两部分组成。其中，首部由固定部分与可变部分组成，含有与路由选择和传输有关的重要信息。固定部分长度为 20 字节，可变部分由选项组成，最长为 40 字节。IP 数据报的格式见表 3.1。

表 3.1　IP 数据报的格式

版本 4 位	首部长度 4 位	服务类型 8 位	16 位总长度	
标识 16 位			标志 3 位	偏移 13 位
生存时间 8 位	协议 8 位		首部检验和 16 位	
源地址 32 位				
目的 IP 地址 32 位				
选项（如果有）				
数据				

1)版本:一般为 4 位,所有字段按版本号 4 来解释。若目的机器使用其他版本,则应丢弃数据报,而不错误地解释数据。

2)首部长度:定义数据报以 4 字节计算的总长度。由于它是一个 4 比特字段,因此首部最长为 60 字节。没有选项时首部长度为 20 字节,普通 IP 数据报(没有任何选择项)字段的值是 5。

3)服务类型(TOS):定义路由器如何处理此数据报。包括一个 3 位的优先字段(现在已被忽略),在遇到问题时根据优先级处理数据报,以及 4 位的 TOS 字段和 1 位未用位,但必须置 0,如图 3.8 所示。

D0~D2 为优先字段,遇到问题时根据优先级处理数据报。版本 4 中用 4 位的 TOS 字段 D、T、R 和 C 分别代表:最小时延、最大吞吐量、最高可靠性和最小费用。4 位中只能置其中 1 位。如果所有 4 位均为 0,那么就意味着是一般服务。0000 代表"正常(默认)";0001 代表"最小费用";0010 代表"最高可靠性";0100 代表"最大吞吐量";1000 代表"最小时延"。选择的原则为交互式活动属于需要立即引起注意的活动以及需要立即响应的活动,所以需要最小时延;发送成块数据需要最大吞吐量;管理活动需要最高可靠性;后台活动需要最小费用。

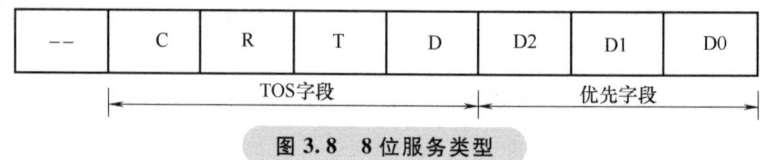

图 3.8 8 位服务类型

4)总长度:是一个两字节的域,能定义的长度最长可达 65536 字节。当数据报被分片时,该字段的值也随着变化。

5)标识符字段:唯一的标识主机发送的每一份数据报。通常每发送一份报文,它的值就会加 1。

6)标志位字段:由 3 位组成,用于控制分段。第 1 位没有使用,接着是不分段 DF 和段未完 MF 标志。

DF 为 1 时表示不允许机器将该数据报分片。若不分片就无法将此数据报通过任何可用的物理网络进行转发,该数据报丢弃。同时向源站发 ICMP 差错报文。0 表示必要时可分片。

MF 表示该数据报是否还有其他片标志。1 表示此数据报不是最后的分片,0 表示此数据报是最后的分片或唯一分片。

7)分段偏移字段:表示分片在整个数据报中的位置。以 8 字节为度量单位,故为 13 位。将数据报进行分片的主机或路由器必须这样选择每一个分片的长度,即第一个字节数应能被 8 除尽。若对一个已分片的数据报再进行分片,分片偏移永远是相对于原始数据报的。

8)生存时间字段 TTL:设置了数据报可以经过的最多路由器数。它指定了数据报的生存时间。TTL 的初始值由源主机设置(通常为 32 或 64),一旦经过一个处理它的路由器,它的值就减去 1。当该字段的值为 0 时,数据报就被丢弃,并发送 ICMP 报文通知源主机。

9)协议字段:指定哪种高级协议可用来产生数据报数据区中携带的消息,也即指定采用哪一种传输层协议。对于 ICMP 此值为 1,TCP 为 6,UDP 为 17,IPv6 为 41。

10)首部检验和字段:根据 IP 首部计算的检验和码。它不对首部后面的数据进行计算。

而在 ICMP、IGMP、UDP 和 TCP 各自的首部中均含有同时覆盖首部和数据的检验和码。

11）源 IP 地址和目的 IP 地址指定发送者和所期望的接收者的 IP 地址。

12）选项是一长度可变的字段用于各种选项。如记录所采用的路由，指定所采用的路由以及时标等。

13）数据报传输的数据。

4. IP 地址与 IP 路由

（1）IP 地址

IP 规定网络上所有的设备都必须有一个独一无二的 IP 地址。同理，每个 IP 数据报都必须包含有目的设备的 IP 地址，信息包才可以正确地送到目的地。同一设备不可以拥有多个 IP 地址，所有使用 IP 的网络设备至少有一个唯一的 IP 地址。IP 地址是由网络地址与主机地址两部分所组成的。

网络地址：用来识别设备所在的网络，网络地址位于 IP 地址的前段。当组织或企业申请 IP 地址时，所获得的并非 IP 地址，而是取得一个唯一的、能够识别的网络地址。同一网络上的所有设备，都有相同的网络地址。IP 路由的功能是根据 IP 地址中的网络地址，决定要将 IP 数据报送至所指明的那个网络。

主机地址：位于 IP 地址的后段，可用来识别网络上的设备。同一网络上的设备都会有相同的网络地址，而各设备之间则是以主机地址来区别。

（2）IP 路由

互联网是由许多个网络连接所形成的大型网络。如果要在互联网中传送 IP 数据报，除了确保网络上每个设备都有一个唯一的 IP 地址之外，网络之间还必须有传送的机制，才能将 IP 数据报通过一个个的网络传送到目的地。此种传送机制称为 IP 路由。

各个网络通过路由器相互连接。路由器的功能是为 IP 数据报选择传送的路径。换言之，必须依靠沿途各路由器的通力合作，才能将 IP 数据报送到目的地。在 IP 路由的过程中，由路由器负责选择路径，IP 数据报则是被传送的对象。

5. 传送方式

在传送 IP 数据报时，一定会指明源地址与目的地址。源地址当然只有一个，但是目的地址却可能代表单一或多部设备。根据目的地址的不同，区分为 3 种传送方式：单点传送、广播传送以及多点传送。

单点传送：单点传送是一对一的传递模式。在此模式下，源端所发出的 IP 数据报，其 IP 报头中的目的地址代表单一目的设备，因此只有该目的设备能收到此 IP 数据报。在互联网上传送的信息包，绝大多数都是单点传送的 IP 数据报。

广播传送：广播传送是一对多的传递方式。在此方式下，源设备所发出的 IP 数据报，其 IP 报头中的目的地址代表某一网络，而非单一设备，因此该网络内的所有设备都能收到并处理此类 IP 广播信息包。由于此特性，广播信息包必须小心使用，否则稍有不慎，便会波及该网络内的全部设备。

多点传送：多点传送是一种介于单点传送与广播传送之间的传送方式模式。多点传送也是属于一对多的传送方式，但是它与广播传送有很大的不同。广播传送必定会传送至某一个网络内的所有设备，但是多点传送却可以将信息包传送给一群指定的设备。即多点传送的 IP 数据报，其 IP 报头中的目的地址代表的是一群选定的设备。凡是属于这一群的设备都可收到此多点传送信息包。

3.1.5 主要的工业以太网

1. 工业以太网概述

工业以太网种类繁多，仅在 IEC 61784-2 中就已囊括了 11 个以太网的 PAS 文件。它们是 EtherNet/IP、ProfiNet、P-NET、Interbus、VNET/IP、Tcnet、EtherCAT、EtherNet Powerlink、EPA、Modbus-RTPS 和 SERCOS-Ⅲ。

根据工业以太网实现的方式和特点，市场上主流的工业以太网可以分为以下几类：

1）完全基于 TCP/UDP/IP，硬件层未更改，采用经典的以太网控制器，通过上层合理的控制（合理调度以减少冲突；定义数据帧的优先级，为实时数据分配最高的优先级；使用交换式以太网等）来应对通信中的非确定因素。典型的有 ProfiNet 标准通信、EtherNet/IP 和 Modbus TCP。

2）部分基于 TCP/IP，硬件层未更改，具有专门的过程数据处理协议，使用特定以太网类型的以太网帧进行传输。但增加了实时处理通道以提高处理实时数据能力，典型的有 ProfiNet RT、EtherNet Powerlink 和我国提出的 EPA。

3）硬件层更改，使用专用的实时以太网控制器，对以太网协议进行了修改，具备高速通信能力、实时性好特点。典型的有 ProfiNet IRT、CC-Link IE、SERCOS Ⅲ 和 EtherCAT 等。

其中 EtherCAT 和 SERCOS Ⅲ 网络用一个主站控制网络上的时隙，主站授权每个节点独立发送数据，集束帧报文的传输跟随主站的时钟。ProfiNet IRT 采用专为实时以太网开发的专用通信芯片，实现等时同步实时通信机制。

由于本章后续会重点介绍 ProfiNet、EtherNet/IP 和 EtherCAT，这里先简单介绍几个有一定技术特色的常用以太网。

2. 几种典型工业以太网介绍

（1）EtherNet Powerlink

最早由奥地利贝加莱（已被 ABB 收购）开发，是 EtherNet 的扩展，混合了轮询以及时间切片机制。可以实现实时数据传输和控制信号传递，支持多节点和分布式控制系统。该协议还提供了灵活的网络配置和扩展性，可以适应不同规模和复杂度的工业自动化系统。Powerlink 可以确保实时关键信息在非常短的等时周期中发送，具有可规划的回应时间；网络上的所有节点都可以时间同步，精度可以到微秒以下；具有高带宽、低延迟和实时性能。可以提供可靠的实时通信和同步；使用标准的以太网硬件和协议，并且与其他以太网通信协议兼容，使得其可以与现有的系统集成和互操作。主要应用领域是机械制造、自动化生产线、工艺控制等领域。

（2）SERCOS Ⅲ

SERCOS Ⅲ 协议是由德国 SERCOS 协会开发的。SERCOS Ⅲ 是其第三代协议，制定于 2003 年。SERCOS Ⅲ 协议采用串行实时通信技术，能够实现控制器与驱动器之间的高速数据传输，支持多种通信模式和拓扑结构，提供了高性能的实时通信和同步功能，支持高速数据传输和实时控制，广泛应用于机器人、数控机床、包装机械、印刷设备等领域。

（3）CC-Link IE

CC-Link 最早是日本三菱电机公司推出的现场总线协议，它是一种基于主从结构的串行通信协议，提供了可靠的实时数据传输和设备之间的通信能力，支持最多 64 个从设备连接到一个主设备。在 CC-Link 的基础上，又出现了以下几个版本协议：

1）CC-Link IE：基于以太网的 CC-Link 协议的版本，提供了更高的传输速率和更大的网络容量，支持千兆以太网（1 Gbit/s）的传输速率，同时兼容旧版本的 CC-Link 设备。

2）CC-Link IE Field：CC-Link IE Field 是 CC-Link IE 的一个变种，专门用于工厂自动化领域。它支持实时数据传输和控制，以及大规模的设备连接。CC-Link IE Field 还支持传感器和执行器的直接连接，以实现分布式控制和智能化生产。

3）CC-Link Safety：CC-Link Safety 是 CC-Link 协议的安全扩展，用于在工业自动化系统中实现安全功能。它提供了安全数据传输和紧急停车功能，以确保设备和操作员的安全。

除了上述版本外，还有一些其他的 CC-Link 协议变种，如 CC-Link LT（用于低速传输）和 CC-Link IE Control（用于机器控制）。这些协议提供了不同的功能和适用范围，以满足不同的工业自动化需求。

(4) 我国自主提出的工业以太网 EPA

由中控科技集团和浙江大学牵头，并联合国内多家大学、科研院所、骨干企业经过多年的攻关，先后解决了以太网用于工业现场的设备间通信的确定性和实时性、网络供电、互可操作性、网络安全、可靠性与抗干扰等关键技术难题。开发了基于 EPA 分布式网络控制系统，首先在化工、制药等生产装置上获得了成功应用。

EPA 实时工业以太网，是一种全新的适用于工业现场设备的开放性实时以太网标准，已被列入国际标准。EPA 将大量成熟的 IT 技术应用于工业控制系统，基于高效、稳定、标准的以太网和 UDP/IP 的确定性通信性调度策略，为适用于现场设备的实时工作建立了一种全新的标准。

3.1.6 基于时间敏感网络的新型工业以太网

1. 时间敏感网络（Time Sensitive Networking，TSN）

(1) TSN 概述

TSN 是一种新兴的以太网技术标准，旨在为以太网提供实时性、确定性和低延迟的通信能力，以满足工业自动化、汽车、航空航天等领域对时间敏感应用的需求。

TSN 是指一组 IEEE 802 标准，它使以太网在默认情况下具有确定性。虽然在物理层方向，IEEE 为 TSN 制定了新标准，即 IEEE 802.3bp 和 IEEE 802.3bw。但 TSN 主要还是定位在数据链路层，相关的国际标准 IEEE 802.1Q 正在制定。目前不少厂商都推出了 TSN 交换机，并开发了 TSN 通信应用的测试床。随着人工智能的发展和大数据应用的深入，TSN + OPC UA 在解决 IT 与 OT 的融合上被业界看好，未来很可能成为主流的工业实时通信解决方案。

TSN 并不是由某个特定的公司开发的，而是由多个行业组织和标准机构共同推动的。除了实时能力和确定性之外，TSN 具有很强的网络扩展能力，这使得 TSN 能以 10Mbit/s、100Mbit/s、1Gbit/s 或 10Gbit/s 的速率运行。TSN 代表以太网中支持实时性的第二层，不是完整的实时协议。也就是说，TSN 不会取代 ProfiNet、EtherNet/IP 及类似的工业以太网协议，它向上兼容以前的以太网和硬实时功能。因此，这些工业以太网协议会支持第二层 TSN，如 ProfiNet 和 CC-Link IE 已采用了 TSN，并在一些演示系统进行了验证。

（2）TSN 中的时间感知调度机制

在传统的以太网网络中，数据报的传输受到多种机制的影响，如碰撞检测和随机后退等。这些机制虽然在一定程度上确保了网络的稳定性和公平性，但也带来了数据报传输时间的不确定性。对于实时应用程序来说，这种不确定性可能导致音视频质量下降、控制信号延迟等问题，从而影响用户体验和系统性能。此外，到目前为止，以太网中的确定性数据交换只能通过专有解决方案实现，造成了不同的工业以太网存在兼容性问题。TSN 的重点是通过设计来实现以太网的确定性。

为了解决这个问题，IEEE 802.1Qbv 引入了时间感知调度机制。IEEE 802.1Qbv 是 IEEE 802.1 家族中的一项重要标准，专门针对实时流量的时间敏感性进行优化。这一标准在网络通信领域，特别是在对实时性要求极高的应用中，如音视频传输、工业自动化、智能交通系统等，具有极其重要的地位。这一机制允许网络设备根据预先定义的时间表对数据报进行排队和传输，从而确保实时数据报在网络中的传输受到严格的时间约束。具体而言，IEEE 802.1Qbv 通过引入时隙机制，将网络带宽划分为固定长度的时隙，并为不同类型的流量分配不同的时隙。这样，网络管理员就可以根据应用程序的要求，为实时流量分配足够的带宽和优先级，从而满足对延迟和时序性的高要求。

除了引入时间感知调度机制外，IEEE 802.1Qbv 还支持多个优先级，并允许网络管理员根据应用程序的要求配置这些优先级。通过将高优先级流量调度到网络中的更高优先级时隙，IEEE 802.1Qbv 可以确保对实时流量的快速响应。这一特性使得 IEEE 802.1Qbv 在需要同时处理多种类型流量的网络中表现出色，能够确保实时流量得到优先处理，从而满足各种应用场景的需求。

（3）TSN 中的时钟同步

为了确保网络中各个节点的时钟同步，IEEE 802.1Qbv 还依赖于时间同步协议，如 IEEE 1588 精准时间同步协议（Precision Time Protocol，PTP）。这一协议能够确保所有设备在同一个时间基准上进行调度，从而消除由于时钟偏差导致的传输延迟和时序问题。通过与 PTP 等的配合使用，IEEE 802.1Qbv 能够提供更加精确和可靠的时间感知调度功能。

单一的时钟域在进行时间同步时，如果某条物理链路发生故障，影响了时间同步报文的传输，那么对于该物理链路所连接的下游节点以及依赖该节点参与时间同步的后续所有节点，它们的时间同步功能均会发生异常。

IEEE 802.1AS 是一个网络时间同步协议，它是 IEEE 802.1 工作组的一部分，主要用于支持时间敏感的应用在桥接网络中的时间同步。802.1AS 协议专门为了满足 TSN 中设备的时间同步需求而设计。TSN 是一种网络技术，它可以提供精确的时间同步和低延迟，从而保障音视频、传感器、控制器和其他时间敏感的以太网数据的传输。

相较于 AS-2011 版本中的单时钟域，AS-2020 版本则是提供了对多时钟域的支持，通过实现时钟域冗余来提高网络可靠性，从而尽可能保障当前网络在物理链路故障情况下的时间同步。

2. 基于 TSN 的工业以太网

（1）ProfiNet over TSN

TSN 是一套旨在改善当前以太网实时性能的标准，其包含了 IEEE 802.1 标准化组织 TSN 任务组中定义的某些单独标准。通过扩展和适应现有的以太网标准，使得实时关键数据和数据密集型应用（比如视频流）都可通过共享以太网物理介质传输数据，且不会互相干扰。目前，TSN 提供 31.25μs 的循环时间和 1μs 的抖动，但 ProfiNet IRT 已经提供了这样的性能水平。尽管这样，ProfiNet 国际还是在最新的 ProfiNet 标准中采用了 TSN。

ProfiNet over TSN 具有融合、可扩展性和灵活性方面的优势。用户还可以继续访问所有现有的 ProfiNet 功能和配置文件。TSN 应用标准化的流量整理工具，以确保低延迟及必要时的确定性数据交换。

ProfiNet over TSN 设计用于控制器到设备的通信，它最多可以处理 1024 个设备，周期时间为 31.25μs。底层 TSN 机制提供了更高的稳健性，该机制保护实时关键数据免受尽力而为的流量的影响。现有的非 TSN ProfiNet 设备，尽管可能无法从 TSN 中受益，但它们可以与新的基于 TSN 的 ProfiNet V2.4 硬件配合使用。

ProfiNet over TSN 具有如下技术特征：

1) 数据流：通过网络路由。

当网络中的两个节点希望通过 ProfiNet over TSN 进行通信时，就会定义数据流。数据流描述从"发送方"到"接收方"的网络路径。数据流必须在路由上的所有交换机中注册。数据流由目标 MAC 地址和用于优先级的虚拟局域网（VLAN）标记来定义。

2) 时间同步：精确时钟。

时间同步对于实现确定性至关重要。TSN 域中的所有设备都在一个共同的时间基础上同步。"工作时钟"是 TSN 域内调度流量和同步应用的控制时间参考。"通用时钟"还可用作系统和工厂范围内的任务参考，例如按时间顺序记录事件。

3) 调度流量：根据时间表进行通信。

ProfiNet IRT 调度所有同步流量。它创建一个定义好的时间表，其中包含节点之间的所有传输和转发时间。IRT 机制是有效的，但在融合网络中，调度会变得非常复杂。因此，ProfiNet over TSN 不采用调度机制，它使用时间感知整形器（TAS）的概念。时间调度为帧的传输创建了一个重复的时隙模式（网络周期时间）。为了确保可用性，高优先级的帧有一个持续活跃的队列。此外，保护带可防止帧进入下一周期时间。

4) 帧抢占：RT 中断 TCP/IP。

帧抢占与保护带一起起着关键作用。所有实时帧都会在最优的 TCP/IP 帧之前进行排序。最优的流量从不延迟实时数据交换。此外，TCP/IP 帧被拆分和重新组装，以最大限度地利用带宽。

5) 无缝介质冗余。

在设备或链路发生故障时，冗余可确保继续传输。网络设计者可以使用冗余数据流来创建设备之间的冗余网络路径。即使在设备或链路出现故障后，冗余数据流也可确保时间关键型通信的无缝衔接。

配置 TSN 域遵循即插即用概念，并使用 ProfiNet 工程工具。TSN 域特性（数据流路径、VLAN 等）由网络管理引擎（NME）设置和维护。NME 将成为支持 TSN 的 ProfiNet 控制器的一部分，它负责拓扑获取、路径规划和网络配置。用户首先在工程工具中设置特定的基于策略的网络配置，然后，NME 使用这些规则来不断地创建和塑造 TSN 域。

（2）CC-Link IE TSN

CC-Link IE TSN 是 CC-Link IE 的进化版本，结合了以太网技术和 TSN 的特性。通过集成 TSN 技术提供了更高的性能和更强的功能，适用于需要高实时性、互操作性、优先控制、时间同步和安全性的应用场景，如智慧工厂和智能制造等。

TSN 技术基于 IEEE 标准，它提供了一组协议和机制，旨在实现高效的实时通信，其关键特性时间同步、带宽保障、流量调度和数据传输优先级控制等，使得传统的以太网通信无法实现的控制信息通信（确保实时性）和管理信息通信（非实时通信）的共存成为可能。它采用了冗余链路、容错机制和故障诊断功能提高网络的可靠性和稳定性；提供了安全机制来保护网络免受未经授权的访问和数据篡改。

CC-Link IE TSN 融入了 TSN 技术，提高了整体的开放性，在如图 3.9 所示的 CC-Link IE TSN 通信协议模型中，OSI 参考模型第 2 层以 TSN 技术为基础，由在第 3～7 层 CC-Link IE TSN 独立协议和标准以太网协议组成，允许确定性的实时数据流和标准以太网数据流（Webserver、FTP、SNMP 等）经由相同网络传输，实现了从高层 IT 系统到生产现场的 OT 系统的无缝、顺畅连接。CC-Link IE TSN 使用 IEEE 802.AS 实现时间同步和 IEEE 802.1Qbv 实现调度管理，另外，IEEE 1588v2 也可用于时间同步。这些标准的结合使用保证了在限定时间内数据传输的确定性，同时为不同协议网络之间的互操作提供了可能性。

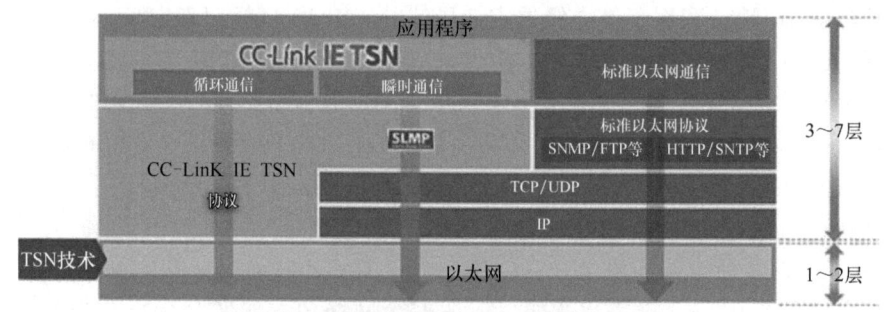

图 3.9 CC-Link IE TSN 通信协议模型

3.2 Modbus TCP 及其应用案例

3.2.1 基于 Modbus TCP 通信的协同式数据采集

随着工业以太网的广泛使用，具有以太网接口的智能设备越来越多，传统的小型 PLC 除了串口，也都配置了以太网接口。而具有以太网接口的智能设备更是大量出现，特别是各类远程 I/O 更多地支持以太网通信。目前，支持 Modbus TCP 的智能 I/O 设备数量最多，因此，这里介绍西门子 S7-1200 与智能设备的 Modbus TCP 通信技术及其编程。

Modbus TCP 结合了以太网物理网络、TCP/IP 标准和 Modbus 作为应用层协议标准的数据表示方法。Modbus TCP 报文被封装在以太网 TCP/IP 数据报中。Modbus TCP 使用 TCP/IP 和以太网在节点之间传送 Modbus 报文。

与串行通信不同，Modbus TCP 通信中一般不用"主从"说法，而是称作服务器和客户端。通常提供服务的是服务器，发出请求的是客户端。即通信网络上的客户端主动发送请求报文给服务器，两者建立链接，服务器响应客户端的请求，并根据其要求发送响应报文，然后客户端接收报文，发送通信结束后客户端关闭与服务器通信。可以把 Modbus 串行通信的主站看作是客户端，而被动影响的从站看作是服务器。

在大型的工业控制系统中，由于 PLC 或数据采集模块可能会和多个上位机通信，因此，一般上位机程序都作为客户端，而 PLC 或数据采集模块都作为服务器。若 PLC 与数据采集模块通信时，一般也是把数据采集模块作为服务器，而 PLC 作为客户端。由于通过以太网通信时可以通过不同的端口，因此，PLC 可以同时做服务器及客户端，与其他的客户端或服务器通信，链接的数量取决于 PLC 的网络通信能力。

在本节的示例中，选用了研华公司的 ADAM 以太网模块。实际上，任何带以太网接口、支持 Modbus TCP 的控制器、仪器仪表、变频器、数据采集模块都可以采用同样的方式进行编程。要注意的是，这些设备的 Modbus 寄存器地址和示例介绍的模块会有不同。

3.2.2 S7-1200 控制器与研华 ADAM 以太网模块协同数据采集案例

1. 技术原理

西门子的 S7 系列控制器及专门的以太网模块都有 ProfiNet 通信口。该物理接口是支持 10/100Mbit/s 的 RJ45 口，支持电缆交叉自适应，因此一个标准的或是交叉的以太网线都可以用于这个接口。该通信口支持与控制器、人机界面、编程设备的 ProfiNet IO、S7（西门子私有协议）、TCP、ISO on TCP、UDP、Modbus TCP 等通信。为了支持这些通信程序的开发，西门子的编程软件，特别是 TIA 博途环境有完备的库函数。这样，不仅西门子设备之间的以太网通信容易实现，西门子控制器与第三方设备的通信编程难度也降低了。西门子官方网站上有大量的文档和程序示例可供下载学习。

在协同式数据采集方式中，PLC 既可以作为客户端，也可以作为服务器。这里以集成以太网口的 S7-1200 控制器与研华 ADAM-6024 智能模块的 Modbus TCP 通信为例来说明协同数据采集技术。ADAM-6024 模块是带以太网接口的 I/O 模块，包含 6AI、2AO、2DI 和 2DO 通道，接收标准的电流和电压输入信号，并能输出标准的电流和电压信号。这里 ADAM-6024 是作为服务器，而 S7-1200 控制器是作为客户端，编程环境为博途 V16。

2. 程序实现过程

S7-1200 控制器的 MB_CLIENT 指令作为 Modbus TCP 客户端通过 S7-1200 CPU 的 ProfiNet 连接进行通信。使用该指令，无需其他任何硬件模块。通过 MB_CLIENT 指令，可以在客户端和服务器之间建立连接、发送请求、接收响应并控制 Modbus TCP 服务器的连接终端。MB_CLIENT 指令及其参数说明如图 3.10 所示。

这里，不直接调用 MB_CLIENT 指令来与 ADAM-6024 通信，而是编写一个专门的功能块 ADAM6024_Poll，来统一对该模块的 6 个 AI、2 个 AO、2 个 DI 和 2 个 DO 进行轮流读写操作。

首先定义该功能块的输入参数，如图 3.11 所示。这些输入参数主要用于输入服务器的 IP 地址，要写的 AO 和 DO 值等。

然后定义该功能块的输出参数，如图 3.12 所示。这些输出参数主要用于 AI、DI 等采集的参数回传，通信错误信息回传等。

最后定义该功能块的静态参数，如图 3.13 所示。这些参数主要是与 MB_CLIENT 指令相关的，包括 MB_CLIENT 的参数实例 MB_CLIENT_Instance、TCON_IP_v4 类型的引脚变量 CONNECT、MB_CLIENT 指令要用的变量（DONE 数组、BUSY 数组、STATUS 数组等）、用

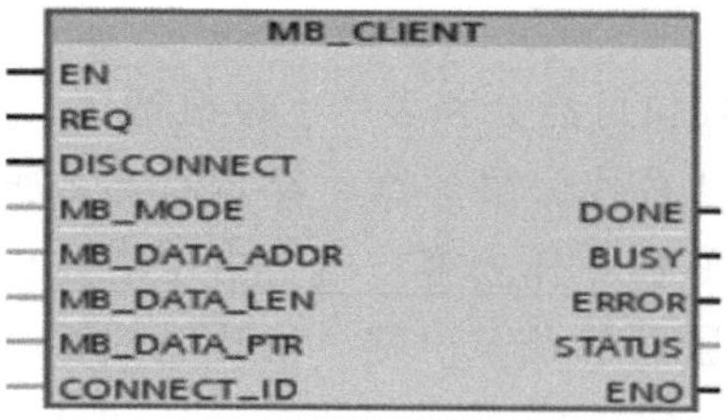

输出参数：

DONE：只要最后一个作业成功完成，立即将该参数置1

BUSY：0表示当前没有正在处理的MB_CLIENT作业；

1表示MB_CLIENT作业正在处理中

ERROR：0表示无错误，1表示有错误，错误信息见STATUS

STATUS：指令的错误代码

输入参数：

REQ：为1就向服务器发出通信请求

DISCONNECT：建立与指定IP地址和端口号的通信连接

CONNECT_ID：确定连接的唯一ID

MB_MODE：选择请求模式（读取、写入或诊断）

MB_DATA_ADDR：由MB_CLIENT指令所访问数据的起始地址

MB_DATA_LEN：数据长度，即数据访问的位数或字数

MB_DATA_PTR：指向Modbus数据寄存器的指针

图 3.10　MB_CLIENT 指令及其参数说明

	名称	数据类型	偏移量	默认值
1	▼ Input			
2	IP_1	Byte	0.0	16#0
3	IP_2	Byte	1.0	16#0
4	IP_3	Byte	2.0	16#0
5	IP_4	Byte	3.0	16#0
6	ID	CONN_OUC	4.0	16#0
7	AO1	Word	6.0	16#0
8	AO2	Word	8.0	16#0
9	DO1	Bool	10.0	false
10	DO2	Bool	10.1	false

图 3.11　ADAM6024_Poll 功能块的输入参数

于保存 Modbus 通信采集到的模块数据的变量（AI_Buffer、AO_Buffer 等）和其他编程需要的变量等。

11	▼ Output			
12	AI1	Word	12.0	16#0
13	AI2	Word	14.0	16#0
14	AI3	Word	16.0	16#0
15	AI4	Word	18.0	16#0
16	AI5	Word	20.0	16#0
17	AI6	Word	22.0	16#0
18	DI1	Bool	24.0	false
19	DI2	Bool	24.1	false
20	Error	Bool	24.2	false

图 3.12　ADAM6024_Poll 功能块的输出参数

23	▼ Static			
24	▸ MB_CLIENT_Instance	MB_CLIENT		
25	Pulse	Bool	290.0	false
26	Step	USInt	291.0	0
27	MB_MODE	USInt	292.0	0
28	DATA_ADDR	UDInt	294.0	40001
29	DATA_LEN	UInt	298.0	26
30	▸ CONNECT	TCON_IP_v4	300.0	
31	▸ AI_Buffer	Array[0..5] of Word	314.0	
32	▸ DI_Buffer	Array[0..1] of Bool	326.0	
33	▸ AO_Buffer	Array[0..1] of Word	328.0	
34	▸ DO_Buffer	Array[0..1] of Bool	332.0	
35	▸ DISCONNECT	Array[0..3] of Bool	334.0	
36	▸ DONE	Array[0..3] of Bool	336.0	
37	▸ BUSY	Array[0..3] of Bool	338.0	
38	▸ MBERROR	Array[0..3] of Bool	340.0	
39	▸ STATUS	Array[0..3] of Word	342.0	

图 3.13　ADAM6024_Poll 功能块的静态参数

参数定义好后，就写功能块的代码部分，具体代码如图 3.14 所示。网络 1 用 SCL 编程语言，主要是输入参数的赋值、参数回传等。这里服务器的 IP 是用户可以设置的，但其端口号 502 预先在数据块中的 CONNECT 的属性 RemotePort 设置好。网络 2 用梯形图编程语言。

网络 1：MB_CLient en 参数赋值，采集结果回传
```
0001 //给 MB_Client 赋模块 IP 地址
0002 #CONNECT.RemoteAddress.ADDR[1] := #IP_1;
0003 #CONNECT.RemoteAddress.ADDR[2] := #IP_2;
0004 #CONNECT.RemoteAddress.ADDR[3] := #IP_3;
0005 #CONNECT.RemoteAddress.ADDR[4] := #IP_4;
0006 #CONNECT.ID := #ID;//给 MB_Client 赋模块 ID
0007 //保存采集的 AI 值
0008 #AI1 := #AI_Buffer[0];
0009 #AI2 := #AI_Buffer[1];
0010 #AI3 := #AI_Buffer[2];
0011 #AI4 := #AI_Buffer[3];
0012 #AI5 := #AI_Buffer[4];
0013 #AI6 := #AI_Buffer[5];
0014 //传递要写的 AO 数值
0015 #AO_Buffer[0] := #AO1;
0016 #AO_Buffer[1] := #AO2;
0017 #DO_Buffer[0] := #DO1;//传递要写的 DO 值
0018 #DO_Buffer[1] := #DO2;
0019 #DI1 := #DI_Buffer[0];//保存 DI
0020 #DI2 := #DI_Buffer[1];
0021 #Error:= #MBERROR[0]OR #MBERROR[1]OR #MBERROR[2]OR #MBERROR[3];//错误输出
```

网络 2：启动采样信号有效后，设置 Step 为 1

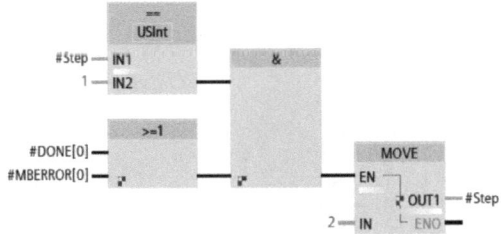

网络 3：读 ADAM 的 6 个 AI，Modbus 地址为 40001 和 40006

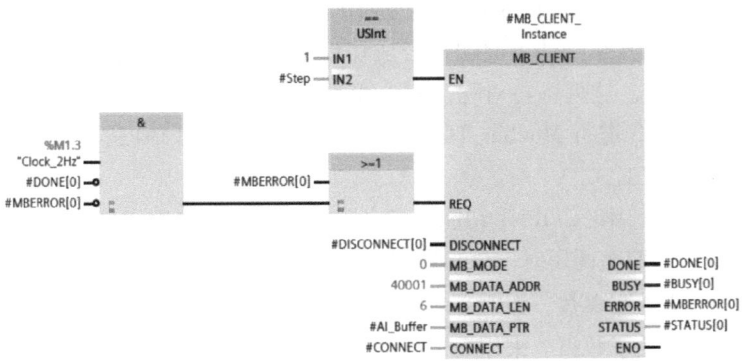

网络 4：前一步 AI 读成功，进入后续步，Step 赋 2

图 3.14 ADAM6024_Poll 功能块的部分代码

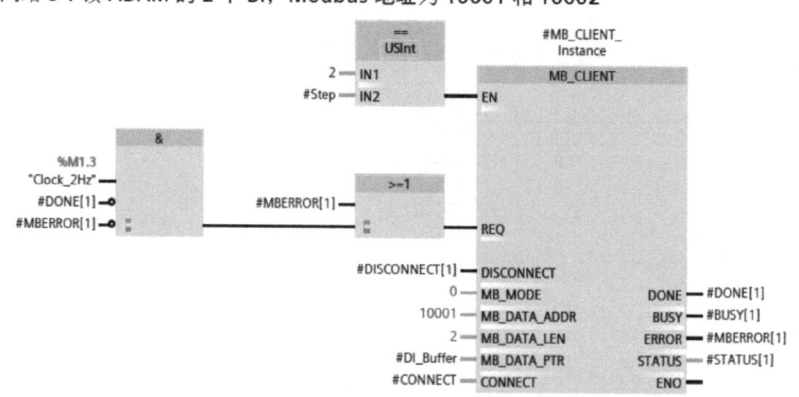

图 3.14 ADAM6024_Poll 功能块的部分代码（续）

当系统上电运行后，把 Step 变量赋 1，即要进行 AI 读操作。网络 3 是调用 MB_CLIENT 指令进行 Modbus TCP 通信，读 AI 数值。AI 读操作的周期由程序中定义的变量 M1.7 确定。由于 PLC 刚上电，DONE［0］和 MBERROR［0］都为 0，因此，当 M1.7 周期触发时，与功能块（"&"）的输出为 1，则或功能块（"＞＝1"）的输出也为 1，因而 REQ 的输入为 1，表示 PLC 向服务器 ADAM-6024 发起了通信请求，要读 ADAM-6024 的 6 个模拟量。MB_CLIENT 实例的参数根据说明进行赋值。若通信过程有错误，或功能块（"＞＝1"）的输入 MBER-ROR［0］为 1，因此其输出也为 1，即始终触发通信。当然，若通信故障一直存在，则程序就会在这里进入死循环。为了避免这种情况，可以对读 AI 的操作进行定时，即 Step=1 的时间超过限定时间，就把 2 赋值给 Step，进入后续的 DI 读操作。

网络 4 的作用是判断前一步操作是否成功，若成功就把 2 赋值给 Step，进行 DI 读操作。网络 5 与网络 3 的梯形图类似，这里不再对程序进行解释。

由于通过 MB_CLIENT 指令进行 Modbus TCP 通信对模块的 AO 和 DO 进行写操作程序与 AI 与 DI 类似，这里也不再给出。

在本自定义功能块中，四个 MB_CLIENT 功能块指令共用一个静态参数实例 MB_CLIENT_Instance。这样，程序运行中进行四次调用时，该参数实例中的输出参数是有变化的，因此，为了保留每次调用的结果，对一些主要参数，如 DONE、BUSY 和 ERROR 等定义了数组，来保存每次调用的中间结果。若需要，也可对此进行简化，即不定义数组，而共用一组非数组变量，例如，4 次调用 MB_CLIENT 时，其 BUSY 输出只关联定义的 BUSY 变量，而不是 BUSY［1...4］这个数组中的元素。当然，这时程序要做一点修改。

当 ADAM6024_Poll 功能块编写完成后，就可以对其进行调用，完成 AI、AO、DI 和 DO 等参数读写，程序如图 3.15 所

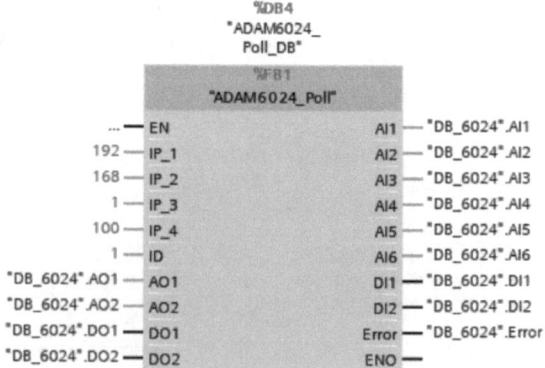

图 3.15 在 OB1 组织块中调用 ADAM6024_Poll 功能块进行数据采集

示。实际的应用中如果只要对 ADAM-6024 进行一类操作,如读 AI,则可以不用编写功能块,可以参照这里的程序,直接调用 MB_CLIENT 指令进行编程就可以了。

3.2.3　基于 PC 的 Modbus TCP 分布式数据采集案例

对于大量定制的、运行于 PC 平台的测控系统,用户多委托第三方或自己采用高级语言进行开发。对于这类运用,首先要解决的就是数据采集问题。目前微软的 Visual Studio 平台和开源的 QT 是常用的开发平台,所以需要在这样的开发平台编写数据采集程序。随着现场测控设备越来越开放,标准的通信协议被广泛使用。即使一些私有协议,设备厂商也会提供通信库,例如三菱电机的 MX Component、西门子的 S7.NET 等。一些第三方也开发了通信库,支持更多的硬件设备。因此,PC 与控制器的通信程序编写变得越来越简单了。

由于 Modbus 是使用广泛的通信协议,因此,市场上有不少开源或商业的 Modbus 通信库,如 EasyModbus,该库有 .Net/Java 版本和 Python 版本。EasyModbus 支持 Modbus TCP、Modbus UDP 及 Modbus RTU,开源协议为 MIT。

这里仍以研华公司的 ADAM-6024 为例加以说明,选用 EasyModbus 库,在 PC 中利用 Visual Studio 2022 编程环境,采用 C#语言编写数据采集程序,实现对该模块的 6 个模拟输入和 2 个数字输入的读操作,以及对 2 个模拟输出和 2 个数字输出的写操作。

为了节省篇幅,示例程序只保留 Modbus 通信必要的部分,没有用户界面,采用控制台操作。完整的代码如下:

```csharp
using System;
using EasyModbus;
namespace MODBUS_WITH_LIB
{
    //命令对象类型的枚举
    public enum Type
    {
        AI, DI, AO, DO,
    }
    // 读写命令的枚举
    public enum Command
    {
        Read, Write,
    }
    internal class Program
    {
        static void Main(string[] args)
        {
            // 实例化对象、配置地址并连接
            ModbusClient modbusClient = new ModbusClient("192.168.1.100", 502);
            modbusClient.Connect();
            // 在此处选择本次命令的读写类型、命令的对象类型,程序示例就是 AI 读。
```

```csharp
            Type type = Type.AI;    //AI 类型
            Command cmd = Command.Read;    //读命令
// 根据设备定义,40001~40006 为 AI,4003.40012 为 AO,10001~10002 为 DI,10017~10018 为 DO,
配置起始地址与读取数量后发送相应的命令即可
            if (cmd == Command.Read)
            {
                if (type == Type.AI || type == Type.AO)
                {
                    int start = type == Type.AI ? 0 : 10;    //AI 偏址为 0,AO 为 10
                    int count = type == Type.AI ? 6 : 2;    //AI 共 6 个通道,AO 共 2 个通道
                    int[] readHoldingRegisters = modbusClient.ReadHoldingRegisters(start, count);
                    for (int i = 0; i < readHoldingRegisters.Length; i++)
                        Console.WriteLine("Data" + i + ":" + readHoldingRegisters[i].ToString());
                }
                else if(type == Type.DI || type == Type.DO)
                {
                    int start = type == Type.DI ? 0 : 16;    //DI 偏址为 0,DO 为 10
                    int count = 2;      //DI、DO 都是各 2 个通道
                    bool[] readCoils = modbusClient.ReadCoils(start, count);
                    for (int i = 0; i < readCoils.Length; i++)
                        Console.WriteLine("Data " + i + ":" + readCoils[i].ToString());
                }
            }
            else if (cmd == Command.Write)
            {
                if (type == Type.AO)
                {
                    // 测试命令:写 1000 到 AO0
                    modbusClient.WriteMultipleRegisters(10, new int[] { 1000 });
                }
                else if(type == Type.DO)
                {
                    // 测试命令:将 DO0 打开,DO1 关闭
                    modbusClient.WriteMultipleCoils(16, new bool[] { true, false });
                }
            }
            modbusClient.Disconnect();
            Console.Write("Press any key to continue ... ");
            Console.ReadKey(true);
        }
    }
}
```

3.3 ProfiNet 工业以太网及其应用案例

3.3.1 ProfiNet 工业以太网概述

1. ProfiNet 工业以太网

ProfiNet 工业以太网是由 Profibus 国际组织提出的基于以太网的自动化标准，可以用 ProfiNet = Profibus + etherNet 来理解该协议，即把 Profibus 的主从结构移植到以太网上。自 2003 年起，ProfiNet 成为 IEC 61158 及 IEC 61784 标准中的一部分。由于 ProfiNet 是基于以太网的，因此它具有以太网的星形、树形、总线形等拓扑结构，而 Profibus 只有总线形。ProfiNet 不同的拓扑结构可以满足不同的应用需求和网络性能要求。同时，ProfiNet 还支持冗余机制，可以提高网络的可靠性和稳定性。

作为完整、先进的工业通信解决方案，ProfiNet 包括 8 个主要功能模块，分别为实时通信、分布式现场设备、运动控制、分布式智能、网络安装、IT 标准和网络安全、故障安全和流程自动化。分别针对每个部分的特点发表了相应的技术规范，使 ProfiNet 能够应用于各种工业场景之下。

由于 ProfiNet 兼容标准以太网以及能够通过代理方式兼容现有的现场总线，因此 ProfiNet 可以实现控制系统从底层到上层联网，即企业 IT 层级的应用能通过 ProfiNet 直接与现场级的设备进行数据交互。同时，ProfiNet 还可用于同层级上设备的横向通信。

2. ProfiNet 协议的网络模型

ProfiNet 协议模型如图 3.16 所示。其物理层采用了快速以太网的物理层，数据链路层参考了 IEEE 802.3、IEEE 802.1Q、IEC 61784-2 和 IEEE 802.1 等标准，分别保证了全双工、优先级标签、网络扩展的能力，从而能够实现 NRT（非实时）、RT（实时）、IRT（等时实时）和 TSN（时间敏感网络）等通信形式。

传输层和网络层采用了 TCP/UDP/IP，OSI 中的第 5 层、第 6 层未用。根据分布式系统中 ProfiNet 控制对象的不同，应用层有多种协议标准，如 IEC 61784 和 IEC 61158 确保了 ProfiNet IO 服务，IEC 61158 Type 10 确保了 ProfiNet CBA 服务等。应用层分为无连接的和有连接的两种。

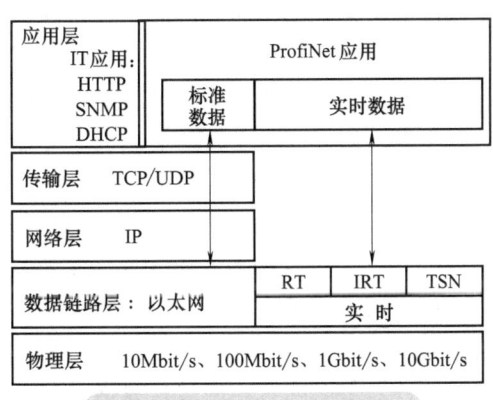

图 3.16 ProfiNet 协议模型

3.3.2 ProfiNet 协议的实时通信

1. 实时通信要求

1) 周期时间或响应时间须有上限：数据的发送必须在既定的时间内完成或开始。
2) 抖动随精度增加须更小：传输精度要求更高的情况下，时间抖动也必须更小。
3) 数据量在一个时间单位内必须传输：数据的传输必须在既定的时间内完成。

4）用特殊网络组件保证通信不冲突：保证在各类特殊情况下都能有序通信。

5）时隙协议保证数据在合适时传输：针对各类实时性要求不同数据有不同的发送策略。

6）时间同步许多过程应用同步触发：整个网络存在时间同步机制，各站点应用可进行同步触发。

2. ProfiNet 的实时通信解决方案

ProfiNet 中的通信采用的是生产者/消费者模式，数据生产者（如现场的传感器）把信号传送给消费者（如 PLC 主站），然后消费者根据控制程序对数据进行处理后，再把输出数据返送给消费者（如执行器）。

图 3.16 还给出了所示 ProfiNet 的实时通信方案。可以看出，ProfiNet 提供了一个标准通信通道和三类实时通信通道。标准通信通道使用 TCP/IP，在标准的以太网上进行非实时通信，主要用于设备参数化、组态和读取诊断数据，其响应时间约为 100ms。标准以太网的数据链路层没有任何修改，兼容任何标准的以太网协议。

RT 和 IRT 都使用了带有优先级（最多可达 7 级）的以太网报文帧，优化掉了 OSI 协议栈的 3 层和 4 层，从而缩短了实时报文在协议栈的处理时间，提高了实时性能。由于没有 TCP/IP 的协议栈，因此实时通道的报文不能路由。RT 主要用于过程数据的高性能循环传输、事件控制的信号与报警信号等，其响应时间小于 10ms。

IRT 采用了等时同步实时的 ASIC（专用集成电路）芯片解决方案，以进一步缩短通信栈软件的处理时间，确保在网络过载或者网路拓扑动态变化时的通信质量。特别适用于高性能传输、过程数据的等时同步传输以及快速的时钟同步运动控制等硬实时应用，响应时间小于 1ms。IRT 是基于以太网的扩展协议栈，能够同步所有的通信伙伴并使用调度机制。IRT 需要确定的网络组态，即通信前应规划网络拓扑、源/目的节点、通信数据量、连接路径属性等。

由于 IRT 对标准的以太网第二层协议进行了修改，因此，采用该协议进行实时类型数据交换时不能采用标准的以太网交换机、标准的以太网芯片。与标准以太网相连时需要特殊的网关，添加和删除节点都需要重新组态网络和重新启动网络。

ProfiNet 的 IRT 采用基于时间片的机制来进行数据的传输，循环时间分配示意图如图 3.17 所示。一个特定的周期始于网络中所有设备的同步，这是由高度精确的主时钟完成的。每个通信周期被分成两个不同的部分，一个是循环的、确定的部分，称为 IRT 通道，用于传输等时同步的周期性实时帧；另外一个是开放通道，用于传输非同步实时帧（RT）和非实时帧（NRT）等时间苛刻的过程数据。IRT 通道传输 IRT 帧的时间由站点数及周期数据量决定。无严苛时间要求的帧由 ASIC 缓冲，并在开放通道有效时 RT 通信时段传送。开放通道的 RT 通信时段有效是传送 RT 帧以及由 IEEE 802.Q 分配了优先级的非实时帧（NRT），其中 RT 帧还可分为周期实时数据 RTC 和非周期实时数据 RTA。标准通信时段内仅能传送 NRT 帧，且该时段应足够大，以保证至少一个具有最大长度的以太网帧能够得到完成传输，但其传输任务应在传输周期结束时终止。

要想实现上述按照高精度时间片（对于 RT 和 IRT）的实时通信，首先 ProfiNet 网络需要一个非常精确的主时钟，主时钟使用同步帧来将一个时钟系统（IRT 域内）所有设备的本地时钟的脉冲发生器同步成相同的时钟，以保证总线周期达到同步，且偏差在 $1\mu s$ 内。此

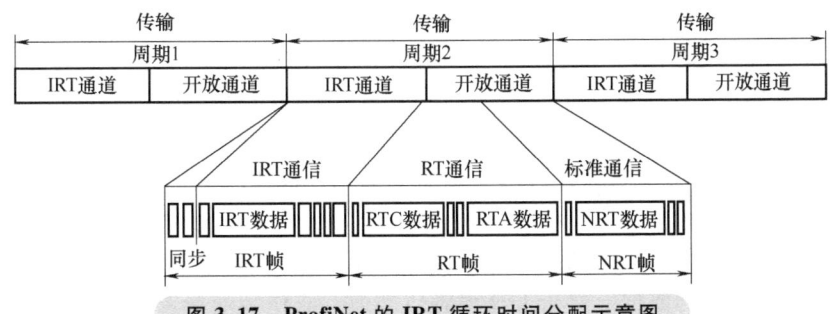

图 3.17 ProfiNet 的 IRT 循环时间分配示意图

外,还需要交换机具有如下功能:

1) 存储与转发:使用存储与转发方法时,交换机将完整地存储消息帧,并将它们排成一个队列。如果交换机支持国际标准 IEEE 802.1Q,则根据其队列中的优先级存储数据。这些消息帧随后将有选择性地转发给可访问已寻址节点的特定端口(存储与转发)。对于存储与转发,数据经过交换机时先存储进行校验,然后由交换机根据地址表再进行转发。

2) 直通交换方式:在直通交换方式过程中,并不是将整个数据包临时存储在缓冲区中,而是在目标地址和目标端口已经确定后,马上将整个数据包直接传送到目标端口。这样通过交换机传送数据包所用的时间是最小的,且不受消息帧长度的影响。当目标段与下一个交换机的端口之间的区段已被占用时,数据将"根据优先级的存储与转发过程"临时存储。使用 IRT 通信可以有效地减少数据在交换机上的延迟,因为 IRT 数据经过交换机使用的是直通交换方式。

TSN 是一套旨在改善当前以太网实时性能的标准,其包含了 IEEE 802.1 标准化组织 TSN 任务组定义的某些单独标准。ProfiNet 规范 V2.4 版本中将 TSN 作为第二层的技术集成到 ProfiNet 架构中,通过扩展和适应现有的以太网标准,使得实时关键数据和数据密集型应用程序(比如视频流)都可通过共享以太网电缆传输数据,且不会互相干扰。

3.3.3 ProfiNet IO

1. ProfiNet IO 系统设备与网络组成

在工业控制系统中,会根据被控对象的分布情况来布置控制器和远程设备。例如,一条比较长的生产线,可能会设置一个主控,然后有多个现场 I/O 站、变频、伺服设备和触摸屏等,这些设备之间会存在实时数据交换的需求。如果这些设备都支持 ProfiNet,则可以采用 ProfiNet IO 来实现。一般同一个厂家的控制设备之间不需要写通信程序,只需要进行简单的配置就可以实现这种数据交换。现场总线从站与主站数据交换一般也采取类似的配置方式。

ProfiNet 网络和外部设备的实时数据传输和通信是经由 ProfiNet IO 来实现的,ProfiNet IO 定义了设备如何连接、通信以及数据如何传输和处理。ProfiNet IO 系统包括以下几种设备:

1) I/O 控制器:ProfiNet IO 系统的主站,一般来说是 PLC 的 CPU 模块(支持 ProfiNet 功能的 PLC)。I/O 控制器执行各种控制任务,包括执行用户程序、与 I/O 设备进行数据交换、处理各种通信请求等。

2) I/O 设备:ProfiNet IO 系统的从站,一般是现场设备(可以是支持 ProfiNet 的机械臂、交换机等），受 I/O 控制器的控制及监控，由分布于现场的、用于获取数据的 I/O 模块组成。

3) I/O 监视器：I/O 监视器用来组态、编程，并将相关的数据下载到 I/O 控制器中，还可以对系统进行诊断和监控。最常见的 I/O 监视器是用户的编程计算机。

4) 参数服务器：I/O 参数服务器是一个服务器站，用于存储和装载 I/O 设备的应用组态数据，一般很少使用。

I/O 控制器既可以作为数据的生产者，向 I/O 设备输出数据，也可以作为数据的消费者，接收 I/O 设备提供的数据。对于 I/O 设备也类似，它作为消费者接收 I/O 控制器这个生产者的输出数据，也可作为生产者，向消费者（I/O 控制器）提供数据。

ProfiNet 主从站间使用应用关系（Application Relation，AR）描述它们之间的通信关系（Communication Relation，CR）；而 CR 又可分为 3 种：记录数据 CR、I/O 数据 CR 和警报 CR；3 种 CR 标识了主站与从站之间的数据传输类型，并分别标识了以太网通道类型。

一个 I/O 设备的特性会由设备制造商在 GSD 文档中说明，所使用的语言是 GSDML（GSD 标记语言），GSD 文档提供 PC 监控软件规划 ProfiNet 组态所需要的基本资料。

ProfiNet IO 系统组成与网络结构如图 3.18 所示，组网中的所有终端设备都支持 ProfiNet 协议。ProfiNet IO 通信基于实时通信和等时同步通信。控制器和设备之间可以实现工艺参数、过程数据、报警信息等数据的实时交换。I/O 监视器可以利用 ProfiNet 的标准 TCP/IP 通道实现组态和网络诊断。总线的数据交换周期在毫秒内，运动控制系统的抖动时间小于 1μs。

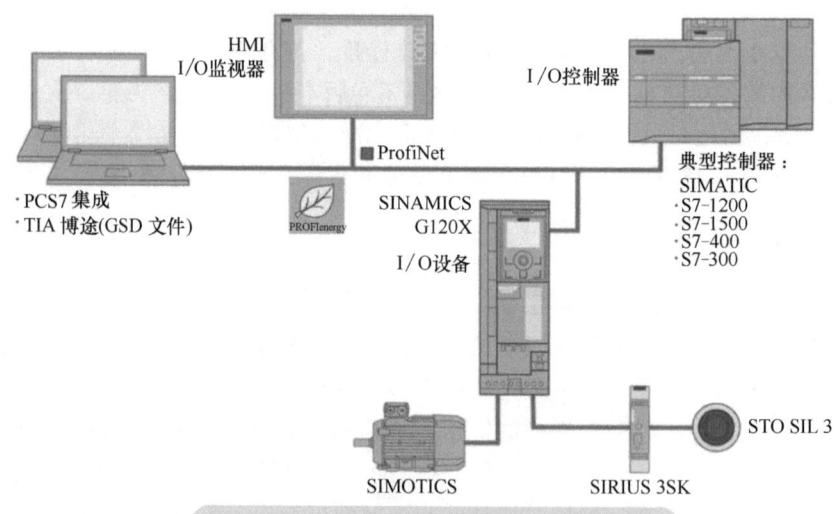

图 3.18　ProfiNet IO 系统组成与网络结构

2. ProfiNet IO 设备名与 IP 地址

（1）ProfiNet 设备寻址

ProfiNet 设备均基于 TCP/IP，因此需要 IP 地址以便在以太网上使用。I/O 设备必须具有设备名称，才可以通过 I/O 控制器寻址。

ProfiNet 和常用的 EtherNet/IP、Modbus TCP 的最大区别就是网络中的设备寻址是以设备名完成的，用户可以不去进行 IP 地址、网关和掩码的设置，让系统自动完成。原因是

ProfiNet 实时交换数据时，根本不用 IP 地址。ProfiNet 设备在初始化时，通过设备名确定设备的物理地址（MAC 地址），之后的通信都是直接在 MAC 地址之间完成的，属于以太网最底层的通信协议。

（2）ProfiNet 相关地址及其含义

ProfiNet 相关地址的参数有：PN 设备（即支持 ProfiNet 的设备）名、PN 设备 IP 地址和 PN 的 MAC 地址。

PN 设备名属于 PN 通信的 OSI 参考模型中应用层的地址，是 I/O 设备的标识，它是 I/O 控制器查找 I/O 设备的依据，在整个网络中是唯一的。每一个 I/O 设备在组态时，系统（硬件组态环境）会为其分配一个默认的设备名；PN 设备的 IP 地址是 OSI 参考模型中网络层的地址；PN 设备的 MAC 地址则是 OSI 参考模型中数据链路层的地址，设备出厂时就固定了。

用户在博途中组态的设备名和 IP 地址是离线的地址参数。在线的 PN 设备名和 PN 的 IP 地址是保存在真实硬件设备上的地址参数。PN 正常通信最关键是通过离线组态的设备名找到在线的设备名与其一致。其过程是，首先通过离线方式在硬件组态中配置好设备名，下载到 CPU（I/O 控制器）中。然后启动在线访问，首先找到组态计算机使用的网卡，再通过"更新可访问的设备"，找到所有的 ProfiNet 节点，选中要分配设备名的节点来设置新的设备名。这个过程可以理解为离线组态设备并下载到 I/O 控制器中，是告诉 I/O 控制器程序应该和哪些设备通信，而在线查找到设备并分配设备名是告知这些设备自己的名字是什么，这样控制器通过该设备的设备名和它通信时，它知道找的是自己从而会做出响应。

3. ProfiNet 网关

在工业以太网应用之前，工业控制系统大量使用 Profibus 总线，但目前 ProfiNet 已成为主流的控制网络，因此，存在把现场总线设备联接到 ProfiNet 的需求。在实现不同协议设备通信时，主要使用网关。西门子的 IE/PB LINK 网关将 Profibus 的 I/O 子站连接到新的 ProfiNet 以太网中。该模块有不同的版本，早期版本采用 S7-300 的外观设计，新版本采用 ET 200SP 的外观设计。两种产品分别是 IE/PB LINK PN IO 和 IE/PB LINK HA。前者可以作为 PN（ProfiNet 的简称）网络的 I/O 设备和 Profibus-DP 的主站，但不支持冗余功能；后者支持冗余功能，是一种在冗余模式下支持 ProfiNet IO 功能和组态更改的 ProfiNet 和 Profibus 之间的网关。

IE/PB LINK PN IO 和 IE/PB LINK HA 模块均支持如下一些功能：

1）数据记录路由、S7 路由。

2）LLDP、介质冗余协议（MRP）。

3）支持 Profibus-DP 从站 S7/DP V0/V1。

4）通过 SIMATIC 实现时钟同步，通过 NTP 实现时钟同步。

5）通过 Step7 进行固件升级。

在博途或 Step7 中进行组态时，在硬件目录的"网络组件"→"网关"中，可以找到 IE/PB Link 模块。

3.3.4 ProfiNet 工业以太网应用案例

1. VOCs（Volatile Organic Compounds，挥发性有机化合物）**冷凝回收工艺**

VOCs 是在常温下、沸点为 50~260℃的各种有机化合物。大气中的 VOCs 主要来源于石化相关产业的生产过程、产品消费及机动车尾气排放等。由于 VOCs 污染会造成较为严重的后果,因此国家强制要求企业进行 VOCs 回收。

某工厂的多个化学反应釜车间都存在高浓度废气排放,因此,配套了以液氮为制冷原材料进行 VOCs 冷凝回收的设备,处理后的废气达到排放标准。该企业的 VOCs 冷凝回收基本工艺如图 3.19 所示。当车间准备生产时,先提前将冷凝回收系统开启,系统自动进入预冷模式。其操作流程是,打开液氮回路的出入口阀门,使用液氮将系统中的换热器冷却下来,冷凝

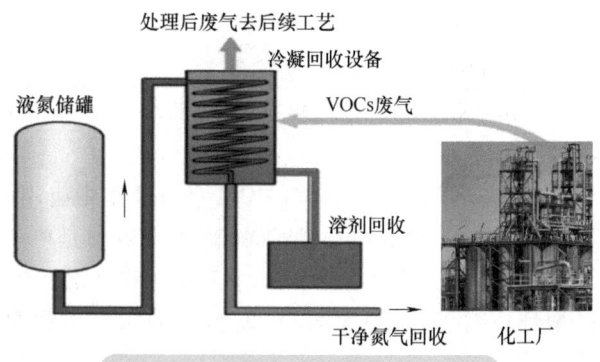

图 3.19 VOCs 冷凝回收基本工艺

温度设置在废气中成分的凝固点温度附近。这样使系统快速冷却,风机不需要起动,待温度达到 -98℃(根据不同工厂的废气成分而定)后,车间开启生产,冷凝回收系统也同时起动风机,将废气输送到冷凝回收系统中冷凝。经冷凝过的废气去后续工艺进一步处理。回收下来的溶剂可以再次利用,既减少了废气的排放,又可以节约生产成本。

2. VOCs 冷凝回收控制系统网络结构

该系统的主要模拟量是压力(液氮管线压力、废气压力等)、温度(废气温度等,采用 Pt100)等。开关量输入信号主要是开到位与关到位信号,开关量输出主要是控制开关阀。风机采用变频控制。根据统计,系统共有 28 个 AI、36 个 DI、18 个 DO 和 5 个 AO。根据用户要求,系统不配置上位机,在控制柜面板安装触摸屏。根据系统需求,配置了西门子 S7-1217C 控制器,使用 ET200S 分布式模块,分布式接口模块选择 IM151-3 PN ST,触摸屏用 KTP1200 Basic PN 12.1 寸⊖ HMI,变频器选用 G120(功率模块 CU240E-2 PN),功率模块选用 7kW。因为测控点有些分散,所以配置了 2 个分布式 I/O 设备/站。由于配置的所有控制设备都支持 ProfiNet,因此,控制网络为工业以太网。VOCs 冷凝回收控制系统网络视图如图 3.20 所示。

S7-1217C 有 2 个内置以太网口,可以通过级连方式和其他网络设备连接,也可以通过交换机连接。S7-1200 系列 CPU 模块集成的以太网口支持非实时通信和实时通信等通信服务。非实时通信包括 PG 通信、HMI 通信、S7 通信、OPC 通信和 Modbus TCP 等。实时通信可支持 ProfiNet IO 通信。S7-1200 CPU 固件 V4.0 或更高版本可以作为 I/O 控制和 ProfiNet IO 智能设备(I-Device)。固件 V4.1 以上支持共享设备(Shared-Device)功能,可与最多 2 个 ProfiNet IO 控制器连接。ProfiNet 智能设备功能使 CPU 不但可以作为一个智能处理单元处理生产工艺的某一过程,而且可以和 I/O 控制器之间交换过程数据。该 PN 设备可以同时作为 I/O 控制器和 I/O 设备。智能设备功能简化了与 I/O 控制器的数据交换以及对 CPU 的操作。智能设备可作为 I/O 设备链接到上层 I/O 控制器。

图 3.21 所示为包含智能设备的多 ProfiNet IO 系统网络结构图。I/O 控制器 CPU1217C(V4.1)连接西门子交换机,一台 I/O 设备 ET200S(通信适配器是 IM151-3 PN V8.0),以

⊖ 1 寸 = 0.033̇m。——编辑注

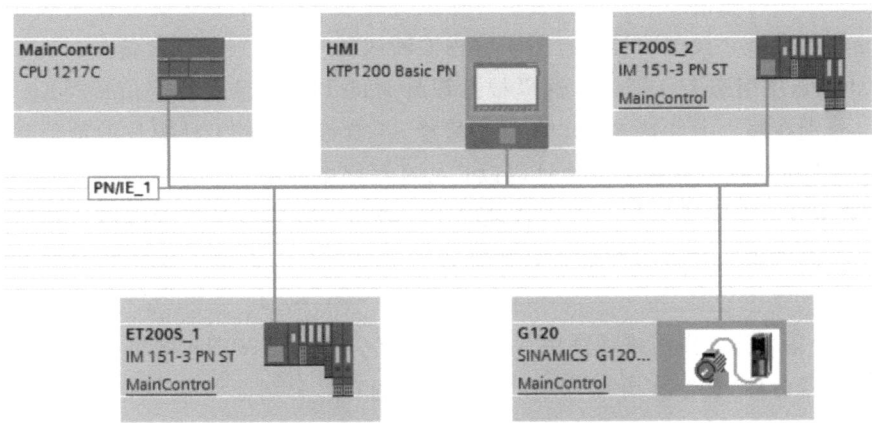

图 3.20　VOCs 冷凝回收控制系统网络视图

及 I/O 设备 CPU1513-1 PN（V2.8）构成了 1 号 ProfiNet IO 系统。同时，CPU1513-1 PN 作为 I/O 控制器连接一台 I/O 设备 ET200S 构成了 2 号 ProfiNet IO 系统。CPU1513-1 PN 就是这个系统中的智能设备。

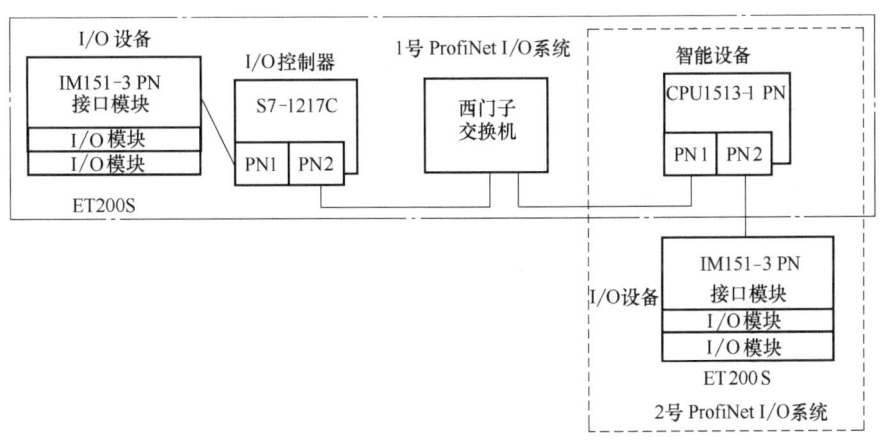

图 3.21　包含智能设备的多 ProfiNet IO 系统网络结构图

3. VOCs 冷凝回收控制系统 ProfiNet IO 通信组态

1）在博途 V16 中创建新项目，把 S7-1217C 控制器添加到项目中，并作为 I/O 控制器。在设备视图中设置 IP 地址和子网掩码。

2）在网络视图和硬件目录中添加远程 I/O 设备。分布式 I/O 中选择了 ET200-S，添加了 IM151-3 PN ST。选中该设备，单击"未分配"，鼠标右键单击菜单的"分配给新 I/O 控制器"，把该 I/O 设备分配给 CPU1217C。

3）为 I/O 设备分配 IP 和设备名。当分配 I/O 控制器时，会自动给 I/O 设备的网口分配 IP 地址、设备名和设备编号。在设备视图单击 I/O 设备的以太网口，也可修改上述参数。这里 2 个 I/O 设备名改为 ET200S_1 和 ET200S_2。必须确保 IP 地址、设备名和设备编号不与网络上其他节点重复且在同一个网段。因为 ProfiNet IO 没有使用 OSI 模型的第三层，不支持 IP 路由，所以 I/O 设备的 IP 地址必须要与 I/O 控制器在一个网段。IP 地址只用于诊断和通信初始化，与实时通信无关。设备名是 I/O 设备的唯一标识，I/O 设备必须具备设备名才可被 I/O 控制器寻址。设备编号一般用于编程诊断或程序中识别 I/O 设备。

4）I/O 设备中组态 I/O 模块。这里根据设计时的 I/O 变量表各类信号类型，进行 I/O 模块选择，分别在两个 I/O 站进行 I/O 模块配置。I/O 设备中的 I/O 模块的地址直接映射到 I/O 控制器的 I 和 Q 区，这些 I/O 地址可以直接在程序中使用。

5）配置 I/O 设备更新时间。在设备视图中，单击 I/O 设备的以太网口，在属性视图窗口"常规→高级选项"中可以找到 I/O 周期设置界面，可以设定 I/O 控制器与 I/O 设备的更新时间。

6）分配设备名称。在网络视图中，选择 PN/IE_1 这个 ProfiNet 网络，鼠标右键单击菜单的"分配设备名称"，会弹出"分配设备名称"窗口，分别选择要分配名称的设备。即要给所有 I/O 设备分配名称。

7）下载组态。将设备组态下载到 CPU 后，ProfiNet IO 通信将自动建立。通过监视 CPU 和接口模块上的指示灯可以判断通信状态，也可以通过设备状态和模块状态指令对分布式 I/O 设备的站状态和模块进行诊断。

这里组态的 I/O 控制器和 I/O 设备是在一个工程项目中，实际上，如果它们不在一个项目中，也能组态 ProfiNet IO 通信。

由于这里是讨论 ProfiNet 工业以太网，因此控制系统的内容就省略了。本书第 4~6 章将会重点阐述控制系统内容。

3.4 EtherNet/IP 工业以太网

3.4.1 EtherNet/IP 应用层协议 CIP

1. CIP（Common Industrial Protocol，通用工业协议）**与 EtherNet/IP 工业以太网**

罗克韦尔等开发的 DeviceNet 和 ControlNet 现场总线虽然物理层不同，但在应用层都使用 CIP。在工业以太网发展后，该协议又与以太网结合，产生了 EtherNet/IP 工业以太网。EtherNet/IP 采用了以太网物理层和数据链路层，又在 TCP/IP 之上附加 CIP 实时扩展功能，在应用层进行实时数据交换和运行实时应用。

CIP 定义了一组对象模型和服务，这些对象模型和服务可以用于配置和控制 EtherNet/IP 设备。在 EtherNet/IP 网络中，CIP 使用 TCP/IP 协议栈进行通信，可以通过 IP 地址和 MAC 地址进行设备标识，并支持单播、多播和广播通信。CIP 还提供了一组服务，例如数据传输、设备识别、连接管理和安全性等，以满足工业自动化应用的需求。

CIP 之外还有 CIP Safety、CIP Security、CIP Sync 和 CIP Motion 等面向不同应用需求的扩展协议。例如，ODVA 组织将 IEEE 1588 精确时间同步协议用于 EtherNet/IP，制定了 CIP Sync 标准以提高 EtherNet/IP 的实时性。测试表明，采用 100Mbit/s 交换式以太网时，CIP Sync 可以实现设备间小于 500ns 的时间同步精度，符合严格的实时应用要求。

基于 CIP 的 EtherNet/IP 作为一种工业以太网协议，具有高速性、实时性、可靠性、灵活性、可扩展性和兼容性等特点，在工业自动化系统中得到广泛应用。

2. CIP 的技术特点

（1）显式报文和隐式报文

CIP 定义了显式报文和隐式报文两种报文类型，它们使用的封装协议不同。显式报文携带有关地址、数据类型和功能描述等信息。CIP 报文被封装到 TCP/IP 报文中，通过使用面向连接的、点对点传输的 TCP/IP，EtherNet/IP 可以发送显式报文。这些显式报文通常为组态、诊断、程序上传和下载、HMI 数据等。在通信之前要通过 TCP 获得联接标识符 CID，之后才能进行数据报文传输。显式报文传输基于源/目的地址，属于主从式通信，只能用于两个节点之间的通信，主站发出请求，从站做出响应。

隐式报文用于节点之间传输实时 I/O 数据、运动控制数据和功能安全数据，优先级较高。由于在网络配置时就确定了解读该报文的信息，因此隐式报文不包含源和目的地址、数据类型标识和功能描述内容，传输效率高。隐式报文有唯一的报文标识符 MID，消费者根据 MID 选择自己需要的内容，通过 UDP 将实时 I/O 消息传送到总线上。隐式报文传输属于生产者/消费者模型，可以采用多播的方式。

（2）生产者/消费者模型

Modbus、FF 和 Profibus 总线等通信协议采用的是源/目的通信方式，每个报文都要指定源和目的地，属于点对点通信，通信由主站发起，从站根据网络报文中的目的地址判断是否是发给自己的。网络上从站之间不能通信。在生产者/消费者模型中，消费者根据报文中的 MID 来判断报文是否是发送给自己的。该模型除了支持点对点通信外，还支持多播/组播通信，即网络上的一个生产者可以同时给几个消费者发送报文。CIP 对多播的支持由 CIP 原理决定，但还需要网络底层支持。多播通信的优点是，生产者发送一次报文，网络上的多个消费者都可以收到报文，节约了带宽，提高了通信效率。多播通信的另外一个优点是，各个消费者收到报文的时间是相同的，因此可以实现精确同步。

在生产者/消费者模型的网络中，在多播通信开始前，必须在生产者和消费者之间建立联接，这样消费者才知道发送给自己的 MID 是怎样的。点对点通信没有这个要求。生产者和消费者之间的报文传输方式见下文。

EtherNet/IP 的隐式报文采用生产者/消费者模型，而显式报文仍采用传统的源/目的通信模式。

3. CIP 对象模型与 CIP 通信

CIP 是严格遵守面向对象方式的上层协议。CIP 把每一个网络设备看作一系列对象的集合。每个 CIP 对象具有属性（数据）、服务（命令）、连接和行为（属性和服务间的关系）。每个对象也是一组设备相关数据的集合，称为属性。CIP 将应用对象之间的通信关系抽象为连接，并与之相应制定了对象逻辑规范，使 CIP 可以不依赖于某一具体的网路硬件技术，用逻辑来定义连接的关系，在通信之前先建立连接获取唯一的标识符 CID，如果连接设计到双向的数据传输，就要分配两个 CID。

CIP 对象模型包括所有 CIP 设备都必须实现的核心对象，典型的有：

1) 报文路由器：负责接收来自 UCMM（Unconnected Message Manager，非连接报文管理器）或 Transport 的显式报文，去掉报文头，将数据进行解析。根据要访问的类和属性路径对目的对象进行路由。

2) 非连接报文管理器：主要通过基于非连接传输方式的报文解析，提供跨网络的报文服务并可以进行报文复制检测和重试服务。当接收到显式报文时，将数据送给报文路由器处理；当接收到隐式报文时，直接将数据送到应用对象处理。

3) 标识对象：包含了当产品接入网络时与网络相关的所有服务和属性，如提供 Vendor ID、IP 地址和端口号等设备相关信息。

4) 连接管理器：负责管理网络上连接的打开和关闭，为 1 类和 3 类连接提供传输目标。

5) 组合对象：用于把若干对象的属性组合在一起，从而可以通过一个连接来传输若干个对象的数据。

6) 参数对象：参数对象给出设备的所有参数，如 I/O 设备中的离散输入点对象。

以离散 I/O 设备为例，需要实现的类有：标识对象、报文路由类、连接类、连接管理类、TCP/IP 接口类、EtherNet 连接类、离散量 I/O 点类、离散量输入组/输出组类、组合类等。此外，还要实现 UCMM，虽然它不是一个类，但是它是每一个设备所必须的。UCMM 的作用是建立显式或隐式连接。当一个设备要与网上另外一个设备连接时，先给对方设备的 UCMM 发出连接请求，对方设备若答应请求则创建、初始化连接对象，并向请求设备的 UCMM 返回响应信息。然后原来发出请求的设备创建、初始化自己的连接对象。连接建立之后，就可以通过连接对象发送显式报文或隐式报文。图 3.22 所示为基于 CIP 对象模型的显式报文与隐式报文通信。

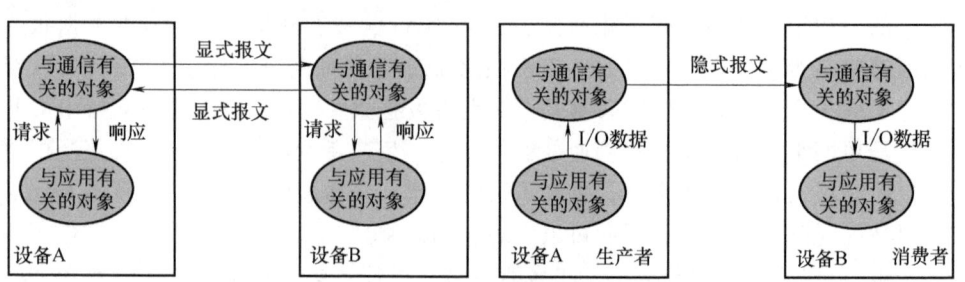

图 3.22 基于 CIP 对象模型的显式报文与隐式报文通信

CIP 对象模型一方面给出了工业应用对象的标准定义，另一方面也实现对象间的通信。要实现通信，首先要进行寻址，CIP 寻址分为 4 级：设备、类、对象、属性或服务（如读/写服务、创建实例服务等）。

4. EtherNet/IP 通信种类及其分层连接

EtherNet/IP 通信模块必须连接到以太网节点，以在 EtherNet/IP 网络上进行通信。连接是一种点对点的通信机制，用于在发送器和接收器之间传输数据。连接可以是逻辑的或物理的。在分层模型中，CIP 位于 TCP 之上，因此，TCP 连接是首先建立的连接，用于所有 EtherNet/IP 通信，并且在所有 CIP 连接使用时都是必需的。一个 TCP 连接可以支持多个 CIP 连接，并保持打开状态。通过 TCP 连接建立的 EtherNet/IP CIP 连接可以将数据从一个端节点（发送器）上运行的应用程序传输到另一个端节点（接收器）上运行的应用程序。CIP 连接可以配置为使用显式或隐式的报文类型，这些报文类型支持连接和非连接的连接类型。通常情况下，连接的 CIP 报文用于数据传输。非连接的 CIP 报文也会被使用，但它们只是临时的。图 3.23 展示了数据在 EtherNet/IP 网络上传输时，连接是如何相互分层的。根据 CIP 报文类型的不同，EtherNet/IP 定义了如表 3.2 所示的通信方式。

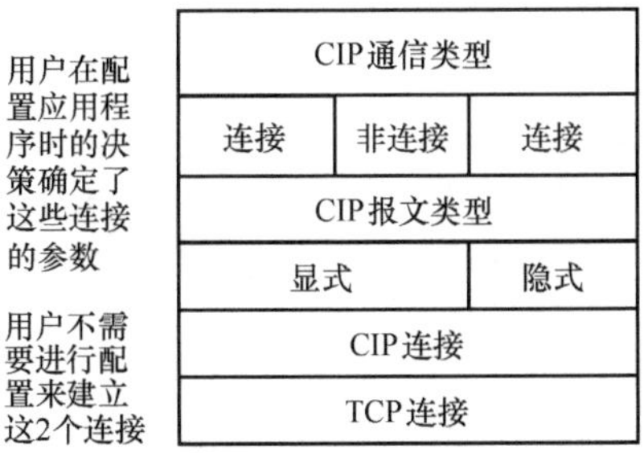

图 3.23　EtherNet/IP 通信中的分层连接

表 3.2　EtherNet/IP 通信方式及其示例

CIP 报文类型	CIP 通信类型	传输协议	通信类型	典型应用	应用示例
显式	连接、非连接	TCP/IP	请求/响应传输	非时间关键数据	读写配置参数
隐式	连接	UDP/IP	I/O 数据传输	实时 I/O 数据	来自 I/O 设备的实时控制数据

从图 3.23 中可以看到，CIP 报文类型决定了 CIP 通信关系，以及报文是如何在网络上传输的。CIP 通信类型决定了设备之间是否建立连接。CIP 通信类型有以下两种：

1) 连接型：可用于显式和隐式报文。
2) 非连接型：仅可用于显式报文。

表 3.3 给出了两种不同的通信类型在报文传输时的相关细节、特点和比较。

表 3.3　CIP 通信类型及隐式报文与显式报文

CIP 通信类型	用于隐式报文（UDP）	用于显式报文（TCP）
连接	以下是发生的事件： 1) 设备之间建立连接 2) 数据在设备之间传输 3) 连接保持打开以备将来的数据传输 连接的隐式报文传递的例子： 1) I/O 数据传输 2) Logix 5000 控制器之间的生产者/消费者标签 基于连接的隐式报文传递特性： 1) 执行时间更有效率，因为设备之间的 CIP 连接不需要在每次数据传输时重新打开 2) EtherNet/IP 通信模块支持有限数量的 CIP 连接。因为该连接始终保持打开状态，所以模块上可用的 CIP 连接数量减少了一个，用于其他数据传输	以下是发生的事件： 1) 设备之间建立连接 2) 数据在设备之间传输 3) 设备之间的连接可以关闭 如果需要再次在这两个设备之间传输数据，连接必须重新打开 连接的显式报文传递的例子： 1) MSG 指令 2) RSLinx Classic 软件设置 EtherNet/IP 通信模块的 IP 地址 基于连接的显式报文传递特性： 1) 执行时间较低效，因为设备之间的 CIP 连接必须在每次数据传输时重新打开 2) EtherNet/IP 通信模块支持有限数量的 CIP 连接。因为这个 CIP 连接在使用后立即关闭，所以该 CIP 连接立即可用于模块上的其他数据传输。如果选择了缓存连接，连接在事务结束时不会关闭
非连接		在非连接的显式报文传递中，设备之间不建立连接，数据以包的形式发送，不包含目标标识符信息在数据结构中，没有专用 CIP 连接

用户在配置 EtherNet/IP 网络应用程序时，要注意以下几点：

1）在 EtherNet/IP 网络上传输数据时，每次都会使用所有连接。

2）在配置应用程序时，需要指定 CIP 连接报文类型和 CIP 通信类型。

例如，当一个 Logix 5000 控制器向另一个 Logix 5000 控制器发送 MSG 指令时，发送方通过连接将指令发送到接收方。该连接包括以下内容：

① 建立 TCP 连接。

② 在 TCP 连接上叠加 CIP 连接。

③ 通过 CIP 连接或非连接报文传递显式或隐式的 CIP 连接报文。

④ 如果使用显式报文类型，则可以是连接或非连接的；如果使用隐式报文类型，则是连接的。

3）每个 EtherNet/IP 通信模块都有 TCP 和 CIP 连接的限制，在配置应用程序时需要考虑这些限制。

以 I/O 连接为例，Logix 5000 控制器与远程模块之间有五个 CIP I/O 连接，而且所有这些连接都通过相同的本地 1756-EN2T 模块和相同的远程 1756-EN2T 模块进行。则存在一个 TCP 连接和五个 CIP 连接。

5. 报文传输方式

CIP 报文有三种传输方式，分别是 UCMM（0 类）、1 类和 3 类传输方式。这三种方式下，网络中的节点在结构上仍然属于客户端/服务器方式。但在不同模式下，会作为生产者/消费者或者发起者/目标。

（1）UCMM 方式（基于非连接的报文传输）

非连接报文通信是 CIP 定义的最基本的通信方式，提供了一种使节点在数据传输之前无需建立 CIP 连接即可发送消息请求的方式。在非连接报文通信中，设备的非连接通信资源由 UCMM 管理。客户端首先发起请求，建立 TCP 连接，然后客户端发出注册会话请求，创建 EtherNet/IP 封装会话，之后就可以进行显式报文传送，而不需要客户端和服务器再预先进行协商。典型的 UCMM 通信过程如图 3.24 所示。UCMM 客户端可以同时向一个和多个服务器发起多次请求/响应传输，UCMM 的服务器也可以同时接收来自多个不同客户端传输请求/响应，具体数目也是仅由实际客户端或服务器设备的传输记录能力来决定的。UCMM 方式采用了重发和确认机制来保证每次请求和响应包的可靠传输。

非连接报文通信适用于那些不需要持续连接或保持通信状态的应用场景，确保数据能够在没有持续连接的情况下被正确地传输和处理。UCMM 报文还被用来初始化 1 类和 3 类连接传输操作，由连接管理器对象处理。

（2）1 类传输（基于连接的实时数据传输）

1 类传输在系统结构上仍属于客户端/服务器，但从报文的生产和消费看，属于生产者和消费者模式。客户端、服务器可以分别扮演生产者或消费者角色。1 类传输过程中，图 3.24 中的③部分被图 3.25 代替。要用 ForwardOpen Request 服务建立隐式 CIP 会话连接。ForwardOpen 服务通常打开两个连接，一个是从发起方到目标方的方向，另一个是从目标方到发起方的方向。一旦建立连接，实际的隐式连接在 UDP 上运行，独立于 TCP 连接（见图 3.25 中的 UDP 数据流）。这个隐式连接将无限期地继续交换数据，直到超时（通过心跳机制判断）或使用显式消息故意中断。这种方式适合于以定时方式进行的事件类触发数据

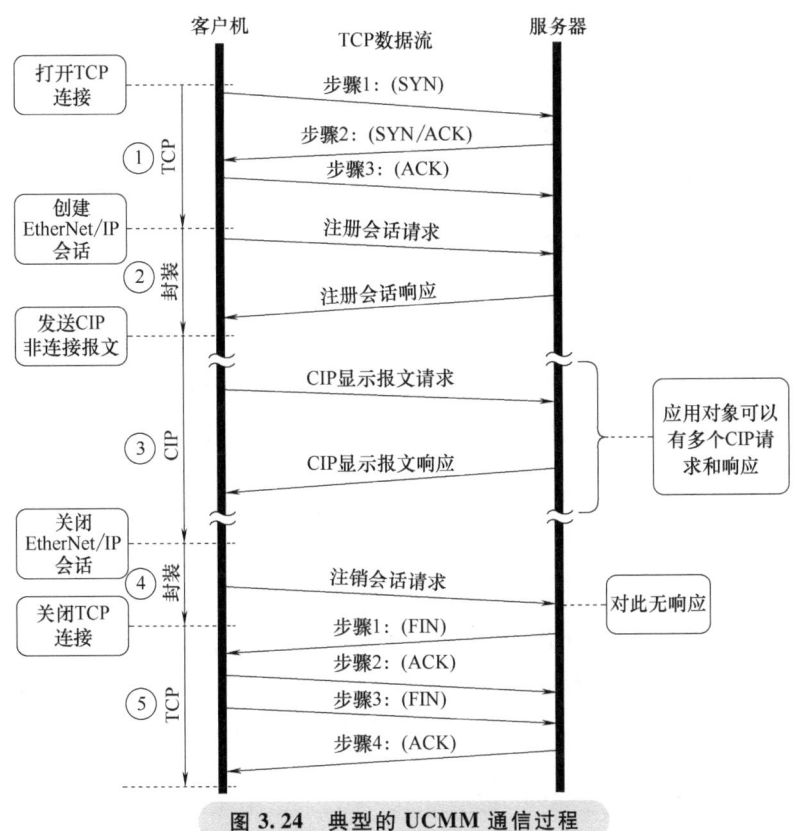

图 3.24 典型的 UCMM 通信过程

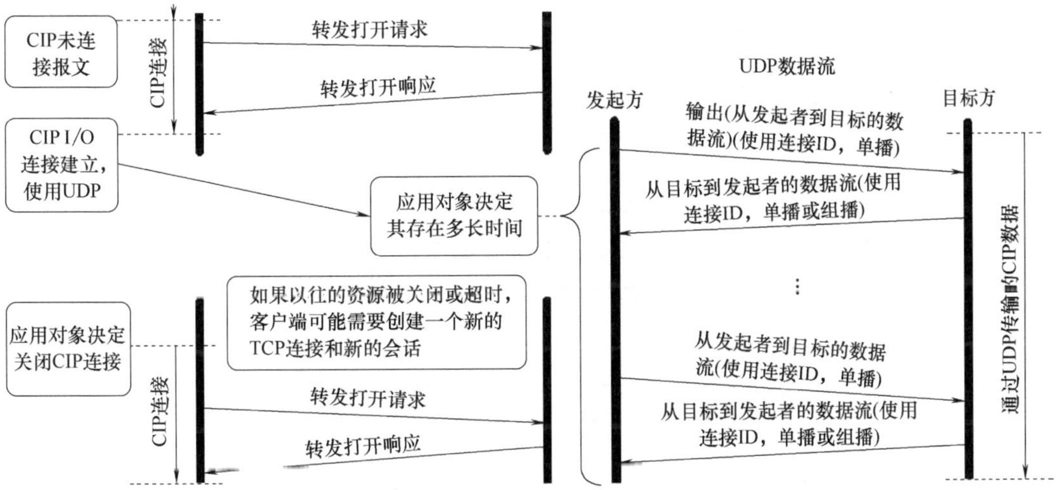

图 3.25 典型的 1 类传输通信过程

和 I/O 数据传输。

1 类连接在连接数据之前添加了一个序列计数，该序列计数与封装协议中的序列地址项的计数是独立的。1 类传输可以重复进行，是传输显式报文的主要方式。1 类传输可以采用点对点传输，也可以采用多播方式进行多点传输。

（3）3类传输（基于连接的报文传输）

3类传输通信过程与图3.24类似，但在②和③之间客户端要发送ForwardOpen Request命令请求会话连接，收到服务器的响应后就建立了CIP连接。连接建立后，允许双方节点同时发送和接收数据，而不再有先请求后响应的顺序要求了。报文发送结束后，要发送ForwardClose Request命令断开会话连接。

3.4.2　EtherNet/IP通信协议模型与数据封装

1. EtherNet/IP通信协议模型

EtherNet/IP工业以太网的模型结构如图3.26所示。它采用标准的以太网物理层和数据链路层，还有网络层、传输层和应用层。EtherNet/IP没有明确的会话层和表示层。使用TCP/IP协议栈中的应用层协议来处理数据的格式、编码和解码等。在网络层用UDP来传输隐式报文，用TCP来传输显式报文。传输层采用标准的IP。

EtherNet/IP的应用层协议为CIP。CIP是一个端到端的面向对象的协议，提供了工业设备和高级设备之间进行协议连接的数据通信机制。CIP主要由对象模型、通信机制、通信对象、服务、设备描述、对象库等部分组成，每一部分都对应着相应的功能实现。CIP中的节点访问都是通过对象来完成的。CIP的用户层定义了设备行规，确保用户能够通过CIP与工业设备进行有效的交互，例如控制指令的发送、现场设备状态信息的采集等，并使不同厂商的设备能够相互通信和交换数据，提高设备的互操作性和兼容性。

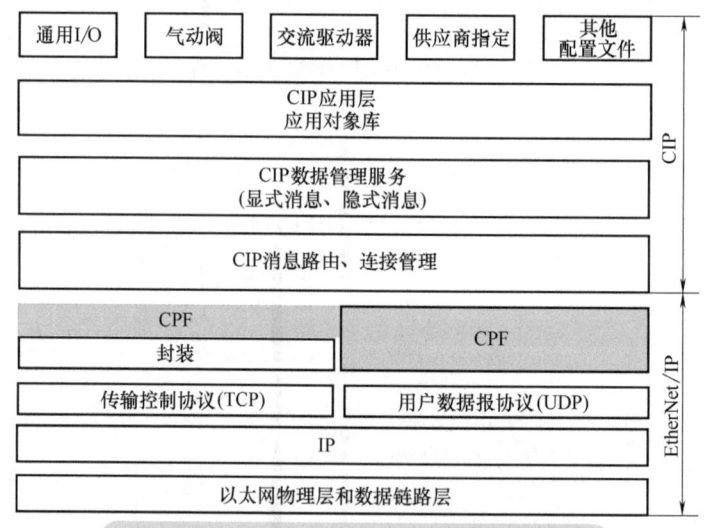

图3.26　EtherNet/IP工业以太网的模型结构

2. EtherNet/IP的数据封装

在EtherNet/IP中，CIP数据报必须在通过以太网发送前经过封装。封装头包括了控制命令、格式和状态信息、同步信息等，这允许CIP数据报通过TCP或UDP传输并能够由接收方解包。EtherNet/IP规范为CIP提供承载服务，在发送CIP数据报之前必须对其进行封装。EtherNet/IP的报文格式如图3.27所示。

根据CIP规范，隐式报文和显式报文不同，EtherNet/IP工业以太网在结构上有封装层，封装与传输形式也有不同。实时性要求不高的数据会采用CPF（Common Packet Format，通

EtherNet 报文 (14字节)	IP报文 (20字节)	TCP报文 (20字节)	CIP报文 封装	CRC

图 3.27　EtherNet/IP 的报文格式

用包格式）再加封装，走 TCP/IP 传输通道；而实时性要求较高的数据仅采用 CPF 封装，并走 UDP/IP 传输通道。封装层的主要功能如下：

1) 解除 IP 网络的 CIP 消息封装。
2) 将 CIP 消息包装为以太网消息。
3) 会话管理。
4) 与下层 TCP/IP 层以及 TCP/IP 堆栈进行交互。

CIP 的封装报文由一个 24 字节的固定长度的封装头和一个可选的封装数据部分组成。封装报文的总长度（包括封装头）应限制在 65535 字节以内，EtherNet/IP 的 CIP 报文封装格式如图 3.28 所示。对于隐式消息，封装时不含有 24 字节的封装头，而显式报文则包含封装头和命令特定数据（即 CPF 项）。

命令 (Command)	长度 (Length)	会话句柄 (Session Handle)	状态 (Status)	发送者上下文 (Sender Context)	可选项 (Options)	命令特定数据 (Command Specific Data)
封装头，共24个字节						封装数据

图 3.28　EtherNet/IP 的 CIP 报文封装格式

CIP 规范对数据报结构有很多的规定，这意味着每个使用 EtherNet/IP 的设备必须实现符合规范的命令。下面是 EtherNet/IP 首部中封装的各字段含义：

1) 命令：两字节整数，对应一个 CIP 命令。CIP 标准要求，设备必须能接收无法识别的命令字段，并处理这种异常。常见的命令如下：

NOP（空操作）、LISTSERVICES（服务列表，即查询或回显支持的服务）、LIST IDENTITY（身份列表，查询或回显身份）、LIST INTERFACES（接口列表，即查询或回显支持的接口）、REGISTER SESSION（注册会话）、UNREGISTER SESSION（取消会话）、SEND RR DATA（发送 RR 数据，用于无连接的消息）、SEND UNIT DATA（发送 UNIT 数据，用于有连接的数据传输）、INDICATE STATUS（指示状态）、CANCEL（取消）。

2) 长度：两字节整数，代表数据报中数据部分的长度。对于没有数据部分的请求报文，该字段为 0。

3) 会话句柄：由目标设备生成，并返回给会话的发起者。该句柄将用于后续与目标设备的通信。

4) 状态：存储了目标设备执行命令返回的状态码。状态码"0"代表命令执行成功。所有的请求报文中，状态码被置为"0"。其他的状态码还包括：

① 0x0001 无效或不受支持的命令。
② 0x0002 目标设备资源不足，无法处理命令。
③ 0x0003 数据格式不正确或数据不正确。
④ 0x0065 接收到无效的数据长度。

5) 发送者上下文：命令的发送者生成这 6 字节值，接收方将原封不动地返回该值。

6) 可选项：该值必须始终为 0，如果不为零，数据报将被丢弃。

7) 命令特定数据：该字段根据接收/发送的命令进行修改。是 8 位字节数组，总长度在 0~55511 字节。

命令特定数据就是封装的 CIP 消息，也就是 CPF 项，其结构如图 3.29 所示，其结构为 1 个 1 个的项（Item）的连接。第一个项表示该数据报中项的总数。

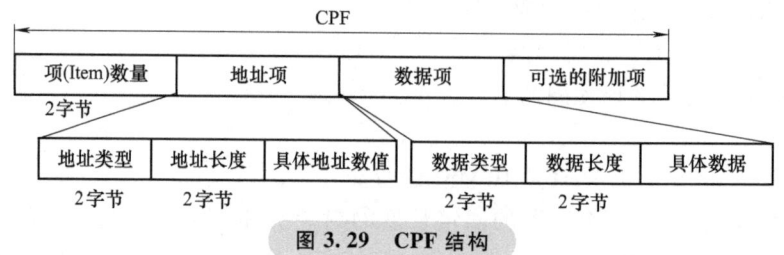

图 3.29 CPF 结构

3. EtherNet/IP 的报文优先级

EtherNet/IP 根据 IEC 802.Q/P 定义了报文的优先级，最大可以达到 7 级。其中时钟报文的优先级最高为 7 级，运动控制为 6 级，I/O 报文为 5 级，其他报文级别更低，通过在交换机中区分不同优先级报文的方式，来确保根据优先级按顺序发送报文，首先保证时钟同步报文随到随发，如图 3.30 所示。

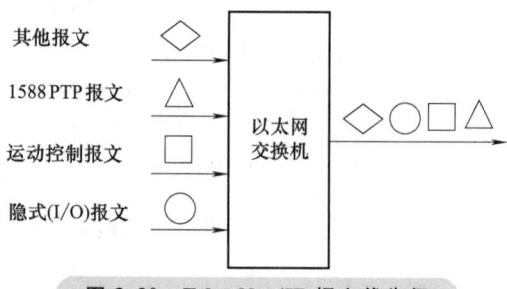

图 3.30 EtherNet/IP 报文优先级

3.4.3 抓包分析 EtherNet/IP 工业以太网报文

当前 Wireshark 对 EtherNet/IP 解析支持比较完整，可以通过客户端和服务器之间的通信来抓取数据报，从而更好地学习和分析 EtherNet/IP。这里以罗克韦尔的 CCW 编程软件与 Micro850 控制器的通信为例来对 CIP 报文封装进行简单的说明。CCW 与控制器在线连接，在 CCW 上可以强制控制器中的数字量变量。CCW 作为客户端（这里用的是虚拟机），控制器作为服务器。客户端的 IP 地址为 192.168.1.50，控制器的 IP 地址为 192.168.1.6。客户端中运行威纶通触摸屏，驱动选罗克韦尔 "Rockwell Micro850-Free Tag Names（Ethernet）"。为简单起见，触摸屏界面只和 PLC 中 2 个别名分别是 BitTag1 和 IntTag1 的变量通信，两个变量是可读写的位变量和整形变量。

1. List Identity 命令

先运行 Wireshark 抓包软件，再运行罗克韦尔 Rslink Classic，同时控制器处于运行状态。执行 List Identity 命令的抓包结果如图 3.31 所示。

List Identity 命令通过 UDP 广播发送给所有网络中的设备，见图 3.31 中 No.2 目的地址为 255.255.255.255 的行，所有的主机都可以接收到广播消息（不管是否需要）。Micro850 控制器接收到消息，并且支持 EtherNet/IP 通信，于是会返回自身的身份信息。从图 3.31 中可以清晰地看到，EtherNet/IP 的 CIP 报文封装了报头和命令相关数据，可以和图 3.28 对比。

List Identity 命令字段是 0x63。可以看出，该命令查询出了设备信息，如供应商、产品、

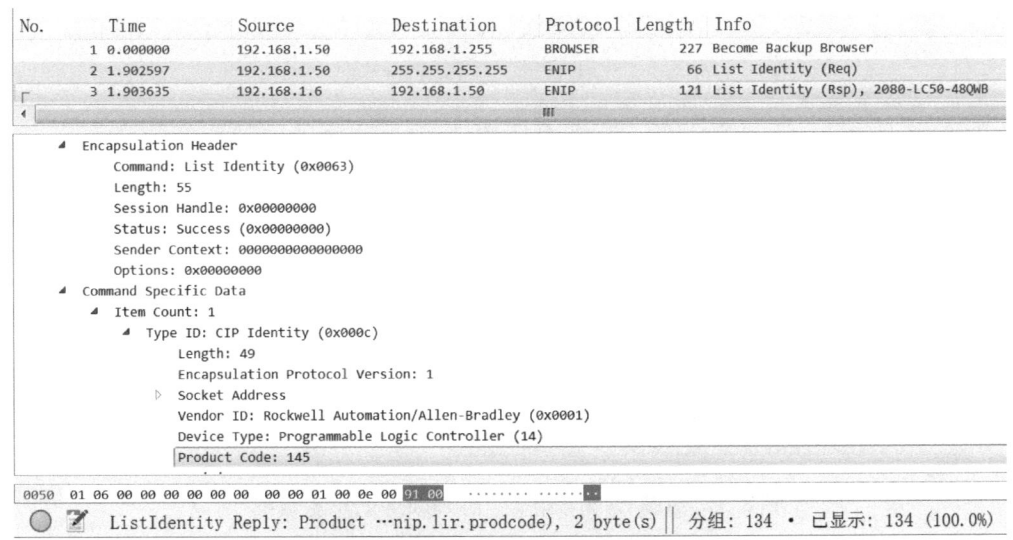

图 3.31 执行 List Identity 命令的抓包结果

序列号、产品代码、设备类型和版本号等。命令特定数据（Command Specific Data）区中的 9100，表明产品代码是 0091（高低字节要互换），对应十进制就是 145。而之所以抓到这个数据报文，就是因为在 Rslink Classic 里选中了 192.168.1.6 这个设备，鼠标右键单击"device property"菜单，执行了查询功能，如

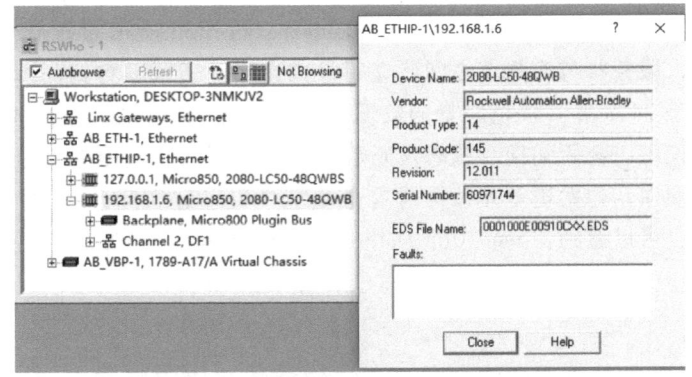

图 3.32 在 Rslink Classic 执行设备特性查询

图 3.32 所示。这里可以看到，CIP 报文里的数据和图 3.32 显示的完全一致。

2. 注册/注销会话命令（Register Session/UnRegister Session Commands）

注册/注销会话命令用于注册客户端和服务器的会话，Wireshark 抓包如图 3.33 所示。从图中可以看出，在建立 TCP 连接的三次握手后，报文多了一层封装层，注册 ENIP。客户端发起请求后，服务器会返回一个会话句柄，两台设备之间同时存在一组会话，后续交流需要使用该会话句柄的值方可通信，如图 3.34 所示。

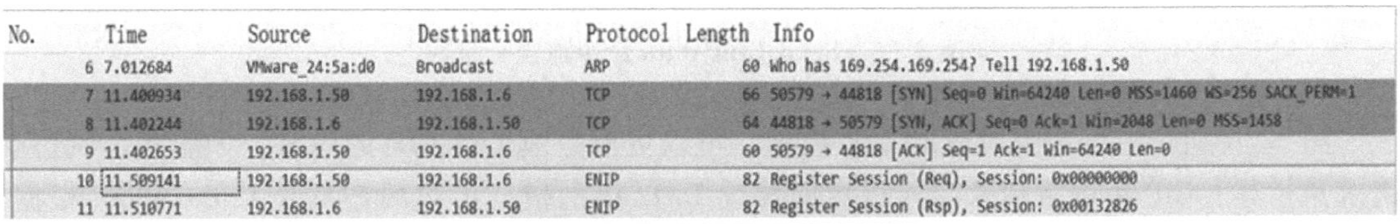

图 3.33 Wireshark 抓包

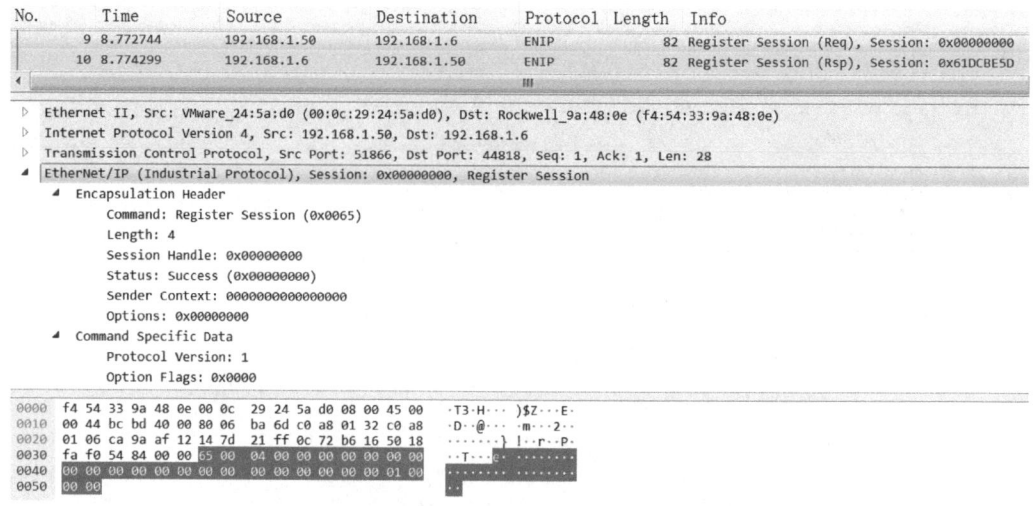

图 3.34 注册/注销会话命令的 EtherNet/IP 数据报

3. Send Unit Data 命令

Send Unit Data 用于发送建立了 CIP 连接的显性数据，Unit Data 就是要发送的数据。执行该命令时不需要使用 Sender Context。图 3.35 所示为 Send Unit Data 命令抓包分析，可以看出，服务器与客户端之间建立了显式连接。还可以看到，CIP 报文封装一共 64 字节，其中报头是 24 字节（深色背景的数据段），CIP 命令相关数据是 40 字节。CIP 报头包括命令、数据长度、会话句柄、状态代码、发送方上下文和选项标志等。需要注意的是 CIP 数据报的字节顺序，如发送单元数据请求命令字 0x7000，实际是 0x0070，即高低字节要调换一下。显然，可以看到，Send Unit Data 中 Sender Context 都为 0，即没有使用该字段。

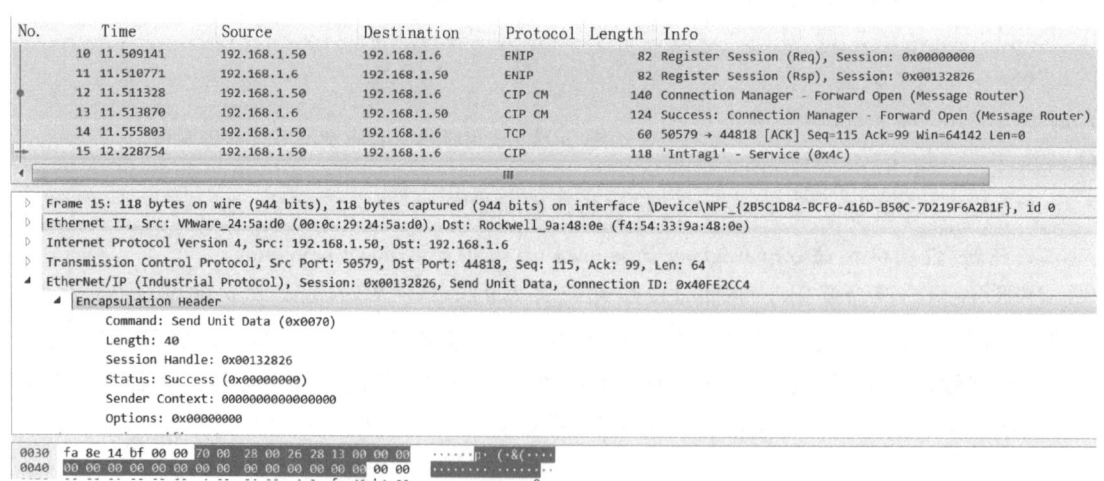

图 3.35 Send Unit Data 命令抓包分析

图 3.36 细化了该命令对应的 CIP 数据，可以更清楚地了解 CIP 的内容，如服务、状态、请求路径等。CIP 由服务请求。人机界面要读 IntTag1 的值，抓包的数据是 C3001400，根据分析，实际的数值是 0014，即对应十进制的 20，而作者在人机界面输入的数据就是 20，作

者还尝试输入了其他数值，都能印证这个结论。对于数字量 BitTag0，若为 ON，则抓包的数据是 C10001；若为 OFF，则抓包的数据是 C10000。

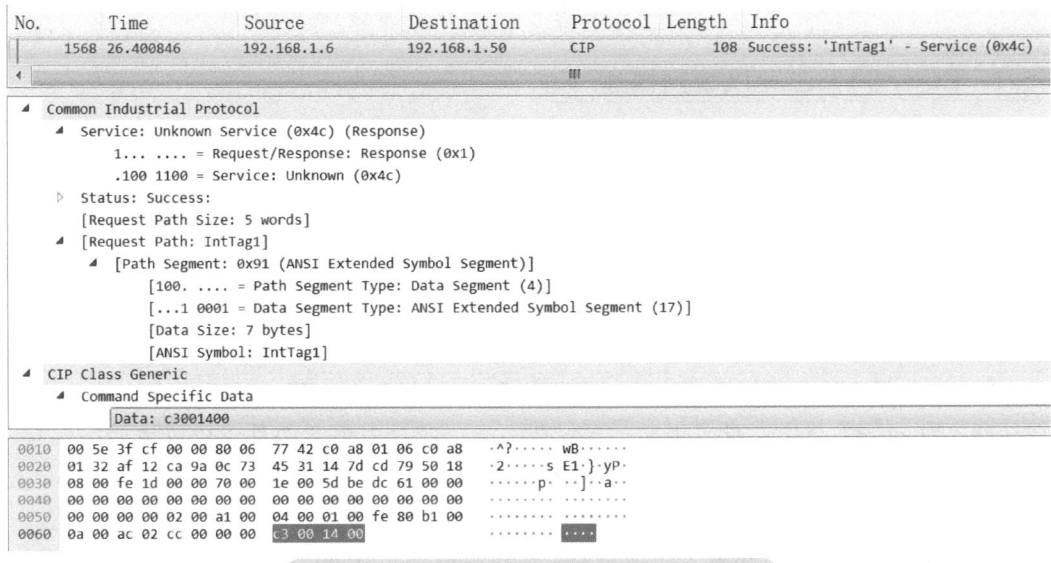

图 3.36　Wireshark 抓包分析 CIP 报文数据

图 3.35 中的 No.12 行，客户端发起了使用连接管理器对象的 Forward Open Request 服务建立连接，CIP 报文如图 3.37 所示。这里可以看到发起者到目标的网络连接 ID，以及目标到发起者的网络连接 ID。除此之外，还有其他的连接参数，包括传输类、触发类型和触发器、定时信息、电子密钥、连接路径尺寸（字数）。当发出 Forward Close Request 服务请求或任一连接端点超时时，将进行连接清理。

从上述分析，也可以看出传输过程属于 1 类传输。

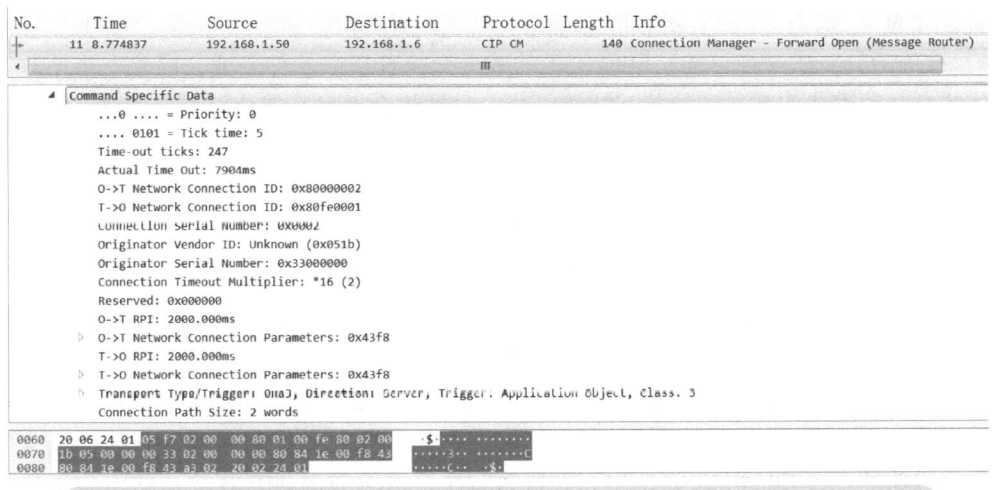

图 3.37　使用连接管理器对象的 Forward Open Request 服务建立连接的 CIP 报文

4. Send RR Data 命令

Send RR Data 用于发送未建立 CIP 连接的显性数据，发送 RR Data 时需要使用 Sender Context。

3.5 EtherCAT 工业以太网

3.5.1 EtherCAT 工业以太网概述

1. EtherCAT 工业以太网及其特点

针对以太网在带宽利用率、堆栈延迟、交换机延迟等方面存在的问题，德国倍福（Beckhoff）公司于 2003 年开发了一种新型实时以太网技术——EtherCAT。由于它具有实时性好、带宽利用率高、同步性好、拓扑结构灵活等优点，在工业控制自动化特别是伺服控制系统中得到广泛的应用。

目前，EtherCAT 应用也在不断丰富和发展。例如，用于控制器间通信的 EtherCAT Automation Protocol（EAP），传输速率高达 1 Gbit/s 和 10 Gbit/s 的 EtherCAT G/G10 等已推出。即使这样，EtherCAT 技术本身多年来一直保持不变，芯片中包含的基本协议也始终保持不变，并以完全向后兼容的方式进行了扩展，包括用于支持功能安全的 Safety EtherCAT。

概括起来，EtherCAT 的主要特点有：

1）EtherCAT 的通信效率高。它实现了超高同步精度，EtherCAT 一个以太网帧就可以实现 1486 个字节的数据交换，且传输时间仅为 300μs。

2）EtherCAT 拓扑结构多样，系统结构灵活。一个 EtherCAT 网络最多可有 65535 个设备，支持总线形、树形、星形，或任意组合的网络结构，还可通过环网实现冗余。EtherCAT 适用于集中式和分散式的系统结构。它可以支持主站-从站、主站-主站及从站-从站结构，以及包含下级现场总线的通信。

3）EtherCAT 配置简单，容易使用。EtherCAT 的节点地址十分灵活，能够自动设置并且不用网络调试，能够从诊断信息中定位到出错的地址。此外，EtherCAT 无需配置交换机，不需要进行 MAC 或 IP 地址处理。

4）准确的分布式时钟校准。EtherCAT 的数据交换直接由硬件完成，因此，主站时钟和所有的从站时钟都能实现精确的相互补偿。分布时钟将会根据补偿值而相应调整，因此，精准的时钟同步能保证同步抖动远小于 1μs。

2. EtherCAT 通信原理

EtherCAT 通信网络采用主从结构，包括 EtherCAT 主站和多个 EtherCAT 从站。一个 EtherCAT 网段可被简单看作一个独立的以太网设备，此设备接收并发送标准的 ISO/IEC 8802-3 数据帧（也因为这个原因，从站不需要配置独立的 IP 地址，可以不使用交换机）。EtherCAT 通信由主站发起，主站将数据封装在以太网帧中，主站可以通过发送周期性的数据帧或者事件触发的数据帧来控制从站的操作。从站在接收到相应的命令后，执行操作并将执行结果返回给主站。在 EtherCAT 系统进行通信时，主站首先通过发送相应的寻址报文来确定各个从站的地址。在 EtherCAT 系统中，设置第一个具有分布时钟功能的从站作为整个系统的参考时钟。主站通过该参考时钟，对各个从站时钟进行时钟修正，确保每个从站能够同步运行。

EtherCAT 网络组成与数据传输原理图如图 3.38 所示。在 EtherCAT 系统进行数据传输中，当报文经过某个从站时，该从站接收并解析该报文，并且将里面的数据做相应的处理，获取属于本从站的数据并执行相应的指令，同时将需要输入的数据在此时插入到报文中，当从站完成数据的输入输出之后，报文向下一个从站设备传输，整个数据处理过程的延迟通常在 1μs 以下。当数据报文传递到最后一个 EtherCAT 从站时，报文沿着相反的方向由此从站设备向主站发送处理过的报文，这就完成了一帧数据报文的传输。在 EtherCAT 的报文中，每个 EtherCAT 子报文里面有一个工作计数器（WKC），每经过一个从站时 WKC 的值会根据读写操作发生相应的变化，当报文最后返回到主站时，主站会检查该 WKC 值，如果与预期的值一样，表示此次报文传输有效；如果不一样表示传输错误，会进行错误处理。整个 EtherCAT 主从站都是全双工模式的，因此这两个方向的通信是相互独立的。EtherCAT 的这种数据传输机制也称为"飞速传输"。

对 EtherCAT 的数据传输有个形象的比喻，即包含 EtherCAT 报文的以太网数据帧犹如一列高速行驶的火车，从主站发出，经过每个从站时，车站工作人员（从站）根据约定的地址从车厢（EtherCAT 报文）对应的位置快速取下自己的货物（数据），并把要发送的货物（数据）装在车厢指定的位置。整个货物（数据）交换过程是高速完成的，数据帧经过各个从站时是不停止的。之所以能实现这样快速的数据交换，延迟只有几纳秒，是因为此过程是在从站控制器中通过硬件实现的，因此与协议堆栈软件的实时运行系统或处理器性能无关。EtherCAT 从站中的现场总线内存管理单元（FMMU）允许从分布式内存中以飞速传输的方式读取数据并将数据写入到内存，因此，物理设备中的数据和活动报文中的数据之间可以进行任何形式的映射。由于以太网帧封装的 EtherCAT 数据报文包含了足够多的从站的数据，即采用了集总帧结构，而其他以太网把各个站要接收和传输的数据放在多个以太网帧中，从而使得 EtherCAT 比其他以太网具有更高的带宽利用率，最高甚至达到 90%。EtherCAT 采用的这种集总帧结构实际上也契合了工业控制应用中数据的特点，即数据量少，但实时性和同步性要求高，而传统的以太网更适合传输大数据包。

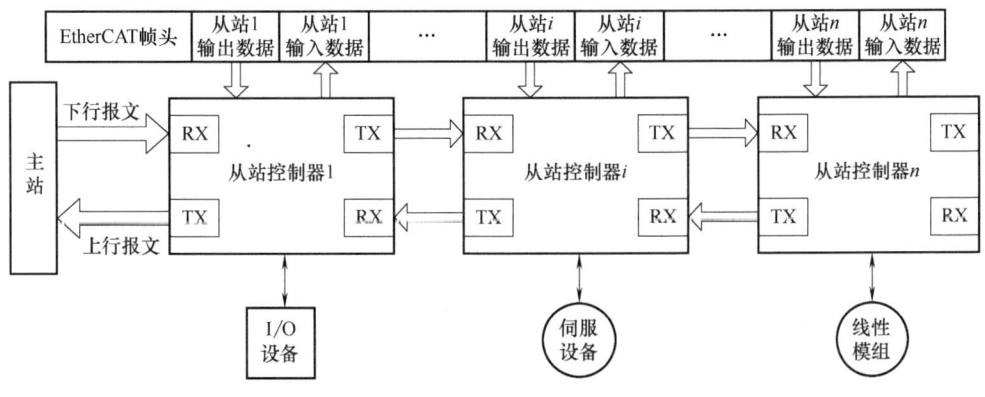

图 3.38　EtherCAT 网络组成与数据传输原理图

3.5.2　EtherCAT 通信协议模型

EtherCAT 从站的 OSI 模型把 OSI 七层模型压缩成了具有物理层、数据链路层和应用层的三层模型。

1. EtherCAT 物理拓扑结构

EtherCAT 的物理层为网络信号的传输提供了物理链路,使用的是标准的快速以太网,传输速率是 100Mbit/s,全双工模式。EtherCAT 支持多种网络结构,组网非常灵活,可以使用标准的以太网交换机和普通的超五类以太网电缆。

得益于 EtherCAT 从站的数据帧处理机制,允许在 EtherCAT 网段内的任一位置使用分支结构,同时不打破逻辑链路。而且分支结构可以构成各种物理拓扑及其组合,从而使得设备布线非常灵活。

2. 数据链路层

(1) EtherCAT 数据帧

EtherCAT 采用标准 IEEE 802.3 以太网报文结构,并使用保留的以太网类型 0x88A4 来和其他以太网报文相区分,因此 EtherCAT 能够和其他以太网协议并行运行。EtherCAT 将自己的数据包封装后在以太网中以帧的形式传输,每一帧报文能够封装一到多个 EtherCAT 数据包。EtherCAT 帧结构如图 3.39 所示,它由头部和数据实体两部分组成。EtherCAT 帧头包含 2 个字节,每个数据实体可以只包含一个 EtherCAT 子报文,也可以包含多个子报文;子报文由子报文头、数据、WKC 三部分组成。一个 EtherCAT 子报文对应着一个从站,因此一个 EtherCAT 报文可以操作多个 EtherCAT 从站,相应的数据长度在 44~1498 字节之间。如果超过 1498 个字节,则主站将发送多个数据报文,并且每个报文将包含标识符,该标识符用信号通知网络上的设备是否应该期望在当前帧之后的另一帧。

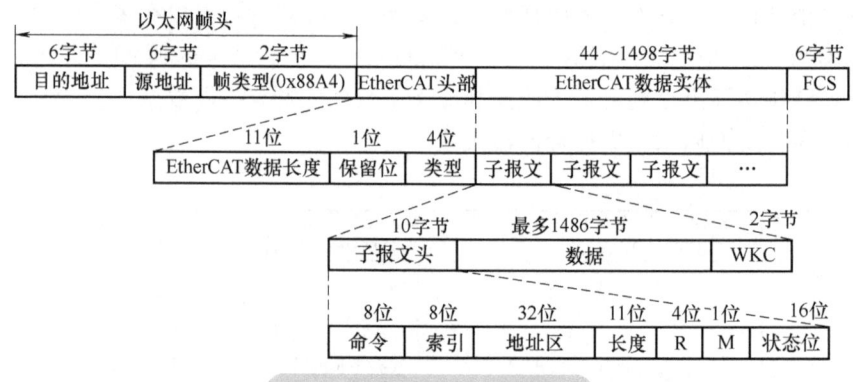

图 3.39 EtherCAT 帧结构

(2) 寻址方式

EtherCAT 的通信由主站发送 EtherCAT 数据帧读/写从站设备内部的存储区来实现。在通信时,主站首先根据以太网帧头中的 MAC 地址来寻找所在的网段,寻址到第一个从站后,网段内的其他从站设备只需要依据 EtherCAT 子报文头中的 32 位地址去寻找。在一个网段里,EtherCAT 支持设备寻址和逻辑寻址这两种寻址方式。

(3) 通信模式

1) 周期性过程数据通信。

EtherCAT 使用周期性过程数据通信来实现实时性要求高的数据传输。周期性过程数据通信是指主站按照固定的时间间隔发送周期数据帧,从站在每个周期内接收并处理这些数据帧。在 EtherCAT 网络中,主站会预先配置每个从站的数据帧大小和发送周期。主站按照设定的周期发送一个主数据帧，主数据帧中包含了所有从站的数据。每个从站在接收到主数据帧后，会读取其中的自己的数据，并将自己的响应数据添加到数据帧中，然后再传递给下一个从站，直到回到主站。通过这种周期性过程数据通信的方式，EtherCAT 实现了高效的实时数据传输。每个从站在每个周期内都有固定的时间窗口来接收和发送数据，保证了数据的实时性和准确性。同时，EtherCAT 网络中的从站可以在每个周期内实时响应主站的命令，实现了高精度的控制。

2）非周期性邮箱数据通信。

非周期性邮箱数据通信是指主站和从站之间的异步消息传递。在 EtherCAT 网络中，每个从站都可以配置一个或多个邮箱，用于接收和发送非周期性数据。主站可以通过发送特定的邮箱数据帧来向从站发送消息，从站在接收到邮箱数据帧后，读取其中的数据并进行相应的处理。从站也可以向主站发送消息，主站可以通过定期轮询邮箱的方式来检查是否有新的消息到达。非周期性邮箱数据通信可以用于实现从站和主站之间的配置、参数传递、故障报告等异步通信需求。它提供了灵活的消息传递机制，可以与周期性过程数据通信结合使用，实现更复杂的控制和通信功能。

非周期性邮箱数据通信不具备周期性过程数据通信的实时性和精确性，因此在设计应用时需要根据需求合理选择使用周期性过程数据通信还是非周期性邮箱数据通信。

3. EtherCAT 应用层

应用层是 EtherCAT 协议的最高层，主要用来控制实际对象。EtherCAT 的应用协议常有以下几种：基于 EtherCAT 的 CAN 应用协议（CANopen over EtherCAT，COE）、符合 IEC 61800-7-204 标准的伺服驱动行规（Servo Drive over EtherCAT，SOE）、EtherCAT 实现以太网（EtherNet over EtherCAT，EOE）、EtherCAT 实现文件读取（File Access over EtherCAT，FOE），各种协议都有其特定的用途。从站设备无需支持所有的通信协议，只需选择最适合其应用的通信协议即可。CANopen 最初是为基于 CAN 总线的系统所定制的应用层协议。EtherCAT 协议在应用层支持 CANopen 协议，并在此基础上作出了相应的扩充，其主要功能有：使用邮箱通信访问 CANopen 对象字典及其对象，实现网络初始化；使用 CANopen 应急对象和可选的事件驱动 PDO 消息，实现网络管理；使用对象字典映射过程数据，周期性传输指令和状态数据。

例如，在汇川 SV660N 伺服驱动器中，采用了 IEC 61800-7（CiA 402）-CANopen 运动控制子协议，其基于 CANopen 应用层的 EtherCAT 通信结构如图 3.40 所示。在应用层对象字典里包含了通信参数、应用程序数据，以及 PDO 的映射数据等。PDO 过程数据包含了伺服驱动器运行过程中的实时数据，且周期性地进行读写访问。SDO 邮箱通信则非周期性地对一些通信参数对象、PDO 过程数据对象进行访问修改。

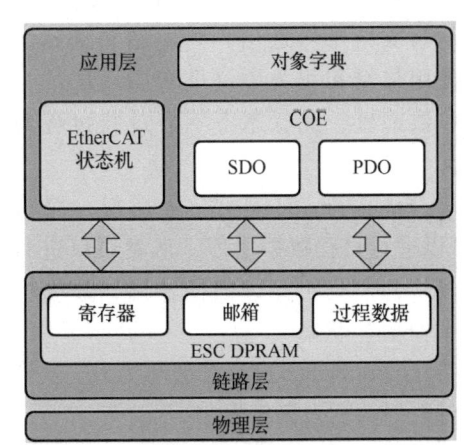

图 3.40 SV660N 伺服驱动器基于 CANopen 应用层的 EtherCAT 通信结构

3.5.3 EtherCAT 的主站与从站及其分布时钟

1. EtherCAT 主站与从站

EtherCAT 总线上的设备包括主站和从站。EtherCAT 主站不需要专用的通信处理器,只需使用无源的 NIC 卡或主板集成的以太网 MAC 设备即可,完全采用软件方式在主机 CPU 中实现协议的识别和封装。为了方便主站的开发,EtherCAT 组织提供主站样本代码,可以方便地把该代码嵌入到实时操作系统中,加快项目的开发进程。

EtherCAT 从站是通过专用硬件实现的,目前,有包括倍福在内的多家制造商提供 EtherCAT 从站控制器,典型的有 ET1100 和 ET1200。也可以一次性购买获取授权的二进制代码,将 EtherCAT 通信功能集成到设备控制 FPGA 当中,并根据需要配置功能和规模。实现从站的专用硬件一般都具有两个 MAC 地址,可以很容易地扩展两个网口,便于实现级联,构成各种拓扑结构。

EtherCAT 从站设备同时实现应用控制和数据通信两部分功能,一般有从站控制微处理器、EtherCAT 从站控制器 ESC 芯片、物理层器件和其他应用层器件。从站 ESC 在环路上按各自的顺序移位读写数据。当数据帧经过从站时,ESC 从中读取发送给自己的命令数据并放到内部存储区,插入的数据又被从内部存储区写到子报文中。

EtherCAT 是开放但不开源的技术,用户可以使用该技术,但如果要进行有关的设备开放,则需要向倍福公司获取授权。

2. EtherCAT 状态机

EtherCAT 状态机如图 3.41 所示,定义了每一个 EtherCAT 从站设备的分布设置,并指示可用的功能。EtherCAT 必须支持 4 种状态,负责协调主站和从站应用程序在初始化和运行时的状态关系:

1)Init:初始化,简写为 I;主站和从站之间没有应用层上的通信,主站可以访问从站 DL 相关状态寄存器信息。

2)Pre-Operational:预运行,简写为 P;如果从站支持邮箱通信,则主站和从站之间可以使用邮箱和相关协议进行应用层的初始化和参数配置,此状态下不能进行过程数据通信。

3)Safe-Operational:安全运行,简写为 S;可以进行过程数据通信,从站可以进行数据的输入,但是不允许数据输出,数据输出处于"安全"状态。

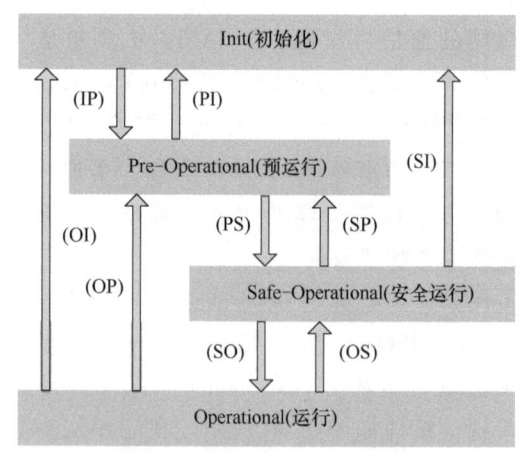

图 3.41 EtherCAT 状态机

4)Operational:运行,简写为 O。从站可以进行数据的输入输出操作。

EtherCAT 状态机状态的改变是由主站请求发起的,从站需要一级一级地向下进行转换状态,按照"初始化-预运行-安全运行-运行"的顺序转换,不可越级。从运行状态返回时可以越级转换。

3. EtherCAT 总线的分布时钟

在 EtherCAT 总线网络中,术语"分布时钟"是指分布时钟的逻辑网络。通过使用分布时钟,EtherCAT 实时以太网协议能够在非常窄的容差范围内同步所有本地总线设备中的时间。如果 EtherCAT 从站支持分布时钟功能,则它包含自己的时钟,该时钟在打开后最初在本地运行,基于 EtherCAT 从站内部的独立时钟生成器(如石英、振荡器等)。

在 EtherCAT 链中,有一个选定的 EtherCAT 从站,代表参考时钟(M),其他设备和控制器的从站时钟(S)与之同步。因此,参考时钟即是系统时间。如果 EtherCAT 主机支持分布时钟功能,例如 Beckhoff TwinCAT EtherCAT 主站,则其可自动连续处理调整和同步。为此,EtherCAT 主机以短时间间隔发送一个特殊 EtherCAT 数据报文(具有足够的频率以确保从站时钟在指定的限制内保持同步),其中 EtherCAT 从站与参考时钟进入其当前时间。然后,所有其他具有从时钟的 EtherCAT 从站从同一数据报中读取该信息。

EtherCAT 的分布时钟实现得紧密同步提高了控制精度、准确性和整体系统性能。由于所有设备的时间相同,运动控制系统可以以最小误差执行协调的运动。另外,EtherCAT 的分布时钟提供了一种经济高效的解决方案。

EtherCAT 从站主要有以下同步模式:

1)Free Eun:自由运行;EtherCAT 从站与 EtherCAT 不同步,从站设备根据自己的周期自主运行,不与 EtherCAT 周期同步。

2)Synchronous with SM event:与 SM 事件同步;EtherCAT 从站设备与 SyncManager 2 (SM2)事件(如果传输周期性输出)或 SM3 事件(如果仅传输周期性输入)同步。处理经过的帧时,SyncManager 会触发 SM2/SM3 事件。

3)Synchronous with SYNC event (distributed clocks):与 SYNC 事件(分布时钟)同步;EtherCAT 从站与分布时钟系统的 SYNC0 或 SYNC1 事件同步。

同步模式相关的所有参数都列为 EtherCAT 从站设备的 COE 列表中的对象。它们可以由从站设备在线读取,也可以通过描述从站设备的 XML 文件离线确定。例如汇川 SV660N 系列伺服驱动器,仅支持分布时钟同步模式,同步周期由 SYNC0 控制。

3.6 EtherNet/IP 工业以太网在运动控制中的应用案例

3.6.1 运动控制实验环境与设备

1. 实验设备

被控对象是由一条橡胶同步带、四个同步轮、三个对射激光光电传感器和一个急停按钮组成的,在伺服电动机的驱动下,橡胶同步带可以沿顺时针或逆时针方向运行。橡胶同步带上有两个定位孔(1 和 2),当对射激光光电传感器检测到定位孔时,把信号传送至 Micro820 控制器,Micro820 控制器通过以太网通信把传感器信号传输给 CompactLogix 5370 控制器(后面简称 Logix 控制器),由该控制器对橡胶同步带进行位置控制。在紧急情况下,按下红色急停按钮,能够立即停止伺服运动系统和橡胶同步带,这是 Kinetix 5500 伺服驱动器的安全扭矩关断功能。必须复位红色急停按钮,才能重新运行伺服运动系统。该系统这样设计的目的是让读者熟悉微型与中型 PLC 以及它们的编程环境,掌握运动控制的基础知识和人机界面的设计。这里的 Logix 控制器没有 I/O 接口，因此，信号采集通过 Micro820 控制器。如果单纯从应用角度而言，可以用 Micro800 控制器带伺服驱动器或 Logix 控制器带伺服控制器。

实验系统的主要控制设备介绍如下：

1）可编程自动化控制器：CompactLogix 5370 系列 1769-L36ERM，内置双 10/100M EtherNet/IP 工业以太网端口，支持线性和设备级环形（DLR）网络拓扑结构，基于 EtherNet/IP 工业以太网的集成运动控制，最多支持 16 轴集成运动控制。内置储能模块，无需锂电池。编程软件为 Studio5000。

2）微型控制器：Micro820 系列 2080-LC20-20QBB。该控制器内置 EtherNet/IP 工业以太网端口，内置实时时钟，无需使用电池。编程软件为 CCW。

3）伺服驱动器：Kinetix 5500 系列 2198-H008-ERS。基于 EtherNet/IP 工业以太网的集成运动控制，双以太网口支持线性和设备级环形网络拓扑结构，带有 TUV 认证安全扭矩关断（STO）控制。可支持伺服电动机和感应电动机。电源为单相交流 220V 输入。配套的伺服电动机的产品目录号是 VPL-A1001M-PJ12AA。

4）PanelView 800 系列终端，型号是 2711R-T7T。该终端的编程软件是 Design Station，它是 CCW 软件的一个组件。用户无需连接到终端即可在 CCW 软件中直接用 Design Station 创建终端的人机界面应用程序。

2. 实验运动控制系统网络结构

实验运动控制系统网络结构和设备组成如图 3.42 所示。2 个控制器、伺服驱动器、HMI 终端和上位机都通过以太网联接，由于这些设备的应用层都支持 CIP，因此系统采用的是 EtherNet/IP 工业以太网，通过以太网交换机组成星形结构。设备的 IP 地址分配是：Logix 控制器的 IP 地址为 192.168.1.5，Micro820 控制器的 IP 地址为 192.168.1.3，伺服驱动器的 IP 地址为 192.168.1.10，PanelView 800 终端的 IP 地址为 192.168.1.200。上位机的 IP 也在此网段内。

被控对象上的三个对射激光光电传感器（传感器 1、传感器 2 和传感器 3）与 Micro820 的三个开关量输入端子（IN 4、IN 5 和 IN 6）联接，在 Micro820 中编写程序，对这几个输入信号进行采样，采样后转换为 DINT 数据，CompactLogix 控制器从 Micro820 中读取这三个数据，并转换为布尔量，用于皮带轮的运动控制。这里要进行数据转换是因为 CompactLogix 的 MSG 通信指令不支持 BOOL 类型变量。

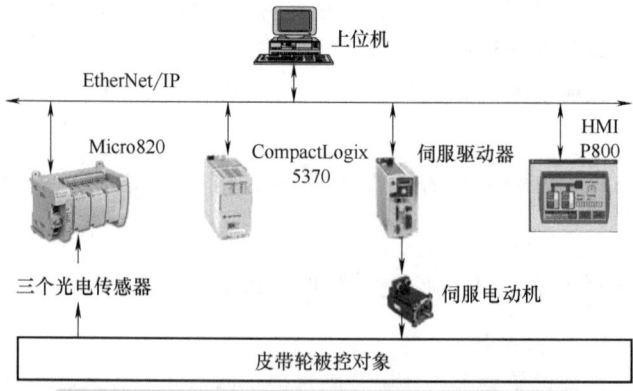

图 3.42 实验运动控制系统网络结构和设备组成

3.6.2 实验系统网络通信与运动控制编程

1. Micro800 控制器与 Logix 控制器以太网通信程序设计

由于这两个控制器都是罗克韦尔公司的产品，因此其以太网通信比较简单，利用 Logix

控制器的 MSG 指令就可以实现，如图 3.43 所示。MSG 指令属于输入/输出类指令。首先在控制器标签组定义类型为 MESSAGE 的全局变量 MSG_Sensor1。然后插入 MSG 指令。在 Message Control 后面的"?"处输入或查找到 MSG_Sensor1。如果希望该指令能不停地反复执行，梯级条件则使用该指令 MESSAGE 结构数据标签的使能位的 EN 属性的常闭触点。

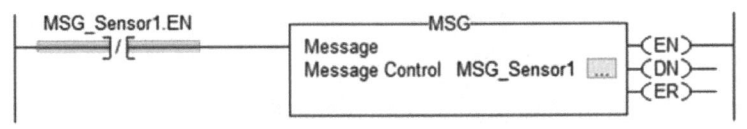

图 3.43 MSG 指令的梯形图程序

除了上述程序，还需要对指令进行组态。双击 MSG 指令中的 ，打开如图 3.44 所示的消息组态页面。首先组态①处的"Configuration"，在 Message Type 中选择"CIP Data Table Read"。表示 Logix 控制器从 Micro820 中读取数据，其中源数据需要填写对方控制器的变量，而目的数据元素需要填写本控制器的变量。因此，在"Source Element"中输入 Micro820 中定义的 DINT 类型全局变量 Sensor1_820；在"Number Of Elements"中输入 1；在"Destination Element"中输入 Logix 控制器中定义的 DINT 类型全局变量 Sensor1_D。还可以通过页面中的"New Tag"来定义 Logix 中的相关变量。按"确定"退出该页面组态。当获取 DINT 类型变量后，若 Sensor1_D 数值为 1，则程序可以把表示传感器信息的 BOOL 类型变量 Sensor1_Data_CMX 置 True。

如果两个控制器要通信的参数不止 1 个，此时，可以定义 2 个全局数组，如在 Micro820 中定义 1 个 10 维数组 M820DATA［10］，在 Logix 控制器中定义一个 10 维全局数组 Temp_CMX［10］，在 MSG 指令配置界面，在"Source Element"中输入 Micro820PLC 中定的全局变量 M820DATA［1］；在"Number Of Elements"中输入 10；在"Destination Element"中输入 Logix 控制器中定义的全局变量 Temp_CMX［1］。在填写数组变量时，要求其数组长度不超过数组定义时的实际维数，否则 MSG 指令执行时会提示错误。此外，地址中数组变量必须指定首个元素编号。例如，这里可以采用数组方式一次性把三个传感器的信号从 Micro820 读取到 Logix 控制器中。

如果要把 Logix 控制器中的参数写入 Micro820 控制器中，则在图 3.44 的配置界面中，在①处"Configuration"设置页，在 Message Type 中选择"CIP Data Table Write"。图中的目的数据元素为对方控制器变量地址，需要键入对方控制器的全局变量，源数据元素为本控制器数据变量，可以在本控制器的全局变量中已有的数据变量中选择，也可以临时创建。因此，可以看出，不同的数据传送方向，读数据或写数据决定了 MSG 指令中源数据和目的数据地址的不同。

接着配置通信参数，单击图 3.44 中的②处，出现如图 3.45 所示的对话框。其中的"Path"是通信的路径，这里填写的是 2，192.168.1.3。路径中的第一个 2 表示 CompactLogix 控制器，后面跟的是 Micro820 的 IP 地址。路径也可以通过"Browse"来选择。所谓路径是指从一个控制器出发，到达另外一个控制器所经历的通道。路径与数据传送方向无关，不论 MSG 指令的操作是读信息还是写信息，路径总是从 MSG 指令发动的控制器指向被 MSG 指令访问的控制器。从路径的填写可以看出，路径是有一定的结构规格的，一般由一个或多个路段构成，路段复杂时可以通由不止一个网络，甚至可以是不同类型的网络。页面中"Cache Connections"是缓冲式连接，此项被勾选，表示这条MSG指令固定地占用一个控制器的连接；如果取消，则表示只有在运行这条MSG指令时才会占用控制器的连接。

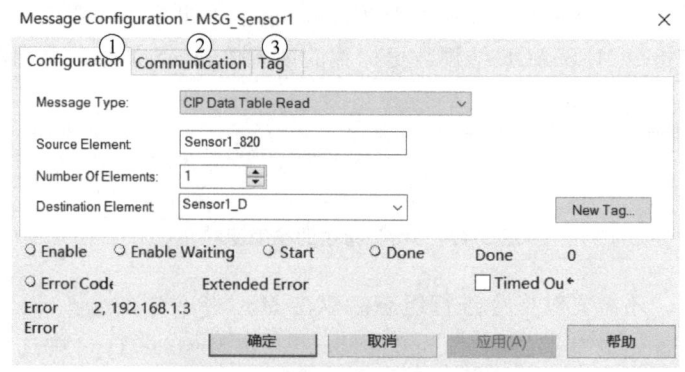

图 3.44　MSG 指令通信类别选择

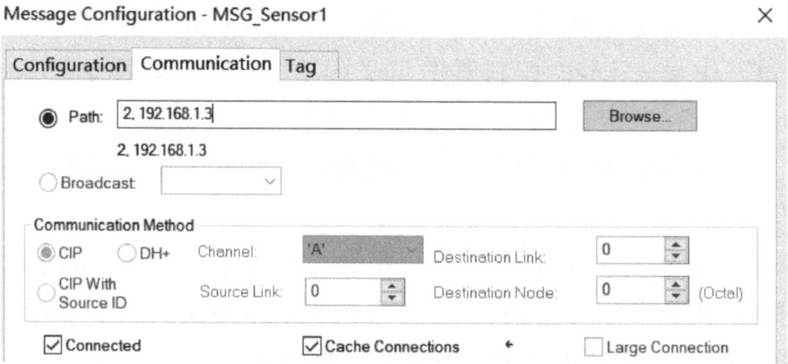

图 3.45　MSG 指令通信参数配置

MSG 配置的第三个属性页是 Tag，单击图 3.44 中的③处，可以看到名称是 MSG_Sensor1，这里不用组态。

由于缓存式的连接在控制器中是有数量限制的，每个控制器不超过 32 个，这就意味着如果这种通信类型的 MSG 指令在同一个控制器中的使用数量要超过限量，就不得不取消"Cache Connections"的选项，还需要编写轮流执行 MSG 指令的逻辑程序，并互锁执行。需要注意的是，每个控制器限制 32 个缓存式连接并不表明控制器程序中只能使用 32 个 MSG 指令。程序编写好后，分别下载到相应的控制器中，可以通过监控观察通信是否正常。

2. 运动控制程序设计

（1）运动控制工程建立与参数配置

1）新建工程、驱动器及进行参数配置。

要设计运动控制程序控制皮带轮对象运动，首先要完成硬件接线。然后，在 Studio5000 中新建工程，选择控制器为 1769-L36ERM，则可以生成一个包含该型号控制器的工程。在 I/O Configuration 下的 1769 Bus 文件夹下会有 1769-L36ERM TESTMOTION，其中 TESTMOTION 是工程名。还有一个 EtherNet 文件夹，下面有 1769-L36ERM TESTMOTION。因为这个控制器是集成了以太网接口的。若是独立配置的以太网模块，则需要添加并组态该文件夹下的模块。再在 EtherNet 文件夹下增加伺服控制器，选择 2198-H008-ERS。设备名输入 H0008ERS，并设置其 IP 地址为 192.168.1.10，其他属性保持缺省值。在控制器属性的

"Data/Time"页面要勾选"Enable Time Synchronization"(启用时钟同步)。伺服控制器的一些主要属性页面设置如下:

① 在 General 页面设置伺服控制器的 IP 地址、版本等。如版本不一致下载时提示要更新固件。

② 在 Connection 页面要勾选 ☑ Major Fault On Controller If Connection Fails While in Run Mode 。

③ 在 Power 页面根据伺服控制器的电源参数进行设置。这里用的是单相交流 220V。无共母线配置,无制动电阻。

④ 在 Digital Input 页面分别设置 Home/Registration1 (回零/记录 1) 和 Registration2。

2) 新建运动组,并把轴关联到运动组。

接着选中项目管理器中的 Motion Groups 文件夹,在该文件夹的 Ungrouped Axis 下新建轴类型为 AXIS_CIP_DRIVE、名称为 AXIS_1 轴。再选中 Motion Groups 文件夹,鼠标右键单击菜单的"New Motion Group",在弹出的对话框中输入组名 UM_Motion,其他用缺省值,单击"Create"。这时产生了运动控制组 UM_Motion。双击 UM_Motion 文件夹,在弹出的对话框中把 AXIS_1 从 Unassigned 添加到 Assigned 中,这样就实现了轴和运动组的关联。然后在该对话框的"Attribute"文件夹下设置 Base Update Period 为 2ms。该时间表示 PLC 与伺服控制器之间非广播通信的时间间隔,该时间决定了运动控制任务运行的周期。当运动控制任务运行时,它会中断大多数其他的任务,而不管它们的优先级。通常运动控制任务执行的时间不能超过控制器所有任务执行时间的 50%。

3) 配置轴特性。

双击 AXIS_1,弹出如图 3.46 所示的 AXIS_1 的属性对话框,在左侧"Categories"下有较多的参数类别要设置,现解释主要的参数。

① 通用特性。

在 General 设置页,使用的伺服控制器只能选 Motor Feedback,见①处。在②处选择"Tracking",在③关联的伺服控制器模块 H0008ERS 可从下拉菜单选择,这时③下面的三个参数会自动显示出来。

Application Type (应用类型) 选项指明了运动控制应用的类型并被用来设置增益整定配置位属性,它确定了合适的增益设置。它们的组合确定了如何进行计算,这会降低执行自动整定或手动整定的任务。

Loop Response (回路响应) 选项的设置也会影响所进行的计算,并可以最大限度地减少执行自动整定或手动整定。回路响应会影响位置和速度回路以及比例和积分增益。这个响应设置会影响跟踪给定的曲线的激进程度。

② 配置伺服电动机。

双击"Categories"下的 Motor,弹出如图 3.47 所示的对话框,在①处选择目录号,然后单击②处,在下拉菜单中选择本实验系统使用的 VPL-A1001M-P 伺服电动机(见③)。这时,该电动机的所有参数自动在④下方全部显示出来。如果在①处选择其他选项,则用户需要自己输入电动机的参数。

电动机配置好后,Analyzer 和 Motor Feedback 参数可以不配置。因为这里用的是罗克韦尔配套的电动机。

③ Scaling (标定)。

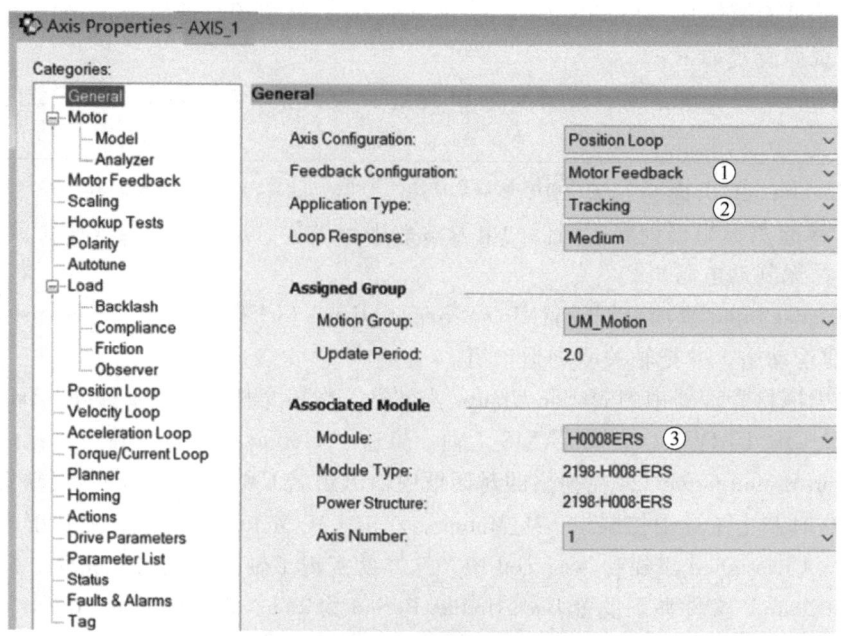

图 3.46 设置轴的通用参数

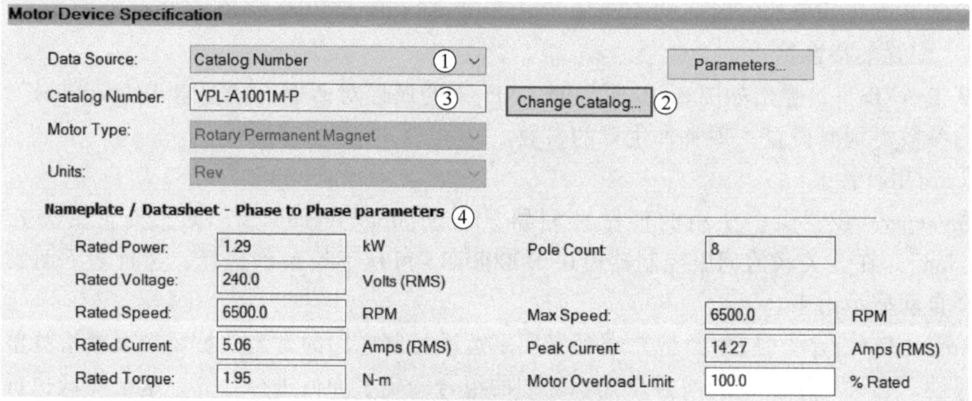

图 3.47 配置伺服电动机

标定设置页面如图 3.48 所示。Load Type（负载类型）有三种，这里选"Direct Coupled Rotary"（旋转式直连），见①处，因为这里没有减速度。另外 2 个是"Rotary Transmission"（旋转传动）和 Linear Actuator（线性执行器）。选了上述负载类型后，②处的 Transmission（减速比）就变灰了。若选其他负载类型，则要根据机械设备参数进行设置。③处的标定用缺省值，即马达走 1 圈，机构走 1 个单位。④处的 Travel（行程）选循环。在实际项目中，机械工程师会给出减速比等参数。

④ Homing（回零）。

有主动和被动两种回零模式，这里选主动。主动回零模式有 4 种，这里选 Immediate（立即）。另外 3 个是开关、标记、开关-标记。

⑤ Hookup Tests（连接测试）。

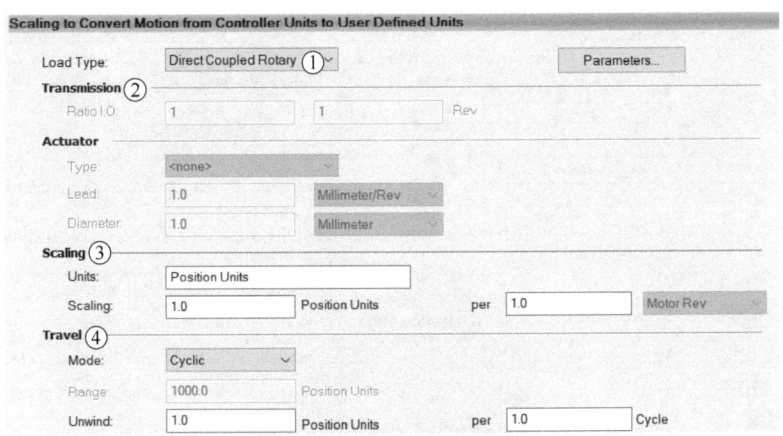

图 3.48 标定设置页面

有三个选项卡，分别是：

a. Motor and Feedback，即自动测试电动机和反馈接线，并确定正确的极性。

b. Motor Feedback，即对电动机反馈的极性进行测试。

c. Marker，标记驱动器是否收到来自反馈设备的标记脉冲，需要手动移动轴。

一般情况下都选 Motor and Feedback，这里也是。

⑥ Autotune（自整定）。

可以打开 Load 下的 Observer 进行自学习，也可以在 Autotune 属性页的应用类型选择 Custom（用户），即进行用户自定义。在"Custommize Gains To Tune"这项下勾选"Velocity Feedforward"。如在应用类型选择其他选项，则"Custommize Gains To Tune"下的选项都是灰的，即不能选。还可以采用手动整定参数。

其他参数可以用缺省值。

（2）运动控制调试

运动控制轴配置完成后，可以不用写程序，直接把配置好的工程下载到控制器中。然后选中项目中的 Axix_1，单击鼠标右键，在弹出的菜单中选"Manual Tune"，则弹出如图 3.49 所示的窗口，在窗口中选择 MSO，再单击"Execute"，如果执行成功则可以听到电动机上电的声音。再选择 MAJ，填写/修改命令参数，比如，只把速度改为 1，其他参数不变，则可以看到皮带轮按命令中指定的方向和速度运行。命令执行的情况在输出窗口"Errors"中有显示。

（3）运动控制程序编写

1）控制要求。

这里使用 Studio 5000 编程，用程序实现对皮带位置的运动控制。限于篇幅，且编程不是本书的重点，这里只实现 2 个基本控制功能，并在触摸屏和 FT Optix 上都能进行显示和控制。

① 设定皮带的初始位置：皮带上的定位孔 1 和定位孔 2 分别位于传感器 1 的两侧（传感器 1 在定位孔 1 和定位孔 2 之间）。在触摸屏上按动启动按钮后，通过程序控制，使皮带以 2.0 单位/秒的速度正向（顺时针）运行，当皮带上的定位孔 1 到达传感器 1 位置时，皮带停止运行。起动命令是布尔型，标签名为 Start2_Cmd_CMX，是人机界面中的瞬时型按钮。

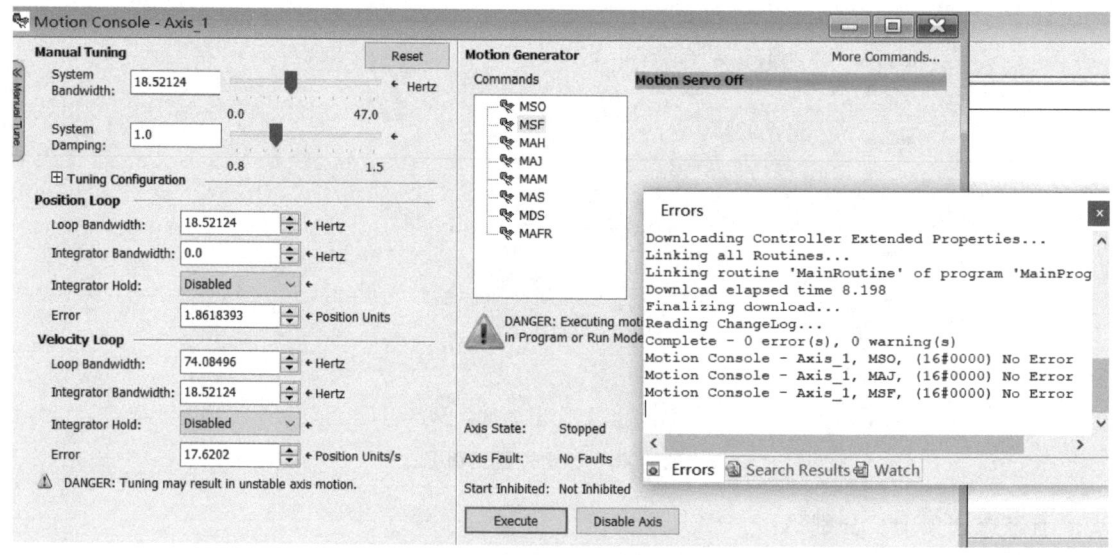

图 3.49 对伺服电动机进行调试

② 设定皮带的初始位置：皮带上的定位孔 1 位于传感器 1 的位置。通过程序控制，使皮带以 2.0 单位/秒的速度正向（顺时针）运行，当皮带上的定位孔 1 运行至传感器 2 位置时，皮带停止 2s，然后以 1.0 单位/秒的速度继续运行；当皮带上的定位孔 1 到达传感器 1 的位置时，皮带也停止 2s，然后以 2.0 单位/秒的速度继续运行，皮带一直如此变速运行，直至系统接收到停止命令。皮带运行和皮带停止这两个控制命令是布尔型，标签名分别为 Start3_Cmd_CMX 和 Stop3_Cmd_CMX。

2）程序编写。

在 Studio 5000 编程环境下用梯形图编程语言编写控制程序，如图 3.50 所示。前 3 个梯级是把从 Micro820 控制器通过 MSG 通信获取的三个传感器信息（整形）转换为布尔变量。梯级 1 还对经过传感器 1 的小孔数量进行计数。

由于该程序主要是调用运动控制指令，同时注意时序逻辑，程序不复杂，结合注释，读者应该能理解。RSLogix5000 可以把程序导出为 PDF 等格式文件，但这样程序比较长。这里的程序是直接从梯形图编辑环境剪切过来的。任务 2 的开始梯级给出了 MAJ 指令较全的输入端口（这个梯级是从程序导出的 PDF 文件中剪切来的），其他梯级限于篇幅只给出了主要的端口。

3.6.3 运动控制系统上位机人机界面设计

1. 罗克韦尔公司 FactoryTalk Optix 可视化平台

2023 年罗克韦尔公司推出了新一代 FactoryTalk Optix 可视化平台，它是罗克韦尔公司可视化产品组合中新增的支持云的 HMI 产品。FactoryTalk Optix 平台将 HMI 开发协作、灵活部署、可扩展性和互操作性提升到一个新的水平。可实现数据访问和情境化的边缘连接等多种功能，能够设计和部署满足客户需求的人机界面和边缘应用程序。能在设备和机械设计生命周期的每个阶段（如开发、仿真测试、调试和部署等）帮助工业公司和原始设备制造商改进业务开发流程、效率和交付成果。

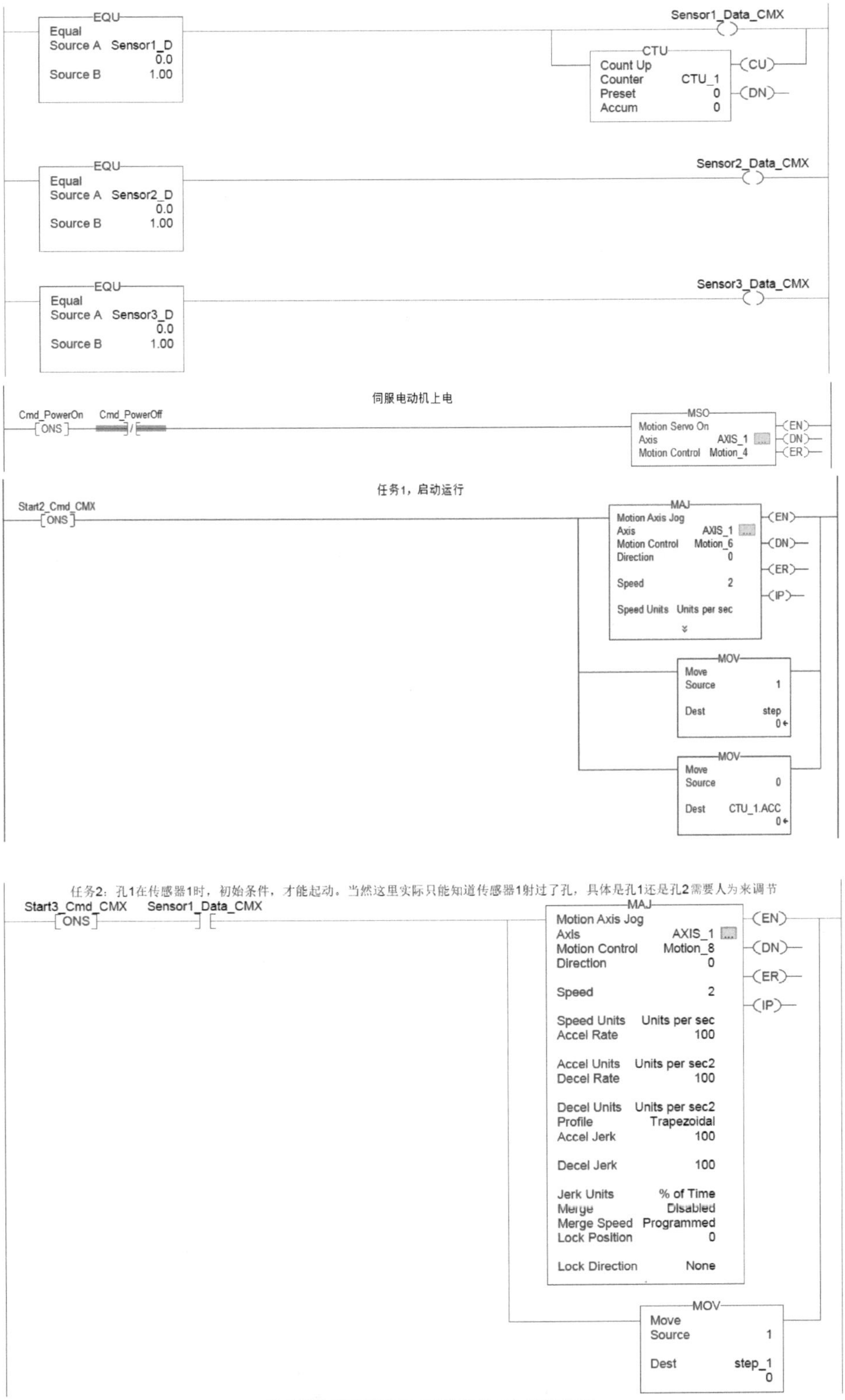

图 3.50　皮带轮控制站伺服程序

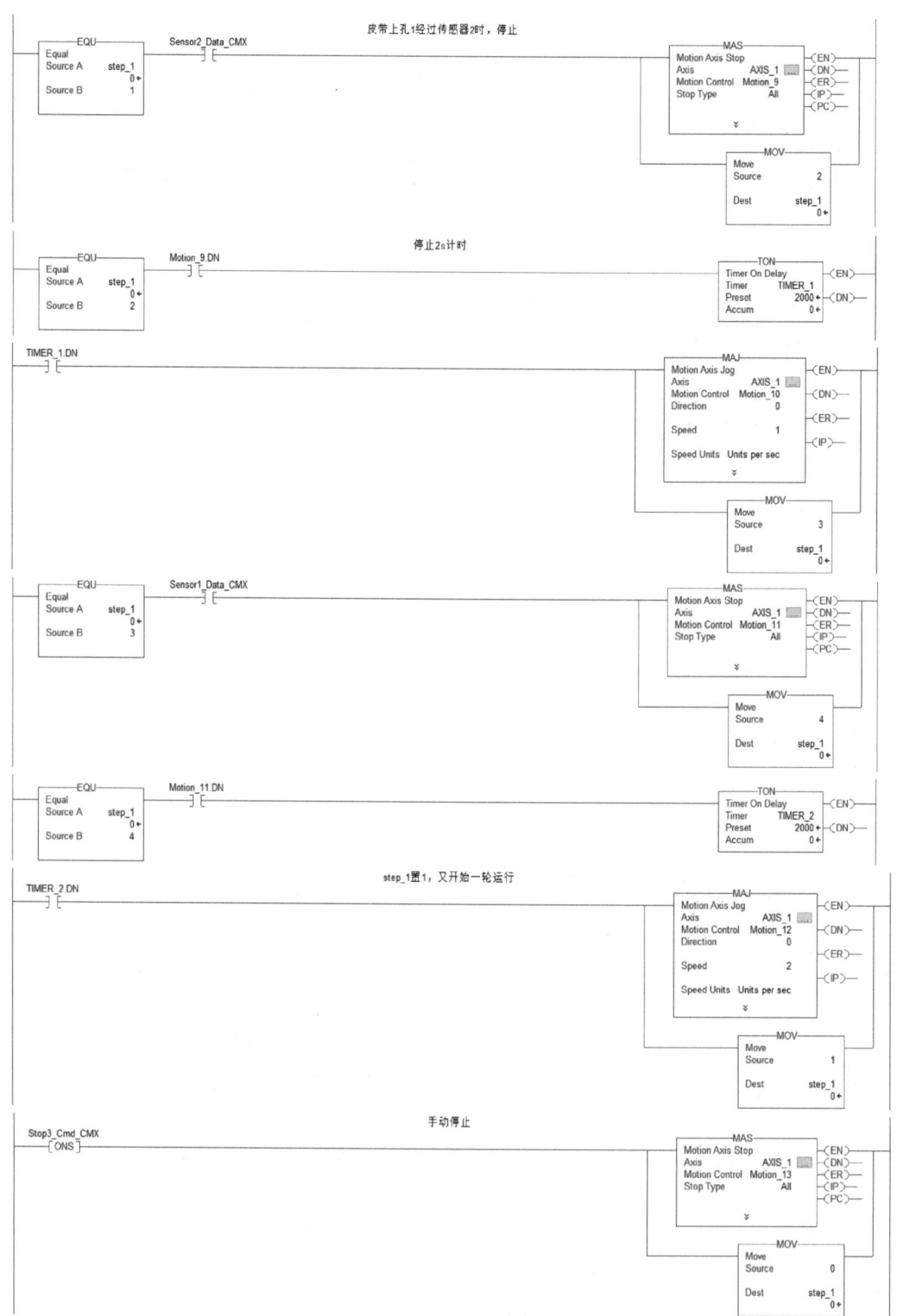

图 3.50 皮带轮控制站伺服程序（续）

该软件有两个版本,即云端的 FactoryTalk Optix Studio Pro 版和 PC 端的 FactoryTalk Optix Studio。用户可以通过浏览器访问 FactoryTalk Optix 平台,也可以将其下载到计算机上。该软件通过多用户协同开发、基于 Web 的设计和测试,以及集成版本控制,简化人机界面设计流程;通过可重用代码库、预构建配方、本地化、数据记录、样式表等来加速开发;使用 C#和其他现代编程选项构建自定义、易于学习的应用程序。

罗克韦尔自动化公司还推出了预装了 FactoryTalk Optix 软件许可证的 OptixPanel 图形终端,首次上电即可运行,成本低于工业 PC。该终端还可运行 FactoryTalk Remote Access 软件,实现安全的远程连接,用户可以在世界的任何地方查看、协助、管理设备,并进行故障排除。

此外,罗克韦尔自动化公司还推出了嵌入式边缘计算模块(插在 Logix 控制器机架上),可实现较强的 PC 或计算功能。该嵌入式边缘计算版本附带 XS FactoryTalk Optix 运行时许可证和 FactoryTalk Remote Access Runtime Pro 许可证,允许用户在本地和远程处理可视化数据。

2. 用 FactoryTalk Optix Studio 开发与部署运动控制实验系统人机界面

(1) 在 FactoryTalk Optix Studio 中开发人机界面

首先启动 FactoryTalk Optix Studio(后面简称 FT Optix),新建工程。选中 UI 下的 MainWindow,把其宽度和高度分别改为 800 和 650。再在 MainWindow 下新建一个垂直布局容器 VerticalLayout1,在该对象的属性窗口的大小和布局子栏下的水平对齐属性和垂直对齐属性都选择拉伸,这样窗口放大缩小时能适应不同显示器的分辨率,图形不会变形。

在垂直布局下再新建一个水平布局容器对象 HorizontalLayout1,水平对齐属性选择拉伸,高度改为 50。然后选中该对象,在该容器中新建基本控件 Label1,修改其文本为"运动控制实验系统 Optix 人机界面",再修改其颜色和文字大小、对齐等。该 HorizontalLayout1 的作用是人机界面的标题栏/窗口。

同样新建一个水平布局容器对象 HorizontalLayout2,用于放置报警控件。高度设置为 100,水平对齐属性选择拉伸。在库的 Widgets 中找到"报警网格",把该控件拖入到 HorizontalLayout2 中。调整其大小与 HorizontalLayout2 相适应。该报警窗口是一个小窗口,一直显示在人机界面的最下方,用于提醒操作员发生的实时报警。由于窗口只能显示几条报警消息,因此,把报警确认等按钮全部删除。若要进行报警操作,则单击导航面板的报警窗口。

在 VerticalLayout1 下新建导航面板 NavigationPanel1,设置其水平对齐属性为拉伸,高度为 500。后面在导航面板上加载建立的面板,即类似在导航面板上建立菜单的效果。

在 UI 目录下新建文件夹 Folder1,把其名称改为"面板"。在面板文件夹下新建面板 Panel1,把 Panel1 名称改为"系统总图",设置其高度为 500。然后选中该面板,再复制生成 4 个面板,名称分别改为"基础实验""复杂实验""报警窗口"和"用户管理"。

双击"基础实验"面板,在其中添加控制所需的各种控件,如标签、文本、趋势图、瞬时按钮等。根据需要设置其属性就可以。如图 3.51 所示。图中①是 FT Optix 菜单/工具条,②是以项目名为根节点的树形项目结构,这个和一般组态软件和高级语言比较类似。只是一般的组态软件面板/图形中的控件不会在该树形结构中显示,而 FT Optix 则显示所有的对象。③是建立的"基础实验"面板,④是该面板中新建的瞬时按钮,⑤是该按钮的属性设置窗口。所有的基本控件、容器等都可以在属性窗口进行设置。FT Optix 完全支持面向对象编程,甚至整个工程都是一个对象。因此,用 FT Optix 组态人机界面有些接近高级语言编程,与传统人机界面设计有一定的不同。

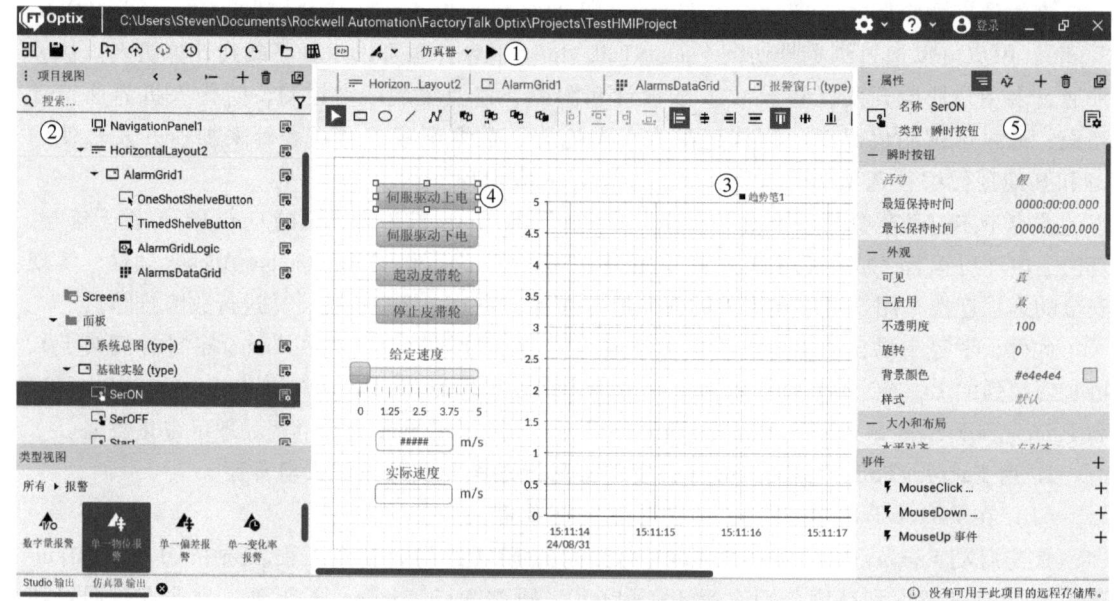

图 3.51 FT Optix 开发界面

在"报警窗口"面板中放入"报警网格",调整报警网格的每个条目,如时间戳、名称、源变量等宽度,使得报警窗口内容排布看起来合理。同时调整报警网格下方"确认""全部确认"等按钮大小和排布。

5 个面板建立后,分别按顺序用鼠标把这 5 个面板往导航面板 NavigationPanel1 上拉,如图 3.52 所示。这时可以看到导航面板上有 5 个导航按钮,名称就是面板的名称。可以把导航面板理解为菜单栏为空的窗体(窗体内容也为空),拖拉面板到导航面板就是给导航面板加载菜单以及菜单对应的窗体内容。这时切换到仿真运行,分别单击导航面板上的系统总图等,可以看到面板的内容随按钮的变化而变化。

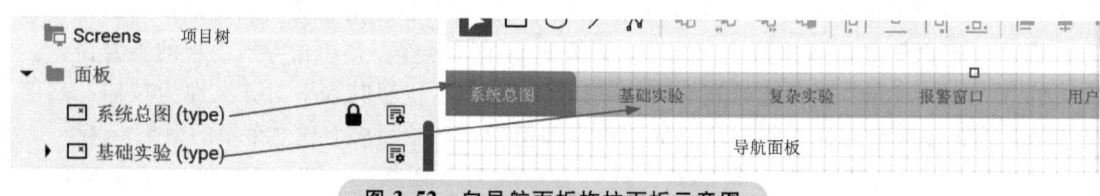

图 3.52 向导航面板拖拉面板示意图

这种拖拉操作在 FT Optix 中大量使用,例如,图 3.52 中可以用于变量输出的文本框(显示实际速度),用于速度给定的线性仪表的 LinearGauge(线性仪表)、伺服驱动上电之类的按钮,都可以把对应的变量(包括 PLC 中的变量和在"Model"中新建的变量)往这些控件上拖拉,这样就把这些控件与变量建立了关联。

在项目树下的 Alarms 下新建一个数字量报警 DigitalAlarm1 和排除性模拟量报警 ExclusiveLevelAlarm1。所谓排除性是指若模拟量设置了高报警和高高报警,则符合高高报警条件时,就不进行高报警了,而只进行高高报警。把要报警的数字量(SerMotorFau)和模拟量(PulleySpeed)拖入到 DigitalAlarm1 属性窗口的输入量和 ExclusiveLevelAlarm1 属性窗口中的输入量。DigitalAlarm1 的报警消息为伺服控制器故障,ExclusiveLevelAlarm1 的消息为皮带轮

HH 报警/皮带轮 H 报警，皮带轮低速不设置报警。若还有其他需要报警的变量就继续添加。

还可以在"基础实验"的面板中"新建"→"数据控件"→"趋势"（名称改为 VelTrend），在 VelTrend 的属性窗口的"笔"属性下可以进行属性修改（如改变笔的颜色），把控件的笔 X 轴的时间窗口改为"0000：00：30：000"，即趋势控件的 X 轴时长为 30s。最重要的是把控制器变量 ActualVelocity_CMX（皮带轮的实际速度）拖拉到"BaseDataType"右侧的框中，这样就可以显示该变量的趋势了。再单击 VelTrend 窗口中"笔"的右侧"+"，增加了一个趋势笔，把控制器变量 HMISpeedSet 拖拉到"BaseDataType"右侧的框中。这样该趋势控件就可以同时显示实际速度和给定速度的实时趋势了。

组态进行到这里，一个具备基本功能的人机界面框架就搭好了，后续就是编辑每个面板的内容。在人机界面开发过程中，可以随时切入仿真运行，检查设计效果。

在 FT Optix 的树形工程窗口的 CommDrivers 下，可以添加人机界面要连接的硬件设备，该软件支持主流的 PLC，包括西门子、三菱、欧姆龙、CODESYS 以及 Modbus 协议设备。当然罗克韦尔的 Logix 和 Micro800 系列 PLC 也是支持的。如果人机界面与 2 个罗克韦尔的 Logix 控制器和 1 个三菱 Q 系列 PLC 通过以太网通信。则在 CommDrivers 下新建 RAEtherNet_IPDriver1，在该条目下再新建两个 RAEtherNet/IP 工作站（RAEtherNet_IPStation1 和 RAEtherNet_IPStation2，这些名称都可以改），分别输入 2 个站的 IP 地址即可。同样，在 CommDrivers 下新建 MELSECQDriver1，再新建 MELSECQStation1，设置 IP 地址等参数。添加好这些 PLC 站点后，可以通过在线或离线方式把 PLC 中的变量/标签添加到人机界面中。FT Optix 也支持和罗克韦尔最新的 PLC 仿真软件通信，这样不用连接实物设备，就可以调试人机界面了。

需要注意的是，若 PLC 程序中变量更新后，如果是在线方式，TagImporter 必须重新在线连接一下，这些变量更改/添加才会有效，即在 FT Optix 的标签里变量才和控制器中的一致。除了控制器标签，MainProgram 中的标签也可以导入到 FT Optix 中。

（2）FT Optix 工程的部署

FT Optix 工程建立以后，就可以发布了。FT Optix 支持本地部署和云端部署。这里介绍 2 种本地部署方法。

第 1 种方法是，首先在开发平台把工程导出到一个文件夹，导出过程需要选择目标平台是 Windows 还是 Linux 等，以及导出文件夹的路径。然后把导出的文件夹拷贝到目标主机，运行文件夹下的 FTOptixRuntime.exe，则在目标环境中就运行人机界面了。为了确保人机界面能和 PLC 通信，要确保目标平台能访问 PLC 的 IP 地址。此外，如果没有软件的授权，该软件在目标环境只能运行 2h。

第 2 种本地部署方法是在目标主机安装 FT Optix 的运行环境支持工具软件"FactoyTalkOptixRuntimeToolsSetup_Win32.exe"，然后在 Emulator 下的 Local 处建立一个新的目标（名字可改），给这个目标填写 IP 地址、用户名（目标计算机）、目标地址（即要部署人机界面的计算机中的一个文件夹，会用来保存人机界面工程文件），可不勾选窗口中的加密选项。填写完成后，单击仿真图标运行，在弹出的窗口中填写目标计算机的密码。随后在弹出的窗口选择信任证书。首次部署过程需要一些时间。部署完成后，到目标计算机中，会发现该人机界面已运行，而且在目标地址下可以看到该工程文件。

图 3.53 所示为基于 FT Optix 的运动控制实验系统人机界面，连接的控制器是 1769-

L36ERM。这里展示了对皮带轮的控制，并对 3.6.2 节要求的运动控制功能进行了测试。从实时趋势曲线可以看到，皮带轮的实际速度与给定速度差别不大。

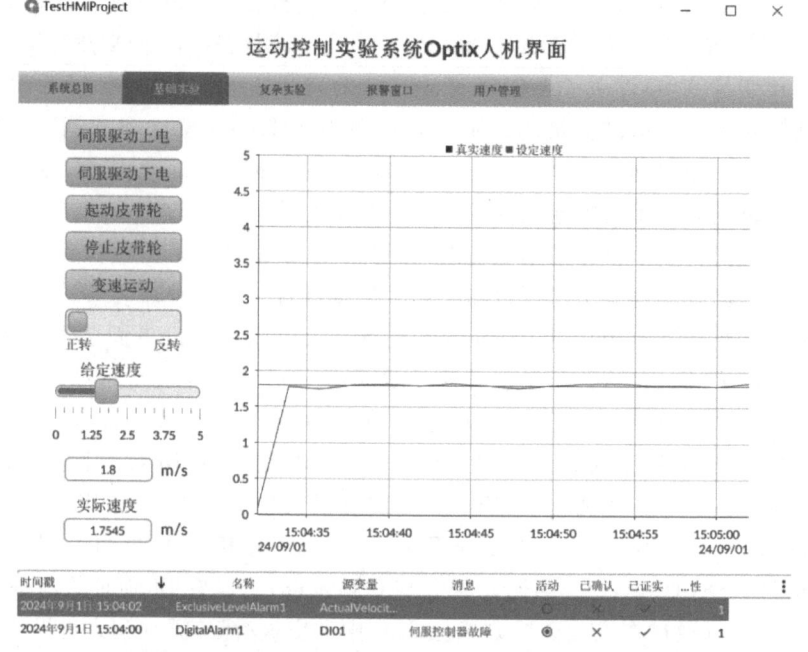

图 3.53 基于 FT Optix 的运动控制实验系统人机界面

3.7 基于 EtherCAT 的运动控制与数据采集系统案例

3.7.1 系统实验环境

以倍福公司的 TwinCAT3 主站为例，介绍基于 EtherCAT 的运动控制与数据采集系统配置方法，实现伺服驱动 SV660N 速度控制、转矩控制和位置控制三种运行模式。这些知识对于开发各类运动控制都是基础且重要的。

TwinCAT3 是倍福公司基于 PC 平台和 Windows 操作系统的控制软件，它利用 PC 的硬件，通过 TwinCAT 实时核来调度 PC 的 CPU 资源，完成实时的逻辑运算和实时控制。TwinCAT 可将任何一个基于 PC 的系统转换为一个带多个 PLC、NC、CNC 和机器人实时操作系统的实时控制系统。可模块化扩展的硬件和软件组件便于随时修改和添加功能，在需要时，控制解决方案具备的开放性不仅允许集成第三方组件，还可以为现有设备和系统定制改造方案，这样既能确保灵活性，又能保障客户的投资安全。TwinCAT 3 将所有开发组件集成到 Microsoft Visual Studio 中。从 PLC 编程到可视化和数据分析，所有操作都在一个集成式环境中进行。对于实时控制软件编程，可以在 IEC 61131-3 编程语言、C++ 和 MATLAB and Simulink 之间灵活选择。

SV660N 系列伺服是汇川公司的高性能中小功率的交流伺服产品。该系列产品功率范围为 50W~7.5kW，采用以太网通信接口，支持 EtherCAT 通信协议，配合上位机可实现多台伺服驱动器联网运行。

EtherCAT 运动控制实验环境设备配置见表 3.4。

表 3.4 EtherCAT 运动控制实验环境设备配置

序号	设备类别	型号	说明
1	控制器硬件	CX5130-0121	
2	控制器软件	TwinCAT 3.1.0 Build 4340	
3	伺服驱动器	SV660N	AC400V,1kW
4	电动机	MS1H3-85B15CD	
5	I/O 模块	EL1008,8 路 DI	采集开关量状态
		EL2008,8 路 DO	开关量输出控制
		EL3104：4 通道 AI	采集转矩传感器信号
		EL3318：8 通道热电偶输入模块	采集温度传感器信号
		EL5101：1 通道编码器输入	采集正交编码器信号
6	通信模块	EL6631：ProfiNetRT 通信模块	
7	耦合器	EK1100：EtherCAT 耦合器	

系统硬件与实验环境如图 3.54 所示。EK1100 将各 I/O 模块连接到 EtherCAT 网络中，EK1100 上面的 RJ45 接口是 EtherCAT 信号输入接口，连接到控制器 CX5130，下面的 RJ45 接口是 EtherCAT 信号输出接口，连接到 SV660N 伺服驱动器的 EtherCAT 输入信号接口，伺服驱动器上的 EtherCAT 输出信号接口可连接到下一个 EtherCAT 设备，形成网络级连，而不需要使用交换机。

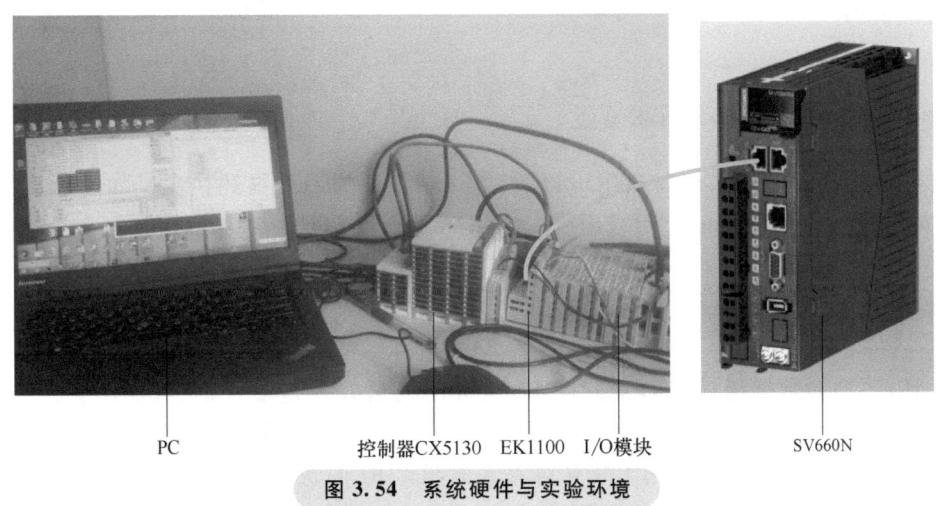

图 3.54 系统硬件与实验环境

3.7.2 建立工程并搜索设备

首先把 SV660N 的 EtherCAT 配置文件（SV660_EOE_1Axis_00915.xml）复制到 TwinCAT 安装目录：C:\TwinCAT\3.1\Config\Io\EtherCAT。此伺服驱动 XML 文件，描述定义了通信时所需要用到的各种数据，从结构上包括制造商信息和描述信息，TwinCAT 软件解析此

XML 文件，然后以可视化的形式显示出来。

打开 TwinCAT3，创建一个 TwinCAT3 Project，搜索设备，选择 NC-Configuration，搜索到 660N 的从站并添加一个轴，如图 3.55 所示。I/O 模块也通过自动搜索进入 I/O 列表中，如图 3.56 所示。

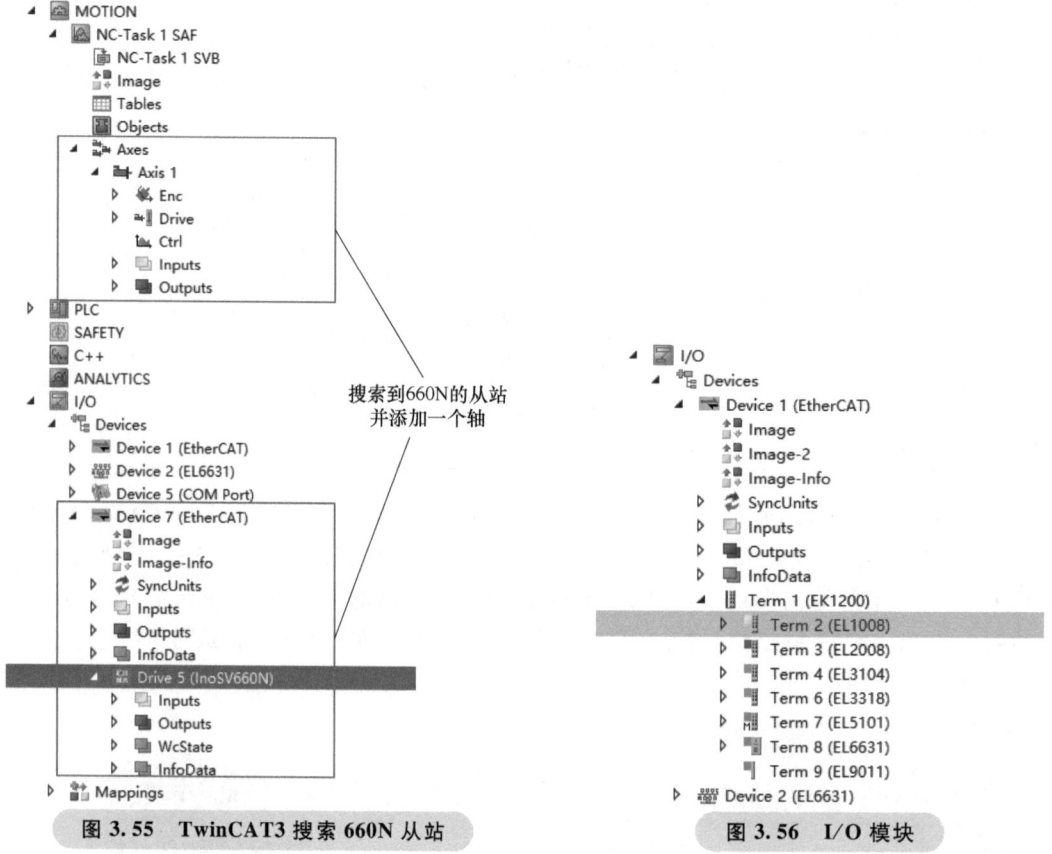

图 3.55　TwinCAT3 搜索 660N 从站　　　图 3.56　I/O 模块

单击 InoSV660N，在右侧窗口中可以看到 EtherCAT 的一般描述信息，如图 3.57 所示。如果再单击 Advanced Settings，可以看到 EtherCAT 通信协议的一些详细内容，一般取默认设置即可。

3.7.3　伺服驱动 PDO 配置

EtherCAT 实时数据传输过程通过 PDO 实现，根据数据传输方向，PDO 可分为 RPDO（Reception PDO）和 TPDO（Transmission PDO），RPDO 将主站数据传送至从站，TPDO 将从站数据反馈至主站。PDO 映射用于建立对象字典与 PDO 的映射关系。1600h~17FFh 为 RPDO，1A00h~1BFFh 为 TPDO。在本案例中，RPDO 选用固定映射 1704h，如图 3.58 所示。

1704h 映射 9 个对象，共 23 个字节，可使用的伺服模式有 PP、PV、PT、CSP、CSV、CST。9 个对象分别为：

6040h：控制字；607Ah：目标位置；60FFh：目标速度；6071h：目标转矩；

6060h：模式选择；60B8h：探针功能；607Fh：最大转速；60E0h：正向转矩限制；

60E1h：负向转矩限制。

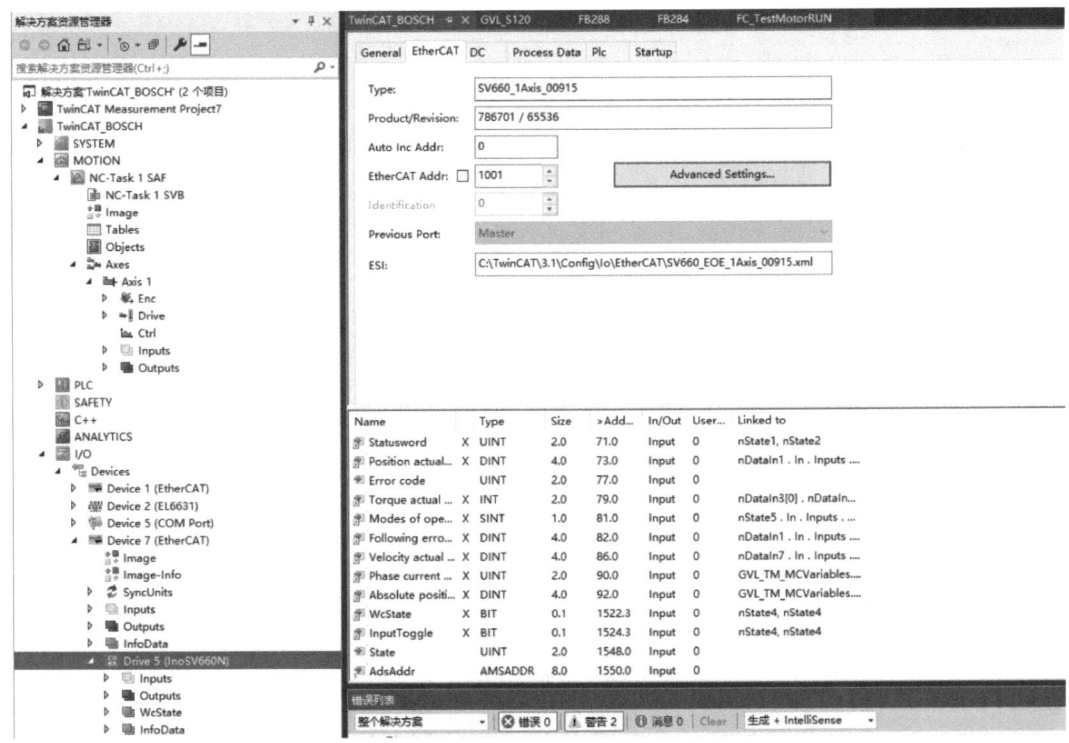

图 3.57 SV660N 从站的 EtherCAT 一般描述信息

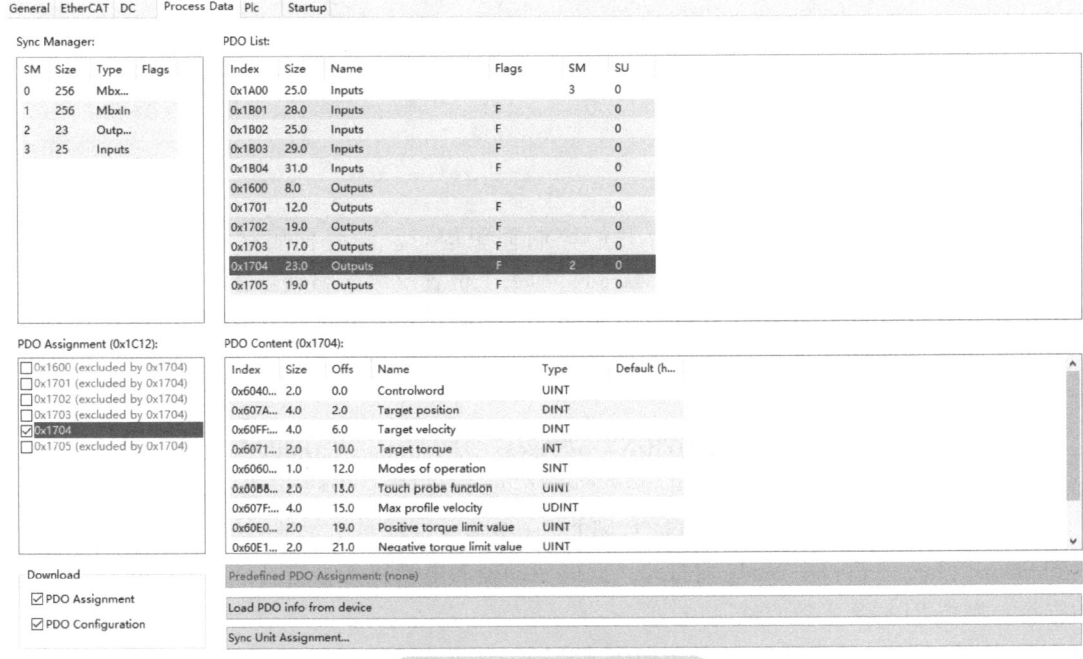

图 3.58 设定 RPDO 映射

TPDO 选用可变映射 1A00h，如图 3.59 所示。

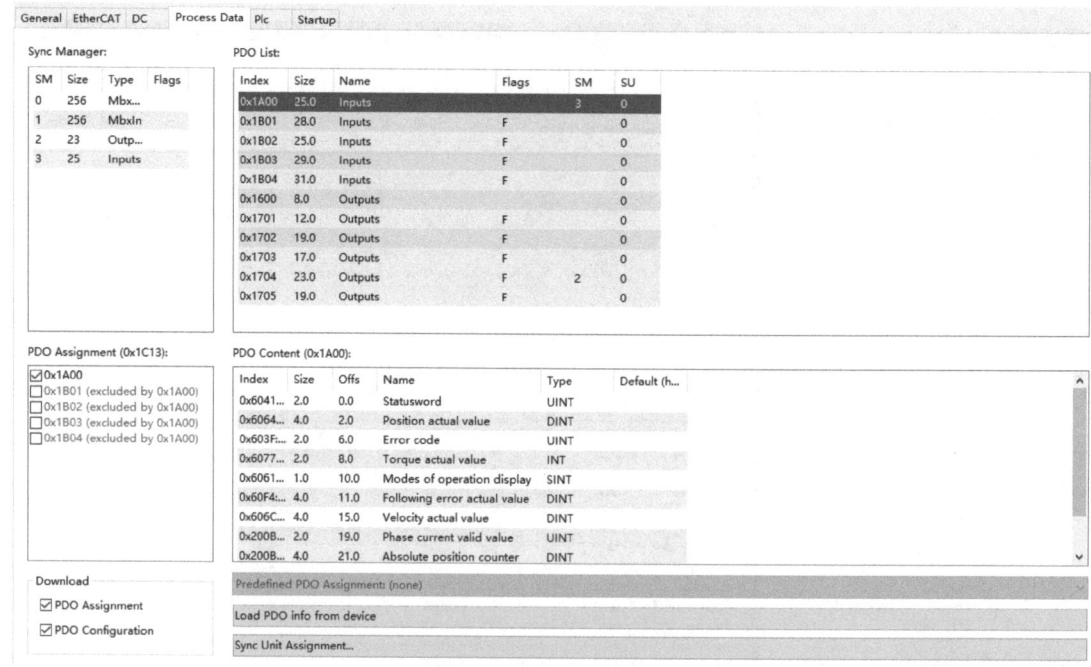

图 3.59 设定 TPDO 映射

选定的 9 个可变映射对象为：

6041h：状态字；6064h：位置反馈；603Fh：错误码；6077h：转矩反馈；
6061h：模式显示；60F4h：位置偏差；606Ch：速度反馈；200B：19：相电流有效值；
200B：08：绝对位置计数器。

PDO 配置仅可以在 EtherCAT 通信状态机处于预运行时进行配置，否则会报错。

3.7.4 控制伺服运行

1. 用编程软件调试伺服运行

激活配置并切换到运行模式，可开始控制伺服运行。设置伺服运行单位为 mm，如图 3.60 所示，并设置量化因子 Scaling factor，即每个位置反馈的编码器脉冲对应的距离。在本案例中，电动机转动一圈为 8388608 个脉冲，电动机转动一圈对应 60mm，则设置好 Scaling Factor 的分子和分母值，如图 3.61 所示，并设置编码器反馈模式为 POSVELO，用于计算位置和速度。

暂时屏蔽系统偏差，单击 "MOTION"→"Axes"→"Axis1"→"Online" 则可以在线调试，如图 3.62 所示：

1）选择 Online 界面下的 Enabling 右侧的 Set 按钮，选择弹出对话框 all 进行设置，可以看到 Status（log.）窗口中 ready 前打勾，此时驱动器和电动机无报错且已准备好执行运动控制指令，操作 F1~F4 手动调试。

2）F1 是反向快速点动，F4 是正向快速点动，速度在 Parameter 下设置。

3）F2 是反向慢速点动，F3 是正向慢速点动，速度在 Parameter 下设置。

4）F5 是启动，F6 是停止。

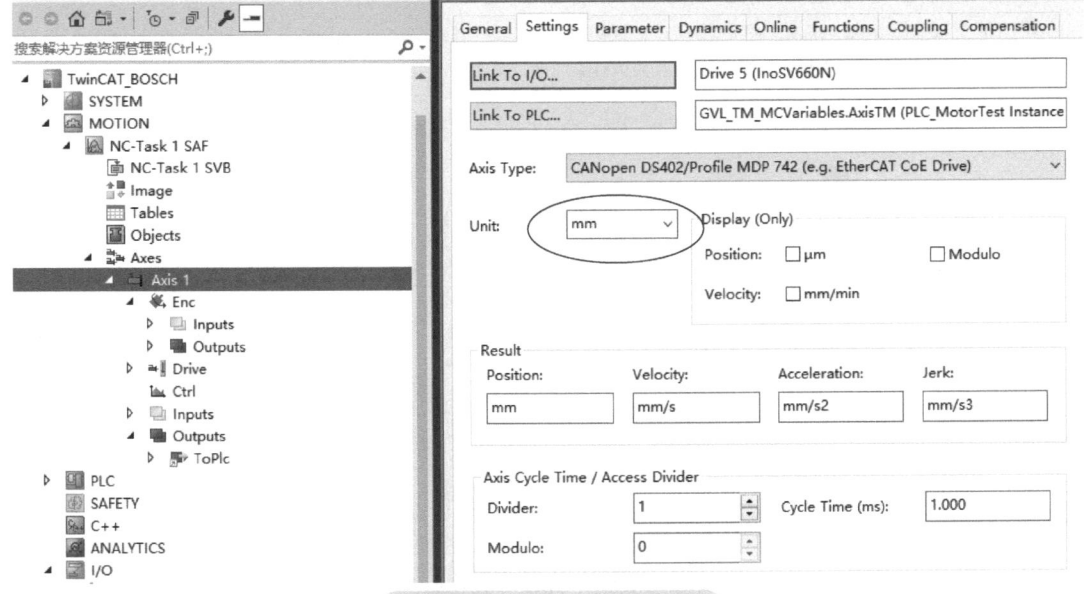

图 3.60　设定伺服运行单位

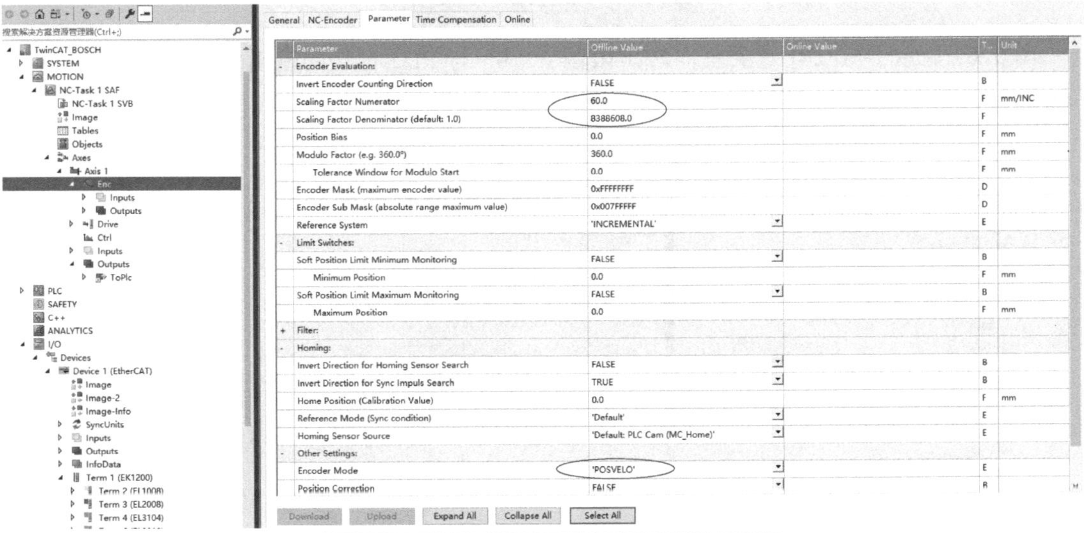

图 3.61　设置量化因子和编码器反馈模式

5) F8 是复位,当 Online 界面中 Error 出现报错信息时,可以通过 F8 进行复位。

2. PLC 控制伺服运行

添加运动控制库"Tc2_MC2",将轴与 PLC 中定义的变量 AxisTM:AXIS_REF 关联,定义 PLC 输入输出变量与 PDO 对象关联起来:

MC_TM_PmaxTorque AT %Q * :UINT;// 60E0h

MC_TM_NmaxTorque AT %Q * :UINT;// 60E1h

MC_TM_MaxProfileV AT %Q * :UDINT;// 607Fh

MC_TM_diPdoTargetVelocity AT %Q * :DINT;// 60FFh

MC_TM_ErrorID AT %I* : UINT; //603Fh
MC_TM_PhaseCurrent AT %I* : UINT;// 200B:19
MC_TM_AbsEncValue AT %I* : DINT;// 200B:08

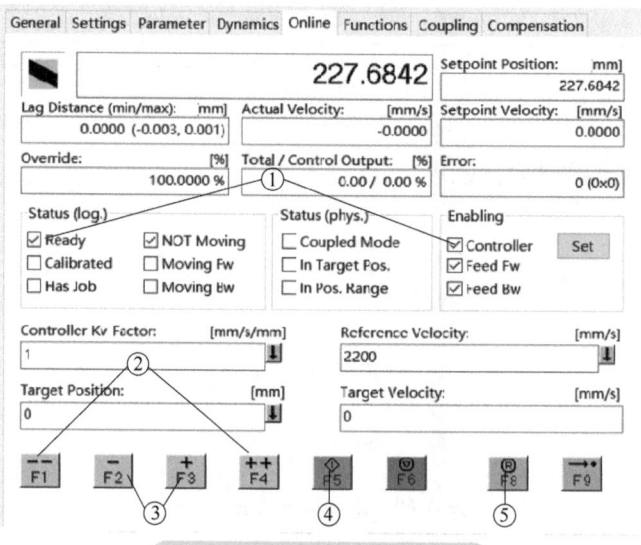

图 3.62 在线调试伺服驱动

图 3.63 显示了 RPDO 对象正向转矩限制 60E0h 与 PLC 定义的输出变量 MC_TM_PmaxTorque 的关联方法。

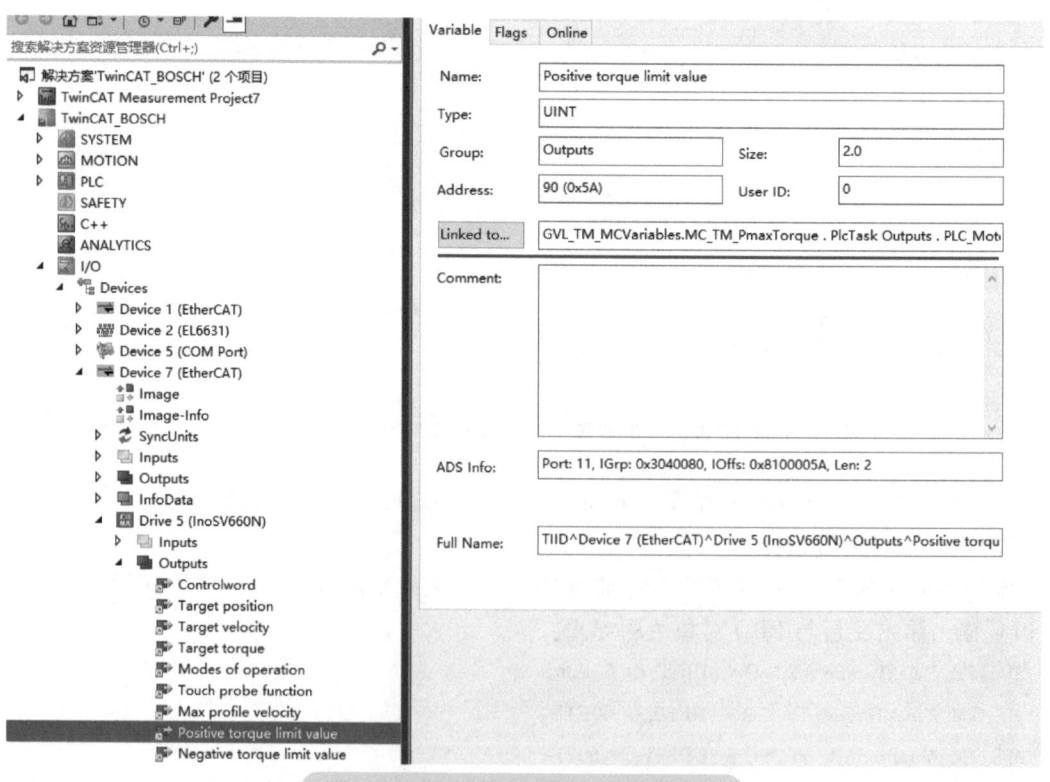

图 3.63 RPDO 对象与 PLC 变量关联

设置 10ms 的心跳信号：
BLINK_1(ENABLE:=TRUE,TIMELOW:=T#10MS,TIMEHIGH:=T#10MS,OUT=>bPulse_10ms);
首先读取伺服驱动状态：
MC_ReadStatus_TM(Axis:=AxisTM,Enable:=TRUE,Valid=>,Busy=>,Error=>,ErrorID=>GVL_TM_BasicControl.Status.ErrorID,ErrorStop=>,Disabled=>,Stopping=>,StandStill=>,DiscreteMotion=>,ContinuousMotion=>,SynchronizedMotion=>,Homing=>,ConstantVelocity=>,Accelerating=>,Decelerating=>,Status=>AxisState_TM);
读取轴的实际位置：
MC_ReadActualPosition_TM(Axis:=AxisTM,Enable:=NOT(MC_ReadActualPosition_TM.Error),Valid=>,Busy=>,Error=>,ErrorID=>,Position=>);
IF MC_ReadActualPosition_TM.Valid=TRUE THEN
GVL_TM_BasicControl.Status.ActPosition:=MC_ReadActualPosition_TM.Position;
END_IF
读取轴的实际速度：
MC_ReadActualVelocity_TM(Axis:=AxisTM,Enable:=NOT(MC_ReadActualVelocity_TM.Error),Valid=>,Busy=>,Error=>,ErrorID=>,ActualVelocity=>);
IF MC_ReadActualVelocity_TM.Valid=TRUE THEN
GVL_TM_BasicControl.Status.ActVelocity:=MC_ReadActualVelocity_TM.ActualVelocity;
END_IF
读取驱动运行模式：
MC_ReadDriveOperationMode_TM(Axis:=AxisTM,Execute:=bPulse_10ms,Options:=,Done=>,Busy=>,Error=>,ErrorID=>,DriveOperationMode=>);
IF(MC_ReadDriveOperationMode_TM.Done)THEN
GVL_TM_BasicControl.Status.DriveOperationMode:=MC_ReadDriveOperationMode_TM.DriveOperationMode;
END_IF
CASE GVL_TM_BasicControl.Status.DriveOperationMode OF
　　4:
　　　　CommandOutBuffer[2]:=8;　//位置控制模式
　　2:
　　　　CommandOutBuffer[2]:=9;//转速控制模式
　　1:
　　　　CommandOutBuffer[2]:=10;//转矩控制模式
END_CASE
在 TwinCAT 中，使用 TC2_EtherCAT 库中的 FB_EcCoESdoRead 功能块读对应的参数，定义：
fbSdoReadActualTorque:FB_EcCoESdoRead;
然后读取实际转矩值：
fbSdoReadActualTorque(sNetId:='192.168.0.100.7.1',nSlaveAddr:=1001,nSubIndex:=0,nIndex:=16#6077,pDstBuf:=ADR(MC_TM_ActualTorque),cbBufLen:=SIZEOF(MC_TM_ActualTorque),bExecute:=bPulse_10ms,tTimeout:=,bBusy=>,bError=>,nErrId=>,cbRead=>);
读取轴错误状态：
MC_ReadAxisError_TM(Axis:=AxisTM,Enable:=NOT(MC_ReadAxisError_TM.Error),Valid=>,Busy=

> , Error => , ErrorID => , AxisErrorID =>);

在读取伺服驱动运行信息，并判断状态正常后，可执行伺服控制命令：

使能或禁用轴：

MC_Power_TM (Axis: = AxisTM, Enable: = MC_PowerEnable_TM, Enable_Positive: = TRUE, Enable_Negative: = TRUE, Override: = MC_Powerride_TM, BufferMode: = , Options: = , Status => , Busy => , Active => , Error => , ErrorID =>);

控制轴相对运动：

MC_MoveRelative_TM (Axis: = AxisTM, Execute: = MC_MR_Execute_TM, Distance: = MC_MR_Distance, Velocity: = MC_MR_Velocity, Acceleration: = MC_TM_CSV_Acc, Deceleration: = MC_TM_CSV_Dec, Jerk: = 1000000.0, BufferMode: = , Options: = , Done => , Busy => , Active => , CommandAborted => , Error => , ErrorID =>);

控制轴点动运行：

MC_Jog_TM (Axis: = AxisTM, JogForward: = MC_JogFor_TM, JogBackwards: = MC_JogBack_TM, Mode: = JogMode.MC_JOGMODE_CONTINOUS, Position: = , Velocity: = MC_MaxVelocity_TM, Acceleration: = 1000, Deceleration: = 1000, Jerk: = , Done => , Busy => , Active => , CommandAborted => , Error => , ErrorID =>);

停止轴运行：

MC_Stop_TM (Axis: = AxisTM, Execute: = (MC_Stop_Execute_TM), Deceleration: = 1000000, Jerk: = 10000000, Options: = , Done => , Busy => , Active => , CommandAborted => , Error => , ErrorID =>);

中止轴当前运行：

MC_Halt_TM (Axis: = AxisTM, Execute: = , Deceleration: = , Jerk: = , BufferMode: = , Options: = , Done => , Busy => , Active => , CommandAborted => , Error => , ErrorID =>);

重置轴：

MC_Reset_TM (Axis: = AxisTM, Execute: = MC_Reset_Execute, Done => , Busy => , Error => , ErrorID =>);

写当前伺服驱动运行模式：

MC_WriteDriveOperationMode_TM (Axis: = AxisTM, Execute: = MC_WDOM_Execute, DriveOperationMode: = MC_OM_Write, Options: = , Done => , Busy => , Error => , ErrorID =>);

如下代码实现速度控制模式下的定转速运行。

先定义速度斜坡变量：

fbRampRealTargetVel: RAMP_REAL;

然后执行速度控制：

```
IF bCSV_SpeedMode = TRUE AND ( NOT MC_ReadStatus_TM.Disabled ) THEN
    IF GVL_TM_BasicControl.Status.DriveOperationMode = 2 THEN
        fbRampRealTargetVel.IN: = MC_TM_CSV_SpeedSet;
        fbRampRealTargetVel.ASCEND: = MC_TM_CSV_Acc;
        fbRampRealTargetVel.DESCEND: = MC_TM_CSV_Dec;
        fbRampRealTargetVel.TIMEBASE: = T#1000MS;
        fbRampRealTargetVel.RESET: = FALSE;
    END_IF
ELSE
        fbRampRealTargetVel.IN: = 0.0;
        fbRampRealTargetVel.ASCEND: = 10000.0;
        fbRampRealTargetVel.DESCEND: = 10000.0;
```

END_IF
fbRampRealTargetVel( );
MC_TM_SetVelCsvPdo: = fbRampRealTargetVel. OUT;
MC_TM_diPdoTargetVelocity: = REAL_TO_DINT(MC_TM_SetVelCsvPdo * 139810. 13333);

如下代码实现转矩控制模式下的定转矩运行。

先定义转矩控制变量：

MC_TorqueControl_TM:MC_TorqueControl;

然后执行转矩控制：

MC_TorqueControl_TM. ContinuousUpdate: = TRUE;
MC_TorqueControl_TM. Relative: = TRUE;
MC_TorqueControl_TM. Torque: = MC_TC_ValueSet;
MC_TorqueControl_TM. TorqueRamp: = MC_TC_TorqueRamp;
MC_TorqueControl_TM. VelocityLimitHigh: = MC_TC_VelocityLimitHigh;
MC_TorqueControl_TM. VelocityLimitLow: = MC_TC_VelocityLimitLow;
MC_TorqueControl_TM(Axis: = AxisTM);

3.7.5　EtherCAT 数据采集

本案例介绍 EtherCAT 增量编码器输入模块数据采集方法。Kistler 转矩传感器带有 8192 脉冲的正交编码器，将编码器 A/B/Z 差分信号分别接入输入模块 EL5101 通道 1 所对应的端子，系统自动搜索得到的 EtherCAT 信息描述如图 3.64 所示。

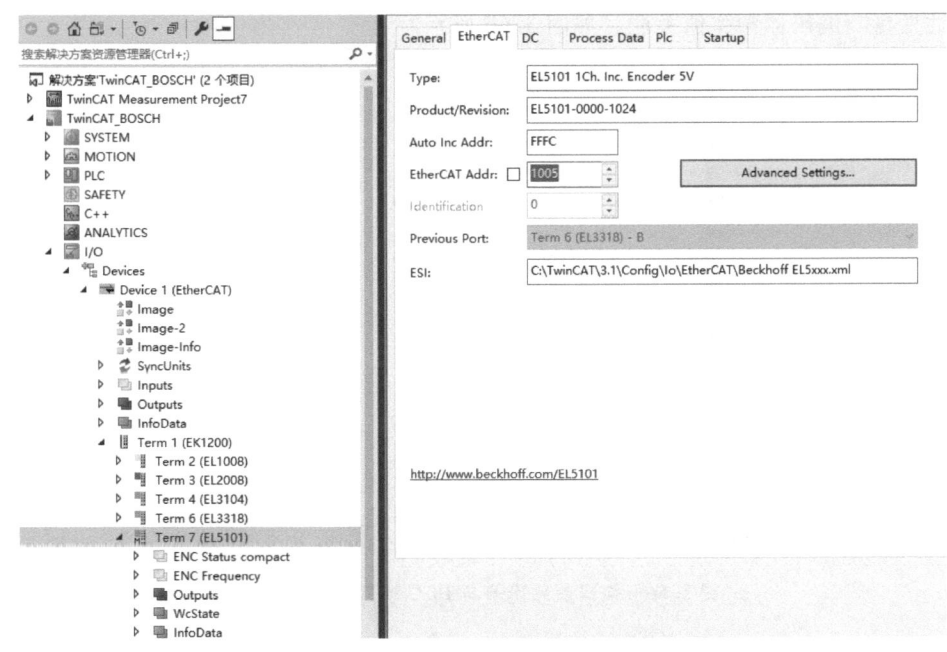

图 3.64　正交编码器 EtherCAT 信息描述

配置 TPDO 映射对象，勾选 1A05h 对象，如图 3.65 所示，EL5101 便可调出频率测量。定义一个编码器频率输入变量：

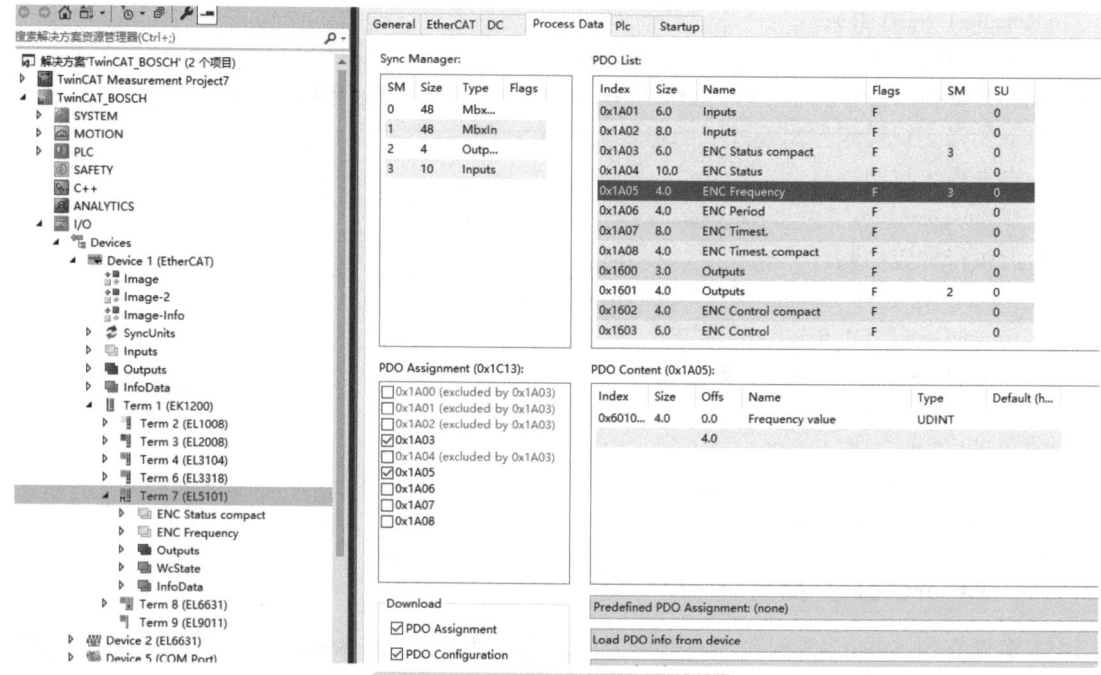

图 3.65 配置 EL5101 的 TPDO

Encoder_EL5101 AT %I * : UDINT;

将此变量与编码器频率值关联,如图 3.66 所示。

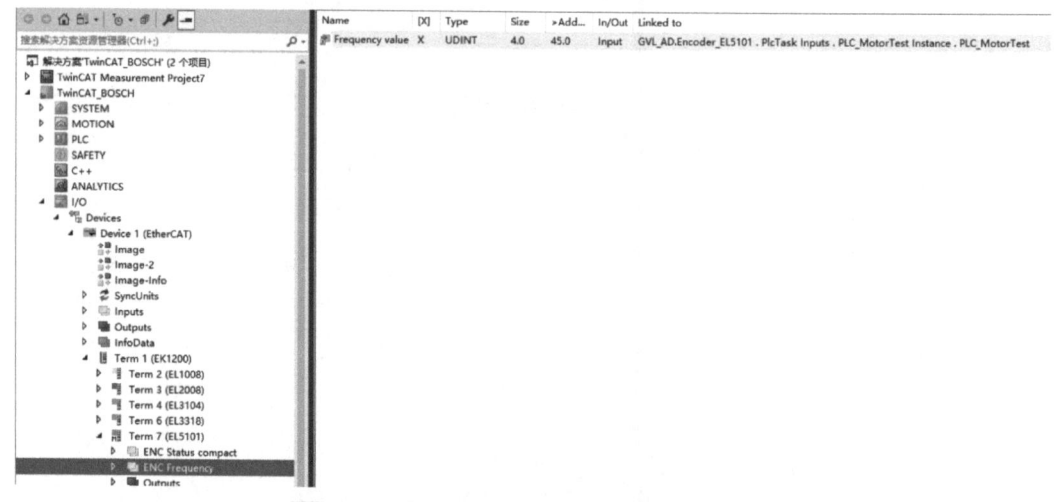

图 3.66 编码器频率值与 PLC 输入变量关联

得到的频率值乘以 0.01 即为实际频率值,再编程转换为转速值(rad/min):
SpeedData:= UDINT_TO_LREAL(GVL_AD.Encoder_EL5101) * 0.01 * 0.00732421875;
//转换为速度值,编码器 8192 脉冲,60/8192 = 0.00732421875
需要强调一下,上述 ST 语言中的程序需要在英文输入法下输入。

思 考 题

3-1　试说明工业以太网与商用以太网的异同。

3-2　主要的工业以太网有哪些？什么是工业以太网的实时性？举例说明 EtherNet/IP 是如何实现实时通信的。

3-3　ProfiNet 的实时通信协议解决方案有几种？它们都能使用商用以太网交换机吗？为什么？

3-4　试说明源/目的、生产者/消费者、订阅/发布这几种通信模式原理，并比较它们的异同。

3-5　EtherNet/IP 中的显式与隐式报文在传输上有什么不同？

3-6　根据 EtherCAT 通信原理说明 EtherCAT 为何在高速运动控制中广泛使用？

3-7　利用 Wireshark 抓包工具来分析一种工业以太网协议。

第4章 城市污水处理厂工业控制网络与系统应用案例

4.1 案例背景与概述

水是人类赖以生存的宝贵资源，也是受世界和地区限制的有限和可再生的资源。由于世界人口的增长和工业、农业生产的发展导致人类对水资源需求不断增加，全球范围内水危机事件频繁发生。我国是人口大国，人均水资源占有量仅为世界平均水平的 1/4，而且在时空分布上极不均匀，全国 600 多个城市大约有 2/3 的城市缺水。随着我国社会经济发展和城镇化进程加快，水资源短缺与用水需求不断增长的矛盾日益突出，同时，有限的水资源又受到水污染的严重威胁，城镇供水安全和水环境面临严峻的挑战。为了改变这种现状，除了要合理用水、节水外，污水的处理及再利用也极其重要。

各国政府都十分重视污水处理，20 世纪六七十年代以来，欧洲各国都将环境保护列为政府的一项重要职能。1926 年，第一座现代意义的污水处理厂在瑞士苏黎世 Limmat 河畔的 Werdholzli 建成投入使用。随后，世界各国建设了大量的城市污水处理厂。我国从 20 世纪 80 年代开始，污水处理行业得到初步发展。从 2002 年开始，污水处理行业进入全面发展期，全国城市污水处理无论在数量还是质量上都得到了迅速的发展。

然而，虽然国家和地方政府投入了巨额资金进行污水治理，但从全国范围来看，目前国内多数污水处理厂的运行状况并不好，一方面是由于地方政府缺乏持续的资金投入，另一方面是技术方面的因素，特别是污水处理厂的自动控制水平还有待提高。

本案例详细地介绍了国内某城市污水处理厂的工业控制网络与系统。污水处理厂工业控制系统属于典型的 SCADA 系统。首先在对其工艺介绍的基础上，明确了控制系统的功能需求。然后开展了控制网络与系统设计，对污水处理厂控制系统设备进行了选型与配置。接着重点阐述了污水处理厂控制系统开发内容，并给出了典型设备的功能块软件设计。最后对污水处理厂 SCADA 系统的调试与运行进行了分析。

该污水处理厂建设分两期进行，一期建造两组三槽氧化沟、外围泵站、厂区供配电、污水物理处理设施和厂区公共设施，PLC 控制设备选用罗克韦尔 ControlLogix 系列。二期只建造两组三槽氧化沟，PLC 设备选用西门子 S7-1500 系列。

4.2 某城市污水处理厂工艺及其控制系统功能要求

4.2.1 污水处理厂工艺流程

1. 总体工艺流程

某城市污水处理厂的设计能力为6万吨/日。该污水处理厂采用一体式三槽氧化沟工艺，共有4组氧化沟，每组日处理能力是1.5万吨污水，其工艺流程如图4.1所示。污水泵站收集的污水通过管道输送到污水处理厂，经过预处理去除污水中的漂浮物和砂石，并经过污水泵房潜污泵提升到一体式配水井，然后经配水井按照工艺要求分别进入氧化沟，氧化沟对污水进行生化处理，氧化沟出水经过加氯消毒（现在多采用紫外线消毒）后外排。氧化沟中的污泥经过排泥泵抽出，然后经过浓缩池、均质池后再用污泥脱水机脱水，再将泥饼运送到污泥堆场。污泥处理过程中的污水经过管道送入氧化沟再处理。

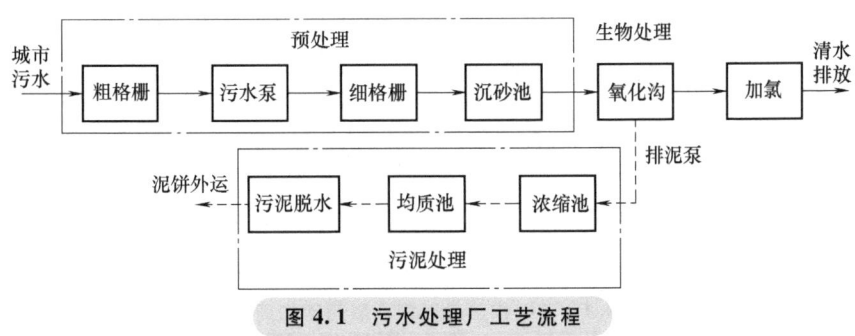

图 4.1 污水处理厂工艺流程

一体式氧化沟集曝气、沉淀、泥水分离和污泥回流功能于一体，曝气净化与固液分离操作同在一个构筑物内完成，污泥自动回流，连续运行，设备和池容利用率为百分之百。该工艺的主要特点是：工艺流程短、占地少、投资省、管理简便、处理效果稳定可靠，除能有效去除COD（化学需氧量）、BOD（生化需氧量）和SS（悬浮物）外，硝化和脱氮作用也很明显，剩余污泥量少，固液分离效率高。正因为如此，一体化氧化沟在我国中小城市污水处理厂中得到了广泛应用。

2. 氧化沟污水处理厂工艺

一体式三槽氧化沟属于交替工作式氧化沟，其运行时，三沟交替进行硝化和反硝化反应，两侧沟交替作为沉淀池。进水交替地引入氧化沟，出水相应地从两侧沟交替引出。进/出水连续，曝气转刷间歇工作。该污水处理厂采用的工艺是把每天24个小时分为3个周期，每个周期又分为A~H共8个阶段，三槽氧化沟工艺如图4.2所示。

图4.2中的英文含义及工艺介绍如下：

1）DN：反硝化。在缺氧状态下，微生物降解污水中的有机物，硝酸盐氮还原成氮气释放到大气中去。

2）N：硝化。在好氧状态下，有机物（BOD和COD）被去除，氨态氮分解氧化，转化为硝酸盐氮。

3）S：沉淀。泥水分离，污泥沉淀，上部清液经澄清后由堰门排出池外。

根据工艺的要求，配水井堰门的开启、关闭与氧化沟出水堰门的开启和关闭具有一定的关系。IW1 堰门对应 1 号氧化沟（边沟）进水堰门，出水堰门的编号为 W1、W2、W3、W4、W5、W6 和 W7。IW2 堰门对应 2 号氧化沟（中沟）进水堰门。IW3 堰门对应 3 号氧化沟（边沟）进水堰门，出水堰门的编号为 W8、W9、W10、W11、W12、W13 和 W14。每周期中各操作阶段时间及堰门动作周期见表 4.1。

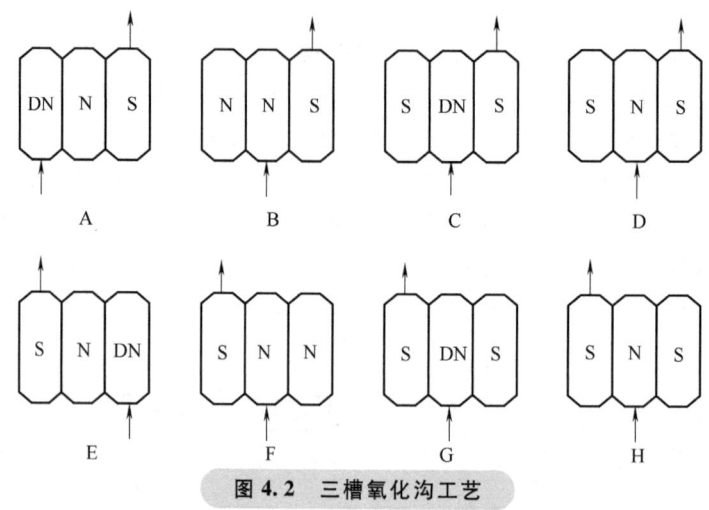

图 4.2　三槽氧化沟工艺

氧化沟系统操作非常灵活，当污水处理厂的进水负荷变化或水的成分变化时，操作人员可以调整每个阶段时间，控制系统也会自动调节溶解氧等工艺参数，确保污水达标排放。

表 4.1　各操作阶段时间及堰门动作周期

阶段	时间/min	开启堰门编号	关闭堰门编号
A	90	IW1	IW2　IW3
		W8 W9 W10 W11 W12 W13 W14	W1 W2 W3 W4 W5 W6 W7
B	90	IW2	IW1　IW3
		W8 W9 W10 W11 W12 W13 W14	W1 W2 W3 W4 W5 W6 W7
C	30	IW2	IW1　IW3
		W8 W9 W10 W11 W12 W13 W14	W1 W2 W3 W4 W5 W6 W7
D	30	IW2	IW1　IW3
		W8 W9 W10 W11 W12 W13 W14	W1 W2 W3 W4 W5 W6 W7
E	90	IW3	IW1　IW2
		W1 W2 W3 W4 W5 W6 W7	W8 W9 W10 W11 W12 W13 W14
F	90	IW2	IW1　IW3
		W1 W2 W3 W4 W5 W6 W7	W8 W9 W10 W11 W12 W13 W14
G	30	IW2	IW1　IW3
		W1 W2 W3 W4 W5 W6 W7	W8 W9 W10 W11 W12 W13 W14
H	30	IW2	IW1　IW3
		W1 W2 W3 W4 W5 W6 W7	W8 W9 W10 W11 W12 W13 W14

4.2.2 污水处理厂控制系统功能要求

1. 污水处理厂控制要求与内容

污水处理厂计算机监控系统能有效地实现对全厂设备的监控，这些设备包括：

1) 远程泵站设备。
2) 进水泵房水泵、粗格栅、螺旋输送机、压榨机。
3) 细格栅、螺旋输送机、压榨机。
4) 沉砂池鼓风机、分离机。
5) 氧化沟转刷、堰门、搅拌器、污泥泵。
6) 污泥浓缩机和搅拌器。
7) 污泥车间压滤机。

此外，计算机监控系统还实现对全厂电气设备的电气参数（主要为断路器状态、大功率设备电流等）、工艺参数（如进/出水水质、进水流量、氧化沟溶解氧、进水泵房液位等）进行集中采集和记录，对设备的运行工况（如工作、故障、运行时间等）进行监视和采集，最终实现对污水处理全过程的自动控制、监控和管理。计算机监控系统不仅要确保污水处理过程的安全、平稳运行和出水水质达标排放，还要有助于节约能源，提高运行效率，降低工人的劳动强度，提高生产管理水平。

2. 控制系统功能要求

SCADA 系统的主要作用是完成对污水处理整个工艺流程所必需的数据采集和处理、时间控制、顺序控制、先进控制、联锁保护和上位机监控等，具体内容如下：

1) 数据采集和处理：污水处理厂 SCADA 系统要采集的数据为数字量和模拟量信号，包括设备运行状态、工艺过程参数、控制设备运行状态、电气参数与通信网络状态等。

2) 时间控制：污水处理厂有些参数检测困难，因此，对相应的设备按照时间进行控制，如污泥泵可以根据工艺周期进行时间控制；格栅就可以按照一定的时间周期进行开关控制。整个污水处理工艺也是把时间分成不同的处理阶段而进行控制的。

3) 顺序控制：由于污水处理流程中不少设备的控制有一定的顺序，比如，进水泵和除砂机的控制就可以采用顺序控制，螺旋输送机和压榨机的控制也是属于此类，因此对于顺序控制，一定要掌握设备的动作顺序和条件。

4) 先进控制：采用先进控制可以明显提高污水处理厂的控制水平，实现优化运行。这些先进控制包括溶解氧浓度模糊控制、出水水质和溶解氧浓度串级控制、难于在线测量变量的软测量等。

5) 联锁保护：为了保证设备和人员的安全，联锁保护系统的设计十分重要。

6) 上位机监控：上位监控系统侧重于对过程的集中管理，如提供报警管理、参数集中显示、过程参数趋势分析和报表汇总等。

上述控制功能的实现，要求控制系统软硬件设备有较高的可靠性，因此，采用了国外主流的工业控制设备，并且对 SCADA 服务器进行了冗余配置，可以确保系统可靠工作。但是，由于污水处理厂工业控制系统和外界联网，可能会遭受网络攻击从而造成控制系统异常，因此加强污水处理厂控制网络安全防护也十分必要。

3. 系统控制方式要求

全厂计算机监控系统的控制方式为集中控制和现场控制两种方式，其中集中控制又分为自动控制和手动控制，正常运行采用集中自动控制方式。所谓集中控制是指所有的设备都选择了远程自动控制，因此，可以由 SCADA 系统统一进行自动控制或通过鼠标、键盘来手动控制。现场控制为手动控制，主要用于设备检修和调试。

集中自动控制包括半自动和全自动运行模式，在半自动运行模式下，溶解氧（Dissolved Oxygen, DO）的数值不参与设备控制，设备的运行是半自动选择开关的档位确定的；在全自动运行模式下，设备的运行要根据工艺周期、DO 数值和出水水质等参数确定。在集中自动控制时，在上位机上仍可以操控任意的设备。

集中和就地两种运行方式的设定是由设置在现场控制箱上的远程/现场转换开关完成的（有些设备在 MCC 柜上也有转换开关，则将两个转换开关相应档位串联）。在就地控制箱上还设有启、停按钮及信号灯等，只有当转换开关设置在"远控"档位时，各 PLC 控制站、中控操作员站才能控制该设备；转换开关的状态信息送到 PLC 控制系统中，以方便操作人员了解现场设备控制状态。

在系统运行过程中，若出现危害设备或对人身产生危险（如有人或物体坠入氧化沟）等意外情况，运行人员可操作急停按钮，控制系统立即停止所有的运行设备，以确保人员和设备安全。紧急停止是采用硬件切断方式工作的，紧急停止状态也要送到 PLC 中，以使控制程序也进入急停状态，同时为复位操作做准备。要重新起动系统，则必须消除故障和危险，并进行急停开关复位和系统复位。

4. 自动化程度等要求

通常污水处理厂操作人员的配备达不到大型工业企业技术人员的水平，因此，在污水处理设计时，要确保有较高的自动化程度，尽量减少操作人员的操作需求，甚至可以做到无人值守。特别是有些远程泵站比较偏远，发生运行故障后较难得到及时的维护，因此，对自动化程度和系统的可靠性要求较高。污水处理厂还有一个重要的需求就是其进、出水的水质参数能与上级监管部门联网，甚至重要水质参数的检测过程信息（如加药）等都要上传，以防止数据造假。因此，在进行系统设计时要考虑好这个需求。

4.3 污水处理厂 SCADA 系统设计

1. 污水处理厂控制系统设计原则

污水处理厂控制系统的设计目标就是要保证整个污水处理过程的安全、平稳和节能进行，确保出水水质达标排放，最大限度地提高运行效率，降低工人劳动强度，降低运行成本。此外，计算机监控系统对保护设备和人员安全、延长设备寿命也起着重要作用。为了实现上述目标，要合理选择控制方式，优化控制系统结构，加强控制软件设计，提高控制水平。

由于污水处理厂设备分散，国内外主要采用分布式控制系统架构对污水处理过程进行控制。本案例采用现场总线、工业以太网和分布式控制等先进技术设计污水处理厂计算机监控系统。系统采用分层结构，以实现分散控制、集中管理。开放的工业以太网协议可将各厂家的产品融合于一个系统，实现综合自动化的各种功能，提高自动化系统的安全可靠性，同时节省电缆，减少了设计和安装的工作量。

为了确保系统运行可靠，降低故障发生概率，减少维护工作量，对于控制系统中发生故障概率较高的检测仪表都选用国外品牌，如主要的过程检测仪表都选用德国 E+H 公司产品，仪表小屋的进、出水水质成份分析仪表主要选用日本岛津产品。

2. SCADA 系统总体结构与网络配置

（1）SCADA 系统总体结构

针对污水处理过程的特点，结合被控设备的分布、电气控制柜的布置和污水处理厂的监控需求，设计了如图 4.3 所示的污水处理厂 SCADA 系统。该系统由现场总线、工业控制网络和监控网络三级网络组成。三级网络连接了现场远程 I/O 站、PLC 控制站、SCADA 服务器和上位机系统。这是一种分布式控制系统架构，可实现分散控制和集中管理。由于采用了分布式控制结构，即使上位机系统故障，只要 PLC 正常运行，污水处理过程仍然处于受控状态。

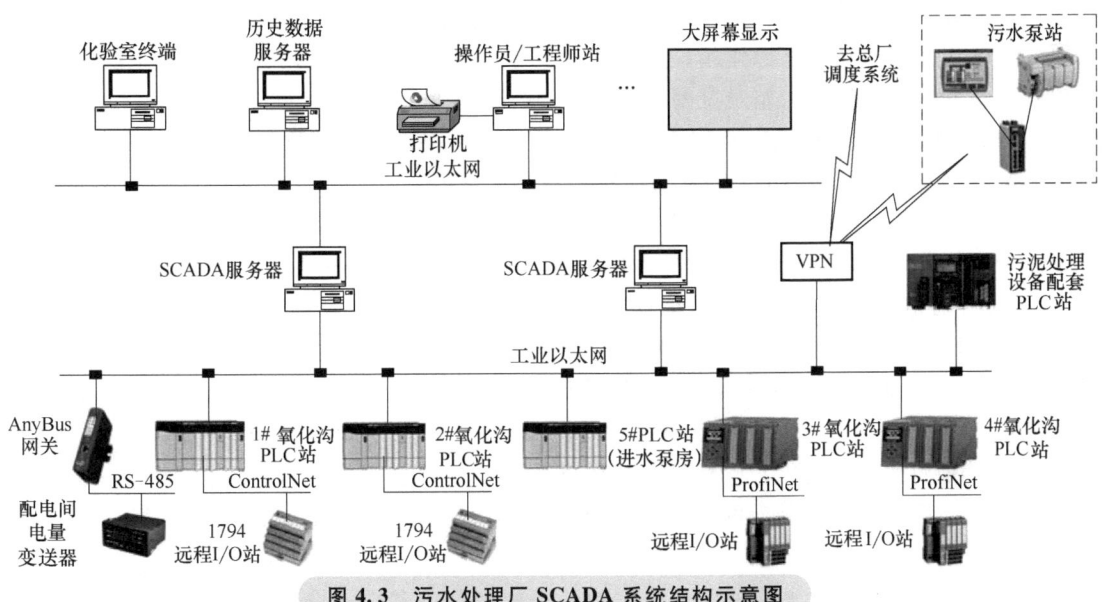

图 4.3　污水处理厂 SCADA 系统结构示意图

由于系统是分二期建设的，因此分别对系统的结构进行介绍：

1）一期的控制系统包括 1#氧化沟 PLC 站、2#氧化沟 PLC 站和 5#PLC 站。1#氧化沟 PLC 站、2#氧化沟 PLC 站采用了 ControlNet 网络，与现场的 1794 远程 I/O 站连接，主要采集氧化沟工艺参数和污泥泵、搅拌器的 I/O 参数。氧化沟其他的 I/O 信号没有进入远程 I/O 站，而是通过继电器隔离转换后再使用。例如，堰门的高、低位接近开关分别只有一路信号，但该信号既要进入 PLC，又要在堰门电气线路上作为控制信号使用。因此，该信号直接进入继电器，可以实现信号隔离，同时继电器有多个辅助触点，可以把继电器的 1 个辅助触点信号送入 PLC，再把另外的辅助触点信号接入堰门电气控制线路。此外，现场的一些信号是与电气柜内的主令信号进行连接，然后再进 PLC 的。例如，现场的转刷设备的远控允许信号，就与电气柜上的转刷控制"自动允许"信号串联后进入 PLC。

5#PLC 站还与配电间的 AnyBus7007 网关进行 EtherNet/IP 通信，该网关通过 RS-485 串行通信连接电量变送器，通信协议为 Modbus RTU，采集三相电源的电压、电流和有功功率、无功功率等电量参数。关于 AnyBus7007 网关的使用，详见本书第 6 章的案例。

2）二期的控制系统包括 3#氧化沟 PLC 站、4#氧化沟 PLC 站。这里采用了 ET 200SP 远程 I/O 站。远程 I/O 站接入的是氧化沟污泥泵、搅拌器的信号和工艺参数信号。

3）远程泵站配置有罗克韦尔 Micro850 控制器和触摸屏，通过虚拟专用网络（Virtual Private Network，VPN）与中央控制室的 SCADA 服务器通信。同时，总厂的调度系统与污水处理厂也通过 VPN 通信获取污水处理厂的生产信息。该污水处理厂共有 4 个远程泵站。

4）污泥处理设备自带的 PLC 通过 Modbus TCP 与中央控制室的 SCADA 服务器通信。上位机监控系统不对污泥处理过程进行控制，只进行数据采集和监视。

5）在安装 5#PLC 站的进水泵房、安装 1#氧化沟 PLC 站和 2#氧化沟 PLC 站的电气柜间、安装 3#氧化沟 PLC 站和 5#PLC 站的电气柜间分别安装 1 台触摸屏，该触摸屏只与本地的 PLC 进行通信，供工人巡视时就地查看相关设备和系统的运行情况。

6）整个 SCADA 系统配置了冗余的 SCADA 服务器，SCADA 服务器与现场的 PLC 站进行通信。上位机监控计算机只与 SCADA 服务器通信，不与现场 PLC 直接通信。中央控制室的监控系统还配置了化验室操作站，用于化验员输入各种分析数据，为 SCADA 系统优化运行提供必要的信息；操作员站是主要的人机接口，供操作员进行生产管理与操作。工程师站配置了各类 PLC 编程与系统配置软件，用于工程师进行系统维护等操作。

（2）污水处理厂 SCADA 系统网络配置

该 SCADA 系统网络包括 4 个远程泵站网络、厂区中控网络和厂区 5 个 PLC 站网络。远程泵站和中控 SCADA 服务器之间进行 VPN 通信。同时，污水处理总厂和该污水处理厂也通过 VPN 进行通信，获取企业的运营信息。

考虑到该系统网络通信涉及多个地点间传输数据，需要合理进行 IP 地址划分，污水处理厂 SCADA 系统网络配置见表 4.2。这里采用了分段规划，即 4 个污水处理泵站分配不同网段的 IP 地址，中控系统上位机、SCADA 服务器和厂区的 PLC 站分配同样的网段。EDR-810 的公网 IP 由运营商提供，电信运营商的网关由电信负责设置和维护。由于每台 PLC 都有固定的 IP，因此中央控制室的 WinCC 服务器的驱动就像访问本地 PLC 一样，可以直接访问这些远程 PLC。

在每个远程泵站和污水处理厂中央控制站选用带路由和防火墙功能的 EDR-810 工业以太网交换机，远程泵站的网络设备不仅可以通过该交换机进行联网，还可以创建 VPN，保证数据传输的安全性。

借助 EDR-810 的广域网路由快速设置功能，四个步骤就能设置广域网和局域网端口来创建路由功能。EDR-810 的快速自动化配置文件功能还为开发人员提供了一个简易的方式来配置防火墙的工业协议过滤功能，这些协议包括 EtherNet/IP、Modbus TCP、EtherCAT、FF 和 ProfiNet。

表 4.2 污水处理厂 SCADA 系统网络配置

序号	地点	设备	IP 地址分配
1	中央控制室	SCADA 服务器 1（WinCC）	128.1.2.2
		SCADA 服务器 2（WinCC）	128.1.2.3
		其他客户端（含操作员站）	128.1.2.4~128.1.2.12
		EDR-810 交换机（带路由器）	公网 IP

(续)

序号	地点	设备	IP 地址分配
2	1#远程泵站	Micro850 控制器	192.168.1.2
		触摸屏	192.168.1.3
		EDR-810 交换机(带路由器)	公网 IP
3	2#远程泵站	Micro850 控制器	192.168.2.2
		触摸屏	192.168.2.3
		EDR-810 交换机(带路由器)	公网 IP
4	3#远程泵站	Micro850 控制器	192.168.3.2
		触摸屏	192.168.3.3
		EDR-810 交换机(带路由器)	公网 IP
5	4#远程泵站	Micro850 控制器	192.168.4.2
		触摸屏	192.168.4.3
		EDR-810 交换机(带路由器)	公网 IP
6	进水泵房	5#PLC 站,ControlLogix 控制器	128.1.2.17
		触摸屏	128.1.2.18
7	污泥泵房	污泥设备厂家自带控制器	128.1.2.22
8	1#和 2#氧化沟电气柜间	1#氧化沟 PLC 站,ControlLogix 控制器	128.1.2.25
		2#氧化沟 PLC 站,ControlLogix 控制器	128.1.2.26
		触摸屏	128.1.2.27
9	3#和 4#氧化沟电气柜间	3#氧化沟 PLC 站,S7-1500 控制器	128.1.2.30
		4#氧化沟 PLC 站,S7-1500 控制器	128.1.2.31
		触摸屏	128.1.2.32

3. 上位机中央控制站设计

上位机系统也可称作中央控制站,位于污水处理厂中央控制室内,可以看作一个局域网。SCADA 系统中央控制站由冗余 SCADA 服务器、操作员站/工程师站、历史数据服务器、报警打印机等组成。中央控制站具有对整个污水处理过程进行全方位监控和管理的功能。SCADA 服务器采集现场控制站信息并进行存储。操作员站从 SCADA 服务器获取各类参数,进行流程显示、工艺参数显示、设备状态显示和故障报警等。历史数据服务器从 SCADA 服务器采集实时数据并进行存储。

为了保障上位机系统可靠运行,SCADA 服务器进行了冗余,即配置两台并行工作的 SCADA 服务器。这样当发生故障导致一台 SCADA 服务器无法使用时,系统自动快速切换到另外一台。由于 SCADA 服务器要和罗克韦尔控制器、西门子控制器和污泥处理设备自带的三菱 PLC 通信,因此,应用层的通信协议包括 EtherNet/IP、ProfiNet 和 Modbus TCP。由于这些协议是最常用的工业以太网协议,一般的上位机组态软件都支持这些协议,因此,虽然系统采用了多种不同的硬件,但在数据通信上不存在困难。

4. 下位机系统设计

本系统的下位机主要包括 4 个泵站配套的 4 个 PLC 站、4 个氧化沟 PLC 站,另外还有

1个是污泥处理设备自带的PLC站以及进水泵房5# PLC站。远程泵站主要对泵站的设备进行监控。氧化沟PLC站主要对4个氧化沟的运行进行控制。位于进水泵房的5#PLC站主要是对进水泵房及格栅、除砂机等污水物理处理设备进行控制,并采集配电间的电量参数(配电间和进水泵房距离最近)。

1#和2#氧化沟PLC站采用罗克韦尔ControlLogix系列PLC,配置1756-ENBT以太网模块,支持EtherNet/IP工业以太网。3#和4#氧化沟PLC站采用西门子的S7-1500PLC,选择的PLC带2个ProfiNet以太网接口,一个连接SCADA服务器,另一个连接远程I/O站。5#PLC站要配置1756-CNB作为接口模块,从而连接ControlNet接口的远程I/O站。污泥处理设备厂商自带的PLC配置有Modbus TCP通信模块。

5. 污水处理厂仪表选型

(1) 污水处理厂主要仪表

检测仪表是计算机监控系统的信息来源,对控制功能的正确发挥起着非常重要的作用。污水处理过程中的工艺介质不是污水就是污泥,这是污水处理厂仪表选型的重要约束和必须要考虑的问题。根据不同的工艺流程以及工艺控制要求,找出关键的检测点,配置合适的检测仪表与分析仪表,满足对污水处理控制和水质监管的要求。表4.3列出了某污水处理厂的仪表名称、功能和安装位置。

1) 超声波液位计:在污水处理过程中,超声波液位计是不可缺少的重要仪器。超声波液位计的选型和安装应从测量介质、仪表精度、价格、使用寿命、安装位置、维护成本等方面进行综合考虑。

2) 超声波流量计:在污水处理过程中,超声波流量计发挥着十分重要的作用。例如,根据污水的进水量合理调配氧化沟进水和曝气量;根据污泥流量合理控制污泥回流等。污水处理厂的进水流量也是企业收费的重要依据。

3) 溶氧仪:水中溶解氧的存在是维持微生物正常寿命的重要因素之一。在污水处理过程中,通过增加污水中的氧含量使污染物通过活性污泥被分解出来,达到污水净化的目的,测量氧含量有助于确定最佳的净化方法和最经济的曝气池配置。合理控制水中的溶解氧,还可以防止活性污泥工艺中污泥丝状膨胀现象的发生,提高污水处理的效果。溶氧仪主要安装在氧化沟中。

4) 温度计:污水处理是一个复杂的生物化学过程,涉及多种微生物的活动,这些微生物对温度的变化非常敏感。温度不仅影响微生物的活性,还直接影响污水处理的效果。因此,需要进行污水温度检测。一般PH计带温度检测,可以不用重复配置。

表4.3 某污水处理厂的仪表名称、功能和安装位置一览表

序号	仪表名称	功能	安装位置
1	超声波液位计	泵站集水井液位,用于泵站水泵控制	远程泵站
		集水井液位,用于进水泵控制	进水泵房
		匀质池泥位检测	匀质池
		氧化沟液位检测	氧化沟
2	超声波液位差计	检测格栅前后液位差,用于格栅控制	远程泵站,进水泵房,粗、细格栅井

(续)

序号	仪表名称	功能	安装位置
3	pH 分析仪	进水、出水 pH 值检测	进水泵房,氧化沟、出水口
4	超声波流量计	污水处理量统计	沉砂池出口
		污泥流量统计	氧化沟排泥口
		氧化沟进水流量计量	氧化沟配水井进口
5	溶氧仪	氧化沟溶解氧检测,氧化沟曝气设备控制	氧化沟中的每个沟
6	温度计	氧化沟水温检测	氧化沟
7	污泥浓度计	氧化沟污泥浓度检测	氧化沟
8	COD 在线分析仪	出水水质检测(采样周期一般为 30min)	出水口
9	氨氮(NH_3-N)分析仪	出水水质检测(采样周期一般为 30min)	出水口
10	总磷(TP)分析仪	出水水质检测(采样周期一般为 45min)	出水口
11	总氮(TN)分析仪	出水水质检测(采样周期一般为 45min)	出水口

5) pH 分析仪:在污水处理过程中,pH 值的调节非常重要。有些细菌只在特定的 pH 值条件下才能有效生长和降解有机废物。因此,通过控制 pH 值,可以优化污水处理效果,提高有机废物的降解速率,从而提高处理效率。pH 值的调节也与废水中的某些物质的溶解性相关。此外,pH 值检测还能够帮助污水厂监测和控制化学添加剂的投加量。

6) 污水厂进、出口水质参数,包括 pH 值、COD、氨氮、总磷和总氮等。污水厂的进水水质一般需要符合设计标准,若超过设计标准,可能导致污水厂不能有效地进行污水处理,影响出水水质。污水处理厂的出水水质必须达到国家标准才能排放。这些在线参数通常也同时送到环保部门监控系统。

(2) 污水处理厂仪表选型

污水处理厂常用的仪表包括各种检测仪表和在线分析仪表。在检测仪表的选型中,通常选用非接触式测量仪表,以减少传感器与污水接触,降低维护工作量。在液位(差)检测中,污水处理厂目前主要使用超声波液位计。若液位量程过大,可以选用雷达液位计。测量格栅前后液位差使用了超声波液位差计,实质是 2 个超声波传感器配一个变送器,变送器一般显示前后液位差,若采用 4~20mA 接线,则要 2 对屏蔽双芯电缆,若进行通信,则只需要一对通信电缆。对于进、出仪表小屋安装的水质分析仪,更需要配置通信接口。在流量检测中,目前污水处理厂主要使用超声波流量计,较少使用电磁流量计。溶解氧检测目前主要使用电化学原理的溶氧仪。这些仪表都需要能输出 4~20mA 信号,同时具有通信接口。

污水处理过程用电量较大,为了进行成本核算,同时也为了监控设备的运行状态,还对企业的能耗及主要耗能设备(如转刷)等配置电量分析仪表。

6. 污水处理厂 SCADA 系统信息安全设计

近年来,黑客、有组织犯罪等人为通过信息化手段对公开系统进行的攻击事件不断增多,并造成了重大损失。澳大利亚等国就发生过污水处理厂被网络攻击导致污水外排从而造成环境污染的事件,因此,可以采取包括工业防火墙、入侵检测/防御、主动防御和安全审计等纵深防御措施来确保污水处理厂工业控制系统的信息安全。

1) 工业防火墙:大多数工业协议是构建在 TCP/IP 之上的应用层协议。当外部入侵和内部攻击在工业控制系统中发生时，传统 IT 防火墙的保护对于控制系统中使用的专业协议作用不大。工业防火墙的特点是有良好的可靠性和稳定性，支持工业协议，以及异常消息过滤、阻塞、报警和审计，同时，它还可以与实际的过程信息相结合，进行更深层的保护，有效防止外部入侵和内部攻击。

2）入侵检测/防御：当系统检测到有风险和攻击行为时，它会根据某些规则阻止攻击硬件或软件系统。然而，当系统检测到异常时，它将仅执行报警处理并且不会进行阻止，以防止由于阻塞而对工业控制系统关键功能产生影响。通常，入侵检测/防御配置在系统边界。

3）主动防御：由于防火墙、入侵检测和防病毒软件都是静态和单向被动防御，因此基于特定操作系统的可信度采用主动防御，即禁用除系统中设置的可信白名单之外的所有进程和程序的运行。

4）安全审计：通过安全机构实施的安全审计，结合工业控制系统本身的日志信息，例如设备报警记录、运行状态、性能监测数据（如关键设备网络负载、CPU 负载）、生产产能等信息，可以全面调查工业控制系统可能存在的风险和漏洞，并提出安全加固建议。

本系统从技术和管理方面采取措施，提高控制系统的安全防护水平。在技术上，考虑到系统要接入水务局的上级监控系统，且整个水务系统网络设备多，管理上可能存在漏洞等原因，因此，在本系统中央控制室的连接水务系统网络接口处设置工业防火墙，并配置了入侵检测系统。还在控制网络上配置了审计设备，可对控制网络进行安全审计和监控。在管理上，对中央控制室所有的操作员站禁止 USB 接口，并严格各类账户管理，定期进行软件升级，消除系统漏洞。此外，还对系统进行了完整的备份，从而确保一旦系统崩溃，可以快速恢复系统，从而避免对系统的运行产生不利的影响。

4.4 污水处理厂控制设备选型与配置

4.4.1 远程泵站 PLC 选型及 VPN 通信

1. 远程泵站 PLC 选型与配置

污水泵站的工艺流程如图 4.4 所示。经过污水管网收集的污水经进水闸门进入泵站，污水经格栅去除较大的固体垃圾后进入泵坑，再由水泵将污水提升至出水管槽。主要设备有进水闸门、格栅和水泵及配套的仪表和电气设备。

污水泵站采用以 PLC 为主的监控设备。PLC 一方面采集污水泵站的实时工艺数据、设备状态信息和主要电量参数，并将数据送到污水处理厂中央控制系统；另一方面也接收中央控制站的控制指令。每个泵站安装有触摸屏操作终端，该操作终端与 PLC 连接，巡视人员可以直接对泵站的设备进行参数设定和监控。

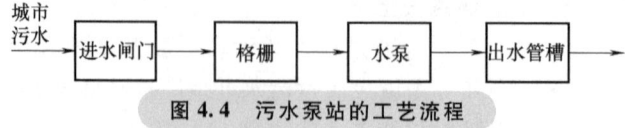

图 4.4 污水泵站的工艺流程

泵站监控系统要监控的设备主要有进水闸门、格栅、水泵等，并采集进水口液位和流量以及格栅井液位。这些设备的控制方式与污水泵房设备控制类似，这里不作详细介绍。

该污水厂目前有 4 个污水泵站收集城市污水，随着未来的发展，泵站的数量还会增加。因此，系统在设计时要为未来系统的扩展留有余地。每个泵站有 1 个进水闸门、3 台水泵、1 台粗格栅、1 台细格栅和 2 台螺旋输送机（含压榨机）。3 台水泵配 3 个带 RS-485 接口的电流变送器，此外，集水井安装 1 台超声波液位计测量液位，格栅前后安装 1 台超声波液位差计，还有 1 台带 RS-485 接口的流量计。统计每个设备的 I/O 点，可以得到每个泵站的 I/O 总数，即 21 个 DI、7 个 DO、4 个 AI。因此可以选配罗克韦尔 Micro850 系列产品 2080-LC50-24QWB。该 PLC 有 12 个 DI 和 10 个 DO，可满足需求。可以配置一个 2085-IQ16 扩展模块，从而增加 16 个 DI。还可以配置一个 2085-IF4 扩展模块，用于 AI 信号输入。控制器插槽 1 的位置安装了串行模块 2080-SERIALISOL，用于与流量计通信获取瞬时和累积流量以及 3 台水泵的工作电流。这里控制器没有考虑到更多的 I/O 裕量是因为泵站现场的设备配置已满足要求，未来增加设备的可能性较小。此外，若未来需要更多的 I/O 点，Micro850 还支持通过功能性插件或扩展 I/O 的方式来扩展 I/O 点，而不必增加或替换现有的控制器。

根据系统总体设计，污水泵站为无人值守，不设置上位机。但在电气柜上安装了带以太网口的触摸屏，巡视人员到现场后可以通过触摸屏界面进行现场监控操作。Micro850 控制器主机自带以太网接口，与现场的 EDR-810 路由器连接，实现与污水处理厂上位机的 VPN 通信，从而把信号上传到中央控制室，同时接收上位机的远程监控指令。泵站的视频监控也接入 EDR-810 路由器，与污水处理厂的视频监控服务器通信。

2. 远程泵站 VPN 通信

通常水厂、污水厂的泵站与厂区之间距离较远、地理位置分散，以往常采用包括数传电台、GPRS 无线电通信等方式，实现泵站的控制器与厂区中央监控系统的通信。由于泵站多是无人值守，因此，对泵站的视频监控需求也在增加，上述通信方式已不能满足现有的监控需求。随着网络通信技术的发展，VPN 技术已逐步取代上述通信方式。

VPN 是一种基于公用网络所建立的具有加密通信功能的专用型网络。VPN 网关通过对数据包的加密和数据包目标地址的转换实现远程访问。VPN 不仅安全可靠，且连接也较为灵活，使用成本低。由于污水处理厂（包含泵站）网络规模不大，可以不用专门的 VPN 服务器，而是配置含有 VPN 功能的路由器来实现 VPN 通信。该污水厂配置了 MOXA EDR-810 安全路由器，它集防火墙/NAT/VPN 和二层网管型交换机功能于一体，包括以下网络安全特性：

1）防火墙/NAT：防火墙策略控制不同信任区之间的网络流量，而 NAT 则是保护内部局域网免受来自外部主机的未授权活动。

2）VPN：VPN 为用户通过公共互联网访问专用网络时提供安全通信隧道。VPN 使用 IPsec（IP 安全）服务器或客户端模式加密和认证网络层的 IP 数据包，以确保机密性和发送方身份认证。

MOXA EDR-810 自带 8 个百兆电口和两个千兆光口，百兆电口可以供客户接现场设备，千兆光口用于级联。在每个泵站节点放置一台 EDR-810，设为客户端模式，通过 VPN 专用通道，把泵站 PLC 采集的数据发送到 VPN 服务器。污水厂中控室厂放置一台 EDR-810-VPN，设为服务器，把泵站 VPN 客户端传上来的数据传给 SCADA 服务器。

为了实现 VPN 通信，每个泵站和中央控制室都要向电信运营商申请 ADSL 宽带网络，设置 VPN 路由并拨号上网。泵站的 PLC、触摸屏和视频摄像机与 EDR-810 联网，EDR-810 与电信的 VPN 网关连接，从而接入 Internet。泵站的 PLC 必须要分配固定的 IP 地址，从而中央控制室的 SCADA 服务器能够访问到该 PLC。网络摄像机也需要分配固定的 IP，从而把现场视频数据上传到中央控制室的硬盘录像机。

目前国内城市的污水处理集团一般管辖多个污水处理厂，有些地方还把自来水、污水处理统一管理。这些上级部门也可以通过 VPN 方式接入其所管辖的下属污水处理厂或水厂控制系统，实现数据上传和更高层次的监控、管理与调度功能。

4.4.2 1#氧化沟 PLC 站设备配置与 ControlNet 网络组态

氧化沟 PLC 控制系统要对 4 组氧化沟进行控制，共有 4 组 PLC 站。其中 1# PLC 站和 2# PLC 站配置相同，都是采用罗克韦尔 ControlLogix 控制器。3# PLC 站和 4# PLC 站配置相同，都是采用西门子 S7-1500 控制器。

1. 1# PLC 站设备配置

每个氧化沟生产工艺的机械设备配置包括：12 台转刷（单速和双速各 6 台）、13 台堰门、10 台搅拌器和 4 台污泥泵。要检测的参数主要有氧化沟溶解氧、污泥浓度、温度和液位等。首先统计要控制的设备的数字量输入（DI）信号名称，见表 4.4。这些设备的数字量输出（DO）信号比较简单，对于每台堰门，要占用两个点；对于双速转刷，也要占用两个点；其他设备占用一个点。模拟量信号每个检测点占用一个模拟量输入（AI）通道。

表 4.4 被控设备数字量输入（DI）点统计

序号	设备名称	信号名称	信号来源
1	单速转刷	允许远程控制	设备现场控制转换开关的"远控"档位
		运行	一次回路接触器常开辅助触点
		电动机故障	一次回路过热继电器常开辅助触点
2	双速转刷	允许远程控制	设备现场控制转换开关的"远控"档位
		高速运行	一次回路接触器常开辅助触点
		低速运行	一次回路接触器常开辅助触点
		故障	高、低速电动机控制一次回路过热继电器常开辅助触点并联
3	堰门	允许远程控制	设备现场控制转换开关的"远控"档位
		堰门高位	现场接近开关常开触点
		堰门低位	现场接近开关常开触点
		堰门电动机运行	一次回路接触器常开辅助触点
		堰门电动机故障	一次回路过热继电器常开辅助触点
4	污泥泵	允许远程控制	设备现场控制转换开关的"远控"档位
		运行	一次回路接触器常开辅助触点
		故障	一次回路过热继电器常开辅助触点
5	搅拌器	允许远程控制	设备现场控制转换开关的"远控"档位
		运行	一次回路接触器常开辅助触点
		过热故障	设备保护用过热继电器常开触点
		漏水故障	设备保护用继电器常开触点
		漏液故障	设备保护用继电器常开触点

结合上述不同设备 I/O 点种类及数量，以及要检测的工艺参数和电量参数数量，就可以统计氧化沟控制所需要的 I/O 点总数，见表 4.5。其中搅拌器和污泥泵是远程 I/O 站，远程 I/O 站还采集 10 个工艺参数，包括氧化沟溶解氧、污泥浓度、污泥流量、进水流量、液位等。本地站采集 12 个转刷的工作电流。

表 4.5 氧化沟控制 I/O 点统计

类型	转刷	堰门	污泥泵	搅拌器	其他	合计
DI	60	65	12	50	101（半自动等）	288
DO	18	26	4	10	2	50
AI						24

根据上述 I/O 点，来配置 I/O 模块和进行其他模块的选型，1#氧化沟 PLC 站系统配置见表 4.6。

表 4.6 1#氧化沟 PLC 站系统配置

序号	模块名称	型号	数量	说明
1	17 槽基架	1756-A17	1	
2	电源模块	1756-PA72	1	
3	CPU 模块	1756-L62	1	内置 RS-232 端口
4	32 点数字量输入模块	1756-IB32	8	DC 24V
5	32 点数字量输出模块	1756-OB32	2	DC 24V
6	8 路模拟量输入模块	1756-IF8H	2	支持电流、电压输入
7	以太网模块	1756-ENBT	1	
8	控制网模块	1756-CNB	1	扫描器

氧化沟远程 I/O 站共有 62 个 DI、14 个 DO、10 个 AI。这里选用了 1794 分布式模块化 I/O 产品 Flex I/O，配置支持 ControlNet 通信 1794-ACN15 模块（作为适配器）与主站 1756-CNB（扫描器）协同工作、2 个 1794-IB32 数字量输入模块、1 个 1794-IB16 数字量输入模块和 2 个 1794-IE8 模拟量输入模块。在 Studio5000 中要配置 1794-IE8 模块的输入信号为 4~20mA。

2. 1#氧化沟 PLC 站 ControlNet 网络组态

（1）ControlNet 的基本特性

在 ControlNet 网络采用的生产者/消费者通信模式中，发送的数据包并不包含目的地址，数据源在将数据仅发送一次的情况下，需要此数据的节点就能通过识别报文中的标识符来获取信息，而不是像源/目的通信模式那样要将数据逐个发送到网络中每一个需要该数据的节点。因此，使用这种通信模式能最大限度地优化带宽的利用率，网络通信速率不会由于节点的增加而改变，最大速率可达 5Mbit/s，并且数据到达各个节点的时间基本相同，提高了数据传送的精确性和同步化。

ControlNet 网络采用并发时间域多路存取（Concurrent Time Domain Multiple Access，CTDMA）控制机制，即将时间分为一个个等间隔的网络更新时间（Network Update Time，NUT）段，NUT 决定了网络循环周期，可组态的 NUT 时间范围为 0.5~100ms。每个网络循环周期由预定时间部分、非预定时间部分以及维护时间这三个时间段组成。在预定时间段，保证对时间苛刻要求的节点有一次发送信息的机会，用以传送实时信息（如 I/O）。在非预定时间段，传送如程序上载和下载、连接的建立等对时间没有严格要求的数据。在维护时间段，所有节点停止发送数据，由网络地址最低的节点发送维护信息，用以同步节点的时钟，并存储网络组态参数。因此，ControlNet 网络保证了数据传输的可靠性和实时性，是一种高速的、具有确定性和实时性的工业控制网络。

（2）ControlNet 网络的主站与远程 I/O 从站组态

由于 ControlNet 是串行现场总线，因此，在组态 ControlNet 网络之前，需要设置每个 ControlNet 节点的地址。1756-CNB 模块上的拨码开关可以设置地址。1756-CNB 模块作为 ControlNet 网络中的发起方，负责控制和管理整个 ControlNet 网络，并与其他网络设备进行通信。它负责发送数据请求、接收响应和监视网络中的设备状态。

ControlNet 网络的组态需要在 RSLogix5000 编程软件中添加本地和远程 CNB 模块。首先，在 PLC 工程的 I/O Configuration 下新建本地模块，控制器与本地 CNB 模块组态图如图 4.5 所示。选择与硬件相对应的 CNB 模块，在弹出的对话框中输入组态参数，其中，"Node"指模块的节点号，"Slot"指模块位于机架上的槽号，"Revision"指模块的主版本号和副版本号，"Electronic Keying"指电子锁，有三个选项："Exact Match"指模块的供应商、产品类型、目录号、主要和次要版本号必须与软件组态匹配，不然软件会报错；"Compatible Keying"指模块的模块类型、目录号及主要版本号必须与软件组态匹配，次要版本号不能小于软件指定的数值，不然软件会报错；选择"Disable Keying"则不会检查模块的匹配情况。

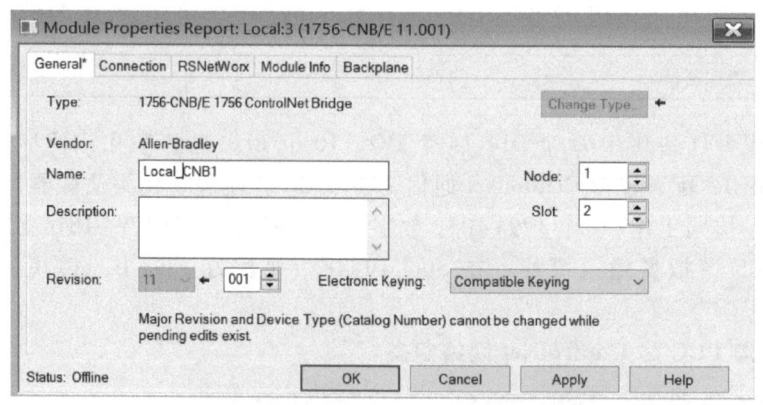

图 4.5 控制器本地 CNB 模块组态图

其次，在已建的本地 CNB 模块下的 ControlNet 网络下添加远程的 ControlNet 模块，如图 4.6 所示。模块地址设置为 2。在本项目中，本地 CNB 模块（名称为 Local_CNB1）作为扫描器，获取作为适配器的远程 1794-ACN15 模块（名称为 Remote_ACN1）的数据。分布式 I/O 模块的数据集中在适配器的缓冲区，以固定的时间间隔请求信息包间隔时间（Requested Packet Interval, RPI）和 CPU 交换数据，该时间可在添加模块时设定，用于控制通信周期和数据交换的频率。该数值设定范围为 2~750ms，默认值为 20ms。

最后，在 1794-ACN1 这个远程的 CNB 模块下添加 1794 系列的 I/O 模块，可以看到，在

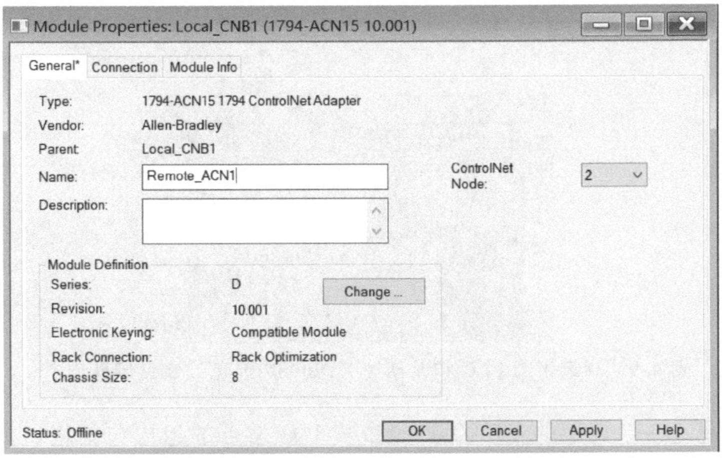

第4章 城市污水处理厂工业控制网络与系统应用案例

图 4.6 远程 ControlNet 适配器组态图

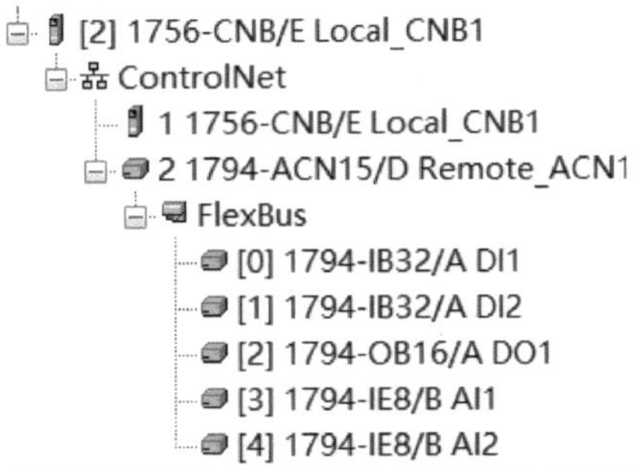

FlexBus 下会出现添加的 I/O 模块,如图 4.7 所示。组态完成后,将工程下载至控制器。

由于按照 RPI 交换的数据在 ControlNet 网络中属于规划型的输入输出以及控制信息,因此,在建立 ControlNet 网络时,除了需要在编程软件里对各个模块进行组态,还需要在网络组态软件 RSNetWorx for ControlNet(用于配置、诊断和监视 ControlNet 网络的软件)中对网络进行安排、规划,并下载给网上的每一个 CNB 模块,只有这样,才能建立起数据的流通途径。

图 4.7 氧化沟远程 I/O 站硬件组态

4.4.3 3#氧化沟 PLC 站设备配置

根据表 4.5 的统计结果,结合 S7-1500 系列 PLC 的硬件设备目录,进行了 3#氧化沟 PLC 站的设备选型。主站 CPU 选用 1516-3PN/DP,其他 I/O 模块如图 4.8 所示。远程 I/O 站选用 ET200SP,适配器为 IM155-6 PN BA,其他 I/O 模块如图 4.9 所示。

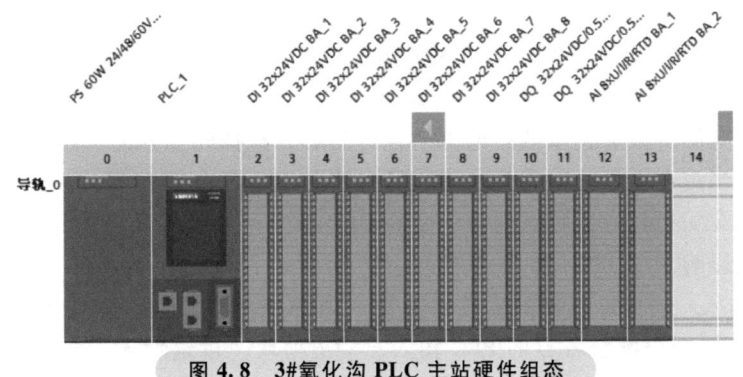

图 4.8 3#氧化沟 PLC 主站硬件组态

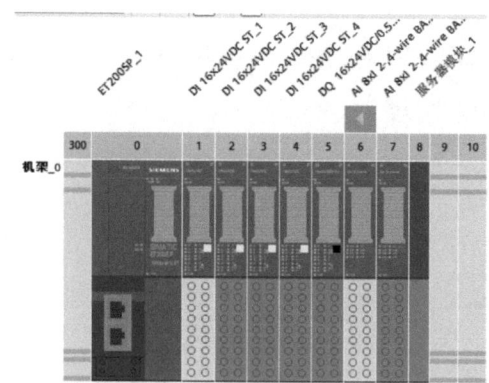

图 4.9 3#氧化沟 PLC 控制系统 ET200SP 远程 I/O 站硬件组态

需要说明的是，一个典型的 ET200SP 分布式 I/O 站点的组成包括接口模块、信号模块以及相应的基座单元。基座单元是构成 ET200SP 分布式 I/O 不可或缺的一部分，它为 ET200SP 模块提供电气和机械连接，所有的信号模板必须安装在相应的基座单元上。基座单元可以将现场的电气信号接入到 ET200SP 系统，同时还起到将电源电压馈入等其他用途。用户必须要根据信号模块类型和配电需要选择合适的基座单元并订货。罗克韦尔的 1734 远程 I/O 站在结构上也与 ET200SP 类似，信号模块也是安装在基座单元上，并且也需要单独订货。

这里采用了两个电位组，模拟量为 1 组，数字量为 1 组。其操作是在第一个 DI 模块和第一个 AI 模块的"常规"→"电位组"下选择"启用新的电位组"。每个电位组的第一个模块需要供电，且基座单元的颜色在组态中也变为白色（或浅色），与模块实物的实际颜色是一致的。此外，在 ET200SP 中服务模块起到接通背板总线和保护模块电路的功能，在组态配置时不需要组态，但在安装时必须安装，否则会报错。

由于这里的 ET200SP 是作为 ProfiNet IO 设备，其组态在 3.2.4 节已做了介绍，这里不再进行阐述。

4.4.4 电源配置

整个控制系统的电源由电源柜提供，采用双路集中供电方式，电源柜接受电力部门提供的两路 10kV 交流电源，经变压器等设备和自动切换装置后，分出多路电源，分别向上位机系统的 UPS 供电，保证交换机、上位机和网络系统用电；还经电源开关向现场 UPS 供电，保证现场 PLC 站、开关电源等用电。开关电源输出直流 24V 给开关量输入与输出模块供电。现场仪表统一由配电模块提供 24V 直流电源。

电源柜中的电源切换装置按两路电源的合闸先后，选择先合闸的一路作为它的输出，另一路作为后备。当正在供电的一路失电时，另一路备用电源自动投入。由于后面配置有在线式 UPS，两路电源切换时的毫秒级间隙不会对 PLC 和上位监控计算机的运行造成数据丢失、程序中断等不利影响。

供给 PLC 输入、输出继电器的直流电源都在电源柜内，并经过带熔丝的端子分配给各控制柜及 MCC 柜，再分配给各自的 PLC 输入、输出模块。供给输入、输出模块的直流电源是各自独立的，即输入模块用一组电源，输出模块用另外一组电源，这样可以实现输入和输出的隔离。由于这两组电源关系到 PLC 的信号采集和控制，因此这些电源的可靠性要求较高。

4.5 污水处理厂氧化沟 PLC 站控制程序开发

4.5.1 氧化沟污水工艺控制要求与程序总体设计

1. 氧化沟污水处理工艺控制要求

氧化沟 PLC 站主要完成氧化沟工段主要设备的控制，如转刷、堰门、污泥泵的直接控制。氧化沟是污水处理厂的核心工段，污水处理效果及污水处理厂的运行成本很大部分取决于氧化沟的控制水平。氧化沟工段的控制目标是根据污水流量、进/出水水质、污水温度及污水处理工艺周期，实现进水与出水堰门开、关状态的自动切换，调节转刷的工作状态来控制污水中的溶解氧等工艺参数，最终完成对污水的处理，实现污水达标排放。该 PLC 站监控的工艺参数有：进水流量、污泥流量、3 个氧化沟的溶解氧和污泥浓度、出水 COD 等。

氧化沟中转刷的控制主要根据如图 4.2 所示的污水生化处理要求，根据硝化、反硝化、沉淀等阶段的特点调节设备运行。进/出水堰门的控制则是根据表 4.1。污泥泵是在硝化阶段工作。氧化沟工艺比较灵活，当污水处理厂的进水负荷变化或水的成分变化时，控制系统可以调整每个阶段的时间以适应工艺的变化。

2. 氧化沟 PLC 站控制程序总体设计思路

氧化沟 PLC 站控制程序总体设计流程图如图 4.10 所示。PLC 上电后，首先调用初始化子程序，该程序只在 PLC 上电时执行，主要完成一些参数初始化，如把所有设备的上位机运行自动变量 HMIAuto 状态置 OFF，以防止系统异常开启时设备同时动作；设置工作周期参数；设置自动工作时 DO 数值；设置设备起动延迟时间等。完成初始化后，程序根据工作模式选择开关的状态确定工作方式。若是手动，则将相应的手动操作逻辑置位，若是半自动或全自动，则进行工作周期判断。然后再判断是半自动还是全自动运行模式。若是半自动，程序会根据半自动选择开关的状态、工作周期等确定哪些设备该动作，并将相应的半自动动作逻辑 SemiLogic 置位；若是全自动，则程序根据 DO 数值、工作周期和设备工作状态等确定哪些设备工作，并将相应的全自动动作逻辑 AutoLogic 置位。为了实现一段时间内设备工作时间比较接近，采用了先开启设备先停，先停设备先开的策略。当然，有些情况下，这个策略也较难实现，因为还要考虑到设备对角运行等约束条件。最后采用了专门的子程序处理输出逻辑，即设备的输出是统一控制的。为了防止转刷同时起动造成电流负荷过大，还对转刷的起动进行了延迟。

3. 氧化沟 PLC 站控制程序开发中的程序设计技术

随着 IEC6 1131-3 标准的推出和符合该标准的编程软件的开发，PLC 控制系统的编程也发生了一定的变化。在开发污水处理厂 PLC 控制程序时，采用了一些新的技术和思路，现对其作介绍：

1) 采用标签编程：即程序中的 I/O 地址和其他一些参数都采用标签而不是实际的寄存器地址，这样可以方便程序修改和调试，特别是可以专注于软件开发而不用在 I/O 地址分配上花费过多的精力。

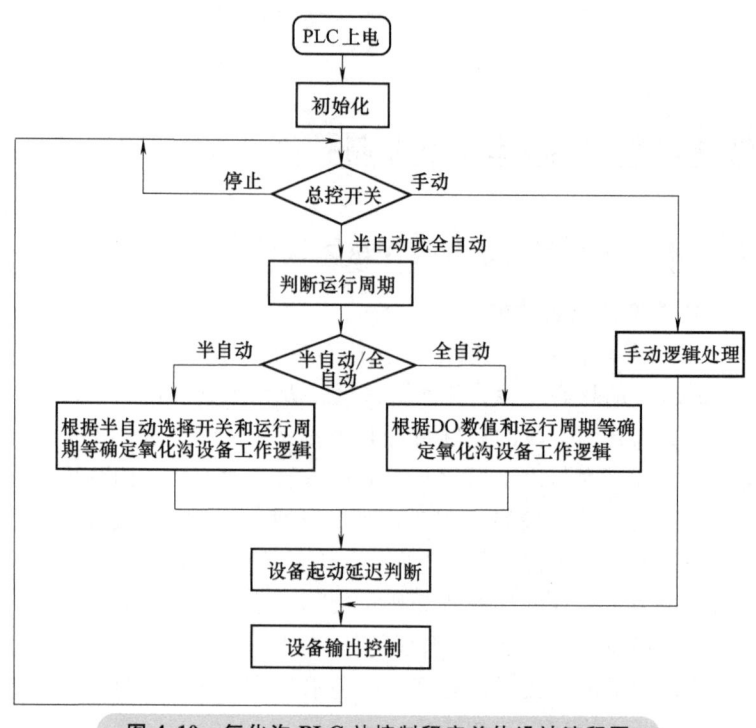

图 4.10 氧化沟 PLC 站控制程序总体设计流程图

2) 采用面向对象的程序设计思想：如对转刷、堰门等设备，由于每一类设备的控制都有相似性，因此为每类设备开发功能块。这样可以提高 PLC 程序设计的质量，同时也可以提高程序的可读性、可重用性和可移植性。

3) 多种编程语言的使用：每种编程语言都有其特点，因此，采用多种编程语言可以发挥不同编程语言的优点，简化程序开发。例如，设备工作周期判断就采用了 ST 语言程序来编写功能块。

4. PLC 控制系统的程序组织

目前越来越多的 PLC 都采取项目的形式组织程序，这方便了对于大型工程的程序开发与管理。可以根据软件工程的思想，将程序分为多个模块，每个模块完成不同的功能，其执行的优先级和对实时性要求也可以有所不同。本系统的污水处理 PLC 控制程序就采取这种方式。PLC 应用软件一共有 7 个程序组织单元。包含一个初始化程序，主要执行参数的初始化；一个采取固定扫描周期的主程序；一个用来判断运行周期的程序；一个用于堰门控制的程序；一个用于转刷的半自动控制的程序；一个用于转刷的全自动控制的程序。污泥泵和搅拌器的控制也采用一个程序。采取这种方式，调试非常方便，查找问题也很容易。

4.5.2 1#氧化沟 PLC 站硬件组态与软件开发

1. 现场控制站硬件组态

以 1#氧化沟 PLC 站为例，说明用 RSLogix5000 进行系统硬件配置。在硬件组态环境中，添加各种模块，包括主站和远程 I/O 站。对主站要添加控制器、电源、网络和通信模块、I/O 模块等；对从站要添加适配器和 I/O 模块等。可以双击模块，进入模块属性窗口，修改设备属性。如对于以太网接口模块，可以设置 IP 地址；对于 AI 模块，可以设置信号类型等。硬件组态是软件组态的基础，要确保硬件组态（含参数配置）正确。

2. 用户自定义指令开发

在污水处理厂中，有许多同类设备，它们的工作方式本质上一致，如细格栅、二沉池进水电动闸门、二沉池与终沉池全桥式刮泥机、二沉池污泥泵房电动闸门、氧化沟转刷和堰门等设备。此外，还存在统计设备的工作时间和工作次数这种通用功能。为了简化程序设计，提高程序可重用性。RSLogix5000 编程环境提供了用户自定义指令功能。通过该功能，用户可以自定义指令的接口与功能，把常用的指令及程序封装起来，建立面向同类设备或满足行业需要的专业指令。用户自定义指令可以允许重复使用代码，提供友好的接口界面以及提供加密保护等。以下将简要介绍 2 个用户自定义指令设计与使用。

（1）设备计时自定义指令

对于许多设备，要统计其工作时间。这里以泵类设备为例，定义了一个这样的自定义指令 pump_runtime_c。这个自定义指令的定义过程如下，首先定义其要使用的输入、输出和内部参数（见图 4.11）。然后定义该指令的逻辑功能，可以采用 RSLogix5000 编程环境支持的编程语言，这里使用了梯形图语言（见图 4.12）。程序通过一个分钟脉冲来计时，同时把分钟转换为小时。

自定义指令定义好后，就可以在程序中加以调用。选择指令选项卡的"Add-On"选项，就会出现创建的指令，将光标置于指令上，会出现指令的详细信息。单击该指令，然后拖动至梯形图上即可，完成实参到形参的赋值。对设备计时自定义指令的调用如图 4.13 所示。

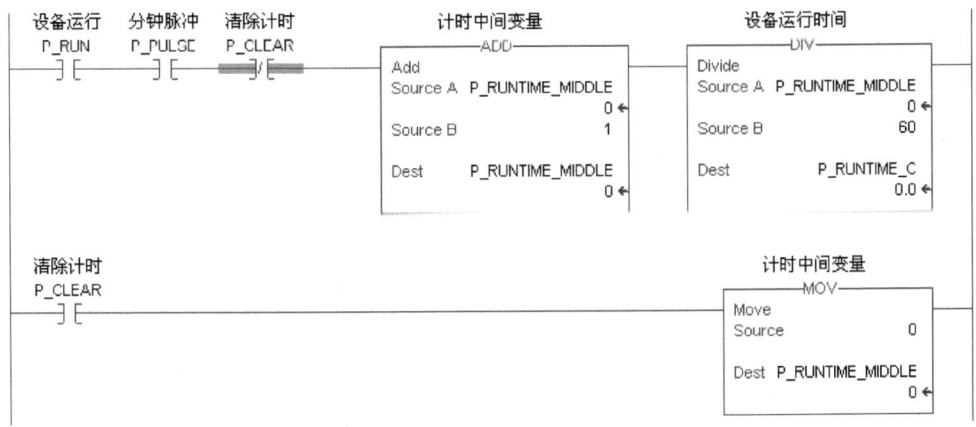

图 4.11 计时自定义指令参数表

图 4.12 计时自定义指令梯形图逻辑程序

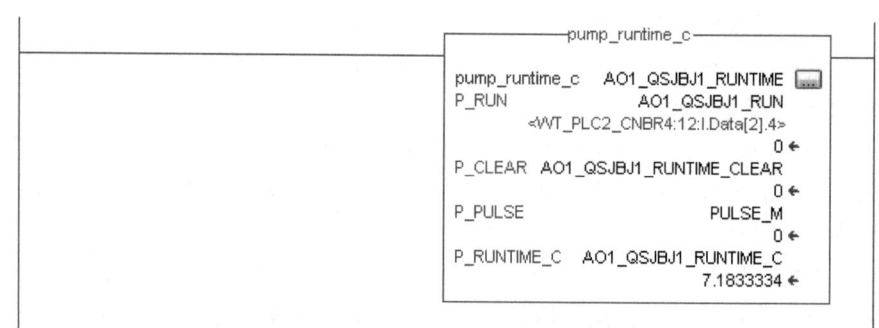

图 4.13 对设备计时自定义指令的调用

（2）阀类设备控制用自定义指令

本系统中泵房的闸门、堰门等设备全部可以采用该自定义指令来进行控制。阀类设备的控制包括上位机手动、自动操作。其中手动操作是指操作员通过手动方式操作，而自动操作是指上位机操作员置设备于自动方式，PLC 根据工艺要求自动开、关阀门。因此，在上位机上通过一个变量来表示是否为自动方式。阀门的现场输入信号包括允许自动、开到位、关到位和故障信号。阀门的输出控制信号包括开、关阀门。采用定时器来监控阀门开、关过程的时间，超过时间就提示超时错误并进行报警。

阀类设备控制自定义指令的参数表如图 4.14 所示，由于每个变量都加了描述，读者很容易知道变量的作用。阀类设备控制自定义指令的梯形图程序如图 4.15 所示。对程序解释如下：

Name	Usage	Default	Force	Style	Data T	Description	Constant
EnableIn	Input	1		Decimal	BOOL	Enable Input - Syste...	
EnableOut	Output	0		Decimal	BOOL	Enable Output - Syst...	
overtime_reset	Input	0		Decimal	BOOL	超时复位	
times	InOut	{...}	{...}		TIMER		
v_auto	Input	0		Decimal	BOOL	上位自动允许	
v_close	Input	0		Decimal	BOOL	远控关	
v_closed	Input	0		Decimal	BOOL	关到位	
v_crel	Output	0		Decimal	BOOL	执行关	
v_fault	Input	0		Decimal	BOOL	故障	
v_needclose	Input	0		Decimal	BOOL	自动关	
v_needopen	Input	0		Decimal	BOOL	自动开	
v_open	Input	0		Decimal	BOOL	远控开	
v_opened	Input	0		Decimal	BOOL	开到位	
v_orel	Output	0		Decimal	BOOL	执行开	
v_overtime	Output	0		Decimal	BOOL	超时	
v_remote	Input	0		Decimal	BOOL	现场远控允许	

图 4.14 阀类设备控制自定义指令的参数表

1）对于开、关动作输出 v_orel 与 v_crel 都要用开到位 v_opened 与关到位 v_closed 信号互锁。

2）在远控逻辑部分，对执行开 v_orel 用远控关 v_close 与远控开 v_open 进行了互锁，即同一时刻不能同时执行远控开与远控关两个矛盾的动作指令。同样，对执行关 v_crel 也采用了同样的互锁逻辑。

3）执行开与执行关动作执行时，一旦出现故障 v_fault 或超时 v_overtime 也要切断开、关操作指令。

4）对于开，要包括自动开与上位机手动开，因此梯形图逻辑是并联（逻辑或）；同理，对于执行关也是这样。

5）由于远控开 v_open 指令是点动的，因此，用执行开 v_orel 进行了自保。远控关 v_close 也是点动，同样执行关 v_crel 进行了自保。

6）超时复位 overtime_reset 来自上位机，是点动（脉冲）信号。

这个用户自定义指令定义好后，可以用梯形图或 ST 语言等对该指令进行调用。

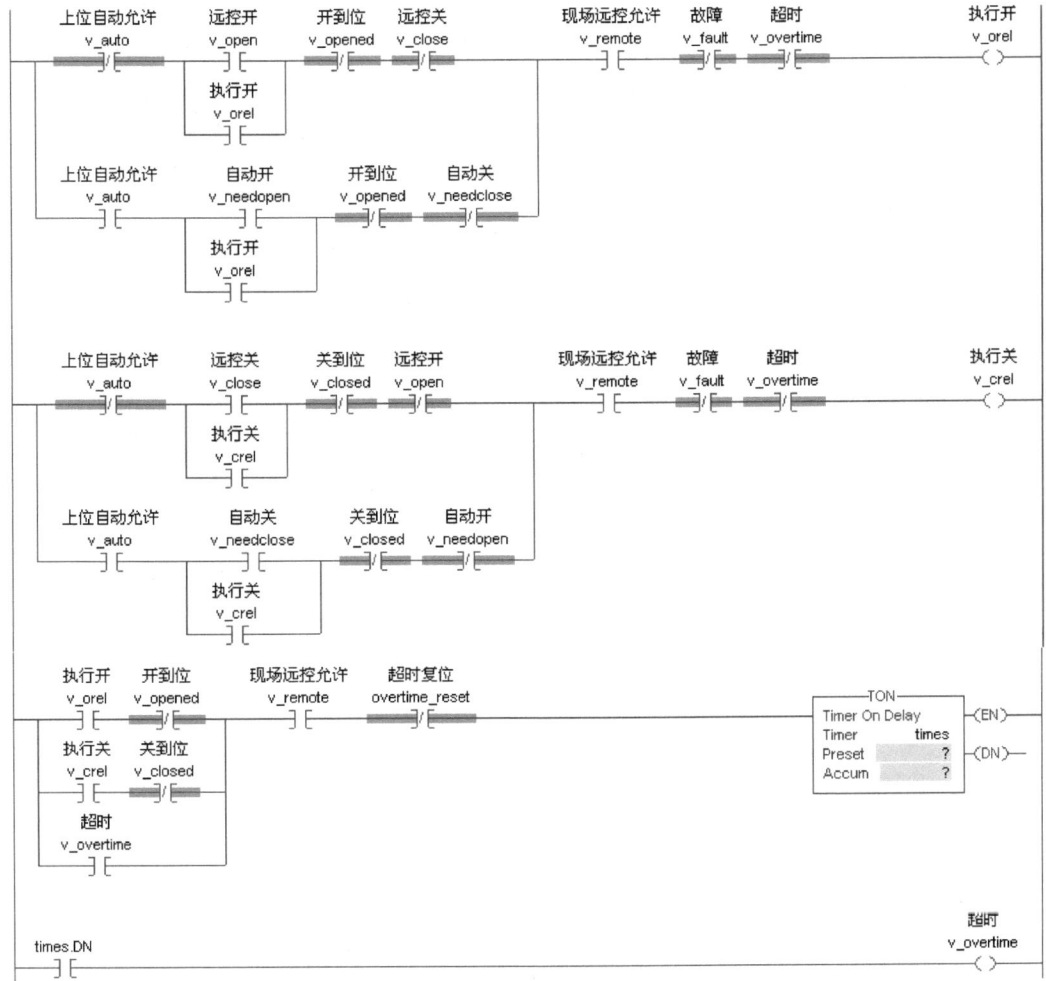

图 4.15 阀类设备控制自定义指令的梯形图程序

4.5.3 3#氧化沟 PLC 站控制软件开发

污水生化处理厂有不同的工艺，其中很重要的一个工艺要求就是向污水中充入氧气。鼓风曝气和转刷曝气是两种最常用的方法。转刷是一种兼有充氧、混合和推进等功能的水平轴式表面曝气装置。转刷曝气装置对氧化沟内的活性污泥混合液进行强制充氧，以满足好氧微生物对溶解氧的需要，同时推动混合液在沟内保持连续循环流动，使得污水与活性污泥充分混合接触，并且始终处于悬浮状态。

本书介绍的污水处理厂采用转刷曝气。转刷包括双速转刷和单速转刷。双速转刷可以工作在高速、低速。在反硝化阶段时双速转刷要低速运行，主要作用是推动污水混合液流动，减少冲氧量。

对于转刷这样的污水处理通用控制设备，可以专门编写功能块，从而简化控制软件开发工作量。由于 3#、4#氧化沟都是采用西门子 S7-1500 控制器，这里的编程环境是 TIA Portal V16。

转刷运行的模式包括 HMI 手动、半自动和全自动。工作模式由选择开关确定。其中工作模式选择手动时，只能在电气控制柜上手动控制设备运行。全自动表示转刷的运行是根据出水水质和溶解氧等工艺参数来自动确定转刷的工作台数和选择高速还是低速运行。半自动工作是由转换开关来选择。此外，双速转刷的控制还存在互锁，即一个转刷不能同时高速、低速运行。作为氧化沟工艺污水处理厂最重要的设备，必须对转刷的工作状态、运行时间、起停次数等进行统计，以便于设备维护，合理调配设备的起停顺序。

根据上述要求，设计了功能块 RotorCon。其输入和输出参数如图 4.16 所示。这些参数都进行了注释，比较容易理解。其中的静态参数是功能块中使用的。

名称		数据类型	默认值	保持	从 HMI/OPC...	从 H...	在 HMI...	注释
▼	Input							
■	AutoLogic	Bool	false	非保持	☑	☑	☑	设备自动运行逻辑
■	SemiLogic	Bool	false	非保持	☑	☑	☑	设备半自动运行逻辑
■	ManOperate	Bool	false	非保持	☑	☑	☑	HMI手动起动
■	RomoteEna	Bool	false	非保持	☑	☑	☑	现场远控允许
■	HMIAuto	Bool	false	非保持	☑	☑	☑	HMI自动模式
■	Fault	Bool	false	非保持	☑	☑	☑	设备故障输入
■	Lock	Bool	false	非保持	☑	☑	☑	设备联锁输入
■	OnDelay	Time	T#0ms	非保持	☑	☑	☑	起动延迟时间
■	ClaerFault	Bool	false	非保持	☑	☑	☑	HMI清除故障指令
■	ClearRunNo	Bool	false	非保持	☑	☑	☑	HMI清零总运行次数
■	ClearTTime	Bool	false	非保持	☑	☑	☑	HMI清零总运行时间
▼	Output				☐	☐	☐	
■	Status	Bool	false	非保持	☑	☑	☑	设备状态
■	TotalRunNo	UInt	0	保持	☑	☑	☑	设备总运行次数
■	TotalTime	UDInt	0	保持	☑	☑	☑	设备总运行时间
■	CurrentTime	UInt	0	非保持	☑	☑	☑	设备当前连续运行时间
■	StartRotor	Bool	false	非保持	☑	☑	☑	设备起动
▼	Static				☐	☐	☐	
■	Temp_1	Bool	false	非保持	☐	☐	☐	
■	Temp_4	Bool	false	非保持	☐	☐	☐	
■	Temp_3	Bool	false	非保持	☐	☐	☐	
■	Temp_2	Bool	false	非保持	☐	☐	☐	
■ ▶	IEC_Timer_0_Instance	TON_TIME		非保持	☐	☐	☐	
■ ▶	IEC_Timer_0_Instance...	TON_TIME		非保持	☐	☐	☐	

图 4.16 转刷控制功能块的输入和输出参数

在定义了功能块的接口参数后，编写了如图 4.17 所示的转刷控制功能块梯形图代码。这里的设备起动延迟，是考虑到转刷电动机功率较大，这些设备在自动或半自动运行时不能同时起动。出于成本考虑也没有采用软起动器，因此设计了设备起动延迟。

程序对设备当前连续运行时间和总运行时间的计时单位是分钟。当前连续运行时间是 Uint 类型，最大数值为 65535，而总运行时间是 Udint 类型，最大数值是 4294967295。这些数值是满足现场要求的。HMI 从 PLC 获取这些数值后，可以转换为小时来显示与存储。程序段 6 是产生计时用的 1min 脉冲，TON 的输入中串联了 #StartRotor。若不加这个常开触点，

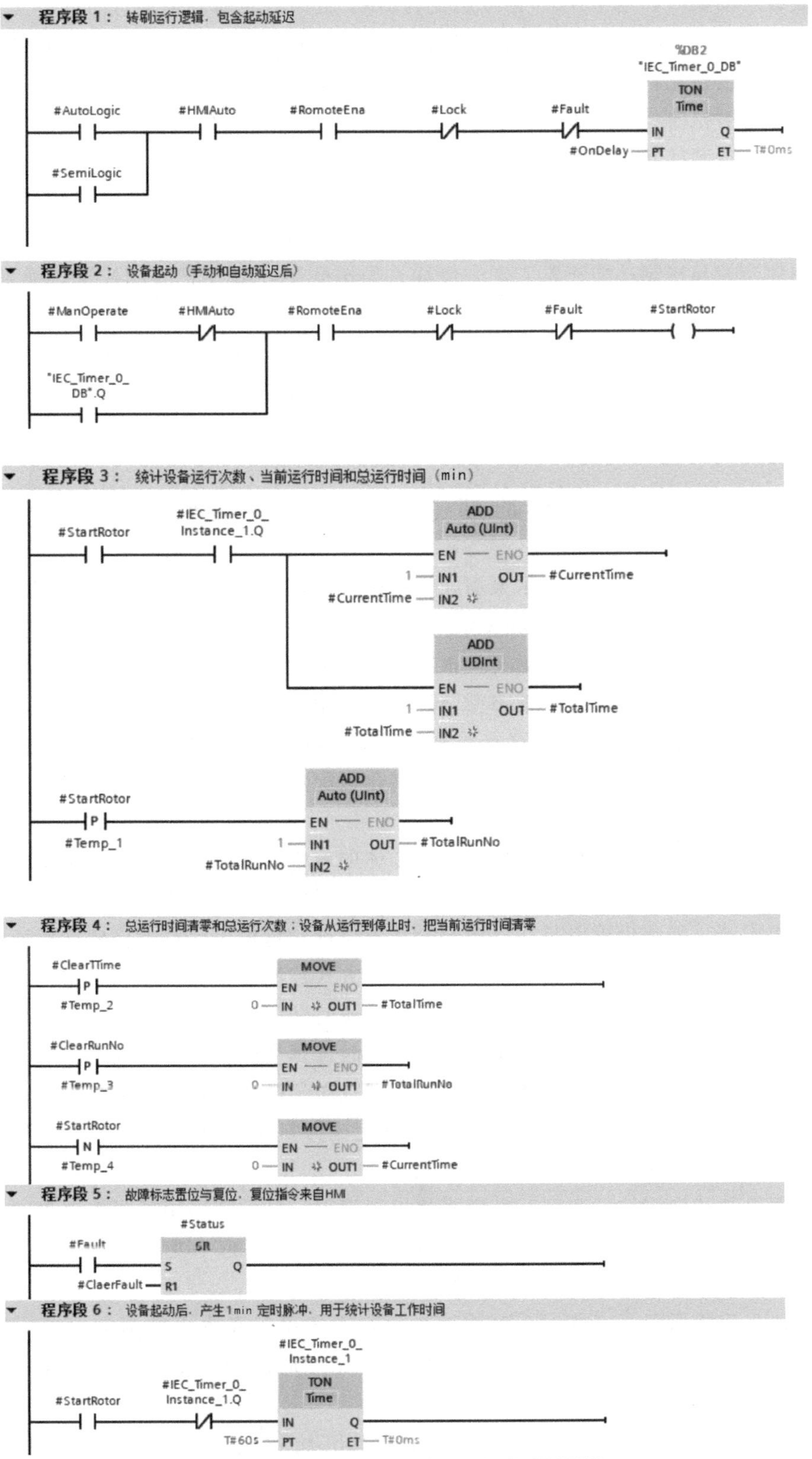

图 4.17　转刷控制功能块梯形图代码

则可能在设备起动瞬间,这个 TON 正好也变为 ON,此时,设备当前运行时间和总运行时间都会加 1,即产生了 1min 的计时误差。加入该常开触点后,就消除了这种计时误差。还需要注意的是,边沿检测存储器位必须是静态变量,不能是临时变量(Temp)。当然,功能块还可加入起动超时报警,但这方面内容在前一节已介绍,这里就不再加入该逻辑了。

与该功能块配套的转刷控制 HMI 面板,必须有手动/自动切换、手动开/停开关、参数(当前运行时间、总运行时间、总运行次数)显示与状态显式功能以及总运行时间和总运行次数的清零按钮等。此外,上位机对 PLC 中变量的写入必须与 PLC 中的程序配套,这样才能确保转刷的监控与控制功能正常实现。例如,操作员在 HMI 中把转刷控制切换到自动时,HMI 软件必须把 HMIAuto 置位。要想手动操作,必须首先把 HMIAuto 复位,再把 ManOperate 置位。上位机的参数清零脉冲宽度最好有一定的宽度,若时间过短,PLC 可能收不到该指令。上位机也可以用阶跃信号,下位机收到该信号后可以把该信号复位,从而便于下次执行清零指令。

4.6 远程泵站与进水泵房典型设备 PLC 程序开发

远程泵站与污水处理厂区的进水泵房在设备配置上比较类似。远程泵站对污水进行物理处理后通过水泵送到厂区的进水泵房。远程泵站和进水泵房的主要设备有进水闸门、格栅、进水泵、无轴螺旋输送机等。在厂里还包括旋流沉砂池设备(含鼓风机)。污水处理厂及污水、雨水泵站的格栅分为粗格栅和细格栅两种,其作用是滤除漂浮在水面上的漂浮物,粗格栅去除大的漂浮物,细格栅去除小的漂浮物。PLC 控制系统主要控制这些设备去除污水中的漂浮物和砂砾,并通过潜水泵将污水输送到氧化沟配水井。

1. 粗格栅和细格栅的控制

根据流体力学分析,随着格栅网格上浮动物体的累积,网格的水阻力将逐渐增大,这样会导致格栅前后有一定的水位差,因此,水位差值可以反映污水中漂浮物的多少。由于格栅后的水位基本不变,因此也可以只在格栅前安装液位计。这样可以根据格栅前后液位差来控制格栅的运行。在实际操作时,还会采用时间工作方式控制格栅,即根据一定的起动和停止循环操作格栅。在计算机上设置运行的时间段、间隔时间段、工作时间等。

因此,格栅控制具有两种模式,操作员可以随时选择在两种工作模式之间切换。

粗格栅与配套的螺旋压榨机联动,当粗格栅开机时,螺旋压榨机应提前运行,粗格栅停机后,螺旋输送机及螺旋压榨机应滞后停机。螺旋压榨机把格栅拦截的固体漂浮物压榨脱水,螺旋输送机推送固体废物到收集装置中。

现以远程泵站的格栅控制为例,来说明其控制编程。泵站都采用了罗克韦尔的 Micro850 控制器,该控制器的编程软件是 CCW。由于格栅是较为常用的一类污水物理处理设备,因此,可以专门编写一个功能块来实现格栅的控制。

该功能块采用梯形图语言编写。其中两种运行方式可以在中央控制室的操作站上选择(也可在设备的控制柜上通过转换开关进行选择);采用时间周期工作时要求开、停时间可设;采用液位差控制时要求液位差可以设置。

在 CCW 中首先新建工程,增加自定义功能块 FBGridCon。在局部变量中添加如图 4.18 所示的变量。这里有 10 个输入类型、1 个输出类型。其中 WorkMode=1 时表示液位工作模

名称	别名	数据类型	方向	维度	初始值	注释
WorkMode		INT	VarInput		2	工作模式选择开关
WellLevel		REAL	VarInput			格栅液位差
RemoteEna		BOOL	VarInput			现场远控允许
MotorFault		BOOL	VarInput			格栅故障
ManAuto		BOOL	VarInput		TRUE	HMI手自动选择
ManOperate		BOOL	VarInput		FALSE	HMI手动开停
LevelMax		REAL	VarInput		0.5	液位差上限
LevelMin		REAL	VarInput		0.1	液位差下限
OnTime		TIME	VarInput		T#10M	格栅开机时间
OffTime		TIME	VarInput		T#8M	格栅停机时间
GridRun		BOOL	VarOutput			起动格栅运行

图 4.18 格栅控制自定义功能块变量定义

式；WorkMode=2时表示时间周期工作。

格栅控制自定义功能块程序如图4.19所示。梯级1是工作方式1的工作条件逻辑，梯级2是工作方式2的工作条件逻辑，梯级3是设备总的工作条件逻辑。程序中用了两个TON类型的定时器，其PT输入参数OnTime和OffTime都是TIME类型，数值可以在上位机中更改。有些上位机组态软件不支持TIME类型，因此在PLC中要采用ANY_TO_TIME功能块进行参数类型转换，转换好的参数给这两个时间类型变量。梯级3中Fault表示设备故障信号，取过热继电器常开辅助触点送入到PLC的DI通道。电气柜上有设备控制转换开关，当开关置"远控"时，即RemoteEna为True；当开关置"0"位时，表示设备停止工作，RemoteEna为False。当开关置"起动"位时表示手动操作格栅，其控制是通过硬件电气线路实现的，不受PLC控制，但运行状态会输入到PLC中。由于该设备控制转换开关具有起动与停

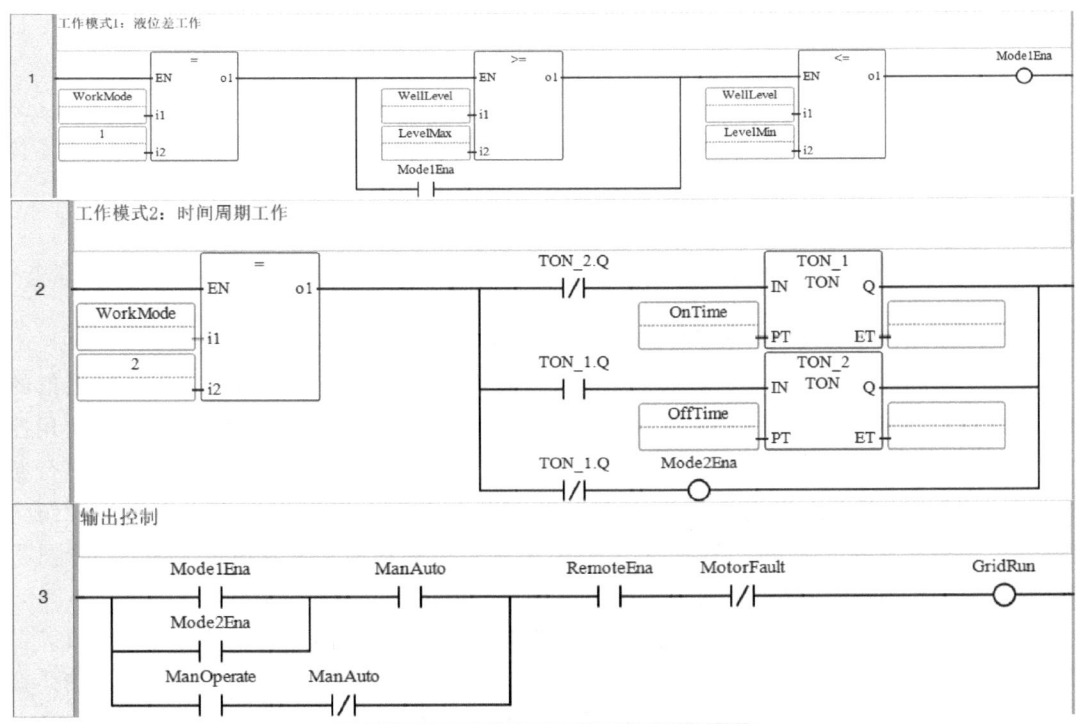

图 4.19 格栅控制自定义功能块程序

止功能，因此，没有再另外设计起动与停止按钮。程序中 ManAuto 与 ManOperate 是 HMI（包括上位机或触摸屏）中用于对格栅控制的变量。当 ManAuto 为 True 时，表示 HMI 上设置格栅处于自动状态，此时，ManOperate 必须为 False。若要在 HMI 停止格栅，则 HMI 程序要置 ManAuto 和 ManOperate 为 False。若要在 HMI 手动起动格栅，则 HMI 程序要置 ManAuto 为 False，ManOperate 为 True。当然，这里现场转换开关优先级最高，只有该开关处于"远控"档位时，上位机才能控制。

图 4.20 所示为调用 FBGridCon 功能块对某个格栅的控制程序。由于是面向对象编程，因此，调用该功能块时会自动产生该功能块的实例 FBGridCon_1。程序中的输入和输出变量都是全局变量，因为这些变量要与 HMI 通信。不与 HMI 通信的变量可以定义为本程序中的局部变量。当然，还可以给该功能块增加功能，比如增加对设备允许总时间计时的功能。此外，还可以针对格栅设备定义专门的数据结构，从而简化程序。

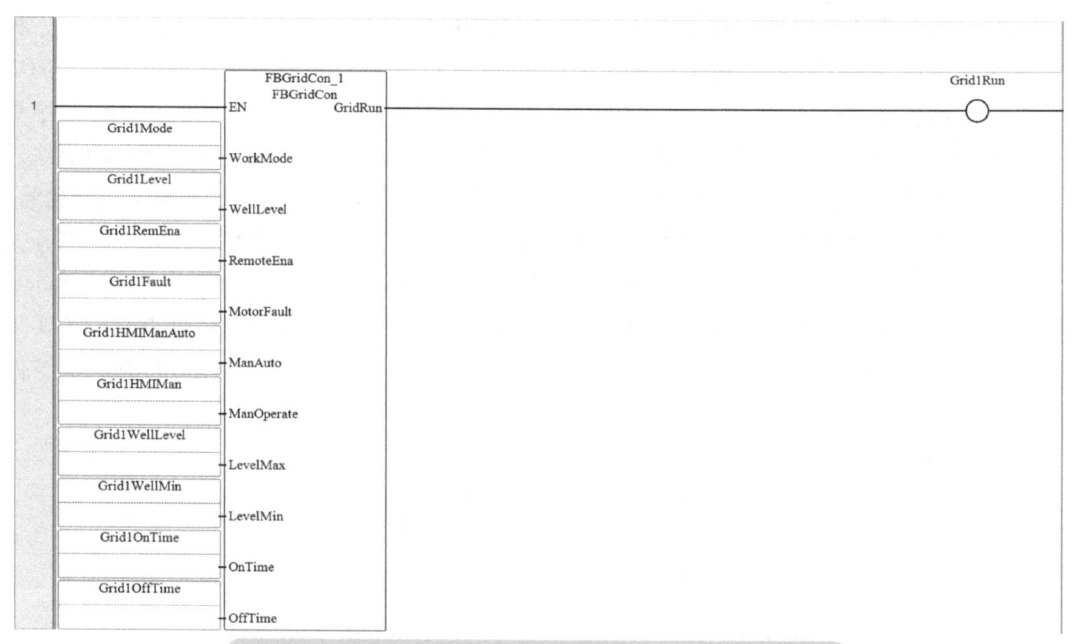

图 4.20　调用 FBGridCon 功能块对某个格栅的控制程序

2. 远程泵站 Micro850 控制器与流量计和电流变送器的 Modbus RTU 通信

进水泵房的流量计具有 RS-485 接口，支持 Modbus RTU 协议，因此，可以通过通信的方式从流量计读取流量的实时值和累计值，而不需要通过模拟量通道采集实时流量，再用控制程序进行累积流量的计算。Micro850 控制器本体自带非隔离的 RS-485 接口，支持串行通信。Micro850 控制器串行通信指令为 MSG_MODBUS。该指令支持功能块图、梯形图和结构化文本三种编程语言。每个通道在一次扫描中最多可以处理四个消息请求。对于梯形图程序，将在梯形扫描结束时执行消息请求。默认的串行通信波特率是 19200bit/s。

由于 Micro850 控制器本体自带的 RS-485 接口为非隔离的，因此这里没有用该接口。在控制器的插槽 1 上安装了带电气隔离的串行模块 2080-SERIALISOL。为了实现串行通信，首先在 CCW 中对模块的通用配置部分做如下设置：通信驱动选 Modbus RTU，波特率为 19200bit/s，无校验，Modbus 角色设为 Modbus 主站；在协议控制部分做如下配置：介质选

RS-485，数据位为8，停止位为1。同样，流量计的通信参数也和控制器的串行接口设置一样，且设置流量计的串行通信地址为2。另外3台电量变送器地址分别为3、4和5，其通信参数也和主站一样。这些参数设置好后，就可以设置MSG_MODBUS指令的参数，主要包括LocalCfg，该结构参数设置模块通道、触发模式、Modbus功能码和要读的变量数目；TargetCfg结构参数设置要读的Modbus寄存器的起始地址和从站的地址。LocalAddr存储从从站读来的数据或要写入到从站的数据。MSG_MODBUS中的参数设置好后，编写梯形图程序，对4台表轮询通信（即要调用4次MSG_MODBUS功能块指令），就可以实现主、从站之间的Modbus通信，主站能获取4个从站中的流量及电流数值。限于篇幅，这里不再给出具体程序。

3. 进水泵控制

过去许多污水处理厂进水泵的控制都采用开关控制，其控制目标是保证集水井污水不会溢出。常用的策略就是当水位升到某个位置时，就起动相应的水泵；低于某个位置时，就停止某水泵。这样做有较多的缺点，首先由于进水泵的频繁开停所造成的间断进水或进水流量的突变影响氧化沟工艺运行，对厌氧、缺氧、好氧等过程及除磷脱氮、生物降解和沉淀效果产生影响。较严重的情况是造成污泥的膨胀、腐化，影响出水水质和污泥的脱水效果。此外，进水泵的频繁起动，必然降低配套电动机的寿命和加速相关机械部件的磨损。由于城市生活用水高、低峰等问题，这种现象很难避免。目前，采用变频技术及配合灵活的水泵起动策略来解决这个问题。

该厂共有6台进水泵，其中2台为变频泵，另外4台为工频泵。设备控制方式分为手动控制方式和自动控制方式。手动控制时可以通过HMI（上位机或触摸屏）任意起动一台水泵。自动控制方式采用水位分级控制，当液位达到某一值并保持一定的时间时，对比目前泵的起动台数与此液位应起动台数，进行开泵或关泵。当液位超过上限值或低于下限值时，在中央控制室报警。泵的起动台数和液位值间的关系见表4.7。

表4.7 泵的起动台数和液位值间的关系

液位值	$H_0<H$	$H_1<H<H_2$	$H_2<H<H_3$	$H_3<H<H_4$	$H_4<H$
泵的起动台数	0	1	2	3	4

泵的起动规则：最初起动时优先起动一台变频泵；其余情况下按累积运行时间起动泵，每次起动累积运行时间最短的泵。

变频泵的起动频率为30Hz，该频率可以在试运行中调整并在HMI上修改。若第二台变频泵起动，则第一台变频泵的频率降至30Hz，8s之后根据液位改变频率。两台变频泵频率根据液位上升或下降而增大或减小，最大频率为50Hz，即变频泵的频率变化范围为30~50Hz，而上、下限液位之差，即变频液位变频区间为0.6m，变频速率为液位每增加或减少0.03m，变频频率增加或减少1Hz。因此，频率与液位值的关系如下：

$$P = \frac{H - H_i}{0.03} + 30 \tag{4-1}$$

式中，P为变频泵的频率；H为液位实时值；H_i对应相应的分级水位值，其中$i \in (0,1,2,3,4)$。

泵的关闭规则：若两台变频泵都在运行状态，则优先关闭运行时间最长的泵；若只有一台变频泵正在运行,则优先关闭其他运行时间最长的泵,使至少有一台变频泵正在运行,直至所有泵关闭为止。

每台泵在 2min 内不得重复起动,1h 内起动次数不大于 5 次。任意两台泵的起动时间间隔不低于 12min。同时程序记录每台泵的累积运行时间和起动次数,以利于后期维护。

4.7 污水处理厂 SCADA 系统上位机软件开发

4.7.1 上位机监控软件功能

污水处理厂 SCADA 系统上位机监控软件利用组态软件进行二次开发,具有友好的人机界面、丰富和完善的监控与管理功能,有利于操作人员更好地了解企业运行情况。具体来说,其主要功能有以下几点:

(1) 设备状态及各工段的工艺流程图显示和模拟

上位机可以显示整个生产流程,包括总貌显示、分组显示,并提供全流程的动态模拟。另外,所有设备的运行状态、所有的工艺参数都能进行实时显示。上位机的全局显示功能有利于操作人员更加全面地了解污水处理过程运行情况及设备工作状态。

(2) 过程参数的实时和历史趋势

上位机通过实时和历史趋势曲线来直观反映过程参数在现在一段时间内的变化趋势和过去一段时间内的变化趋势。通过对参数的趋势分析,可以寻求污水厂处理最佳工艺运行规律,改善管理,提高效率。比如氧化沟进水流量的趋势曲线,据此可以知道污水负荷变化的情况及变化周期,因而可以更好地指导生产操作。

(3) 报警和报警管理

安全生产是企业的生命线,极早发现生产异常和设备故障有利于安全生产。上位机系统一般通过报警系统来实现该功能。当设备出现故障时,系统不但进行报警,还停止设备运行。当有紧急情况发生时,甚至停止整个生产过程。报警包括模拟量和数字量报警。如果进水泵电动机过热,则过热继电器将会切断电动机,上位机进行报警。报警还包括了对系统通信状态的报警提示。报警发生后,要进行报警确认。系统会对报警确认进行记录。

(4) 对全厂生产过程的集中控制功能

全厂的设备分布在不同的地方,现场的控制开关只控制局部的设备,无法对全厂的设备进行协调控制。上位机系统可以对全厂的所有设备进行远程控制。

(5) 以报表形式记录全厂生产情况,便于管理

生产过程中的各种操作数据,都可以以各种形式的报表反映出来。报表可以分为单项报表和综合报表。如设备运行状态报表可以记录设备开停次数、故障情况、故障时间、运行时间等。反映生产情况的综合报表可以记录污水处理负荷、污泥流量、电能消耗等。

(6) 数据归档

污水处理厂的重要工艺参数和设备运行数据都要进行记录/归档。在人工智能赋能传统工业时代,这些归档的数据可以用于对污水处理厂运行状态的智能分析,提高企业运行与管理水平。此外,这些归档的数据还可以用于事故追溯。

(7) 安全与用户管理

不同的用户具有不同的操作权限,系统可以为具有不同操作权限的操作人员设置不同的操作,并实现用户管理。由于所有的操作都与用户关联,这也有利于系统管理。例如,若发生了报警,操作人员没有认真处理,就进行了报警确认而导致生产异常。事后可以查询到是哪个操作员在何时对这个报警进行了确认,为事故分析提供科学依据。

4.7.2 监控软件开发

1. WinCC 人机界面及其使用介绍

组态软件采用西门子 WinCC 7.0 开发,该软件在汽车、化工和制药、能源供应和分配、食品和饮料、烟草、造纸和纸品加工、钢铁、水处理和污水净化等行业广泛使用。WinCC 具有多语言支持;可以集成到自动化解决方案内;内置操作和管理功能,可简单、有效地进行组态;可基于 Web 持续延展;采用开放性标准,集成简便等。再加上西门子强大的硬件支持,WinCC 已成为市场主流的工控人机界面开发软件。

使用 WinCC 开发人机界面步骤基本和 1.7.2 节介绍的类似。首先要建立项目/工程,选择并安装驱动。然后定义变量,WinCC 支持对某些型号 PLC 的变量导入。如果还需要变量,可以再定义。接着利用图形编辑器开发监控画面,在监控画面中可以插入各种格式的图形,再进行报警定义、数据归档、趋势曲线及用户管理功能的组态。最后要指定 WinCC 运行系统的属性并激活 WinCC 画面。需要注意的是,若要在工程中使用 WinCC 的归档、报警、报表等功能,则需要激活这些程序的运行。而且有些功能要购买相关的授权,否则该功能不能实现。

2. 冗余系统的组成及作用

本系统配置了 1 套 WinCC 服务器冗余系统,每套冗余系统分别连接所有的现场 PLC 控制站。另外有 4 台是 WinCC 客户端,连接这两套冗余系统。采用 2 台互联的 WinCC 服务器并行工作,并基于事件进行同步,提高了系统的可靠性。WinCC 冗余系统具有下列功能:

1) 故障自动识别,故障恢复后自动同步变量记录、报警消息、用户归档。
2) 在线同步变量记录、报警消息、用户归档。
3) 服务器故障时,客户端自动切换到可用的服务器。
4) 自动识别伙伴服务器的状态,并实时显现主备服务器的工作状态。
5) 自动生成系统故障消息,及时发现服务器软件故障。

3. 冗余系统的配置要求和组态

要构成一套 WinCC 冗余系统,需要如下的授权,具体见表 4.8。上述软件和授权需要安装,在工程组态好后,就可以在服务器侧进行冗余系统组态。具体组态步骤如下:

1) 创建用户:在两台服务器上创建 Windows 用户,要求具有相同的用户名和密码。可以创建一个新用户或者使用默认的 Administrator;对于新建用户,在录属于中,为用户分配 Administrator、SIMATIC HMI 两个用户组。对于默认 Administrator 用户,检查是否属于上述两个用户组。

2) 创建一个 WinCC 单用户或者多用户项目,组态相应的 WinCC 功能。

3) 设置冗余功能,首先要打开工程冗余配置选项,选中"激活冗余"复选框。然后设置冗余选项,选择 WinCC 服务器之间的冗余识别连接方式,设置服务器伙伴之间时间同步,最后生成服务器数据包。需要注意的是,使用以太网卡作为冗余服务器之间的同步接口时,必须使用一块额外的网卡,而不能使用已有的 Terminal Bus 网卡或者 System Bus 网卡。两个服务器上的第三网卡可以通过交换机连接,也可以使用一根交叉电缆连接,如图 4.21 所示。此外,还需要在"我的电脑"->"Simatic Shell"中设置冗余网卡和与控制器的通信网卡。最后还要通过使用时间同步基本控件,实现服务器之间的时间同步。

4)利用 WinCC 自带的项目复制器(Project Duplicator),把组态好的 WinCC 工程项目复制到另外一台服务器(冗余服务器)上。复制之前要在冗余服务器上创建一个共享文件夹,用于保存 WinCC 项目。使用项目复制器复制 WinCC 项目,相应的计算机名称、冗余的主从设置会自动更改。项目复制后,要检查 WinCC 通信通道中的逻辑设备名称与 Set PG/PC 指定的名称是否一致。如果不一致,需要手动修改逻辑设备名称。

表 4.8 WinCC 冗余系统配置授权要求

授权名称	个数	安装位置	备注
WinCC RT/RC	2	1 个/服务器	至少一个 RC
WinCC/Redundancy	1 对	1 个/服务器	一个订货号包含两个冗余授权
WinCC/Server	2	1 个/服务器	多用户项目
WinCC RT 128	与客户端的数目相等	1 个/服务器	需要客户端

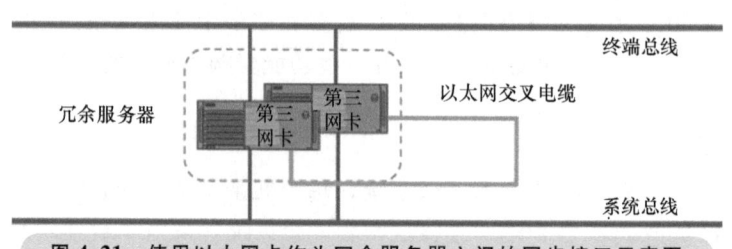

图 4.21 使用以太网卡作为冗余服务器之间的同步接口示意图

服务器侧设置后,要在 WinCC 客户端进行设置。选择有本地项目的客户端,从而可以装载多个服务器数据包,查看多个服务器的数据:

1)首先要确保客户端的 Windows 用户拥有 Administrator、SIMATIC HMI 两个用户组。同时,如果 WinCC 服务器上不存在此客户端的 Windows 用户,则必须在 WinCC 服务器上创建。

2)利用 WinCC 项目管理器创建客户端项目。

3)加载服务器数据包。右键单击"服务器数据包",在弹出的菜单中选择装载服务器上生成的 pck 文件。

4.7.3 监控界面及其测试

1. 界面设计与开发

人机界面开发的内容比较多,也比较繁杂。这里只对一些主要内容进行介绍。

(1)主要操作界面与功能

根据污水处理厂监控系统的需要以及人机界面设计的基本规范,进行了监控系统人机界面开发。界面风格采用图 1.47 所示的样式。主界面切换按钮包括全厂流程、远程泵站、进水泵房、细格栅、氧化沟、污泥处理、污泥脱水、报警、趋势、报表、系统信息、参数汇总、用户管理等。单击"远程泵站"会弹出 1~4#泵站二级菜单供用户选择，氧化沟等也类似。单击每个按钮后，在界面主显示区都会出现相应的窗口。单击左侧这些按钮，对应的按钮会变绿，表示目前选择的是哪个功能按钮。此外，还设计了一系列针对设备控制的弹出式窗口。在主窗口的最下方放置报警窗口，该窗口仅显示 4 条报警信息，用户双击该窗口则可以放大显示更多的报警信息。此外，还可以通过单击全厂工艺流程画面上不同的工段画面进入相应的工艺流程，了解工艺运行情况，对设备进行监控。

采用组态软件设计监控系统人机界面的一个明显好处是可以比较容易实现对生产过程的动态模拟。组态软件提供了位置、动作、颜色、可见/不可见等多种动画手段和许多生产过程常用的设备对象，许多对象还内嵌动态变量。本监控系统综合利用了这些手段来实现对生产过程的动态模拟，如对于设备的工作状态指示，用黄色表示待机，用绿色表示工作、用红色表示故障。在氧化沟界面中，对堰门的高、低位用颜色动画显示，操作人员可以明细看到哪个氧化沟在进水，哪个氧化沟在出水。而且对出水管路也用颜色动画显示，操作人员根据颜色可以一眼看出哪个氧化沟在出水。

（2）用户管理界面

用户管理界面主要是对操作计算机的操作员、工程师等用户功能、权限等进行管理。只有具有有效账号的用户才能登录和操作该系统。不同的操作人员具有不同的级别，如只有系统管理员才能修改设备控制参数，并对用户账号进行管理，而最低级别的操作人员只能浏览操作界面。非合法用户不能登录系统，用户登录后，其相关的操作控制会被记录。

（3）全厂流程显示

该流程包括污水和污泥处理两个部分。单击其中的工艺对象，可以进入该工艺实时监控画面。例如，单击粗格栅图，就可以直接进入粗格栅实时监控界面。全厂工艺流程只显示工艺过程，无动态参数显示。

（4）氧化沟设备监控与操作界面

2#氧化沟的实时监控界面如图 4.22 所示。在该界面上，显示了氧化沟的主要设备，包括单、双速转刷，进/出水堰门，搅拌器等。此外，还有每个沟的溶解氧等工艺参数的实时显示。若要手动改变设备工作状态，只要单击设备图标，就会弹出设备控制界面。双速转刷的控制界面如图 4.23 所示。

当转刷处于自动运行时，如果单击"自动-手动"转换开关，该开关从自动切换到手动，则转刷会停止运行。当转刷处于手动控制的运行状态时，对于双速转刷，可以开高速或低速。要从手动切换到自动，先要手动停止转刷，再单击"自动-手动"转换开关。

堰门的状态在氧化沟监控界面显示。堰门的控制界面如图 4.24 所示。需要注意的是，在手动开、关堰门及手动-自动切换时，也要先停止堰门动作再切换。矩形堰门显示绿色表示堰门处于低位，蓝色表示处于高位。堰门动作时，堰门电动机状态也会动态显示。

监控系统的一个重要功能是为操作人员提供直观的方式使其对设备进行操作。本系统统一采用如图 4.23 所示的设备控制窗口，操作人员只要用鼠标单击相应的设备，就会弹出该窗口，该窗口一方面提示目前的设备状态，另一方面又提供了改变设备工作状态的按钮。根据设备种类，采用 WinCC 的面板功能开发不同设备的面板，这样既统一了人机界面风格，对操作员操作友好，又实现了软件可重用，简化了人机界面开发工作量。对于每个设备的操

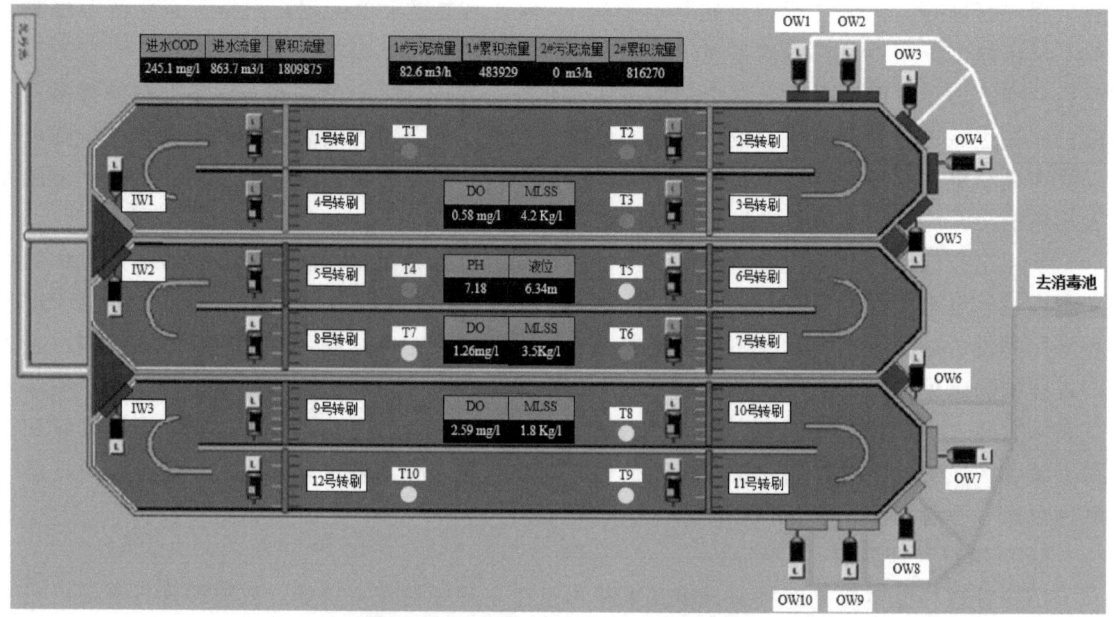

图 4.22 2#氧化沟的实时监控界面

作界面,用户只需要把控制器中该设备控制相关的变量与该设备控制面板关联起来,就可以实现具体设备的控制。关于 WinCC 的面板功能,读者可以参考相关书籍或手册。

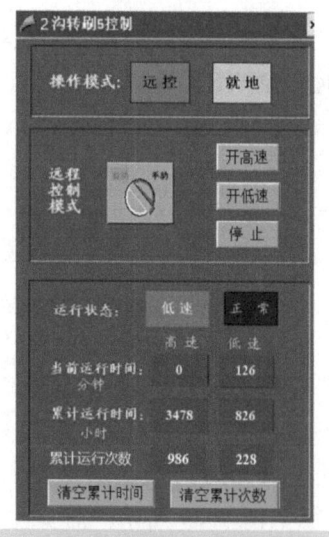

图 4.23 双速转刷的控制界面

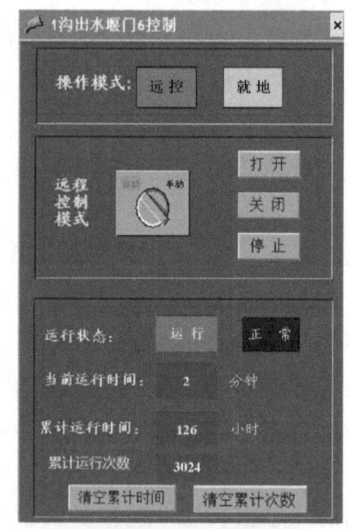

图 4.24 堰门的控制界面

(5) 粗格栅设备监控界面

粗格栅的实时监控界面如图 4.25 所示。在该界面上,显示了粗格栅、螺旋输送机和压榨机的工作状态。其中,螺旋输送机和压榨机是联动的,只能对格栅进行控制。在自动状态下,格栅可以按照时间周期工作,即输入开机时间和停机时间后,再单击"时间确定"按钮,格栅就可以自动按照此时间设置开-停-开-停工作。在自动工作时,也可以切换到手动状态来操作。

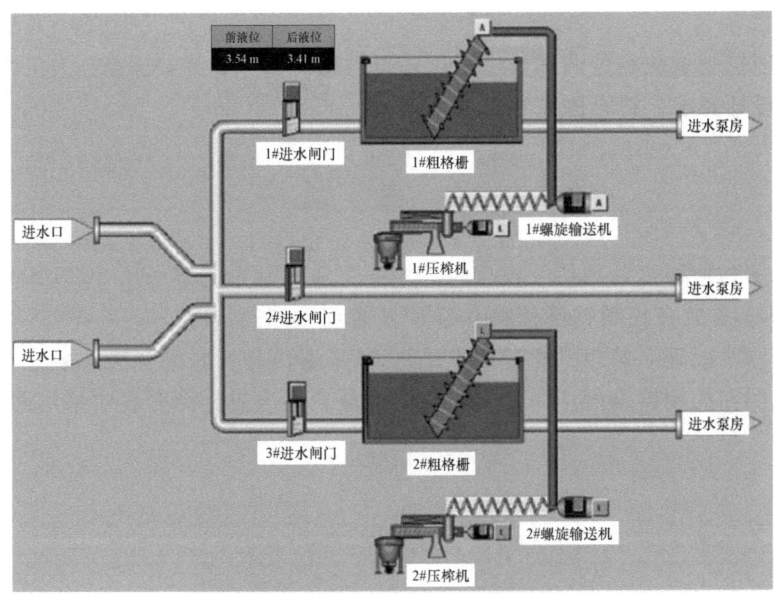

图 4.25 粗格栅的实时监控界面

（6）报警显示、趋势显示等

如果有故障信号，报警界面会显示什么设备，何时出现故障等，一般要求操作人员进行报警确认。若设备故障，则只有故障消除后该设备才能再次投入运行。对于工艺参数报警，则要检查报警原因，及时消除故障，确保生产正常。

趋势显示界面可以显示主要的工艺参数和开关量。由于变量众多，用户可以选择其希望浏览的变量。参数只有归档才能进行历史趋势显示，否则只能进行实时趋势显示。

2. 控制系统测试与调试

在 PLC 软件开发过程中，首先要确保每个自定义的功能（FC）或功能块（FB）正常工作，然后，基于自己开发的 FB 和 PLC 自身的指令来编写程序。在这个过程中，要充分进行仿真调试。对于人机界面，也可以在开发过程中不断进行测试。在进行现场系统调试前，要确保 PLC 的控制程序已经开展了仿真测试，且仿真测试能达到功能设计要求。在仿真调试中，要尽可能地通过信号强制等来模拟现场可能出现的各种情况，看软件是否能正常工作。仿真测试越充分，现场的调试工作量就会大大减少，能减少各种错误发生。由于仿真调试的局限性，在仿真调试的基础上，还要进行离线程序调试，即将 PLC 程序下载到 PLC 存储器中，用信号发生器模拟各种输入信号，分析系统运行是否正常。

当 PLC 控制程序和上位机程序都开发完成，通信网络配置好，设备安装后，就可以进行系统调试。系统调试的目的是确定整个控制系统软、硬件及网络通信是否正常，能否达到设计要求。在确保安装到现场的设备工作正常后，可以进行现场调试。现场调试包括初步调试、单机调试和联动调试。

由于受到调试时间的限制，程序中设置的定时器/计数器的参数值并不适用于调试（例如生化池的运行周期）。在联动调试阶段，为了加快调试过程，提高调试效率，可以暂时减小定时器或计数器的设定值，待调试结束后再重新写入它们的实际设定值。另外，变频器等设备可以工作于面板操作，也可工作于外部控制。在调试完成后，要确保其工作方式设置符合要求。

该污水处理控制系统经过调试后已经正式投入运行多年，控制系统工作正常，污水厂出水水质达到了设计要求，符合国家相关的规范。

思 考 题

4-1 试说明为何污水处理厂、汽车组装线等工业控制系统多采用 SCADA 系统。

4-2 SCADA 系统在控制软件开发上与 DCS 有何不同？

4-3 为何污水处理泵站与中央控制室采用 VPN 通信是较好的解决方案？

4-4 试说明在控制器编程中采用自定义功能块，在人机界面开发中采用面板的好处。

第 5 章
离散制造业工业控制网络与系统应用案例

5.1 引言

科技发展催生了新的技术，市场竞争加剧企业生存压力，采用新技术对企业进行转型升级是确保企业在市场竞争中立于不败之地的重要手段，而构建智能工厂则是必由之路。智能工厂通过部署在生产线上的传感器实时采集生产数据，执行控制指令；利用现代控制网络将数据传输至数据处理中心（边缘层和/或云端）；数据处理中心对数据进行存储和分析，提出各种生产、运营和管理的决策；最后，决策的结果指导生产现场进行优化和调整。离散制造业智能工厂除了采用传统的传感器获取设备运行状态等信息外，还大量使用机器视觉获取反映质量指标的信息，使用 RFID（Radio Frequency Identification，射频识别）对物料进行自动识别与追踪。现场执行设备不仅包括传统的电动和气动执行器，还大量使用移动机器人实现物料搬运，机械臂实现精准的定位相关的作业。

本章以汽车安全气囊引爆组件注塑工艺的制造过程为例，阐述利用机器视觉、工业机器人等改造传统的生产工艺，从而实现智能生产和智能质量检测。首先对某安全气囊注塑的生产现状进行分析，指出其中的不足，给出升级改造方案。接着进行总体智能制造的方案的设计，包括控制系统的需求分析、主要测控设备的选型。然后对机器视觉引导系统进行开发，对控制系统中 PLC 程序设计、机器人运动控制程序、成品检测程序和人机界面（Human Machine interface，HMI）的开发内容进行详细阐述。最后对系统调试和应用效果进行分析。

案例中采用的是罗克韦尔 ControlLogix 系列中大型控制器，其编程语言遵循 IEC 61131-3 标准，在离散制造业大量使用。案例中的 EtherNet/IP 工业以太网等自动化系统知识在第 3 章也有一定的介绍。

5.2 汽车安全气囊引爆组件注塑工艺与设备

5.2.1 汽车安全气囊引爆组件注塑工艺原理及生产现状

1. 汽车安全气囊原理及其作用

作为一种被动安全保护系统，汽车安全气囊与座椅安全带配合使用，可以为乘客提供有效的防撞保护。在汽车相撞时，汽车安全气囊可使头部受伤率减少25%，面部受伤率减少80%左右。因此，目前不仅前方安装汽车安全气囊，侧面、乘客处、后座侧边等位置也安装汽车安全气囊的汽车越来越普及。

汽车安全气囊的核心部件是引爆组件（引爆器和金属底盘），如图5.1所示。当汽车遭到正面碰撞或撞击事故时，汽车安全气囊控制系统通过检测冲击力的大小来控制是否点燃引爆器。一旦检测到的冲击力超过设定值，就会立即接通引爆器的引爆回路，从而引燃金属底盘内腔里的气体发生剂，

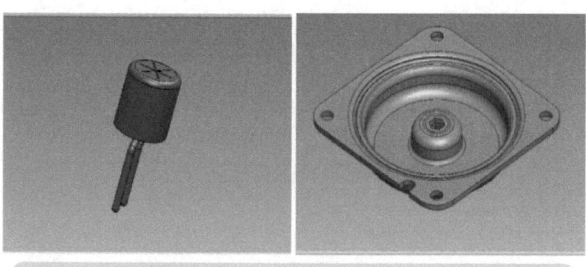

图 5.1　引爆器（左）和金属底盘（右）的示意图

产生出大量的气体，经过滤并冷却后进入汽车安全气囊，使汽车安全气囊在极短的时间内突破衬垫并迅速展开，在驾驶员或乘客的前部形成弹性气垫，并及时泄漏、收缩，吸收冲击能量，起到保护驾驶员和乘客的作用。

2. 汽车安全气囊引爆组件注塑工艺

汽车安全气囊在气体发生剂装入之前需要经过注塑机对金属底盘和引爆器进行注塑密封。国内一些企业汽车安全气囊引爆组件注塑过程主要是靠人工操作来给注塑机上、下料以及对注塑成品进行质量检测。注塑机通常采用双模具结构，即通过转动模具底盘，一个模具被转入注塑机参与工件的注塑，同时将另一个模具转出来。人工取走注塑好的产品，并用人眼视觉对其进行粗略的质量检测，然后继续取金属底盘和引爆器给注塑机模具上料。

人工操作时的场景如图 5.2 所示。在这种情况下，工人要不停歇地操作以配合注塑机的节奏，由于引爆器和金属底盘的放置有方向的区分，为了防止操作失误还需要保持高度的警惕性，因此劳动强度较大。同时，注塑车间的生产环境较恶劣，连续重复的操作会影响工人情绪，长时间用眼引起的眼疲劳会导致视觉检测偏差，漏检或误检时有发生，造成注塑成品质量不稳定，一旦这些不合格的注塑成品流入市场将会造成严重的安全隐患。同时这种低效的生产方式满足不了日益增长的需求。因此，利用智能制造技术升级注塑机生产线十分必要。

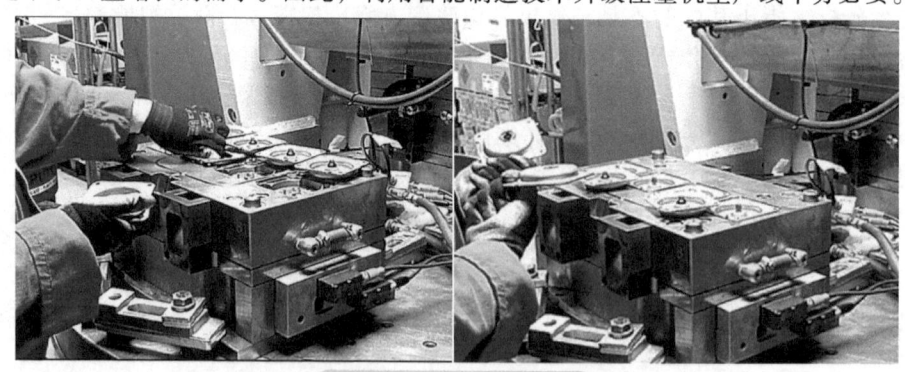

图 5.2　人工上料操作

机器人是现代智能制造的重要智能化设备。利用工业机器人不仅可以代替人工从事高危的行业，把工人从枯燥无味和高强度的工作中解放出来，节约劳动力，而且可以 24h 不间断地工作，大大提高工厂的生产效率，同时保证产品的质量，提高企业的竞争力。同时，增加

工业相机,赋予机器人视觉功能,可以提升机器人的灵活性和效率。这样,在控制系统的控制下,机器视觉系统引导工业机器人智能地抓取目标工件给注塑机上下料,在注塑完成后利用机器视觉系统实现对注塑成品质量的在线检测,确保注塑成品质量。

5.2.2 汽车安全气囊引爆组件注塑系统组成与工艺流程

为了提高汽车安全气囊引爆组件注塑生产过程的自动化程度,降低人员负荷,提高检测效率和产品质量,遂对原有生产工艺和设备进行改进,引进了工业机器人和工业视觉系统。改进后的注塑系统主要由引爆器排队分离机构、金属底盘抓取、准备工位检测机构和注塑成品质量检测等系统组成。

(1) 引爆器排队分离机构

由于引爆器的形状比较特殊而且比较小,若要实现工业机器人对引爆器的直接抓取和检测都非常困难,因此配置了一个引爆器的排队、检测、定位机构,从而实现了对引爆器各项指标的检测,同时也便于工业机器人正确地抓取引爆器。引爆器的排队分离机构主要由引爆器振动盘、直线输送器和实现各种检测功能的气动分离排队机构组成。

由于引爆器的两个引脚相对于中心点并不是对称的,经过振动盘的振动之后,引爆器在其重心偏移的作用下,将会按照一定的引脚朝向顺着直线输送器进入气动分离机构,在此处将对引爆器进行一系列的检测。气动排队分离机构由分离气缸、伸缩气缸、滑台气缸、整形气缸和各种传感器组成,通过各个气缸的顺序动作,将进入气动排队分离机构的引爆器分成三个不同的位置并进行不同的检测。例如,在其中一个位置处安装了用以检测引爆器是否存在的光电传感器和检测引爆器颜色是否正确的颜色传感器;在其他两个位置处采用两个光纤传感器分别检测引爆器是否到达固定位置和引爆器的引脚状态是否正确。通过一系列气缸的动作和检测之后,引爆器最终将以一定的引脚朝向被整形气缸固定在最终的抓取位置,以便工业机器人定点抓取。

(2) 金属底盘抓取

根据汽车安全气囊型号和适用对象的不同,金属底盘的大小和形状有一定的区别,按照工艺要求把金属底盘分为多个型号。虽然金属底盘的形状相对规则,方便工业机器人直接抓取,但金属底盘在注塑时也需要区分方向,而且同一批次的注塑产品中绝不能混入其他型号的金属底盘。为了解决这个问题,采用机器视觉系统来完成对目标工件的识别和定位,并引导工业机器人对金属底盘的抓取。

金属底盘在传输带的输送下进入机器视觉系统的视野范围内,通过工业相机对目标工件进行图像采集,经过图像处理后输出金属底盘的信息。例如,是否是目标工件以及其在坐标系中的位置等,从而引导工业机器人对金属底盘的抓取。考虑到传输带的宽度和金属底盘的摆放位置,要求机器视觉系统的检测视野范围是 $500mm×360mm$,从而保证在其视野内始终能捕捉到传输带上的三排金属底盘。

(3) 准备工位检测机构

准备工位检测机构是在给注塑机上料之前对引爆器与金属底盘进行检测的最后一个工位。准备工位检测机构分为引爆器准备工装和金属底盘准备工装。

引爆器准备工装利用光电传感器和压力传感器检测引爆器是否已经插入以及引脚是否缺失。当引爆器的引脚刚插入准备工装的定位孔时,从准备工装的内腔向外吹气,若引脚存在则内腔的压力会上升，便可以通过压力传感器检测出来；若引脚缺失则准备工装内腔的压力不会有明显的变化，以此来再次确认引爆器的引脚是否缺失；当引爆器完全插入后则可以通过准备工装上的光电传感器检测引爆器是否已经存在。

金属底盘准备工装存在四个定位空腔，其形状和大小是按照不同型号的金属底盘进行设计的，一种型号的金属底盘准备工装通常可以适用于一到两种型号的金属底盘。每个定位空腔采用定位销来限定方向，当机器人抓取金属底盘的方向错误时则不能将其放入定位空腔。同时，在定位空腔的底部安装压电传感器，只有当金属底盘放置方向正确且金属底盘底部没有缺陷时压电传感器才会产生信号。

（4）注塑成品质量检测

当上下料工业机器人取下注塑成品之后，将注塑成品放置在工业相机前面逐个进行质量检测，主要检测引脚是否歪斜、是否缺失、注塑是否有缺陷等。机器视觉系统实时地把检测的结果输出给 PLC，通过 PLC 对检测结果的处理作业，输出信号给工业机器人，工业机器人则能根据接收的信号实现对不合格注塑成品的处理作业。

通过对注塑控制系统各个主要部分的设计以及结合控制系统的功能需求，设计了汽车安全气囊引爆组件注塑控制系统的工艺流程，如图 5.3 所示。

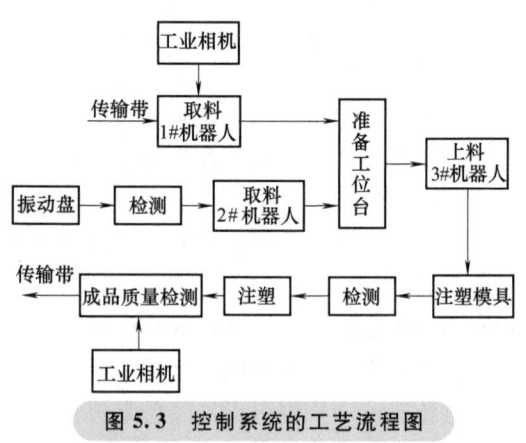

图 5.3　控制系统的工艺流程图

5.3　汽车安全气囊引爆组件注塑控制系统设计

5.3.1　控制系统功能需求分析

本控制系统中采用了工业机器人和机器视觉相结合的方式来代替人工操作，并能对注塑成品进行在线质量检测，这也是目前工业机器人在工业生产中重要的应用领域。工业机器人代替人工操作虽然可以极大地提高工作效率，但重要的是如何准确地实现工业机器人对目标工件的识别和抓取，即实现机器人的智能抓取，以及完成对注塑成品质量的在线检测。同时，通过合理地选择 PLC 控制系统，开发并优化 PLC 控制程序、工业机器人的运动控制程序，使整个生产线设备协调工作，实现安全生产，提高生产效率，减少故障发生。

根据工业机器人和机器视觉系统的应用现状，并结合汽车安全气囊引爆组件实际注塑中的功能需求，明确了控制系统的功能需求：

1）自动化注塑控制系统应能达到比人工操作时效率提高一倍以上，一个完整注塑及检测的流程不能超过 20s 的要求，且要保证注塑成品的质量。

2）工业机器人要快速、准确地抓取目标工件，误差不能超过 0.04mm。

3）工业机器人的最大负荷能力和重复精度及臂展都要满足生产的要求。

4）机器视觉系统能够迅速、准确地识别和引导机器人的抓取，考虑到工业机器人的动作节拍问题，视觉系统处理每帧图像的时间不能超过450ms。

5) 能够满足多种型号金属底盘的识别和注塑，对混入的其他型号金属底盘不发生误判、误抓现象。

6) 机器视觉系统应能准确、快速地检测出注塑成品中包括"注塑不良、毛边毛刺、引脚歪斜、引脚装配不到位、引脚方向装反、部件漏装"等各种不合格产品。

7) 实时显示系统运行中的故障并进行故障定位，以便操作人员及时处理。

8) 系统设计要考虑到运行时的安全问题，在工业机器人高速运行期间应设置防护措施，避免人员接近导致安全事故。

5.3.2 工业机器人选型

工业机器人选型首先要明确工业机器人需要完成的具体任务，例如分拣、装配、焊接和喷涂等。不同的任务需要不同类型的工业机器人。然后依据工业机器人的性能指标进行选择。通常，工业机器人的性能指标主要包括负荷能力、运动范围、精度和重复精度四个方面。

(1) 负荷能力

负荷能力是指工业机器人的末端在其他性能都保持正常工作的情况下所能承载的最大负荷重量，如果末端负荷大于其负荷能力，则会导致工业机器人的精度下降，甚至无法准确地按照预定轨迹运动。

(2) 运动范围

运动范围是指工业机器人的工作区域所能到达的最远距离，也即末端执行器所能到达的最远距离。对于运动范围内的点（灵巧点），工业机器人的末端可以按任意姿态到达，然而对于运动范围边界的点（非灵巧点），则不能任意指定其到达的姿态。

(3) 精度和重复精度

1) 位置精度：机器人在执行任务时，能够准确到达所需的位置。这取决于机器人控制系统的精度、传感器的准确性以及机械结构的稳定性。

2) 姿态精度：机器人在执行任务时，能够准确控制自身的姿态，例如角度、方向等。这需要机器人控制系统具备高精度的姿态控制能力。

3) 运动精度：机器人在执行任务时，能够准确控制运动轨迹和速度。这取决于机器人的驱动系统、运动控制算法以及传感器的反馈准确性。

4) 重复精度：机器人在多次执行相同任务时，能够保持一致的精度水平。这取决于机器人的控制系统、传感器反馈和机械结构的稳定性。在实际应用中，工业机器人的重复精度是一个比精度更重要的性能指标。

此外，还需要考虑速度和效率、安全性、灵活性和可编程性等因素。在经济上还需考虑成本和投资回报率、厂商支持和售后服务等。

工业机器人在自动化注塑控制系统中起着关键的作用，同时考虑到注塑系统的效率、精准度和工作空间的问题，对工业机器人的最大运行速度、重复精度和臂展等都提出了更高的要求。故在设计机器人的方案时必须严格按照控制系统的功能要求，依据工业机器人的性能指标来选择工业机器人的型号。

对于负责抓取引爆器的2#工业机器人，由于不需要完成太复杂的动作，动作相对固定且运动的距离比较近,经过综合比较,选用 YAMAHA 公司型号为 YK400XG 的 4 轴 SCARA 工业机器人,其性能参数见表 5.1。

表 5.1 YAMAHA 工业机器人 YK400XG 的性能参数

控制轴数			4 轴
重复精度			±0.05mm
最大搬运质量			5kg
轴规格	X 轴	手臂长度	250mm
	Y 轴	手臂长度	150mm
	Z 轴	行程	150mm
	X 轴	旋转范围	±115°
	Y 轴	旋转范围	±125°
	R 轴	旋转范围	±360°
最高速度(XY 轴合成速度)			6.1m/s
机械手臂长			400mm
工作电压			200V

SCARA 机器人是一种特殊类型的工业机器人,其工作空间是圆柱坐标型,该类机器人具有 4 个轴(即 4 自由度),其中有 3 个轴线相互平行的旋转关节,能完成平面内的定位和定向,另一个关节是能上下移动的关节,用于完成末端执行器在垂直于平面方向的运动。这类工业机器人具有结构轻巧和响应速度快的优点,非常适用于在平面上的定位和在垂直方向进行装配的作业。SCARA 机器人与其他关节式机器人相比最大的优势是其串接的两杆结构,类似于人的手臂,可以在相对狭小的空间中作业,且仿照人的左右手的功能分为了"左手系"和"右手系"两种不同的工作方式,可以根据工作空间的不同而设置成不同的模式,增加了作业的便利性,从而最大限度上避免了与其他设备的碰撞。

对于 1#和 3#工业机器人的选型,考虑其动作的复杂性、最大臂展和最大负荷能力,选用日本 FANUC 公司 LR Mate 系列型号为 LR Mate 200iD 的工业机器人。

5.3.3 成品质量检测机器视觉系统选型

典型的机器视觉系统包含的硬件设备很多,但工业中应用的机器视觉系统通常是由光源、工业相机(摄像机)和镜头三大部分组成的,对于机器视觉系统的构建要根据实际任务的需要和现场环境综合考虑进行选型。例如,任务的精度要求、目标工件的大小和形状、检测的速度要求、安装位置等都将影响机器视觉系统的选型。在本控制系统中共用到两套机器视觉系统,在此将先介绍成品质量检测机器视觉系统中各硬件设备的选型。

(1) 光源

光源的选择直接影响图像的亮度、对比度和清晰度。适当的光源能够提供足够的亮度,使得被检测物体的细节清晰可见,从而提高图像质量,有利于把目标工件与背景环境区分开来。光源还影响物体的表面特征、图像处理和分析的准确性等。因此,合适的光源选择有利于提高获取的工件图像质量,降低图像处理难度。通常没有通用的机器视觉光源,需要根据具体的应用需求合理地选择所需的光源。常见的光源有:LED 光源、低角度光源、背光源、点光源、线光源和平行光源等。

LED 光源具有高亮度、可调节性好、长寿命、稳定性高、低能耗、高效性、色温和颜色可控制等优势，适用于各种机器视觉应用场景。因此采用 LED 光源作为机器视觉系统的照明光源。由于本机器视觉系统主要是完成对注塑成品的质量检测，工作空间比较狭小而且机器视觉系统与被检测注塑成品之间距离较近，而环形 LED 光源的特殊形状使得光线可以沿着环形均匀地照射到目标物体或区域，避免了光线的不均匀和阴影的产生，因此选用环形 LED 光源。光源和工业相机安装在同一侧，不仅可以节省空间，而且照明效果好。

（2）工业相机

工业相机（俗称摄像机）实现了将图像的采集、处理和通信功能集成在单一的相机内，从而提供了多功能、高可靠性和易于实现的机器视觉解决方案。与常见的普通相机比较，工业相机具有高分辨率、高灵敏度和快速帧率的特点，以及较高的稳定性、耐用性和抗干扰能力。工业相机大多是采用 CCD（Charge Coupled Device，电荷耦合器件）或 CMOS（Complementary Metal Oxide Semiconductor，互补金属氧化物半导体器件）芯片的相机。CCD 图像传感器最大的特点就是采用电荷作为信号，而其他的器件都是以电压或电流为信号，其集光电转换、电荷的存储和转移以及信号的读取于一体，是一种典型的固体成像器件。同时，CCD 图像传感器具有体积小、重量轻、不容易受到磁场干扰和能抵抗撞击等特性而被广泛地应用。虽然 CMOS 图像传感器的价格和功耗都较 CCD 图像传感器低，但由于其自身噪声大，图像处理的效果不如 CCD 图像传感器，因此工业中常选用基于 CCD 图像传感器的工业相机。

在汽车安全气囊引爆组件注塑的实际应用中，由于不同型号的汽车安全气囊在引爆组件注塑时注塑原料的颜色不同，为了使成品质量检测机器视觉系统能正确地检测其颜色，故需要选用彩色的 CCD 工业相机。本案例选用康耐视（Cognex）公司生产的 In-Sight 5400C 智能工业相机，该相机采用了压铸铝和不锈钢的外壳设计，具有抵御外界震动或撞击的能力，同时具有 IP67/IP68 级保护的防护镜头盖，有效地防止了潮气和灰尘进入。该相机配置的 EtherNet/IP 以太网接口可以直接连接到控制网络上。

（3）镜头

镜头的主要作用就是通过收集被照物体表面反射回来的光并将其聚焦于 CCD 图像传感器上，但实际投射到 CCD 图像传感器上的图像是倒立的，工业相机的内部电路具有将其自动反转的功能。选择镜头时主要考虑的参数有：焦距、靶面尺寸、最大成像尺寸、接口等，同时镜头的型号还必须和工业相机图像传感器的尺寸相匹配，例如，1/2″的镜头若用于 2/3″的工业相机图像传感器，就会因 CCD 图像传感器的外围没有光线到达而出现黑色的死角。通常焦距越短视角越大，焦距越长视角越小，所以要根据实际应用中镜头与目标工件的垂直距离和工作视野的大小，通过计算来合理地选择镜头的参数。

对于成品质量检测机器视觉系统来说，为了能够满足不同型号注塑成品的质量检测，目标工件到工业相机镜头的距离并不是固定不变的，因此需要选用变焦距的镜头。根据小孔成像的原理，如图 5.4 所示，目标工件到镜头的距离、镜头的焦距、图像传感器的尺寸和目标工件的尺寸四者之间的对应关系如下：

$$f=\frac{w}{W}\times D\left(\text{或}\ f=\frac{h}{H}\times D\right) \tag{5-1}$$

式中，f 是镜头的焦距；w 是图像传感器的宽度；W 是目标工件的宽度；h 是图像传感器的长度；H 是目标工件的长度；D 是镜头到目标工件的垂直距离。

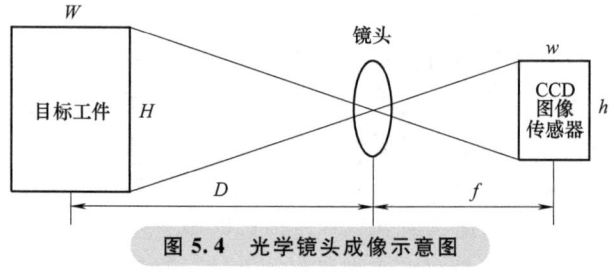

图 5.4　光学镜头成像示意图

在成品质量检测机器视觉系统中被拍摄的目标工件尺寸大小为 50mm× 50mm 左右，目标工件到镜头的距离在 200~300mm 之间，即 $D = 200$~300mm。参照所选的智能工业相机 In-Sight 5400C 的参数，其图像传感器尺寸为 1/3″（4.8mm×3.6mm），则由式（5-1）可以得到镜头的焦距为

$$f = \frac{w}{W} \times D = \left[\frac{3.6}{50} \times (200 \sim 300)\right] \text{mm} = 14.4 \sim 21.6 \text{mm} \tag{5-2}$$

因此，工业相机配套的镜头可选用美国康耐视公司生产的型号为 VT-CPL25T 变焦距镜头，焦距可调节范围为 12~36mm，该镜头的靶面尺寸为 1/2″，大于图像传感器的尺寸 1/3″，满足要求。

5.3.4　PLC 选型与控制系统网络结构设计

1. PLC 选型与配置

随着工业自动化水平的不断提高，现场应用的自动化设备越来越多，自动化技术也越来越复杂，如果仍然对控制器组态、网络组态、变频与伺服设备组态、HMI 组态分别用不同的软件来实现，则会极大增加系统组态的工作量，降低控制系统的可靠性。对此，西门子公司提出了"全集成自动化"的概念，而罗克韦尔公司则提出"全功能控制平台"的理念，其内涵都是用统一的软件平台来完成整个控制系统的集成，同时对硬件平台进行整合。罗克韦尔公司的 ControlLogix 就是这样的一个硬件控制平台，用户可以根据不同的控制要求，选择标准的模块以及工业控制系统网络就能实现所需的顺序控制、过程控制、驱动控制和运动控制的功能。

ControlLogix 平台通过使用专门的模块和软件来支持工业机器人，可以与工业机器人无缝集成。通过使用适当的模块和软件，开发人员可以实现对工业机器人的精确控制、高性能运动和灵活的集成。

ControlLogix 平台对工业机器人的支持主要包括如下几种方式：

1）机器人控制模块：ControlLogix 提供了专门的机器人控制模块，如 Kinetix 系列的运动控制模块，可与各种工业机器人进行集成。这些模块提供了高性能的运动控制功能，可用于控制机器人的关节运动、轨迹规划和插补等。

2）通信接口：ControlLogix 支持多种通信接口，如 EtherNet/IP、DeviceNet、ControlNet 等，这些接口可用于与工业机器人进行数据交换和通信。通过这些接口，ControlLogix 可以与工业机器人控制器进行数据传输，实现系统之间的协作和集成。

3）编程和集成环境：ControlLogix 使用的编程和集成环境（如 Studio 5000 等）提供了丰富的工具和功能，可用于编写和调试与工业机器人相关的逻辑和程序。开发人员可以使用这些工具来编写工业机器人控制程序、配置运动轨迹和规划等。

本控制系统中选用的是 ControlLogix 系列的 PLC。该系列控制器提供了强大的 I/O 点控制能力和数据通信能力，适合应用于大规模的控制系统中。控制器支持的数字量 I/O 最多可以寻址 128000 个点，模拟量 I/O 最多可达到 4000 个点，一个控制器可以支持 32 个任务（可组态连续型、周期型和事件型等不同类型）。

ControlLogix 控制系统硬件主要由背板和各种功能模块组成，这些功能模块是：中央处理器（CPU）模块、电源模块、通信模块、信号模块和专用模块，以及机架背板。各个模块的选用要根据现场 I/O 点的特点和需求来确定。根据本系统的需求选用的模块有：电源模块（1756-PA75）、控制器模块（1756-L61）、EtherNet/IP 通信模块（1756-ENBT）、DeviceNet 通信模块（1756-DNB）、32 位数字量输入模块（1756-IB32）、32 位数字量输出模块（1756-OB32）和机架背板（1756-A7）。控制系统中采用分布式的 1734 POINT I/O，共有两个这样的远程站点，分别是 1734-Belt（传输带）和 1734-Vibration_Disk（振动盘）。主控制器和远程 I/O 站之间通过 EtherNet/IP 工业以太网进行通信。对于每个分布式远程站点，根据其 I/O 点需求，进行了 1734 POINT I/O 站点输入/输出模块的配置。以 1734-Vibration_Disk（振动盘）为例，列出了一些设备的 I/O 点，见表 5.2。这样统计所有设备的 I/O 点，再进行一定的 I/O 冗余，可以得到实际的 I/O 模块类型和数量。

表 5.2 振动盘 I/O 清单

分类	主要设备	PLC 变量名	输入/输出	DI	DO
分离气缸	电磁开关	Hand1_Streched	输入	2	2
		Hand2_Streched			
	电磁阀线圈	Hand1_Strech_Start	输出		
		Hand2_Strech_Start			
伸缩气缸	电磁开关	Hand3_Streched	输入	2	2
		Hand3_Retract			
	电磁阀线圈	Hand3_Streched_Start	输出		
		Hand3_Retracted_Start			
滑台气缸	电磁开关	Slid_Front	输入	2	2
		Slid_Back			
	电磁阀线圈	Slid_Front_Start	输出		
		Slid_Back_Start			
整形气缸	电磁开关	Plastic_CylinderIsOpen	输入	2	2
		Plastic_CylinderIsClose			
	电磁阀线圈	Plastic_Open_Start	输出		
		Plastic_Close_Start			
分离机构	光纤传感器	Trigger_Pos3_Exist	输入	7	0
		Trigger_Pos1_Exist			
	光电传感器	Pin_Check_Sensor_Vib			
	颜色传感器	White_Sensor_Vib			
		Purple_Sensor_Vib			
		Blue_Sensor_Vib			
		Orange_Sensor_Vib			
起动振动盘		Start_Vibration	输出	0	1

1734-Vibration_Disk（振动盘）中选用了 5 个 1734-IB8 数字量输入模块和 2 个 1734-OB8 数字量输出模块。在 1734-Belt（传输带）中主要的输入信号来源有传输带前端和后端的位置传感器以及 2 个用于测量传输带上金属底盘高度的传感器，输出信号主要是用于控制两条传输带起动和停止的信号，且所有信号都是数字量信号，故采用的模块也都是数字量的输入/输出模块。再根据 PLC 主站的配置，得到如图 5.5 所示的 PLC 控制系统结构图。

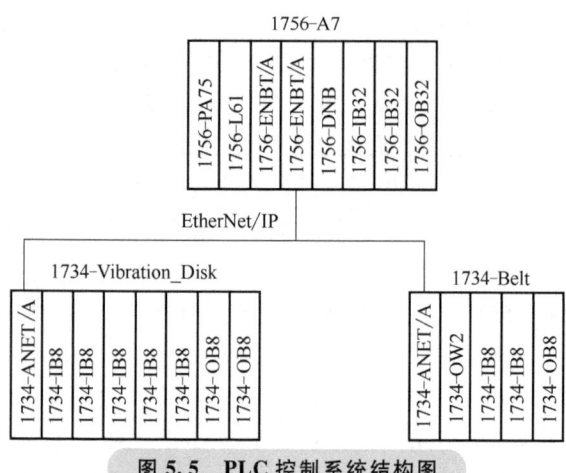

图 5.5　PLC 控制系统结构图

2. 控制系统网络结构设计

完成了控制系统主要硬件设备的选型以及 ControlLogix 控制系统网络结构设计后，接下来对整个控制系统的网络结构进行介绍。

控制系统主干网络选用 EtherNet/IP 通信协议，实现 PLC 与 HMI、注塑成品质量检测相机和 2 个 1734 远程 I/O 从站的通信，其网络结构图如图 5.6 所示。另外还采用 DeviceNet 网络建立 PLC 与 3 台工业机器人之间的连接，实现 PLC 对工业机器人的通信和控制，因此工业机器人中都配置了 DeviceNet 总线卡来支持 DeviceNet 总线协议。DeviceNet 提供了底层工业设备网络的经济解决方案，无需设备与 I/O 模块之间进行硬接线，缩短了安装的周期，而且提高了接线的可靠性；DeviceNet 不仅使设备之间以电缆的形式互相连接和通信，更重要的是它具有对控制系统的设备级进行诊断的功能，这在传统的 I/O 模块上是难以实现的。

由于该案例设计时机器人与 PLC 的控制接口还多采用现场总线的方式，因此选用了 DeviceNet。目前，ABB、KUKA、FANUC 和 Yaskawa 等公司的工业机器人也都支持 EtherNet/IP 和 ProfiNet 等主流工业以太网总线协议，工业机器人与控制器的通信接口采用工业以太网总线协议的应用也越来越多，逐步成为主流。

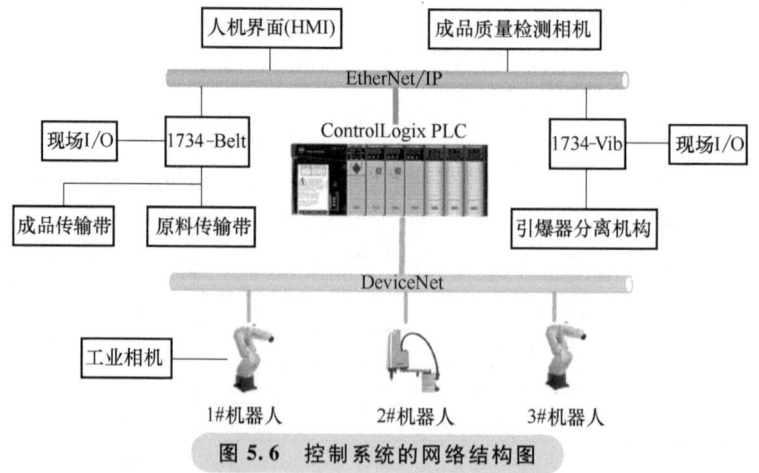

图 5.6　控制系统的网络结构图

5.4 机器视觉引导系统设计

5.4.1 机器视觉引导系统设计概述

1. 机器视觉引导系统的作用

为了提高工业生产中的自动化程度,要求自动化装置能更好地完成工件的检测、识别、判断以及目标工件的定位等操作。例如,在制造业,要求能自动检测产品的尺寸、颜色、形状、缺陷等;在包装行业,要求能自动检测缺失的标签、错误的印刷、损坏的包装等。显然,人眼视觉很难做到长时间、稳定地完成这些作业,尤其是在一些危险的工作环境或人眼视觉不能满足要求的场合。随着工业相机、图像处理、人工智能等技术的发展,机器视觉得到了快速发展和应用。机器视觉引导系统是一种利用计算机视觉技术和图像处理算法来帮助机器或机器人进行精确定位、导航、路径规划、检测和质量控制操作的系统。它不仅可以代替人来操作,而且大大提高了生产的自动化程度、效率和精度。机器视觉引导的基本原理是利用图像摄取装置(CCD或CMOS)采集目标物体的图像,将被摄取目标转换成图像信号,传送给专用的图像处理系统,得到被摄取目标的形态信息,根据像素分布和亮度、颜色等信息,将其转变成数字信号。图像系统对这些信号进行各种运算来抽取目标的特征,进而根据判别的结果来控制现场的设备动作。

本案例的汽车安全气囊引爆组件注塑控制系统设计中,工业机器人是在机器视觉系统的引导下自主地识别和判断金属底盘的位置,完成对金属底盘的抓取,机器视觉引导系统在该环节中起着至关重要的作用。因此,开发出一套能快速、准确地完成对目标工件的摄取及图像处理,并精确引导工业机器人抓取的机器视觉引导系统,将决定工业机器人能否实现对金属底盘的智能抓取。

2. 机器视觉引导系统设计

(1) 机器视觉引导系统硬件构成

机器视觉引导系统按照图像分析设备的不同可以分为基于 PC 的机器视觉引导系统和基于工业相机的机器视觉引导系统。基于 PC 的机器视觉引导系统是将摄像机采集到的图像传送给计算机,通过计算机上的图像处理软件完成对图像的处理,然后将处理的结果输出给工业机器人,用以引导机器人的动作。该方法的优势是 PC 具有强大的计算能力和丰富的软件资源,能够实现复杂的图像处理和分析任务,为用户提供准确、实时的视觉引导和反馈。但基于 PC 的机器视觉引导系统开发周期长,且不太适合在干扰大的工业现场使用。而基于工业相机的机器视觉引导系统将图像的采集、处理和通信的功能集成在单一的工业相机内,具有运算速度快、可靠性高和稳定性好的优点,同时其安装体积小,空间利用率高,在环境苛刻的条件下也能正常地工作。因此,在工业应用中大量使用基于工业相机的机器视觉引导系统。

基于工业相机的机器视觉引导系统主要硬件构成有光源、工业相机和镜头。本案例中机器视觉引导系统中传输带的宽度为 500mm,由于要求机器视觉引导系统摄取图像的区域比较大,所以光源也要选择功率更高一点的 LED 阵列光源,才能保证工业相机能清晰地采集到工作区域内每个金属底盘的图像信息。下面将对工业相机和镜头的性能参数进行详细的说明。

1）工业相机。机器视觉引导系统中选用的工业相机是与 FANUC LR Mate 200iD 型工业机器人配套的 KOWA SC130E 型工业相机，KOWA SC130E 型工业相机是单色（黑白）相机，采用了尺寸为 1/2″（6.4mm×4.8mm）的 CCD 图像传感器，相机像素为 $W×H$ = 1280×1024（130 万像素）。与成品质量检测机器视觉系统最大的区别是该工业相机可以通过专用的电缆直接与 FANUC 工业机器人的控制器进行通信，而不用经过 PLC 的干预作用，提高了数据传输的速度，使工业机器人可以实时地接收工业相机输出的目标工件信息。

2）镜头。镜头选择中最关键的两个参数就是镜头焦距和镜头靶面尺寸大小。由于本机器视觉引导系统中的工业相机是固定安装在工业机器人工作平台的上方，镜头到目标区域的垂直距离是固定不变的，所以选用定焦距的镜头就可以满足要求。

在本机器视觉引导系统中要拍摄的目标区域的大小为 500mm×360mm，目标区域到镜头的垂直距离为 600mm，即 D = 600mm。由于 KOWA 工业相机的图像传感器尺寸为 1/2″（6.4mm×4.8mm），则可以得到镜头的焦距为

$$f = \frac{w}{W} \times D = \left(\frac{4.8}{360} \times 600\right) \text{mm} = 8\text{mm} \tag{5-3}$$

因此，工业相机的镜头可选用日本 Computar 公司生产的型号为 M0184-MP 的定焦距镜头，焦距为 8mm，镜头靶面尺寸为 2/3″，大于图像传感器的尺寸 1/2″，满足要求。

（2）机器视觉引导系统方案设计

机器视觉引导系统方案要从实际应用出发合理地选择和设计。不同的机器视觉引导系统方案将会直接影响到机器视觉引导系统中硬件的选型、安装以及工业相机标定。通常机器视觉引导系统可以按照手眼关系、摄像机/工业相机的数目和控制方式来进行分类。

所谓手眼关系，是指工业机器人的末端关节和工业相机安装的相对位置，根据两者相对位置的不同，手眼关系可以分为 Eye-in-Hand（眼在手上）视觉系统和 Eye-to-Hand（眼固定安装）视觉系统。Eye-in-Hand 视觉系统的工业相机安装在工业机器人的末端关节上，工业相机能够随着机器人末端关节的移动而移动。Eye-in-Hand 视觉系统的优点是工业相机到目标工件的距离不是固定不变的，当摄取的目标工件图像不清晰时，可通过移动工业机器人末端的关节来达到调节清晰度的目的。因此，Eye-in-Hand 视觉系统对工业相机标定的精度要求不是很高，但由于工业相机摄取到的每帧图像的背景是不尽相同的，需要通过复杂的算法才能实现对目标工件的定位，故对图像处理单元的软、硬件要求比较高。同时，Eye-in-Hand 视觉系统也不能保证目标工件每次都在摄像机的视场范围内，通常还需要借助外加一个全景工业相机来进行辅助引导。Eye-to-Hand 视觉系统的工业相机一般采用固定位置的安装方式，工业相机通常安装在工业机器人以外的其他位置，例如，在工业机器人工作平台的上方或者侧面固定安装，因此工业相机到目标工件的距离是固定不变的。Eye-to-Hand 视觉系统可以事先调节工业相机的安装高度和焦距，使其能够清晰地捕捉到工作区域内的全部目标工件，当安装高度确定之后将工业相机固定下来。但 Eye-to-Hand 视觉系统的安装方式易导致目标工件被工业机器人手臂遮挡，因此需要合理地规划机器人的运动路径。

根据系统中采用工业相机的数目进行划分，机器视觉引导系统可以分为单目、双目和多目视觉系统。顾名思义，单目视觉系统就是系统中只采用一台工业相机来完成对目标工件图像的摄取和处理。单目视觉系统通常被用来完成对二维平面中目标对象的识别、测量、分拣

等简单的作业任务，例如，机器人下围棋、流水线分拣等。双目和多目视觉系统一般采用至少两台工业相机从不同角度完成对同一目标工件的图像摄取，能够直接获得目标对象的三维空间信息，实现了三维重建，但其算法复杂、处理速度较慢，而且成本也较高。

根据控制方式的不同，机器视觉引导系统可以分为两种不同的类型，分别是基于位置控制的视觉系统和基于图像控制的视觉系统。基于位置控制的视觉系统是在对工件图像采集、处理之后，利用工业相机的标定作用建立目标工件在图像像素坐标系中的位置与在机器人坐标系（三维真实坐标系）中的位置的对应关系，并通过机器人逆运动学分析得到工业机器人各个关节变量的期望角度，从而控制工业机器人各个关节的运动。基于位置控制的视觉系统必须先对工业相机进行标定，且对工业相机标定的精度要求比较高。基于图像控制的视觉系统需要先对目标对象的图像特征构造雅可比矩阵，然后将当前摄取的图像与期望的图像特征进行比较和匹配，利用图像之间的误差信息作为机器视觉引导系统控制的输入信号。

本案例中由于金属底盘的外形属于基本规则的方形或圆形，且对金属底盘在传输带上的摆放有一定的要求，不存在严重遮挡问题，同时要求机器视觉引导系统能够快速地对摄取的目标工件图像进行处理。根据以上对不同类型视觉系统特点的介绍，并结合控制系统的功能要求，本控制系统中采用了基于位置控制的方式，采用单目 Eye-to-Hand 安装的视觉系统方案，即利用一台工业相机完成对目标工件的图像采集和处理，且把工业相机固定安装在工业机器人工作区域的上方。

5.4.2 机器视觉引导系统工业相机标定

1. 工业相机标定作用

机器视觉引导系统通过对传输带上金属底盘的图像采集、处理，完成对金属底盘的识别并计算出金属底盘的位姿，从而引导工业机器人进行抓取。但实际上对目标工件图像处理之后，得到的仅仅是目标工件在图像像素坐标系中的位姿，并不是工业机器人能够识别的机器人坐标系（真实三维世界坐标系）中的位姿。因此，还必须建立图像像素坐标系和真实三维世界坐标系之间的对应转换。

在机器视觉应用中，为了确定二维图像像素坐标系中的物体与其在三维真实空间中位置的对应关系，需要建立工业相机成像的几何模型。工业相机标定的过程就是求取该几何模型中的参数，即工业相机的参数（分为内参和外参）的过程，这些参数构成了三维空间坐标系中目标工件的坐标与图像像素坐标系中目标工件坐标之间相互转换的关系矩阵，工业相机标定的过程如图 5.7 所示。在机器人视觉引导系统中，工业相机标定的精度将直接影响工业机器人接收到的目标工件位置信息的准确度，决定工业机器人能否准确无误地抓取目标工件。因此，工业相机标定在机器人视觉引导系统中起着至关重要的作用。

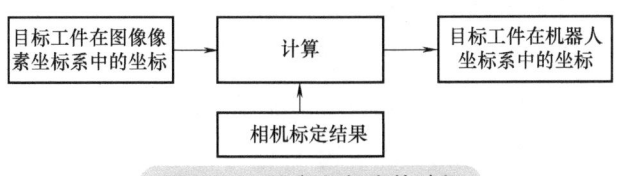

图 5.7 工业相机标定的过程

2. 工业相机标定过程

由于该工业相机采用的是 FANUC 机器人 LR Mate 200iD 配套的 KOWA 工业相机，可以直接和工业机器人的控制器进行连接和通信，故对工业相机的标定实验可以在工业机器人的主界面上完成。同时，在工业相机标定时需要注意以下几点：

1）工业相机标定的高度应与正常作业时的高度保持一致。

2）工业相机的光轴要尽量和工业相机标定板垂直。

3）工业相机标定的误差必须限制在允许的最大误差范围之内，且应使标定的误差尽量小，提高标定的精度。

4）在现场作业中，如果需要调节工业相机工作的高度，则重新对工业相机进行标定。

要进行标定，首先需要通过以太网建立工业机器人的控制器和计算机之间的连接，然后分别设置工业机器人和计算机的连接参数，如 IP 地址、子网掩码和网关等。其中，对于工业机器人控制器的参数设置可以在工业机器人的手持示教器（Teach Pendant，TP）上完成。参数设置完成之后，打开工业机器人的主界面，建立标定用的工业相机，并完成工业相机对应参数的设置。将工业相机标定板放置在工业相机正下方的传输带上（即机器人工作平面），设置工业相机的曝光时间，使标定板上的各个靶标都能够清晰地成像，选定靶标之间的距离为 25.0mm，通过单次触发工业相机拍照功能实现对标定板图像的采集。当完成图像采集之后，单击"Find"按钮，将会自动寻找工业相机标定板图像中的各个靶标（即各个圆的圆心），并对各个靶标进行识别和定位，自动识别的结果如图 5.8 所示。如果对靶标的识别和定位存在不准确的现象，则需要重新进行参数设置和再次定位。若工业相机标定结果不正确，会严重影响机器视觉引导系统的准确性。通过工业相机内的处理器计算得到了工业相机标定结果，如图 5.9 所示。

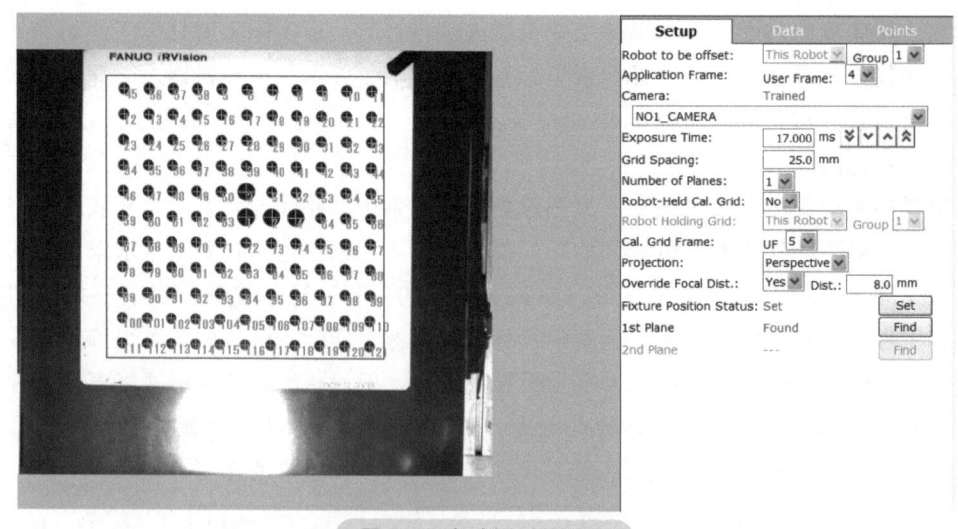

图 5.8 自动识别的结果

通过工业相机的标定，得到了工业相机的内部和外部参数，建立了三维世界坐标系和图像像素坐标系之间的对应关系，实现了图像像素坐标到三维世界坐标的转换，从而机器视觉引导系统才能够实现引导工业机器人对目标工件的抓取。

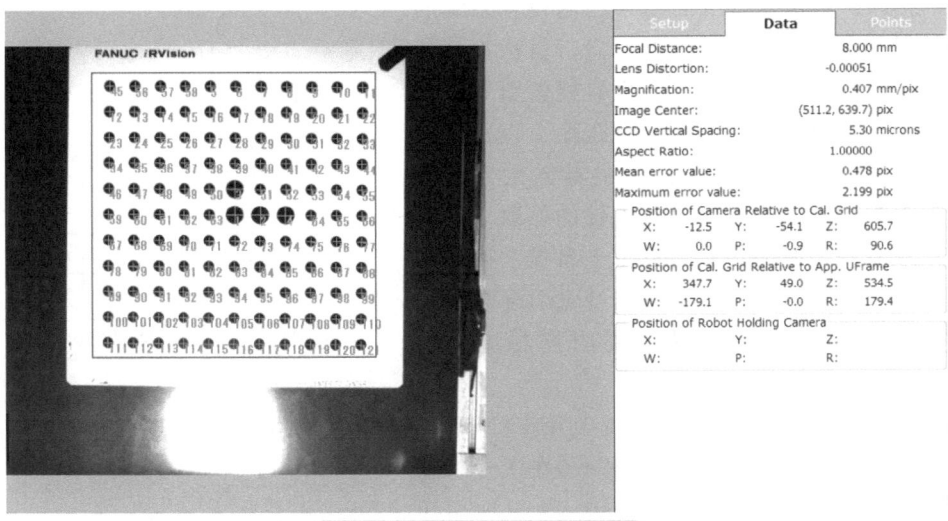

图 5.9 工业相机标定的结果

5.4.3 目标工件示教

在机器视觉引导系统中，通常需要先对工业机器人抓取的目标工件（即金属底盘）的外部特征进行示教，示教的作用就是让机器视觉引导系统"认识"将要识别的目标工件，并存储记忆其特征。示教的目的不仅使机器视觉引导系统能够识别目标工件的特征，而且还要能辨别出其在空间坐标系中的位姿。

通过对目标工件的示教，使机器视觉引导系统能够辨别目标工件独有的外部特征，当工业相机完成对原料传输带上金属底盘的图像采集，并经过图像处理单元处理之后，就会将其与存储的目标工件特征进行匹配。若匹配成功则说明该工件为目标工件，才会进行后续的判断和控制，否则机器视觉引导系统就会"视而不见"，从而确保了当工件中混入了其他型号的工件时不会发生误判、误抓取的现象。同时，在示教时还需要给目标工件指定一个基准位置，而且保持一定的姿态进行示教，让机器视觉引导系统存储记忆其初始的位姿。当对传输带上不同位姿的目标工件进行坐标的计算时，将以目标工件在基准位置示教时的位姿为参考进行偏移计算，即目标工件的位姿等于基准点的位姿加上偏移量的值。选用基准位置示教可以简化对传输带上目标工件的位姿坐标的计算过程，从而很大程度上提高机器视觉引导系统的处理速度和准确度。

对于目标工件外部特征的示教一般选择目标工件的外形轮廓作为基本特征，同时选取同一型号工件上某些特有的特征，最大化地将其与其他型号工件区分开来，确保机器视觉引导系统对目标工件识别的准确性和可靠性。对于示教初始位置的设置，一般选取工业相机工作区域的中心点附近，这样可以提高整个机器视觉引导系统的精度和处理速度。通过对目标工件的特征、初始位姿的合理示教操作，确保机器视觉引导系统能够快速地识别和做出判断，并准确引导工业机器人实现对目标工件的抓取动作。

5.4.4 机器视觉引导系统程序设计

机器视觉引导系统程序的功能主要是用来控制视觉系统对工件图像进行摄取，即触发工业相机的拍照，并根据摄取的结果控制视觉系统的一系列处理等。完成工业相机的标定、目标工件特征和初始位姿的示教操作之后，机器视觉引导系统已经能够实现对目标工件的摄取、匹配、识别并计算出目标工件在三维世界坐标系中具体位姿的坐标，从而引导工业机器人对目标工件的抓取。但机器视觉引导系统何时完成对传输带上目标工件的图像摄取和处理，还需要通过对机器视觉引导系统的编程来实现，机器视觉引导系统的控制流程如图 5.10 所示。

机器视觉引导系统程序的编写是利用 FANUC 工业机器人的专用编程语言 FANUC Karel 在工业机器人的示教器上完成的。FANUC Karel 是一种用于 FANUC 工业机器人程序编写的专用语言，其来源于 Pascal 编程语言。

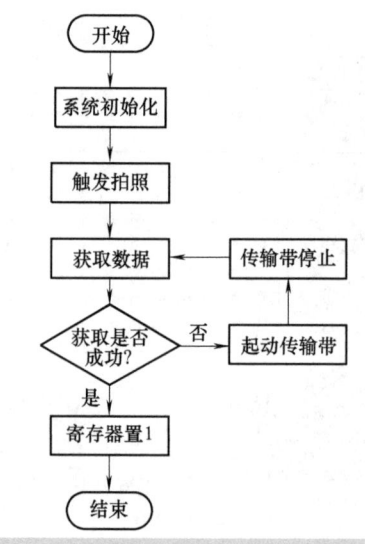

图 5.10 机器视觉引导系统的控制流程

根据机器视觉引导系统的控制流程图开发的机器视觉引导系统程序如下：

R［100：Vision_Found］= 0　　//寄存器清零
LBL［1］
VISION　RUN_FIND　'BASE_01'　　//拍照
VISION　GET_OFFSET　'BASE_01'　　//获取偏移量，数据存放在 VR［1］中
VR［1］　JMP　LBL［10］　　//若获取失败，则跳转到 LBL［10］
JMP　LBL［50］　　//若获取数据，则跳转到 LBL［50］
LBL［10］
DO［310：Start_Belt］= PULSE，1.0 sec　　//起动传输带（脉冲信号）
WAIT　0.30（sec）　　//等待 0.3s
WAIT　DI［314：Belt_Running］= OFF　　//等到传输带停止的信号
WAIT　0.25（sec）//再等待 0.25s，确保传输带上的工件完全静止
JMP　LBL［1］　　//继续跳转到 LBL［1］，触发拍照
LBL［50］
R［100：Vision_Found］= 1　　//获取偏移数据后，把 R［100：Vision_Found］置 1
LBL［100］
END

5.5　PLC 控制系统程序开发

5.5.1　PLC 控制系统的硬件组态

ControlLogix 系列 PLC 的编程软件包括 RSLogix 5000 和 Studio 5000，本系统采用的是 RSLogix 5000。RSLogix 5000 支持的编程语言主要有：梯形图（LD）、结构化文本（ST）、功

能块图（FBD）和顺序功能图（SFC），这些编程语言都符合 IEC 61131-3 标准。

在 PLC 控制系统的程序开发之前，需要在编程软件 RSLogix 5000 上完成对各个硬件设备的组态配置。从图 5.11 硬件设备的组态配置中可以看到，ControlLogix PLC 控制系统采用的是 7 槽的机架背板 1756-A7，背板槽上依次配置的模块是中央处理器单元 1756-L61、1756-ENBT/A LOCAL_S01 模块、1756-ENBT/A LOCAL _ S02 模块、1756-DNB Device_Robot 模块、两个 1756-IB32 模块和 1756-OB32 模块。其中，以太网通信模块 1756-ENBT/A LOCAL_S01 与企业的 MES 连接，实现对产品的批次、质量、库存以及生产过程等的管理；以太网通信模块 1756-ENBT/A LOCAL_S02 通过 EtherNet 交换机建立 PLC 与两个 1734-ANET/A 模块、成品质量检测相机和 HMI 的通信；DeviceNet 通信模块 1756-DNB Device_Robot 通过 RSNetWorx 进行 DeviceNet 网络的组态，建立 PLC 与三台工业机器人之间的数据通信；1756-IB32 模块和 1756-OB32 模块分别是 32 位数字量输入和输出模块，属于预留数据模块，用以与现场的注塑机进行数据通信，获得注塑机的工作状态等信息，从而控制注塑机的起动和停止，实现联机自动生产。

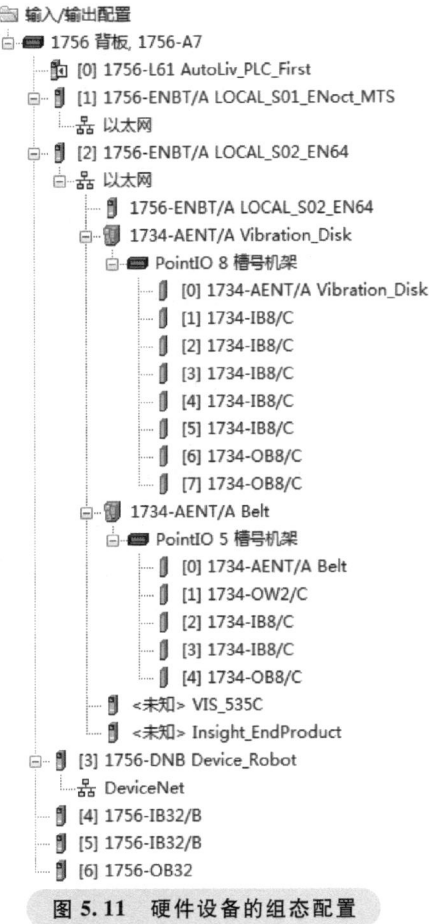

图 5.11 硬件设备的组态配置

工业机器人通过 DeviceNet 与 ControlLogix PLC 通信时，要确保两者之间的 DeviceNet 网络连接正确。需要为工业机器人和控制器分配唯一的 DeviceNet 节点地址，两者配置相同的 DeviceNet 网络的通信参数。最后进行 I/O 映射配置，即配置工业机器人与控制器之间的输入输出（I/O）映射，这样，控制器可以通过 DeviceNet 网络控制工业机器人的动作，并获取其状态信息。

5.5.2 准备工位系统 PLC 程序设计

准备工位系统即为上下料工业机器人做好前期的工件准备工作，以便上下料工业机器人的抓取并给注塑机上料，此工位主要利用两台工业机器人分别去抓取引爆器和传输带上的金属底盘。工业机器人抓取工件的一系列动作和路径规划是通过编制机器人运动控制程序实现的，与 PLC 无关。PLC 是用来判断系统的输入/输出条件是否满足，例如，机器人是否处于闲置状态、金属底盘和引爆器是否到位、系统是否有急停等。只有当外在的条件都满足要求时才调用相应的工业机器人动作，完成对工件的抓取并放置到准备工位台。PLC 控制程序调用工业机器人的运动分为手动/自动两种运行方式，在正常情况下，应实现工业机器人的自动循环运行。当系统调试和发生故障时，能根据操作人员的指令单步控制工业机器人完成某个工位的动作,即实现手动运行的功能。

准备工位系统 PLC 程序的设计从总体上可以分为两大部分:调用工业机器人在机器视觉引导系统作用下抓取传输带上金属底盘的 PLC 程序和调用工业机器人抓取引爆器排队分离机构上引爆器的 PLC 程序。由于篇幅的原因,在此主要介绍一下 PLC 调用工业机器人抓取金属底盘的 PLC 程序开发过程。PLC 调用工业机器人抓取金属底盘的动作分为自动/手动两种,首先需要选择动作的类型并判断机器人的状态,当机器人准备就绪且处于闲置的状态下则调用工业机器人动作程序。PLC 调用工业机器人的控制流程如图 5.12 所示。机器视觉引导系统通过采集金属底盘的图像并将处理的结果输出给

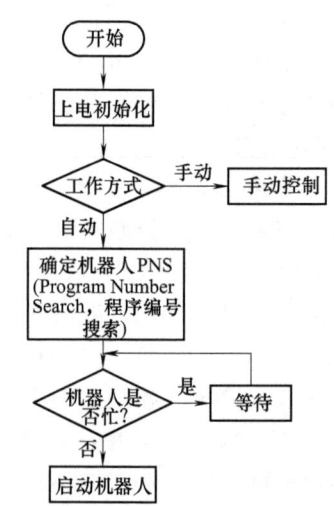

图 5.12 PLC 调用工业机器人的控制流程

工业机器人,若金属底盘不在视觉系统的视野内,则工业机器人会输出信号控制传输带移动,直到金属底盘出现在视觉系统的视野范围内为止。

根据控制系统的功能需求和 PLC 调用工业机器人的控制流程图开发的调用工业机器人抓取金属底盘的 PLC 程序如图 5.13 所示。

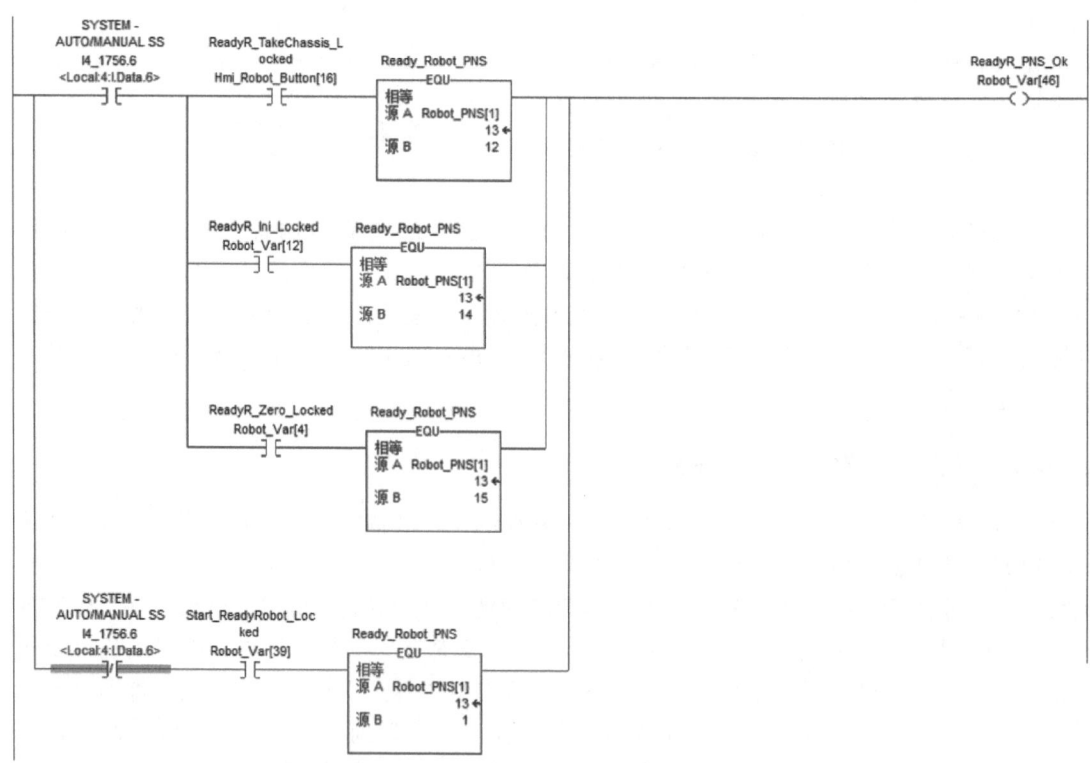

图 5.13 调用工业机器人抓取金属底盘的 PLC 程序

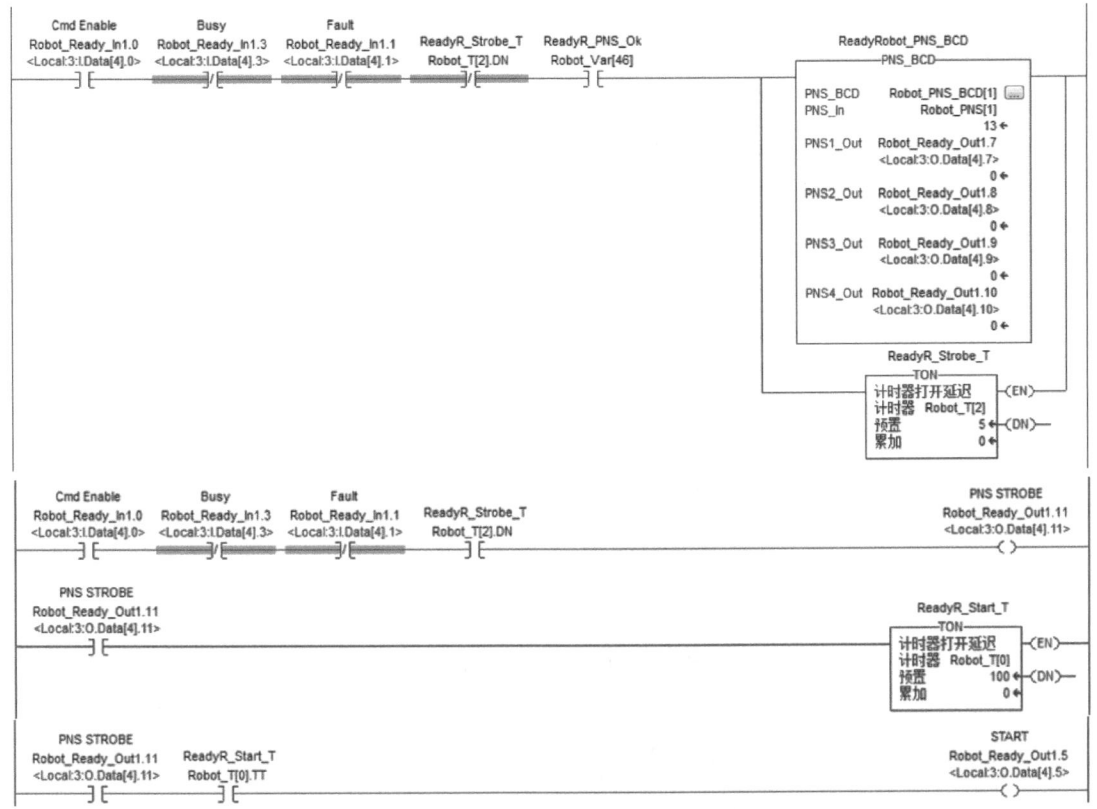

图 5.13　调用工业机器人抓取金属底盘的 PLC 程序（续）

5.5.3　上下料控制 PLC 程序设计

上下料工业机器人是在 PLC 的控制下实现对注塑机的上下料操作以及注塑成品的质量检测。首先通过注塑机模具里的压力传感器检测每个模具是否为空，将检测的结果传送给 PLC，若模具为空则调用工业机器人给注塑机的模具上料，若模具不为空则调用工业机器人完成对注塑成品的下料操作，并对注塑成品进行在线的质量检测。

工业机器人每次从注塑机模具中取下的注塑成品，都需要利用机器视觉系统进行一系列的检测，根据对注塑成品质量的检测要求编制相应的检测程序，实现对注塑成品质量的智能检测，关于成品质量检测系统的检测指标和程序设计将在后续介绍。通过成品质量检测机器视觉系统检测之后的数据将会实时地传送给 PLC，PLC 根据检测的结果判断注塑成品质量是否合格，输出控制指令给上下料工业机器人，从而调用工业机器人进行相应的处理。例如，当 PLC 判断注塑成品质量不合格时，将会输出控制指令来调用工业机器人"扔不合格品"的子程序，工业机器人则将不合格品扔进废料箱；若注塑成品质量检测结果合格，则将注塑成品放置在成品传输带上输送出去。同样，上下料控制的 PLC 程序也要实现自动和手动两种方式调用工业机器人，满足系统连续自动运行和手动单步控制的需求。PLC 控制上下料的流程如图 5.14 所示。

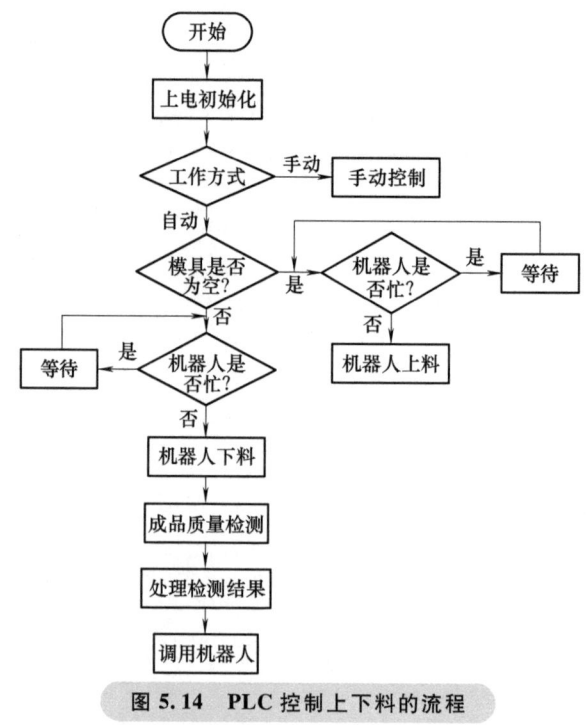

图 5.14 PLC 控制上下料的流程

5.5.4 故障报警处理 PLC 程序设计

对于一个功能完善的控制系统，不仅要保证系统运行的可靠性，而且还要实现对整个系统运行状态的监控。对于系统中各个环节出现的故障或者事故都应能及时地反映出来，并提醒操作人员处理报警故障，实现对整个控制系统运行状态的实时监督和控制的功能，从而确保系统安全、稳定地运行。故障报警处理的 PLC 程序就是通过采集各个主要工位和设备的工作状态信息，实现对其工作状态的实时监控，对于不同工位和设备的故障调用相应的故障处理子程序，并通过开发 HMI，将这些故障实时地记录在 HMI 上并报警显示，方便操作人员对故障的排查和处理，故障报警处理的部分 PLC 程序如图 5.15 所示。在本系统中，主要

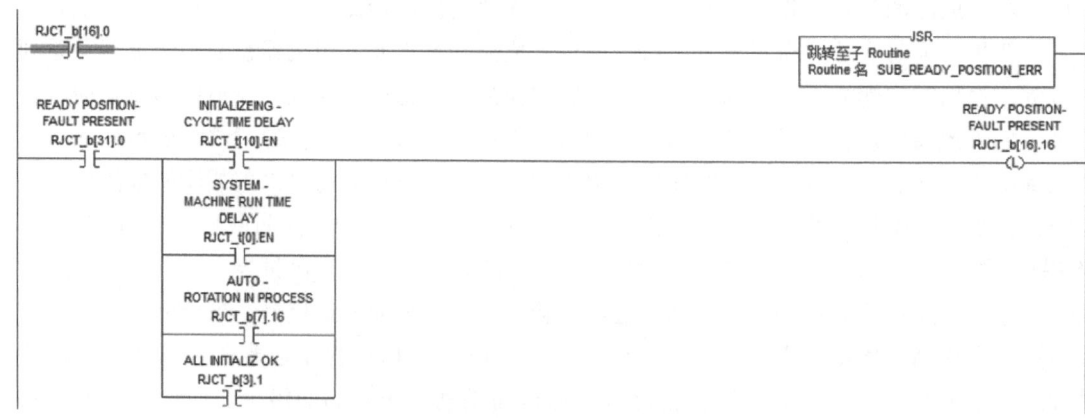

图 5.15 故障报警处理的部分 PLC 程序

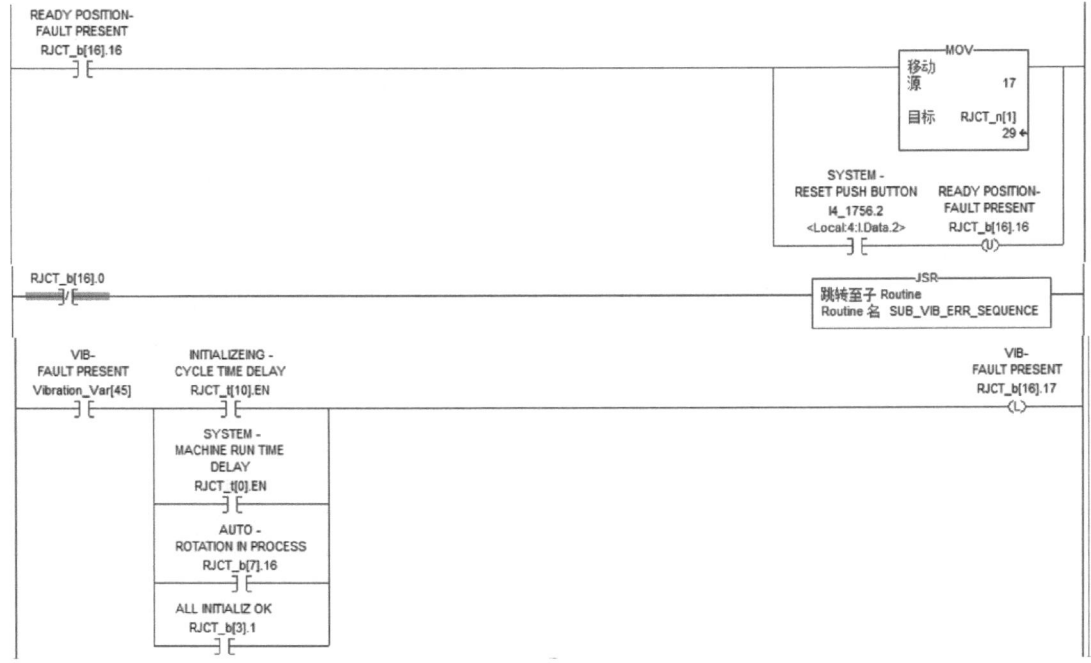

图 5.15 故障报警处理的部分 PLC 程序（续）

监控的工位和设备有：准备工位、上下料工位、成品质量检测工位、工业机器人的运行状态、注塑机的运行状态、振动盘的状态、安全门系统和气压系统等。从梯级 3 可以看出，只有故障处理并按下复位按钮后，才会清除故障位，系统才能继续工作。

5.6 工业机器人运动控制程序开发

在本控制系统中，根据系统功能需求，选用了两个不同公司生产的工业机器人，因此，需要采用不同的编程方式和语言进行工业机器人运动控制程序的开发。对于 FANUC 工业机器人来说，由于工业机器人的手持示教器上已经提供了编程指令的格式，便于程序的快速输入和开发，因此 FANUC 工业机器人控制程序的开发可以直接在示教器上完成，利用 FANUC 工业机器人专用的编程语言 FANUC Karel 来实现程序的设计。而 YAMAHA 工业机器人提供了专门适应于 RCX240 控制器的程序设计软件 VIP Windows。VIP Windows 软件具有友好的图形用户界面，支持离线编程，便于程序开发人员快速地开发工业机器人的运动控制程序。YAMAHA 工业机器人采用的是 YAMAHA 独创的类似于 BASIC 语言的机器人编程语言，当程序设计完成之后通过 RS-232 串行口将程序下载到工业机器人控制器。在程序运行的过程中，VIP Windows 软件提供了对工业机器人输入/输出信号进行监控的功能，有利于程序的开发和调试。同样，YAMAHA 机器人也支持在示教器上完成对程序的编写和修改。

YAMAHA 工业机器人主要任务是抓取引爆器排队分离机构固定工位上的引爆器，并将其放置在准备工位台。每次抓取一个引爆器，需要连续抓四次才能摆满准备工位台的模具，以供上料工业机器人抓取给注塑机上料。YAMAHA 工业机器人的运动控制程序需要实现自动连续运行和手动单步运行的功能，即正常作业时 YAMAHA 工业机器人实现自动连续运行，在没有收到停止指令之前工业机器人将循环执行抓取和放置动作；而当操作人员通过触摸屏控制工业机器人单步完成某个工位的动作时，工业机器人还必须能响应单步运动。同时，工业机器人还应实现对不合格引爆器的处理、自动地判断插入模具的工位，以及故障时能及时地发出报警信号等。

YAMAHA 工业机器人需要处理的信号分为两部分。一部分是工业机器人与 PLC 之间的输入/输出信号，分别用 SI 和 SO 表示。PLC 输出给工业机器人的信号大多是控制指令信号和外围传感器的信号，而工业机器人将自身的工作状态信号发送给 PLC，完成和 PLC 之间的信息交互作用。另一部分是工业机器人自身端口的分配，用 DI 和 DO 表示，将一些与工业机器人联系紧密的信号直接输入给工业机器人控制器，使工业机器人可以直接控制这些信号，而不用再经过 PLC 进行控制。YAMAHA 工业机器人的输入/输出信号、端口分配表见表 5.3 和表 5.4。

表 5.3　YAMAHA 工业机器人与 PLC 之间的输入/输出信号分配表

YAMAHA 工业机器人输入（PLC 输出信号）		YAMAHA 工业机器人输出（PLC 输入信号）	
SI(20)	准备和上料工业机器人不在安全区	SO(00)	工业机器人有急停
SI(21)	工业机器人示教信号（手动）	SO(01)	CPU_OK
SI(22)	整个系统停止	SO(10)	工业机器人在 AUTO 模式
SI(23)	STOP 暂停（系统自动运行时）	SO(11)	工业机器人在原点
SI(24)	将引爆器放置到目标位置（手动）	SO(13)	工业机器人忙
SI(25)		SO(14)	工业机器人完成复位
SI(26)	起动工业机器人进入手动程序	SO(15)	工业机器人电池报警
SI(27)	选择手爪开/关（0 为关,1 为开）	SO(30)	工业机器人是否在安全区,1 为不在,0 为在
SI(30)	起动手爪相应开/关（手动程序）	SO(31)	工业机器人已经将引爆器放到指定位置
SI(31)	清除引爆器（手动程序）	SO(32)	工业机器人初始化结束
SI(32)	工业机器人初始化（手动程序）	SO(33)	手爪初始化 OK
SI(33)	工业机器人故障复位后回到零点（手动）	SO(34)	准备工位初始化 OK——无引爆器
SI(34)	引爆器已经准备好	SO(35)	开始抓取引爆器（脉冲）
SI(35)	起动工业机器人进入自动程序	SO(36)	引爆器已经取走（脉冲）
SI(36)	引爆器扔掉（RGB 或引脚不合格）	SO(37)	工业机器人在引爆器位置（关闭整形气缸）
SI(41)	金属底盘工位压力传感器 1 信号	SO(40)	统计扔掉的引爆器数量（脉冲）
SI(42)	金属底盘工位压力传感器 2 信号	SO(41)	统计放置的引爆器数量（脉冲）
SI(43)	金属底盘工位压力传感器 3 信号	SO(43)	工业机器人示教结束（脉冲）
SI(44)	金属底盘工位压力传感器 4 信号	SO(44)	手动开关手爪结束返回信号（脉冲）
SI(45)	金属底盘歪斜	SO(45)	复位返回信号（脉冲）

表 5.4　YAMAHA 工业机器人的输入/输出端口分配表

YAMAHA 工业机器人的输入端口		YAMAHA 工业机器人的输出端口	
DI(40)	手爪张开限位开关	DO(30)	张开手爪
DI(41)	手爪闭合限位开关	DO(31)	闭合手爪

（续）

YAMAHA 工业机器人的输入端口		YAMAHA 工业机器人的输出端口	
DI(50)	插槽光电传感器 1	DO(32)	插槽小孔吹气 1
DI(51)	插槽光电传感器 2	DO(33)	插槽小孔吹气 2
DI(52)	插槽光电传感器 3	DO(34)	插槽小孔吹气 3
DI(53)	插槽光电传感器 4	DO(35)	插槽小孔吹气 4
DI(54)	插槽压力传感器 1		
DI(55)	插槽压力传感器 2		
DI(56)	插槽压力传感器 3		
DI(57)	插槽压力传感器 4		

工业机器人运动控制程序采用模块化的设计方式，通过不断地循环扫描工业机器人运动控制主程序以接收 PLC 输出的指令，当某一个动作的条件满足时即调用相应的子程序完成相应的动作。本系统中针对 YAMAHA 工业机器人需要完成的动作和功能，设计的子程序主要有：初始化子程序、复位子程序、扔不合格产品子程序、自动运行子程序、手动运行子程序、放置位置选择子程序和放置引爆器子程序。YAMAHA 工业机器人程序设计流程如图 5.16 所示。

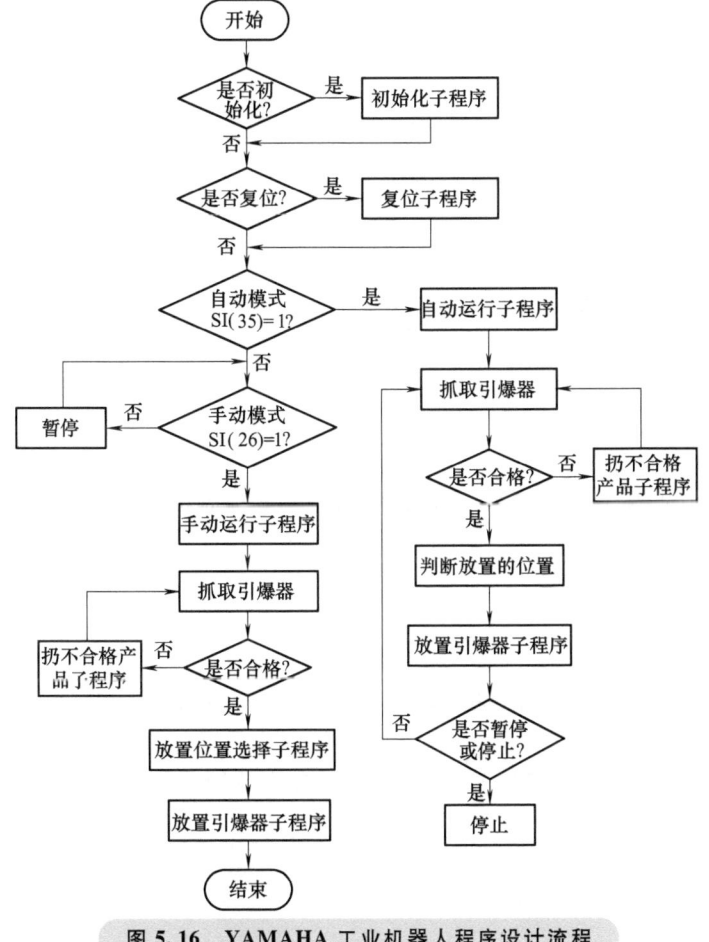

图 5.16 YAMAHA 工业机器人程序设计流程

根据 YAMAHA 工业机器人程序设计的流程图开发的机器人运动控制主程序如下:
```
*MAIN:
ASPEED 80    //设置工业机器人运动的基本速度
IF SI(61,60)=&B00 THEN   SPEED 10    //通过触摸屏设置速度档位
ENDIF
IF SI(61,60)=&B01 THEN   SPEED 40
ENDIF
IF SI(61,60)=&B10 THEN   SPEED 80
ENDIF
IF SI(61,60)=&B11 THEN   SPEED 100
ENDIF
*ST:
IF SI(32)=1 THEN   GOSUB *INI    //当条件成立时,调用初始化子程序
SET SO(32),50    //初始化结束后,发送脉冲信号给 PLC
ENDIF
IF SI(33)=1 THEN   GOSUB *RST    //当条件成立时,调用复位子程序
SET SO(45),50    //复位结束后,发送脉冲信号给 PLC
ENDIF
IF SI(35)=1 AND SI(23)=0 THEN
    IF DI(41)=0 THEN   GOSUB *GRAB    //当条件成立时,调用抓取子程序
    ENDIF
    GOSUB *AUTO   //调用自动运行子程序
ENDIF
IF SI(26)=1 THEN
    IF DI(41)=0 THEN   GOSUB *GRAB
    ENDIF
    IF SI(36)=1 THEN   GOSUB *FAULT   //当检测不合格时,调用扔不合格产品子
                                        程序
    SET SO(42),50
    ELSE   GOSUB *CHOOSE    //如果合格,判断放置引爆器的位置
    ENDIF
    RESET SO(30)
ENDIF
IF SI(30)=1 THEN
    IF SI(27)=1 THEN   RESET DO(31)   SET DO(30)    //手动开机器人手爪
    ENDIF
    IF SI(27)=0 THEN   RESET DO(30)   SET DO(31)    //手动关机器人手爪
    ENDIF
    SET SO(44),50
ENDIF
GOTO *MAIN
```

5.7 成品质量检测程序开发

5.7.1 康耐视 In-Sight Explorer 视觉软件

In-Sight Explorer 是一款由康耐视公司开发的图像处理软件，用于配置和管理康耐视系列机器视觉系统。In-Sight Explorer 具有直观的用户界面，使用户能够轻松设置和调整视觉系统。它提供了一系列工具和功能，用于图像处理、模式匹配、检测和测量等任务。用户可以通过简单的拖放操作，创建自定义的视觉检测和测量应用程序。该软件还提供了强大的图像处理算法和工具，用于处理各种类型的图像数据。软件还支持多种通信协议，可以与其他设备和系统进行集成。本系统的注塑成品质量检测是采用康耐视公司生产的 In-Sight 5400C 智能工业相机来完成，利用配套的 In-Sight Explorer 视觉软件来实现对目标工件的处理和检测程序的开发。

In-Sight Explorer 视觉软件提供了两种不同的方式来设计成品质量检测机器视觉系统方案。对于简单的检测任务可以通过 In-Sight Explorer 视觉软件的 EasyBuilder 界面来完成，EasyBuilder 具备先进的视觉处理工具和逻辑，将 In-Sight 视觉处理工具以简单的方式呈现出来，不用设计复杂的检测程序，只需按照操作界面上的四个步骤即可完成机器视觉系统方案的设定，这种机器视觉系统设计方式具有操作简单、项目开发周期短的特点。但对于复杂的视觉应用，这种开发方式由于其功能的局限性而不能满足要求。因此，In-Sight Explorer 还提供了专门针对高阶视觉应用的开发方式——电子表格，电子表格程序设计形式可以根据用户的不同功能需求开发不同的应用程序，功能强大而且灵活，其内置了图像处理的高级工具，允许 EasyBuilder 以外的附加功能，可以实现应用程序的定制化，而且程序开发人员还可以自定义操作界面。在本章的应用中，需要对注塑成品质量检测的内容比较多且视觉的应用相对比较复杂，故采用电子表格程序设计形式，通过编写成品质量检测程序实现对注塑成品质量的智能检测。

5.7.2 检测要求及程序设计

成品质量检测系统主要实现对汽车安全气囊引爆组件注塑成品质量的在线智能检测，需要检测的内容有：是否存在注塑不良、是否有毛边毛刺、引爆器的引脚是否歪斜、引脚是否装配到位、引脚方向是否正确、两个引脚的距离是否满足要求、部件是否漏装。

注塑成品质量检测示意图如图 5.17 所示，检测步骤如下：

1）为了便于成品质量检测系统快速地识别注塑成品，必须先给注塑成品选择一个识别的基准。由于金属底盘和注塑塑料具有明显的分界，且易于分辨，故采用两者之间的交界边线作为基准边线。选定基准边线之后，利用圆检测工具在基准边线的内侧将能检测到内圆，从而确定内圆的圆心。

2）在引脚凹槽选取一个基准点，过圆心和基准点两点确定一条直线即轴线。

3）通过斑点工具查找引爆器的两个金属引脚，分别为 Pin0 和 Pin1，并计算 Pin0 和 Pin1 之间的距离、Pin1 到圆心的距离、Pin0 到圆心的距离，从而判断引爆器引脚装配是否歪斜。

4) 建立 Pin0 和 Pin1 之间的连线,并计算两个引脚的连线和轴线之间夹角的度数,从而判断引脚 Pin1 与 Pin0 的相对位置,再次确认引脚是否出现歪斜和反装。

5) 对于成品注塑状态的检测,主要判断注塑是否欠缺以及是否过大。可以取基准边线所在的圆为基准圆,也称作外圆(相对于内圆),并设置一定的允许范围,判断基准圆的半径是否在允许的范围之内,从而确定成品的注塑状态。

注塑成品质量检测相关参数的要求如下:

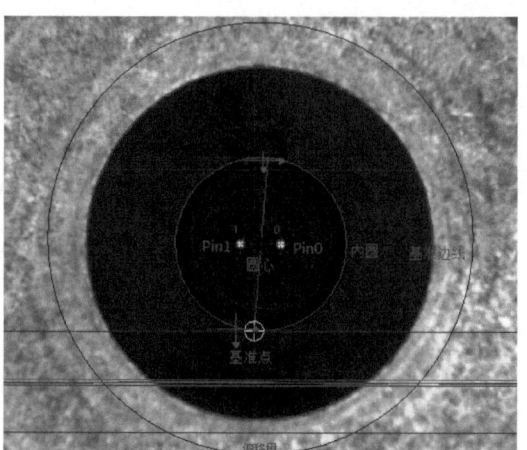

图 5.17 注塑成品质量检测示意图

1) 引脚间距:两个引脚的标准间距为 3.2mm,检测的最大允许值为 3.6mm,最小允许值为 2.8mm,检测精度为±0.4mm。

2) Pin1 到圆心距离:Pin1 到圆心的标准距离是 1.6mm,检测的最大允许值为 1.8mm,最小允许值为 1.4mm,检测精度为±0.2mm。

3) Pin0 到圆心距离:Pin0 到圆心的标准距离是 1.6mm,检测的最大允许值为 1.8mm,最小允许值为 1.4mm,检测精度为±0.2mm。

4) 引脚连线相对轴线的角度:引脚连线相对轴线角度标准值是 88°,即两个引脚的连线与两个参考点的连线几乎是垂直的,引脚连线相对轴线的角度允许的检测误差为±5°,即最小允许检测值为 83°,最大允许检测值为 93°。

根据成品质量检测系统对注塑成品的检测要求和相关的检测参数标准,在智能工业相机 In-Sight 5400C 的视觉软件 In-Sight Explorer 上完成检测程序的开发。成品质量检测程序如图 5.18 所示。同时,在对注塑成品质量检测时可以自定义检测结果的显示界面以及显示的参数,方便操作人员随时查看检测结果和判断注塑不合格成品的问题所在。

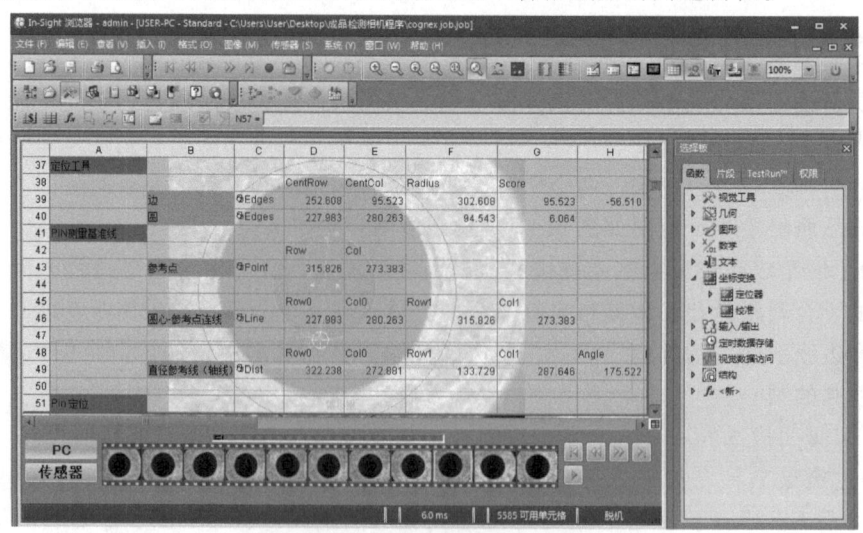

图 5.18 成品质量检测程序

5.7.3 成品质量检测程序测试

为了测试成品质量检测程序的检测效果,下面将通过实验来验证该程序的可行性。选取两个注塑成品进行在线的质量测试,其中包括一个注塑质量合格的成品和一个注塑质量不合格的成品。

(1) 注塑合格成品质量检测

通过在线质量检测之后,能够将各个检测指标的参数显示出来,并能准确地判断出引脚是否正常以及注塑状态好坏等检测结果。从图 5.19 中可以看出,该注塑成品的各个参数指标都符合成品质量的要求,故为注塑质量合格的成品。

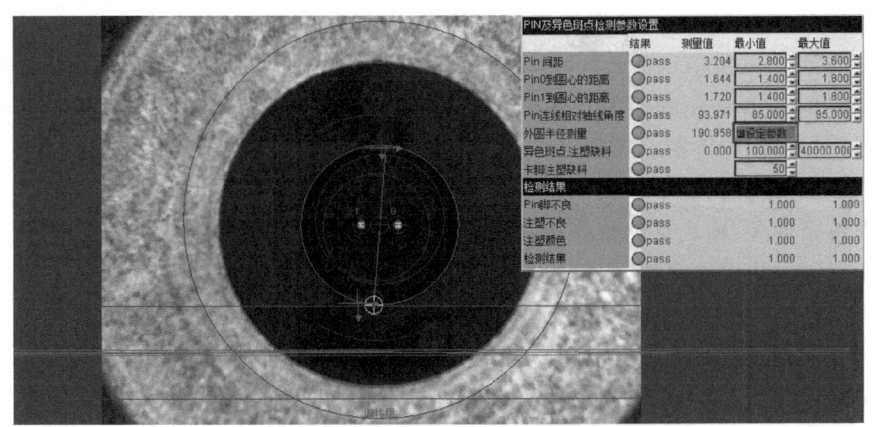

图 5.19 合格成品的检测结果

(2) 引脚歪斜注塑成品质量检测

引爆器的引脚发生歪斜后,当只有一个引脚出现歪斜时,将导致两个引脚的间距、引脚到圆心的距离,以及两个引脚连线相对于轴线的角度发生变化;当两个引脚同时歪斜时,两个引脚的间距和两个引脚连线相对于轴线角度有可能不变,但引脚到圆心的距离必然会发生改变。所以,无论在哪种情况下,只要出现引脚歪斜的现象都可以检测出来。图 5.20 的检测结果也验证了只要引脚发生歪斜,成品质量检测程序都能准确地反映出来,从而也验证了该成品质量检测程序的可行性和可靠性。

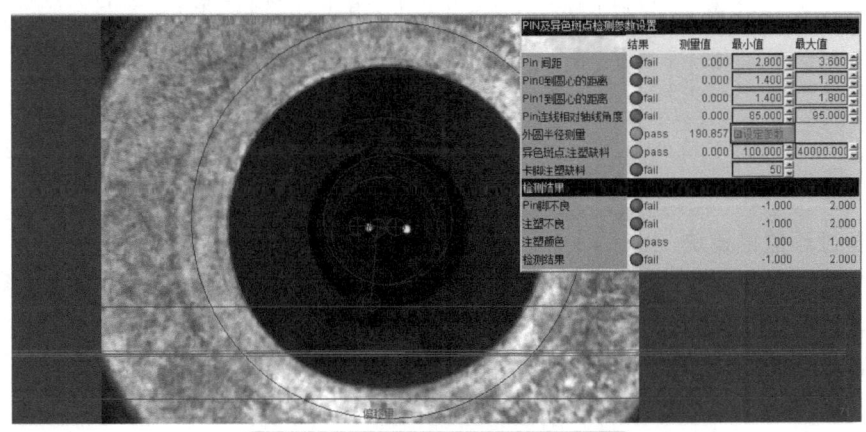

图 5.20 引脚歪斜成品的检测结果

以上的测试实验结果表明，对于汽车安全气囊引爆组件注塑成品的在线质量检测，成品质量检测程序能够准确地判断成品质量是否合格，并正确显示检测结果，达到了预期的效果，满足了实际生产中注塑成品质量检测的要求。

5.8　HMI 设计与开发

1. HMI 系统总体设计

为了实现对汽车安全气囊引爆组件注塑控制系统中各部分信息的实时监控，以便操作人员随时查看系统的工作状态并实现对系统参数的操控，本系统采用了罗克韦尔公司生产的 PanelView Plus 1000 触摸屏，利用 FactoryTalk View Studio ME（Machine Edition）组态软件完成了 HMI 的设计和开发。FactoryTalk View Studio ME 是一种用于创建和编辑 PanelView Plus 和 PanelView Plus CE 应用程序的软件。它提供了一个集成开发环境，可以进行图形化界面设计，标签、按钮、趋势图、报警等控件的配置，以及与 PLC 进行数据交互和通信。PanelView Plus 1000 触摸屏内置了以太网接口，可以通过工业以太网建立 PLC 和 HMI 之间的数据通信，根据各个输入/输出点的状态信息，实现对注塑过程中各个设备运行状态的监控，并对注塑过程中的故障发出报警，提醒操作人员及时地处理故障。同时，操作人员也可以通过 HMI 随时查看注塑控制系统当前的工作情况，根据生产的需要即时地修改控制参数，完成人机的交互，实现对整个注塑控制系统的透明化管理和操控。

对于 HMI 的设计，主要分为三大模块进行，即注塑过程监控模块、故障报警处理模块、其他信息模块。HMI 系统组成结构图如图 5.21 所示。不同功能的切换通过菜单来实现。

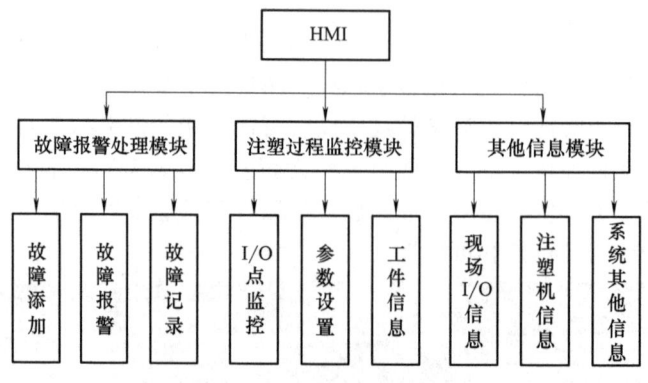

图 5.21　HMI 系统组成结构图

2. 注塑过程监控模块

注塑过程监控模块是 HMI 中最主要的一个模块，也是 HMI 的基本功能模块。该模块主要实现对整个注塑控制系统中主要设备和工位的状态信息进行监控，使操作人员能实时地了解注塑控制系统的状态信息，并根据生产需要完成对各部分参数的修改以及控制整个系统的启动、停止等。同时，注塑过程监控模块能够实时地显示正在注塑的引爆器和金属底盘的信息，例如工件的批号、剩余工件数量等信息。

注塑过程监控模块主要完成对以下几个主要工位和设备的监控，分别是引爆器排队分离机构、准备工装工位、成品质量检测工位和工业机器人的控制等。准备工装工位用来监控每个模具中的工件是否到位，是否摆放正确等信息；成品质量检测工位能实时地显示注塑成品质量检测的情况；工业机器人的控制主要实现实时地监控机器人的工作状态，以及对机器人系统的运行速度进行设置，还可以实现对工业机器人系统的手动/自动运行模式的切换。

以引爆器分离机构工位为例，对 HMI 的组态和功能进行分析。引爆器排队分离机构主要实现对振动盘直线输送器输出的引爆器进行各项指标的检测，确保引爆器的批次、颜色、引脚的方向等准确无误，且能准确地到达指定的位置，以便工业机器人对引爆器进行定点、定姿抓取。引爆器排队分离机构的组态界面如图 5.22 所示。

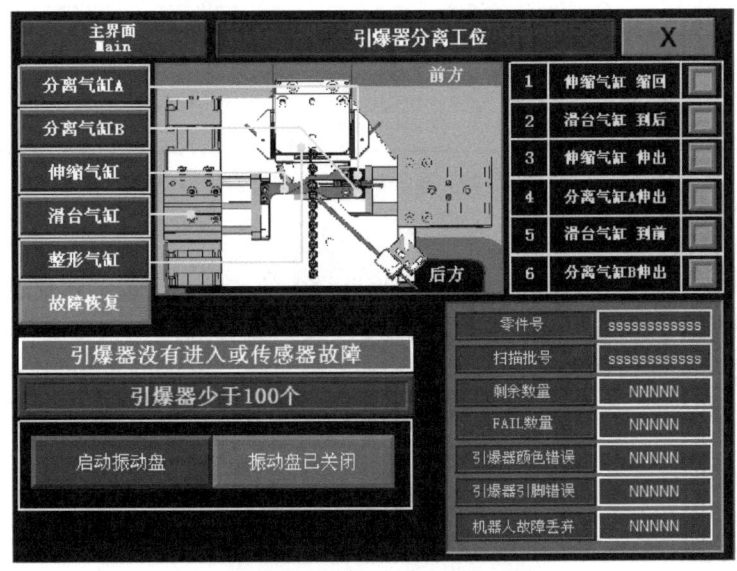

图 5.22　引爆器排队分离机构

3. 故障报警处理模块

通过 HMI 可以实时地显示引爆器排队分离机构中各个气缸的伸缩状态，操作人员也可以通过触摸屏手动控制单个气缸的动作。同时能实时地显示引爆器的信息，如引爆器的批号、剩余数量、检测信息等，并能将系统中的故障以文字的形式显示出来。为了强调发生故障时和正常运行时的区别，对于故障显示按钮的颜色进行了区别的设置，正常工作时显示按钮设置为绿色，当发生故障时按钮变成红色，同时显示故障内容。

故障报警处理模块主要用来完成对系统中故障的组态、添加、报警及记录，实时地将系统中存在的故障反映出来，便于操作人员及时处理。每一个故障报警都和 PLC 的变量标签建立一一对应的关系，从而根据不同的变量状态发出不同的报警，并能记录报警的时间和显示故障内容。故障报警处理模块实时地监控整个系统的运行状态，为系统的安全生产提供了强有力的保障，也缩短了操作人员对系统的检修和维护的时间，帮助操作人员及时地发现系统中存在的问题并给予解决。报警故障的添加设置如图 5.23 所示，报警的触发条件对应的就是 PLC 程序中变量标签的状态。故障报警的记录界面记录了报警时间并显示报警内容，操作人员也可以定期对报警故障记录内容进行清除。

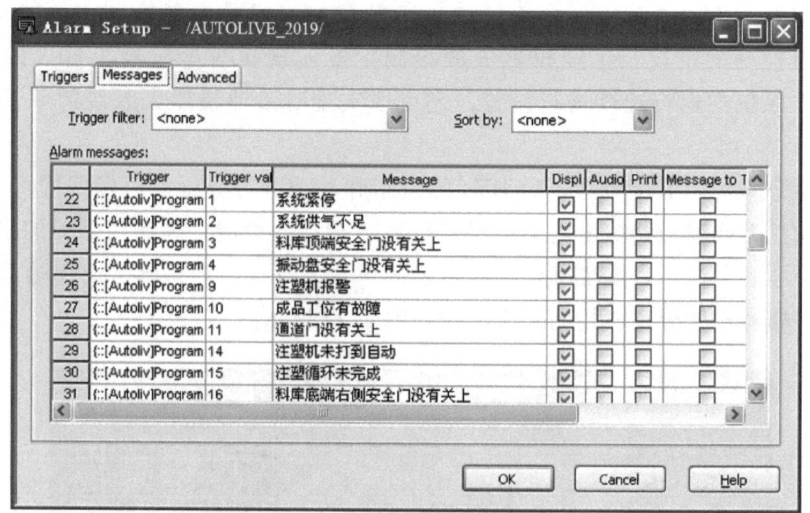

图 5.23 报警故障的添加设置

4. 其他信息模块

其他信息模块主要实现对注塑控制系统辅助设备的监控。现场 I/O 信息可以集中显示现场各种 I/O 的状态，例如安全门是否关闭等。注塑机信息可以集中显示注塑机的工作状态和参数信息。系统其他信息显示该系统与工厂 MES（Manufacturing Execution System，制造执行系统）交互的一些信息。由于 MES 的内容牵涉更多企业管理方面的内容，这里不做介绍。

5.9 系统现场调试

5.9.1 系统现场调试内容与步骤

PLC 程序开发过程中，通过持续的模块级、组织单元（POU）级和工程级的仿真调试和部分的硬件联调，程序的执行逻辑和功能已经经过较好验证。最后的现场调试是该系统投入运行的最后一步。只有经过现场调试才能验证系统设计的可行性，以及系统是否满足生产工艺要求，达到预期的设计目标。系统现场调试主要从硬件调试和软件调试两个方面进行。硬件调试主要测试硬件经过成套后，安装在现场的设备单机是否能正常工作，设备的性能是否符合要求。软件调试主要验证软件的功能实现是否达到要求，整个系统软、硬件能否协调工作，对于各类故障是否能正确识别和报警。对于类似本系统这样的复杂系统，由于设备比较多、功能比较复杂，采取"先单个后整体，先手动后自动"的调试原则。调试过程可以按照如下顺序进行：

（1）上电前检查

上电前的检查主要对各硬件设备、控制柜的接线以及 PLC 的输入和输出信号进行检查，对照电气接线图逐一查看是否有接线错误或者漏接现象。同时，通电前还要重点对主要设备的输入电源电压进行检查确认，查看是否存在电源电压反接和输入电压值不符的现象，避免主要电气设备受到损害。因此，上电前对各个设备接线的检查，虽然操作比较繁琐，但对整个系统来说是非常重要，必不可少的。

（2）设备功能调试

除了机械设备，本控制系统中主要的硬件设备是三台工业机器人、两套机器视觉系统、PLC系统和HMI。首先对每台设备的功能进行逐一的调试，并遵循先手动操作设备，确认无误后再进行联机调试的原则，检查设备的工作顺序是否符合要求。对于工业机器人的动作来说，通过对单台工业机器人动作进行调试，测试工业机器人是否能按照生产的工艺进行动作，并是否能完成手动和自动两种运行方式。在成品质量检测环节，可以分别用合格和不合格样品来检验机器视觉系统的性能。在对单台设备进行功能调试时，要对一些信号进行强制，以确保程序能按预期运行。为了测试系统的故障处理能力，在调试过程中，需要人为地设置尽可能多的不同类型的故障，以测试在发生故障时设备的安全动作是否符合设计预期，是否能及时报警，待故障消除并复位按钮后系统能否重新投入运行。

（3）系统联机调试

单机的调试重点是检测单机能否正常工作，这是联机调试的基础。当单机调试完成后，就可进行系统的联机调试，以测试整个系统是否能按照预期的设计和工作周期连续运行，各个设备之间动作是否协调。在联机测试中，可以在传输带上放置几个其他型号的金属底盘以判断系统是否会发生误判和误抓取的现象。通过较长时间连续地运行，不断优化系统参数，最终使整个系统的性能达到最佳状态。

（4）系统长期稳定性测试

系统经过联机调试后，还需要测试系统能否长期稳定可靠地运行。实际生产过程中会出现各种预想不到的情况，联机调试中并不能完全覆盖这些情况。因此，需要让设备长期在现场运行，检测系统在不同的工作环境、不同的生产需求情况下，是否能按照预期稳定地工作，设备的性能是否保持稳定，注塑成品质量的检查是否正确、迅速、可靠。通过较长时间的运行测试，可以进一步优化控制程序和设备的一些参数，提高系统的运行效率和准确性，以检验系统是否达到了设计指标要求。

5.9.2 调试结果

系统经过调试后投入运行，并已通过验收。现给出工业机器人对金属底盘的抓取、对引爆器的检测和抓取、注塑成品质量检测和系统运行的协调性四个方面的测试结果。

（1）工业机器人对金属底盘的抓取

工业机器人抓取传输带上的金属底盘是在机器视觉的引导下完成的，对于该部分功能的验证，主要关注工业机器人能否快速、准确地抓取目标工件，且对于混入的其他型号的金属底盘不会发生误判、误抓取现象。工业机器人对传输带上金属底盘的抓取动作如图5.24所示。运行结果显示，工业机器人不仅能够快速、精确地完成对金属底盘的定位和抓取，而且对于其中混入的其他型号的金属底盘做到了"视而不见"，不会出现误判和误抓取，实现工业机器人对金属底盘的智能抓取技术，达到了预期的设计目标。

（2）对引爆器的检测和抓取

引爆器作为汽车安全气囊的核心引爆元件，决定着汽车在碰撞时汽车安全气囊是否能够

图 5.24　工业机器人抓取金属底盘

正常地充气膨胀,故在注塑之前需对其进行一系列严格的检测,确保做到万无一失。同时,由于引爆器形状特殊,需要对引爆器进行固定后,工业机器才能实现定点抓取。在引爆器排队分离机构处安装了用以检测不同指标的传感器来完成对引爆器的检测,当检测完成之后,在气缸的作用下引爆器被固定在机器人抓取的位置。对引爆器的抓取采用固定位置的抓取方式,如图 5.25 所示。

图 5.25　引爆器排队分离机构

(3) 注塑成品质量检测

注塑成品质量检测是本系统中最后一个环节,也是检验注塑成品质量是否达标的唯一手段。利用机器视觉系统来实现对成品的质量检测,通过开发成品质量检测程序可以实现统一的检测标准,确保产品质量的可靠性和一致性。注塑成品质量检测现场应用情况如图 5.26 所示,上下料工业机器人将注塑成品从注塑机上取下一组(4 个),放置在机器视觉系统的前方,逐一对其进行质量的检测。如果存在检测不合格的注塑成品,则机器视觉系统会给 PLC 发送相应的信号,通过 PLC 再发送控制信号给工业机器人,实现相应的动作(如将不合格注塑成品扔进废料箱等)。实际运行情况表明,采用了机器视觉系统代替人眼的成品质量检测，不但可以提高注塑成品质量检测的速度，很大程度上提高了整个自动化注塑控制系统的生产效率，而且具有很高的检测精度和检测的一致性，确保了注塑成品的质量，从而从源头上解决了不良注塑成品流入市场的安全隐患。

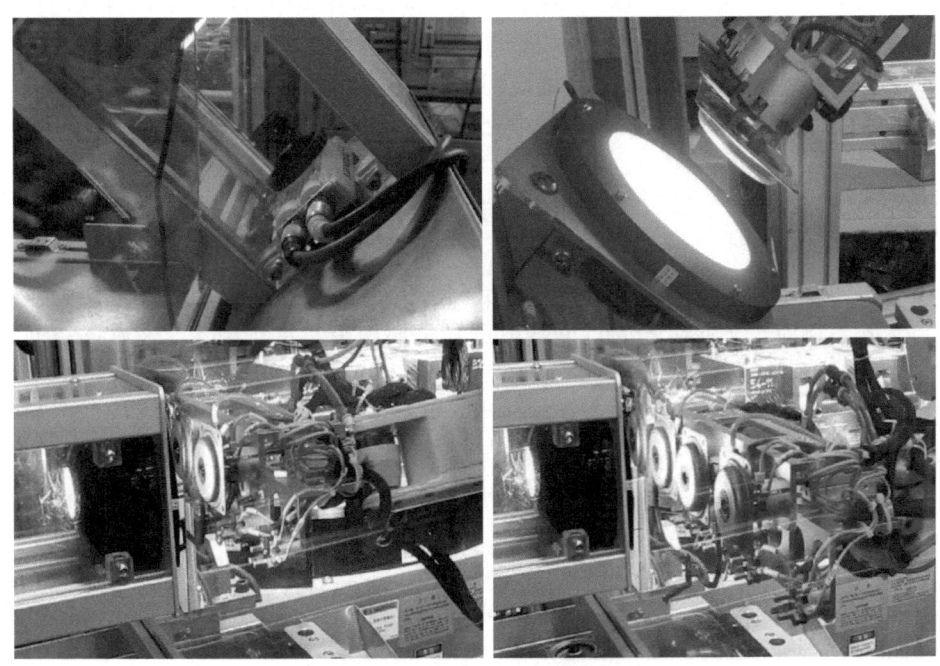

图 5.26　注塑成品质量检测

（4）系统运行的协调性

对于采用工业机器人代替人工操作的自动化注塑控制系统来说，实现三台工业机器人之间的协调工作，对于确保整个系统的功能实现和性能达标十分关键。通过系统前期调试，不断地优化工业机器人的运动控制程序，使得系统性能得到了优化，实现了三台工业机器人之间的无缝对接和协调动作。自动化注塑控制系统如图 5.27 所示。由于三台工业机器人在一个相对比较小的空间中作业，如何避免工业机器人之间的相互碰撞和摩擦也是必须要考虑和注意的问题，因此在三台工业机器人公共的活动区域也采用了互锁的编程方式，从而有效地防止了碰撞事故的发生。

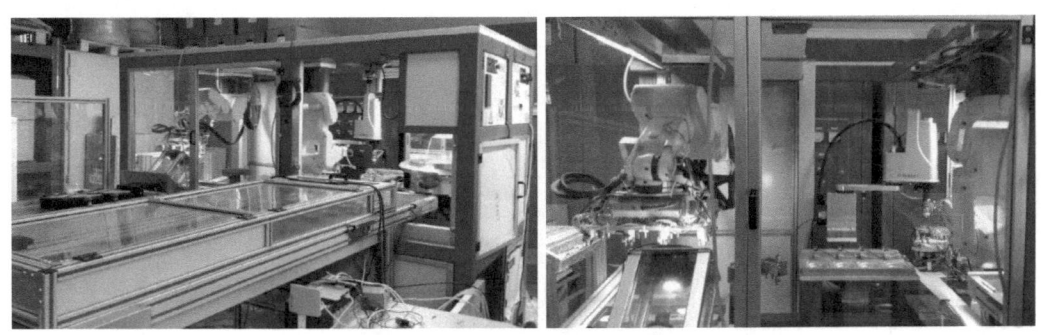

图 5.27　自动化注塑控制系统

实际生产应用结果表明，该套自动化注塑控制系统运行稳定，满足了在汽车安全气囊引爆组件注塑生产中对注塑机的上下料和注塑成品质量检测的要求，达到了预期的设计目标。利用该套自动化注塑控制系统完成一组（4个）产品注塑和检测的时间为22s，而人工操作的时间是48s以上，从而将生产效率提高了一倍，而且采用机器视觉系统代替人眼视觉完成对注塑成品质量的检测也可以完全保证注塑成品的质量。因此，结合了工业机器人和机器视觉系统的自动化注塑控制系统具有很高的应用价值，这也表明采用智能技术改造传统生产工艺是必要和可行的，智能制造在工业生产中大有用武之地。

思 考 题

5-1 根据第4章和本章的内容，比较离散制造工业控制系统与SCADA系统的异同。

5-2 本章案例对于工业机器人可能造成的安全问题没有进行阐述，请查阅资料，说明可以采用哪些技术手段来解决。

5-3 利用机器视觉系统实现成品质量检测要考虑哪些因素？

5-4 工业机器人与PLC的通信接口一般有哪些？

第 6 章

化工实验装置工业控制网络与系统应用案例

6.1 换热实验装置工艺及其控制

1. 换热实验对象工艺及其测点

换热实验对象工艺流程如图 6.1 所示。主要包含了两个简单的循环过程：左半部分是冷却水系统，由冷却水水泵将水箱中的冷水抽出，通过气动调节阀改变水流量并在冷却水进水流量检测点 FT02 中显示相关流量信息，然后与换热器中加热后的热水进行换热，冷却水经过换热器后返回水箱中。右半部分是热水循环部分，热回水泵将经过换热器换热后的热水输送至加热器中，经过加热器加热后通过温度检测控制点 TIC01，进入换热器进行换热，由于整个热水循环管路中已经提前灌满了水，整个系统是封闭运行的。

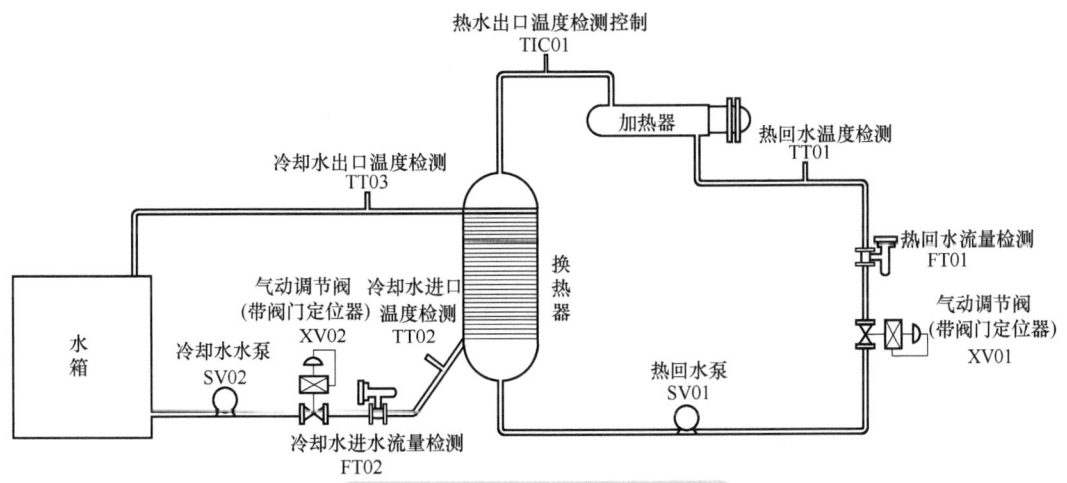

图 6.1 换热实验对象工艺流程图

整个系统循环工作中，要求保持冷却水出口温度 TT03 稳定。系统中有 6 个过程变量测点和 2 个检测控制点：

1) 4 个温度测点：热水出口温度 TIC01、热回水温度 TT01、冷却水进口温度 TT02 和冷却水出口温度 TT03（作为主要控制变量）。

2）2个流量测点：热回水流量FT01和冷却水进水流量FT02。

3）2个检测控制点采用2个带有阀门定位器的气动调节阀XV01和XV02，通过阀门开度大小的改变进行流量的控制（分别是热回水流量和冷却水进水流量），在实验中分别作操纵变量及扰动。

2. 控制回路介绍

该实验换热系统的控制要求是保证冷却水经过换热后出口温度稳定在一个期望值附近。控制方法是保证热源稳定，即在换热器中的热源维持稳定，使热水出口温度TIC01保持稳定，然后通过调节冷却水进水流量FT02来控制冷却水出口温度。控制系统的被控变量为冷却水出口温度TT03，操纵变量为冷却水进水流量FT02，执行器为气动调节阀XV02。系统实际有2个控制回路，介绍如下：

（1）热水出口温度控制

热水出口温度控制的目的是维持热源温度稳定，为冷却水提供持续的热源，提高换热效率。在该控制回路中，传感器用Pt100热电阻，控制器使用霍尼韦尔公司的DC1040智能温度调节器，该智能仪表自带PID控制功能，还能进行温度显示和报警，仪表配置了RS-485通信接口，支持Modbus RTU协议。功率为2kW的电阻丝加热炉根据DC1040智能温度调节器的输出进行加热，加热回路执行元件为晶闸管。

（2）冷却水出口温度控制

该实验的主要控制目标是维持冷却水出口温度TT03在设定值处保持稳定，抑制各种干扰对出口温度的影响。与热水出口温度控制不同，该回路利用CompactLogix PLC（后面简称Logix PLC）进行控制。DC1040（DC1040与现场Pt100热电阻配接进行温度的测量与显示）与Anybus AB7007网关通过RS-485总线连接，在Anybus AB7007网关中进行配置，这样Logix PLC与Anybus AB7007网关可以进行EtherNet/IP通信，从而获取温度测量值，然后利用PID控制指令实现温度控制。PID的输出信号传递至气动调节阀XV02，气动调节阀通过改变自身开度从而改变作为操纵变量的冷却水进水流量FT02来实现调节目的。当测量值高于设定值时，阀门开大，增加冷却水流量，使温度降低；当测量值低于设定值时，阀门关小，减小冷却水流量，使温度升高。因此，该PID控制器为正作用控制器。该回路及其控制框图如图6.2所示（严格来说，为简化起见，图中温度反馈画成了经过温度变送器。实际上DC1040也可以看作是温度变送器）。

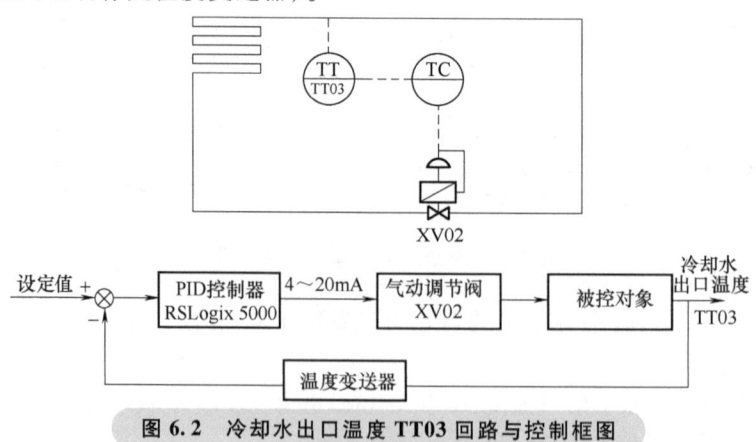

图6.2 冷却水出口温度TT03回路与控制框图

3. 换热实验对象工业控制系统结构与功能

该系统结构如图 6.3 所示。系统属于典型的分布式结构，主要组成包括上位机、现场 Logix-PLC、Anybus AB7007 网关和现场实验仪表柜上的智能仪表。智能仪表为霍尼韦尔 DC1040，完成实验对象的温度和流量等参数的采集与显示。实验对象还有 2 个流量计和气动调节阀直接连接 PLC 的 AI 和 AO 模块。4 台 DC1040 仪表通过 RS-485 串口与 Anybus AB7007 网关相连，网关的以太网接口通过 EtherNet/IP 工业以太网连接 PLC。控制系统功能如下：

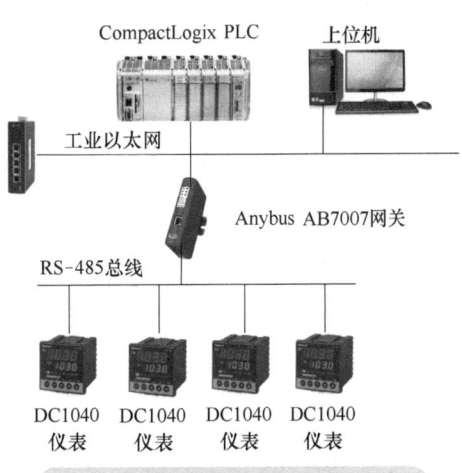

图 6.3 换热对象控制系统结构图

1）通过以太网将 Logix PLC、上位机和 Anybus AB7007 网关连接，实现数据通信和整个系统的监控功能。

2）借助 Anybus AB7007 网关与 DC1040 仪表通过 RS-485 总线进行 Modbus RTU 通信，实现串口设备连接以太网。

3）在 RSLogix 5000 编程平台中进行控制程序的编写，下载程序至 PLC，利用 Logix PLC 的 PID 算法实现对被控变量的控制。

4）利用 FactoryTalk View SE 组态软件开发实验系统 HMI，HMI 通过 OPC 与 PLC 通信，实现对过程测量值 PV 的监控功能，SV 和 PID 参数的设定功能，以及测量上下限 USPL/LSPL 的调整功能。HMI 还具有流程监控、温度实时趋势和报警界面等功能。

6.2 Anybus AB7007 网关配置

1. Anybus AB7007 网关的硬件连接

Anybus AB7007 网关的作用是将 RS-485 设备连接以太网，使得以太网设备（如 PLC）能够访问现场的串口设备。因此，需要进行一系列的硬件配置工作，包括：DC1040 智能温度调节器的 RS-485 通信设置、利用 Anybus Configuration Tools 对 Anybus AB7007 网关进行相关配置和在 RSLogix 5000 中建立 Anybus 设备节点。

Anybus AB7007 网关的连接有两个部分。首先将网关自带的 RS-232 配置线的 9 针串口端连接至上位机的 RS-232 接口，另一端 RJ11 水晶头与 Anybus AB7007 网关的 PC-Connector 端连接，这样可以从上位机下载配置到网关。另外是 4 台 DC1040 仪表与网关的串口的连接。将仪表连接在 RS-485 总线上，然后将 RS-485 总线正极"+"连接 Anybus AB7007 网关的 Subnet 的 8 号针 RS-485+/RS-422 TX+，将 RS-485 总线负极"-"连接 Anybus AB7007 网关的 Subnet 的 9 号针 RS-485-/RS-422 TX-，至此完成 RS-485 设备与 Anybus AB7007 网关的连接。

2. 利用 Anybus Configuration Tools 对 Anybus AB7007 网关进行相关配置

在对霍尼韦尔 DC1040 仪表设置完成后，需要使用 Anybus Configuration Tools 软件对 Anybus AB7007 网关进行硬件配置，将以太网（EtherNet）和 RS-485 总线配置信息下载到

Anybus AB7007 网关中，这样才能保证 Anybus AB7007 网关将智能仪表的数据传送至 PLC，同时将 PLC 的指令等传送至智能仪表。Anybus Configuration Tools 是 HMS 公司专门为 Anybus 网关配置所设计的软件，内含多种现场总线和工业以太网信息，可以自动识别 Anybus 网关的硬件信息，用户可以根据自身需求自己添加子网和子网命令，并将其下载至 Anybus 网关中进行配置，使 Anybus 网关能够正常工作。具体配置过程如下：

1）安装并打开 Anybus Configuration Manager 软件，选择"空白配置"，单击"确定"按钮。

2）进入"Anybus Configuration Manager-Commmunicator RS-232/422/485"窗口，如图 6.4 所示。单击"现场总线"，在右侧配置界面下将"Fieldbus Type"选择为"EtherNet/IP & Modbus-TCP"总线方式。这时，右侧配置界面将会改变为 EtherNet/IP & Modbus-TCP 的配置界面，然后将"Communicator IP-address"设置为与上位机和 PLC 处于同一网段的 IP 地址，这里为 192.168.1.12，其他设置保持默认即可。

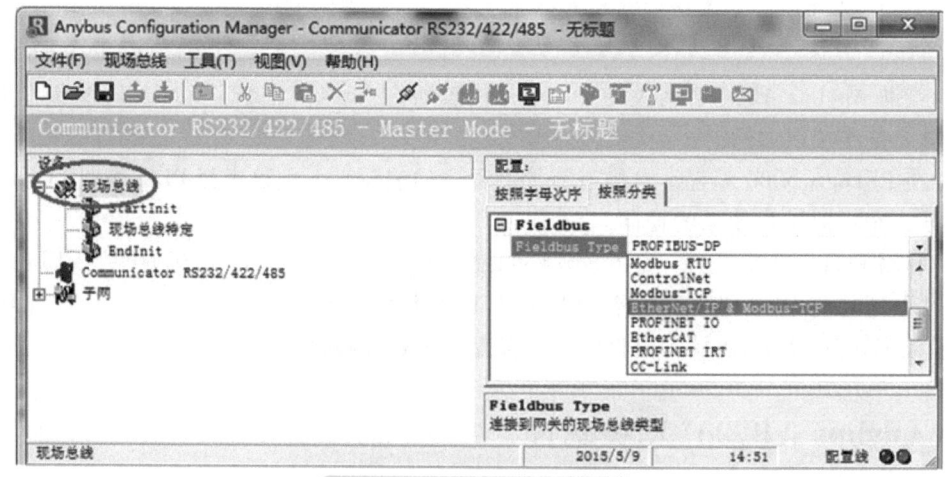

图 6.4 选择现场总线类型

3）单击图 6.4 左侧的"Communicator RS-232/422/485"，在右侧的配置界面中进行配置，将"Protocol Mode"选择为"Master Mode"，为主站通信方式，4 台 DC1040 仪表作为从站。因为 RS-485 是属于一主多从的主从通信，这里有 4 台 DC1040 仪表，因此，DC1040 仪表只能作为从站。

4）单击图 6.4 左侧的"子网"，设置 RS-485 通信方式。设置波特率"Bitrate（bit/s）"为 9600，数据长度"Data bits"为 8，校验位"Parity"为奇校验 Odd，物理通信方式"Physical standard"为 RS-485 通信方式，停止位"Stop bits"为 1，其他配置保持默认。需要特别注意的是通信参数要与 DC1040 仪表内的相关参数完全一致，否则通信将会失败。

5）鼠标右键单击选择图 6.4 左侧的"子网"，选择"添加节点"选项，一次添加 4 个节点作为 4 台智能温度控制器，对应位号 TIC01、TT01、TT02、TT03。

6）选中新建节点的 4 个节点，在右侧配置栏中依次填写从站的地址 1、2、3、4，要与 DC1040 仪表中的通信地址设定相一致。

7）接下来要添加相关的读写指令，这里以子网中的 TIC01 为例。右键单击"TIC01"，选择"添加命令"选项，将会弹出"选择命令"对话框，这里应用到 3 个 Modbus 命令分别是：①0x03，读存储寄存器，给出首地址和寄存器长度，会按相对地址来读取多个寄存器的值。②0x06，写单一寄存器，给出寄存器地址，可将数据写入该寄存器中。③0x10，写多个寄存器，给出首地址和寄存器长度，会按相对地址将数据写入多个寄存器中。

8）选择 0x03 指令，会发现 TIC01 节点下多出了节点文件"Read Holding Registers"。如图 6.5 中①所示。展开后有 2 个消息命令 Query（②）和 Response（③），Query 表示 Anybus 网关主站向从站发送查询指令，请求读取数据；Response 表示从站响应主站，返回数据值。将 2 个指令展开，分别对其进行配置。

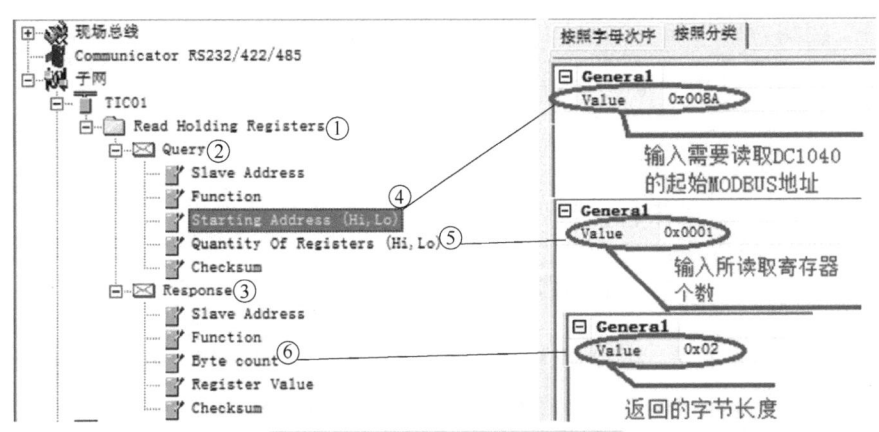

图 6.5 0x03 读寄存器指令设置

9）首先对"Query"进行配置。如图 6.5 中④所示，选中"Starting Address（Hi, Lo）"，在右侧配置栏中设置 Modbus 首地址，对照 DC1040 的 Modbus 地址表填写所需要访问的寄存器地址（例如，DC1040 的过程测量值 PV 对应的 Modbus 地址为 8AH，因此这里就填写 0x008A）。选中"Quantity of Registers（Hi, Lo）"，如图 6.5 中⑤所示，在右边配置栏中设置读取寄存器的数量，适用于连续地址读取。如果需要读取的寄存器地址不连续，只能在此处填写 1。之后继续在节点中添加 0x03 命令读取其他的寄存器（要注意每一个寄存器的起始地址设置不要重叠）。

10）接着对"Response"进行配置。选中"Byte count"，如图 6.5 中⑥所示，在右侧配置栏中填写返回的字节长度，一般是寄存器的 2 倍，因为一个寄存器是默认 16 位即两个字节长度。再选中"Registers Value"，在"Data length"中填入数据长度，数值与"Byte count"一致。在"Data location"中返回的数据为在 Anybus 网关中存储的地址，默认地址为 0x0000。如果 Anybus 网关与 Logix PLC 通信成功后，两者的地址重叠，但是在物理上是分开的，例如，Anybus 网关的 0x0000 与 RSLogix 5000 中的"Anybus_AB7007：I. Data［0］"是重合的，两者会同时得到相应数据。在"Byte swap"中选择"Swap 2 bytes"，表示将读取数据的高低两字节交换。这是因为 16 位数据在网络上传输时要分成高、低字节，有些设备是先传高字节，有些是先传低字节。经过实验对比 PLC 和网关上的数据，选择交换高低两位，如图 6.6 所示。至此读取仪表的命令设置完毕。

11）右键单击"TIC01"，选择"添加命令"选项，选择 0x10 指令，得到节点文件"Write Multiple Registers"，同样进行相关配置，其步骤与 0x03 功能指令的配置方法类似，在这里要特别注意首地址不可设置为只读寄存器地址，否则将会导致通信失败。具体设置过程这里不再详述。其中写入寄存器 Modbus 起始地址为 0x0039、写入寄存器数量为 0x0003、写入返回字节长度为 0x06、写入返回值属性中返回值数据存储位置为 0x0200，且要进行高低位交换。

图 6.6 读取返回数值属性设置

依次再配置其他的仪表。配置成功后，可以在"子网监视器"中观察地址分配情况，如图 6.7 所示。黄色区域为输入区域，指 Anybus 网关读取从站 DC1040 仪表数据所存储的地址区域。蓝色区域为输出区域，指 Anybus 网关写入从站 DC1040 仪表数据所存储的地址区域。如果出现红色区域，代表在配置时出现地址冲突问题，需要返回配置界面检查地址分配问题。若存在红色区域，数据交换将会失败，Anybus 网关的 LED5 始终处于红色状态。

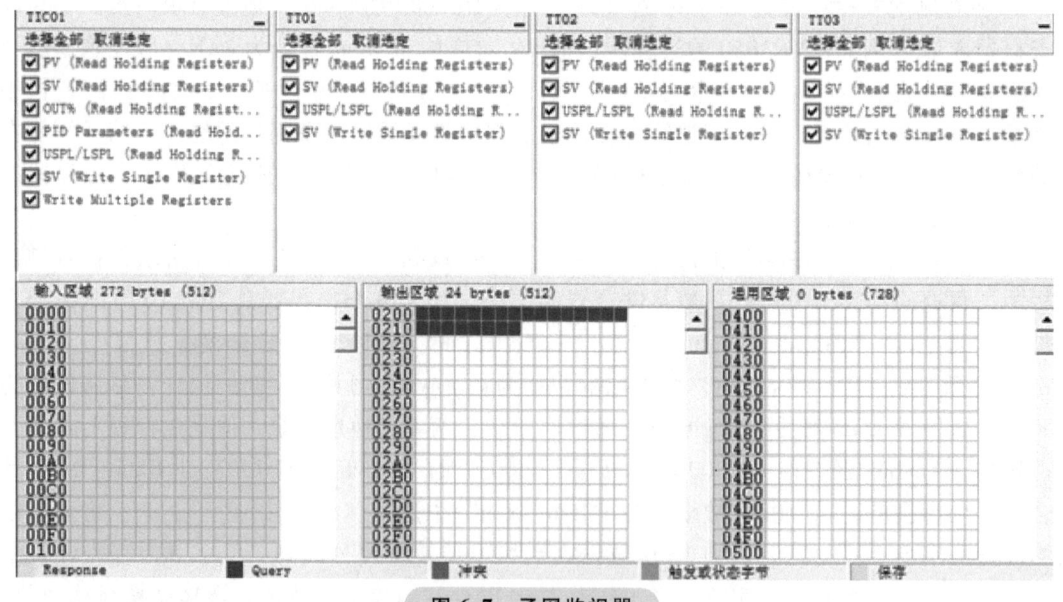

图 6.7 子网监视器

3. 下载配置至网关

在所有的节点配置完毕后，可以将配置文件下载至 Anybus 网关中。当通过 Anybus Configuration Tools 软件将配置信息下载至 Anybus 网关后，Anybus AB7007 网关已经可以与

DC1040 仪表互相通信。最后，还需要在 RSLogix 5000 中建立 Anybus 网关模块，最终实现 Logix PLC 与智能仪表数据通信。

4. Anybus AB7007 网关与 Logix PLC 连接

以下是 RSLogix 5000 中建立 Anybus 网关模块的步骤：

1）在"Controller Organizer"中，找到并选中"I/O Configuration"中的 1769-L35E EtherNet Port LocalENB 模块（因为 Logix PLC 的以太网 EtherNet 通信模块和 CPU 是集成在一起的，所以会自动生成 ENB 模块，如果是其他 Logix 产品，需要在"I/O Configuration"中建立 ENB 模块，再进行后续操作），鼠标右键单击，在弹出的菜单中选择"New Module"选项。

2）在弹出的"Select Module"对话框中展开"Communication"模块类型，找到"ETHERNET-MODULE"，选中后，单击"OK"按钮。

3）弹出"New Module"对话框，这里要对建立的以太网通信模块进行硬件配置：①在"Name"一栏中输入模块名称。②在"Comm Format"下拉菜单中选择合适的数据类型，因为 Anybus 网关的数据类型为默认的 16bit（两个字节），因此选择 INT 型数据，表示数据作为 16 位数据。③在"Address/Host Name"一栏中勾选"IP Address"，并填入相应的 IP 地址，这里要与在"Anybus Configuration Manager"中配置给 Anybus 网关的 IP 地址相同，这里是 192.168.1.12。④在"Connection Parameters"中要配置相关的连接参数，如图 6.8 所示。在"Input"中，填写 100 个分配实例，"Size"中填写所读取数据的大小。第一节点 DC1040 仪表（对应位号 TIC01）要读取 8 个寄存器（分别为过程测量值 PV、测量值上限 LSPL、测量值下限 USPL、设定值 SV、控制器输出 OUT%、比例系数 P、积分 I、微分 D），其余 3 个控制器（对应位号 TT01、TT02 和 TT03）只需要读取 4 个寄存器（分别为过程测量值 PV、测量值上限 LSPL、测量值下限 USPL、设定值 SV），所以 4 个 DC1040 仪表要填写 20 个寄存器。在"Output"中，填写 150 个分配实例，"Size"中填写所写入数据的大小。第一个 DC1040 仪表（对应位号 TIC01）要写入 6 个寄存器（分别为测量值上限 LSPL、测量值下限 USPL、设定值 SV、比例系数 P、积分 I、微分 D），其余 3 个控制器（对应位号 TT01、TT02 和 TT03）只需要写入 2 个寄存器（分别为测量值上限 LSPL、测量值下限 USPL），所以 4 个 DC1040 仪表要填写 12 个寄存器。在"Configuration"一栏中填写任意非零数字都可以，因为 Anybus 网关从站模块默认没有配置组合实例，但是 RSLogix 5000 要求设定一个

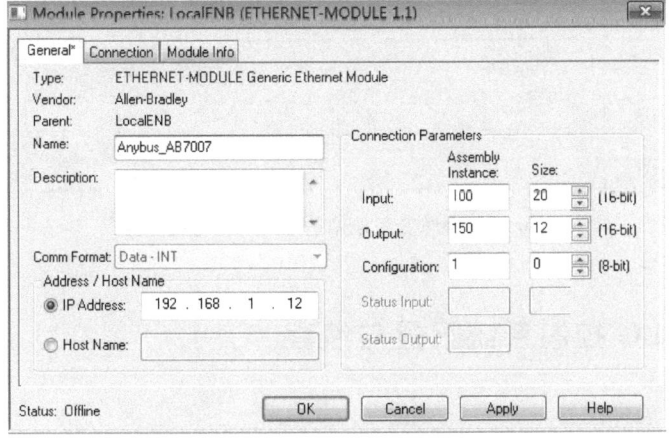

图 6.8 对 Anybus 网关进行参数配置

值，所以这里填写 1，数据长度填写 0，否则将会访问配置实例，连接将被拒绝。

4）完成上述步骤后，单击“OK”按钮，界面将会自动切换到“Connection”中。输入模块每次扫描时间，为了减少网络负荷，设定时间间隔为 50ms，如图 6.9 所示。

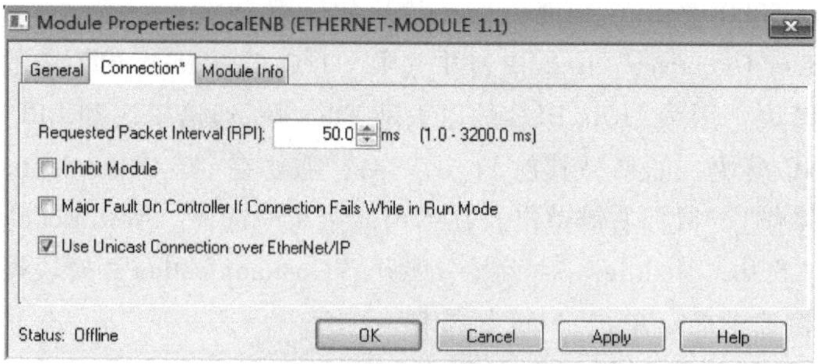

图 6.9　设置扫描时间

5）最后确定“Inhibit Module”没有勾选后，单击“OK”按钮，就可以完成 Anybus 网关模块的建立。

当模块建立成功后，在“I/O Configuration”中可以看到建立好的以太网通信模块“Anybus AB7007”，同时在全局变量表中可以看到系统自动建立的变量，如图 6.10 所示。“Anybus_AB7007：C”代表配置实例，“Anybus_AB7007：I”代表输入实例，从仪表中所读取的数据将会存储在该寄存器中，“Anybus_AB7007：O”代表输出实例，用于向仪表中写入数据。如果通信连接成功，就可以在“Monitor Tags”一栏的“Anybus_AB7007：I”中看到相关的仪表数据值。

这里特别说明一下，全局变量表中的“Anybus_AB7007：I”和“Anybus_AB7007：O”中的地址与在 Anybus Configuration Tools 中子网监视器中的地址是相对应的，两者地址重合，只是物理上在不同设备中，无需设置。例如，“Anybus_AB7007：I. Data [0]”对应 Anybus Configuration Tools 的子网监视器中的输入区域的 0000H（该地址为子网监视器的默认地址区域，0000H～01FFH 为输入区域），“Anybus_AB7007：O. Data [0]”对应 Anybus Configuration Tools 的子网监视器中的输出区域的 0200H（该地址为子网监视器的默认地址区域，0200H～03FFH 为输出区域），以此类推。

Name	Value	Force Mask	Style	Data Type
+ AB7007_AB7007:C	{...}	{...}		AB:ETHERNET_MO...
− AB7007_AB7007:I	{...}	{...}		AB:ETHERNET_MO...
+ AB7007_AB7007:I....	{...}	{...}	Decimal	INT[20]
− AB7007_AB7007:O	{...}	{...}		AB:ETHERNET_MO...
+ AB7007_AB7007:...	{...}	{...}	Decimal	INT[12]

图 6.10　全局变量表中的 Anybus 网关变量

6.3　Logix PLC 控制系统配置与编程

1. Logix PLC 硬件配置

本系统中的 Logix PLC 扩展了 4 块 I/O 卡件，因此利用 RSLogix 5000 对系统硬件进行配置。配置完成后，在“CompactBus Local”中会看到设置好的本地 I/O 卡件模块，如图 6.11 所示。1769-IQ32 代表 32 通道数字量输入，1769-OB32 代表 32 通道数字量输出，1769-IF16C 代表 16 通道模拟量输入，型号类型是 4~20mA 电流信号，1769-OF4 代表 4 通道模拟量输出，型号类型是 4~20mA 电流信号与 1~5V 电压信号复用。

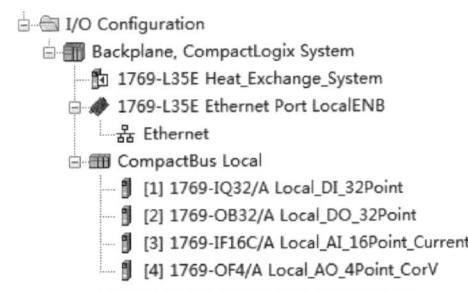

图 6.11 Logix PLC 硬件配置

卡件模块建立好后，RSLogix 5000 会自动在全局变量表中建立相关的模块卡件变量，如图 6.12 所示。其中，以 C 为结尾的变量是相关模块卡件的配置信息，以 I 结尾的变量是输入寄存器，外界的输入信号（数字和模拟）的信息将会存储在该寄存器下，以 O 结尾的变量是输出寄存器，PLC 向外界写入输出信号先将信息放入该寄存器下，再通过系统刷新将数据传递至外部设备。

Scope: Heat_Exchange_ Show: All Tags

Name	Value	Force Mask	Style	Data Type
+ Local:1:I	{...}	{...}		AB:1769_DI32:I:0
+ Local:2:C	{...}	{...}		AB:1769_DO32:C:0
+ Local:2:I	{...}	{...}		AB:1769_DO32:I:0
+ Local:2:O	{...}	{...}		AB:1769_DO32:O:0
+ Local:3:C	{...}	{...}		AB:1769_IF16:C:0
+ Local:3:I	{...}	{...}		AB:1769_IF16:I:0
+ Local:3:O	{...}	{...}		AB:1769_IF16:O:0
+ Local:4:C	{...}	{...}		AB:1769_OF4:C:0
+ Local:4:I	{...}	{...}		AB:1769_OF4:I:0
+ Local:4:O	{...}	{...}		AB:1769_OF4:O:0

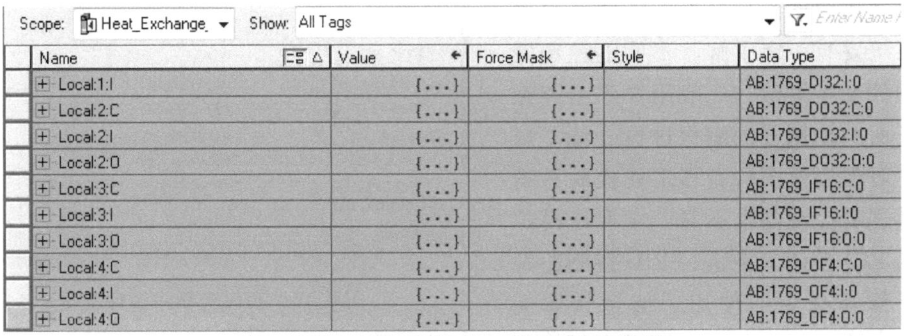

图 6.12 全局变量表中的扩展模块变量

2. 用 RSLogix 5000 编写梯形图控制程序基本方法

在 RSLogix 5000（版本为 V19）工程的“Controller Organizer”中，如图 6.13 所示，找到“Controller Heat_Exchange_System”和“Tasks”两个文件夹并展开。在“Controller Heat_Exchange_System”文件夹下有“Controller Tags”，在这里存储着相关的全局变量，用户可以在全局变量表中的“Edit Tags”栏中定义相关变量的名称和数据类型（BOOL 型、REAL 型、INT 型等）。与西门子的 S7 系列 PLC 不同，建立 CPU 的内存变量时用户完全可以自己命名变量名称，CPU 会自动为用户自定义的变量分配内存地址，定义灵活方便。对于各类卡件模块，寄存器名称不可更改，用户可以通过设置变量/标签来辨认相关的寄存器含义。

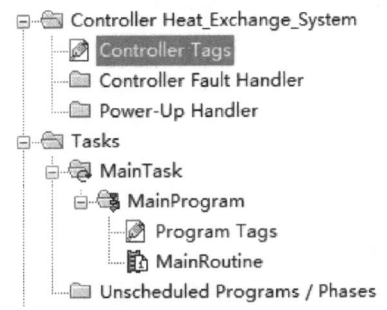

图 6.13 变量监控编辑界面和梯形图指令编辑界面选择

“Tasks”文件夹是程序和局部变量存放的位置，“MainTask”下的“Program Tags”存放的是局部变量，这些变量只能在对应的子程序和主程序下使用，不可跨程序使用。“MainRoutine”中存放的是工程的主程序，程序从这里运行，用户也可以在“Tasks”中自行添加子程序用于编辑，使主程序更加简洁。

双击"MainRoutine",可进入程序编写界面,如图 6.14 所示。为了便于用户输入指令,对指令进行了分类,如"Favorites""Add-On""Bit""Timer/Counter"等,通过左右按钮可以改变梯形图指令的类型,可以单击选择,也可以拖拽梯形图指令或编程元素到梯级中使用。

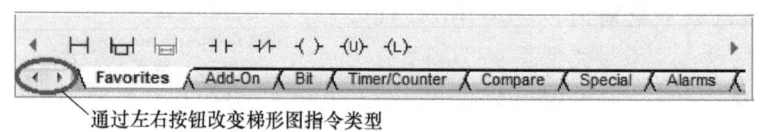

通过左右按钮改变梯形图指令类型

图 6.14　梯形图控制指令类型选择

单击梯形图中的寄存器下拉菜单就可以选择相应的寄存器,如图 6.15 所示。全局变量和局部变量都可以选择,使用时要注意变量的使用范围。

要进行控制系统编程,首先要把需求弄清楚,其次要熟悉程序设计方法,另外对指令系统要有一定了解。不同的控制器其编程软件基本类似,一般用户不会存在困难。下面对控制器的编程进行介绍。可以看到,对模拟量多的流程工业控制系统编程,其逻辑控制需求不高,主要是模拟量采集与 PID 控制。在进行 PID 控制组态时,要了解该指令的使用,结合具体问题,进行合适的参数配置,最后进行控制器参数的整定。

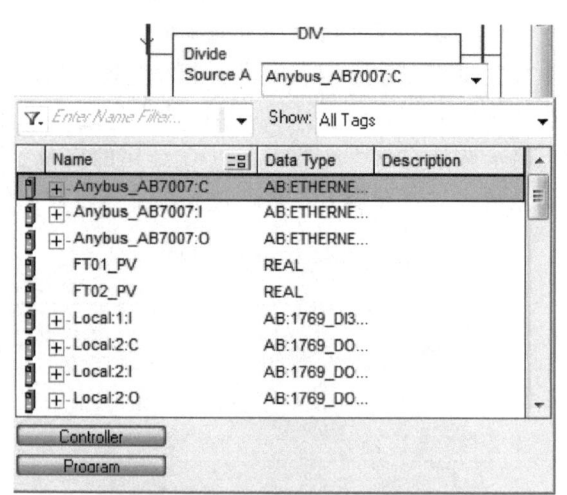

图 6.15　在梯形图中选择变量

3. 模拟量信号采集

在换热过程中,流量计 FT01 和 FT02 向 PLC 输入 4~20mA 标准电流信号,气动调节阀 XV01 和 XV02 接收 PLC 输出的 4~20mA 标准电流信号,如何正确采集标准信号是整个控制过程的第一步。在之前建立好的模拟量输入模块卡件中,需要设置信号采集的数据格式,才能正确使用采集的信号进行计算。

模拟量信号分类较多,在使用时要对信号的类型和上下限进行设置,以保证数据采集准确和量程转换方便。

1)在工程界面左侧的"Controller Organizer"栏中,找到"I/O Configuration"下的"CompactBus Local"中建立好的模拟量输入模块 1769-IF16C,双击该模块弹出"Module Properties"窗口,如图 6.16 所示。选择"Configuration"栏,可以看到带有下拉菜单的设置表,一共有 16 个记录(代表 16 个通道的属性)和 5 个字段(代表 5 种属性)。

①在"Enable"一栏中进行勾选,表示该通道使能,可以接收相关模拟量输入信号。②在"Input Range"一栏中可以选择输入信号类型,有 0~20mA 和 4~20mA 两种,根据实际的输入信号类型进行选择,本设计使用的是标准电流信号 4~20mA,则在该栏的下拉菜单中选择"4mA to 20mA"。③在"Filter"一栏中可以选择滤波器的滤波频率,使用系统默认的 60Hz 即可。④在"Data Format"一栏中可以设置模拟量数据格式,其中主要用到包括

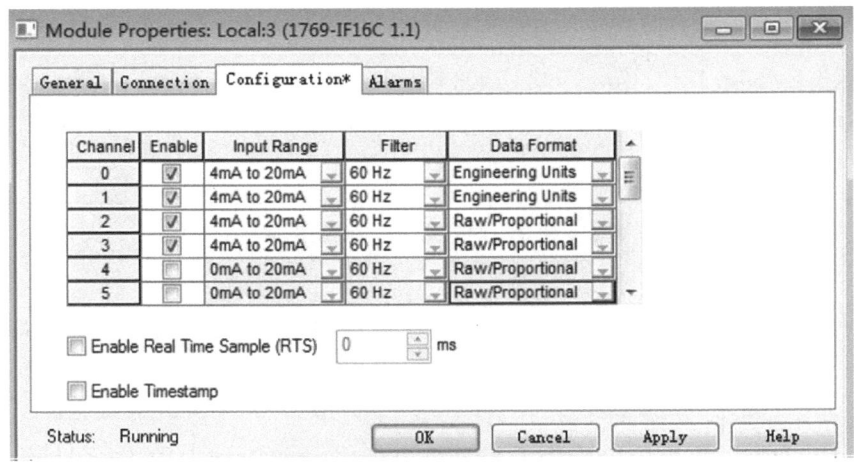

图 6.16 模拟量输入信号设置

"Raw/Proportional"和"Engineering Units"两种格式类型。"Raw/Proportional"代表原始格式,是计算机二进制码转化成的有符号位的十进制数,数据有效范围为-29822~29085,均等地分割,代表 4~20mA,上下限为-32767~32768;"Engineering Units"代表工程量,是无符号位数据的十进制数,数据有效范围是 4000~20000,均等地分割,代表 4~20mA,上下限为 3200~21000。可以看出"Engineering Units"的有效范围仅仅较 4~20mA 扩大了 10 的三次方数量级,方便于采集和运算处理,因此使用"Engineering Units"作为数据格式。

2)继续选择"Alarms"栏,设定通道的上下限,"Raw/Proportional"格式的上下限为-32767~32768,"Engineering Units"格式的上下限为 3200~21000。

3)设定完毕后,单击"Apply"按钮即可,若没有进行步骤 2)的设置,系统将会提示未设置信号上下限,可以根据系统提示内容设定对应的上下限。

4)模拟量输出模块 1769-OF4 的设置与 1769-IF16C 的设置相类似,由于该模块是电流电压复用,在设置"Input Range"时,其类型较多(有 0~20mA、4~20mA、-10~10V、0~5V 和 1~5V 五种),要注意与实际的输入输出通道对应。这里设置为 4~20mA 电流。

通过上述操作,PLC 接收到的输入信号在"Local:3:I"(AI 模块卡件的 I/O 标识)中的存储形式为 4000~20000 代表 4~20mA,可以通过运算将量程变成工程量。

4. 网关通信程序设计

在控制过程中会有一定的计算环节,计算时最好将这些数据传送到 CPU 内存中进行运算,防止在运算过程中无意间改变接口寄存器中的值,确保程序正常运行。这对如何正确读写 DC1040 仪表的数据来说,十分重要。

在数据传送与转换过程中,一般用到三种梯形图:MOV、MUL 和 DIV,例如要将 4 台 DC1040 仪表的 PV 值传递至自定义的内存地址中,可以使用 DIV 梯形图。因为读取 Modbus 地址中的数据是无小数点位的,DC1040 仪表中设定显示 1 位小数,因此读取到的数据是真正测量温度的 10 倍,如实际测量温度 30℃,读取数据则为 300。因此,要将读取到的数据利用 DIV 除以 10,即可得到正确的测量温度值。程序如图 6.17 所示。

同理,如果需要向 DC1040 仪表中写入 PID 参数和设定值,可以通过 MUL 梯形图,将实际数据放大 10 倍送入对应的 Modbus 地址中,仪表就会得到正确的信息。程序如图 6.18 所示。

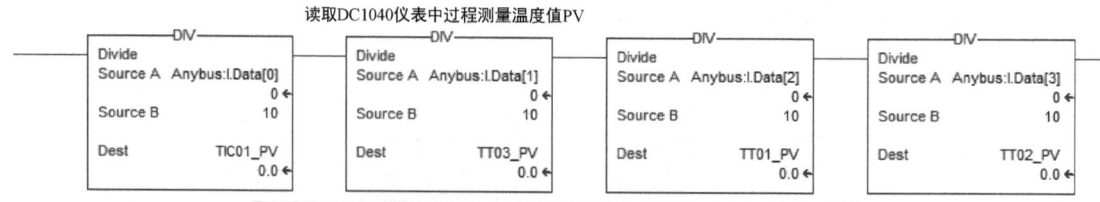

图 6.17 读取 4 台 DC1040 仪表的过程测量值梯形图程序

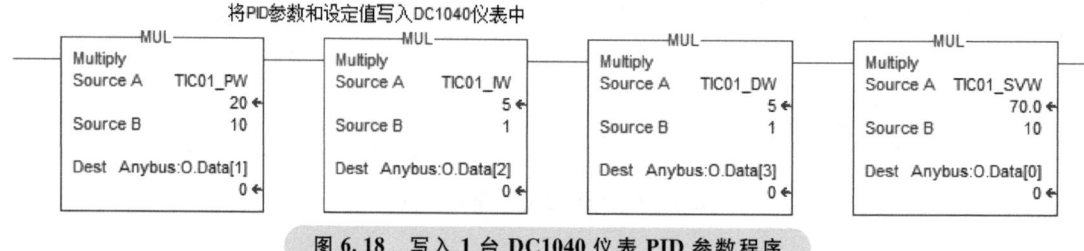

图 6.18 写入 1 台 DC1040 仪表 PID 参数程序

除 DC1040 仪表以外的其他数据传送和转换方法与之类似。在模拟量信号数据传送时，模块通道设置信号为 4~20mA 标准电流信号，因此从 AI 模拟量输入模块接收的数据和向 AO 模拟量输出模块传送的数据应该为 4000~20000 无符号整数，这里要根据实际工程量的单位量程进行换算。

5. 温度控制 PID 程序设计

本实验系统中主要被控变量是冷却水经过换热过程后到达冷却水出口处的冷却水出口温度 TT03。采用的 PID 控制器是 RSLogix 5000 中自带的 PID 控制指令，不需通过复杂的线路连接，直接通过寄存器参数设置和程序编写就可完成对该温度变量的控制。

通过 Anybus AB7007 网关采集 DC1040 仪表的 TT03 温度信号，经过数据转换传送至 PID 控制指令模块中，经过 PID 模块的运算，将输出信号经 PID.OUT 输出，再经数据转换后传递至 XV02 中，改变冷却水进水流量，从而控制相关温度 TT03 稳定在设定值。

（1）Logix PLC PID 控制指令主要参数说明

每条 PID 控制指令对应一个控制环，当实行多级控制时，则使用多条 PID 控制指令（可选主从），本实验对象是单回路控制，使用一条 PID 控制指令，如图 6.19 所示。

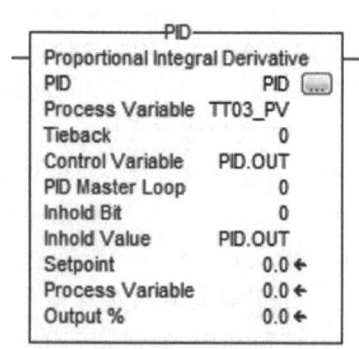

图 6.19 Logix PLC 的 PID 控制指令

若要该 PID 控制指令正常工作，需要提供给 PID 控制指令基本的参数信息，详细的控制信息则是通过指令的组态实现的。

1）PID：PID 控制指令必须指定一个 PID 数据类型的结构体给本条指令，用于存放组态信息和过程运行状态信息。用户在全局变量（或局部变量，不推荐）表中建立一个 PID 数据类型即可。

2）Process Variable：指定过程变量，一般为模拟量输入。这里的被控变量是冷却水出口温度 TT03。

3) Tieback：指定手动控制时的跟随变量，一般为模拟量输入。

4) PID Master Loop：当本条指令为从回路时，输入主回路结构体名称，为主回路时输入 0。

5) Inhold Bit：决定输出初始值是否保持在上次的终值上，该选项可以实现起动的平滑过渡。

6) Inhold Value：输出值保持在上次的终值上。

7) Setpoint：给定设定值 SV 的显示值，要写入 PID 数据类型结构体的 PID.SP 寄存器中，才可以在这里正确显示。

8) Process Variable：过程变量 PV 的显示值，这里的 PID 模块会重新定义变量单位，用户要根据输入数据进行比较实验来重新转换数据范围，要留意在程序中进行转换。

9) Output%：控制变量 CV 的百分比显示值。

（2）Logix PLC PID 控制指令参数配置

单击 PID 数据类型结构体后的按钮，将会弹出 PID 控制指令编辑对话框，如图 6.20 所示。选择"Configuration"选项卡，在该选项卡中，可以对模块的控制方式、各个量的上下限等进行设置。

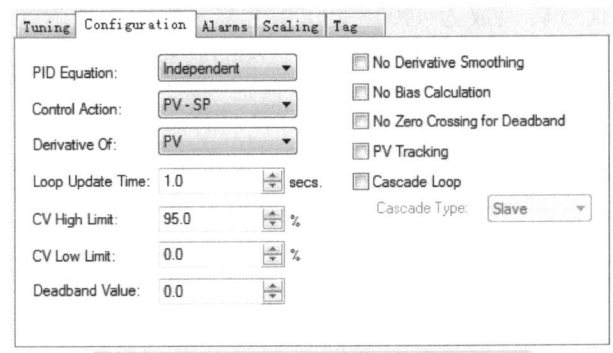

图 6.20　PID 控制指令编辑对话框（1）

1) Control Action：选择控制方向，也决定了控制器的正作用与反作用特性。当该值为正数时，PID 控制指令才有输出信号，否则始终为零。其中"PV-SP"代表正作用，"SP-PV"代表反作用。本系统中，气动调节阀 XV02 开大后，冷却水出口温度 TT03 会下降，因此 K_p 小于 0，为保证回路的负反馈特性，K_c 应该小于 0，选择正作用控制器，由此选择 PV-SP。

2) Loop Update Time：回路更新时间，不能为零和负数。

3) CV High（Low）Limit：输出限幅最大（最小）值，防止输出正（负）向积分饱和。

（3）PID 参数调试

单击 PID 数据类型结构体后的按钮，将会弹出 PID 控制指令编辑对话框，如图 6.21 所示。选择"Tuning"选项卡，在该选项卡中，可以设置相关的设定值与 PID 参数。

1) Setpoint（SP）：给定值设定，数据范围必须与 PV 在 PID 中定标的工程定标范围相同，令其与 PV 值在相同的数据范围内进行比较。

2) 在"Tuning Constants"一栏中，可以看到 PID 参数的设定栏，可以在这里手动输入，也可以通过 MOV 控制指令将期望的 PID 参数传递至 PID 数据类型结构体中的 PID.KP、PID.KI 和 PID.KD 寄存器中，在 HMI 中要使用 MOV 这类方法进行参数传递。

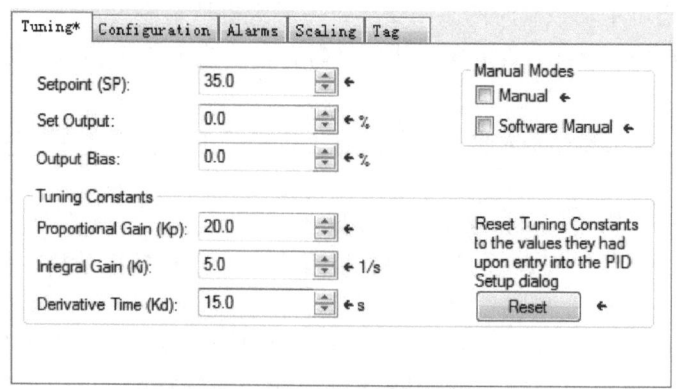

图 6.21　PID 控制指令编辑对话框（2）

（4）PID 信号输出程序

如图 6.22 所示，PID 模块的输出信号 PID.OUT（百分比显示，范围为 0～100）作用于控制冷却水进水流量大小的气动调节阀，气动调节阀接收 4～20mA 标准电流信号，所以在程序中应该向"Local：4：O"中传送 4000～20000 无符号整数，因此在程序中需要将 0～100 单位的 PID.OUT 信号转换成为 4000～20000 无符号整数。该程序中将 PID.OUT 乘以 160，将其先转换为 0～16000 无符号整数，再加上 4000 的偏移量，信号便成为 4000～20000，这样气动调节阀所接收的信号就是 4～20mA 标准信号，阀门才可以正常工作。

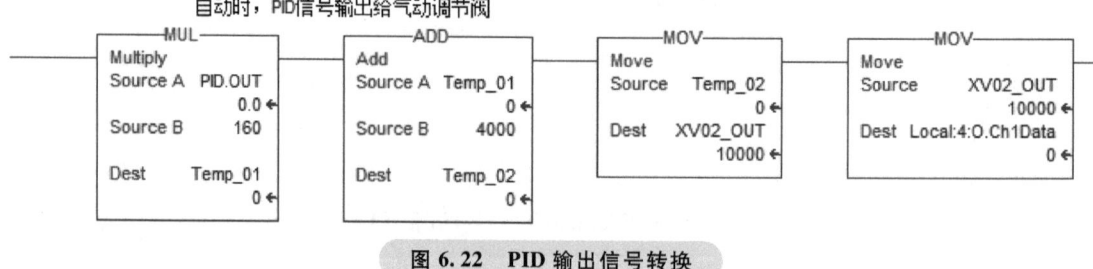

图 6.22　PID 输出信号转换

6.4　HMI 工程中 OPC 服务器的配置

1. RSLinx Classic 的 OPC 与控制器通信配置

如果要在 FactoryTalk View 中使用 Logix 系列 PLC 中的变量来进行系统组态和人机交互，则需要建立 OPC 连接，完成 PLC 与 FactoryTalk View 的数据交换。RSLinx Classic 可以看作是罗克韦尔公司的一个驱动，同时也是 OPC 服务器。下面介绍在 RSLinx Classic 中建立 OPC 服务器对象，建立与 Logix PLC 的数据读写通道。

1）在 RSLinx Classic 中，单击菜单栏中的"DDE/OPC"，在下拉菜单中选择"Topic Configuration"选项。

2）弹出"DDE/OPC Topic Configuration"对话框，如图 6.23 所示。单击"New"按钮，会在左侧"Topic List"一栏中出现"NEW_TOPIC"字样的联结点，将其名称重命名为"OPC_Server_for_1769LE35"，在"Data Source"选项卡中选择"00, CompactLogix Processor，AnyBus"（只有选择该项才能同时建立 CPU 内存、扩展卡件和 Anybus 网关中所有的数据，选择其他选项会导致无法扫描到 CPU 中的内存，数据不完整。Processor 包括了 PLC 的 CPU 内存和所有 I/O 卡件模块的内存）。

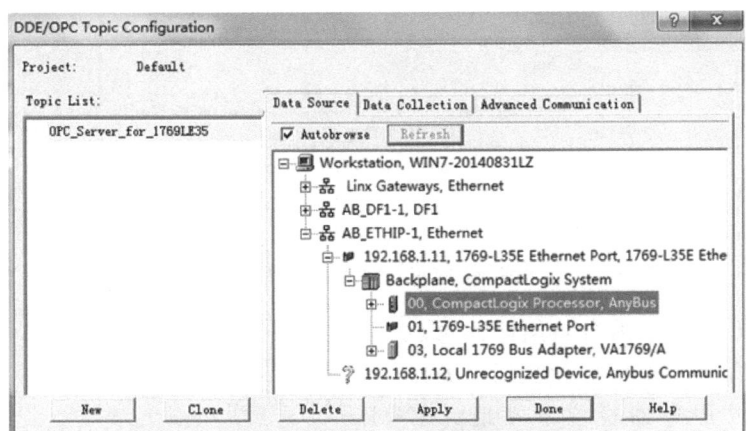

图 6.23 选择需要建立 OPC 数据服务器的 PLC

3）在图 6.23 的"Data Collection"选项卡中，选择"Processor Type"为 Logix 5000，其他设定保持默认。

4）在图 6.23 的"Advanced Communication"选项卡中，选择"Communication Driver"为先前已建立好的 EtherNet/IP 驱动，在"Local or Remote Addressing"中选择"Remote"组态通信的路径，单击"Configure"按钮，选择带有 PLC 的 IP 地址（192.168.1.11）的以太网驱动，具体如图 6.24 所示。

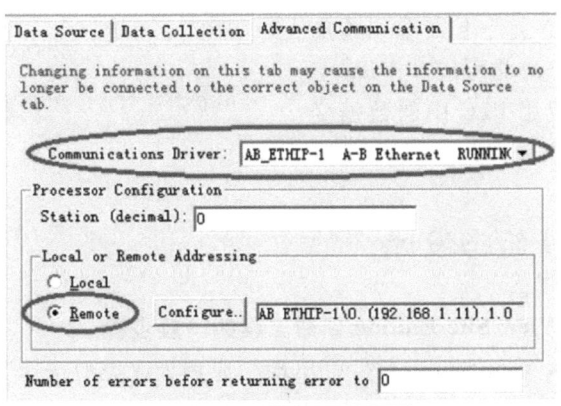

图 6.24 设置通信配置

5）返回原始界面，单击"Apply"按钮，弹出新的对话框，单击"是"按钮将会完成 RSLinx 中的 OPC 数据库联结点的建立，之后在 FactoryTalk View 中建立标签和数据库时，就会扫描到这里建立好的数据库联结点。

2. 在 FactoryTalk View SE 中建立 RSLinx Classic OPC 数据服务器

在 RSLinx Classic 中建立好 OPC 服务器的数据连接后，就可以在 FactoryTalk View 中添加 OPC 数据服务器来访问 PLC 中的数据了。

1）在建立好的 FactoryTalk View 工程中（6.5 节会详细介绍工程建立与组态），右键单击主文件"Heat Exchange System Supervise"，在"添加服务器"中，选择"OPC 数据服务器"，如图 6.25 所示。

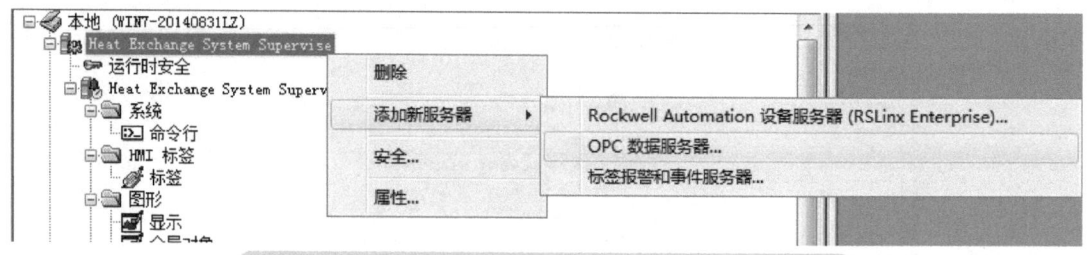

图 6.25 在 FactoryTalk View 中添加 OPC 数据服务器

2）弹出"OPC 数据服务器属性"对话框，如图 6.26 所示。输入 OPC 数据服务器的名称，选择"服务器将位于本地计算机"，单击"OPC 服务器名"的"浏览"按钮；若 OPC 数据服务器与 OPC 工程不在一台计算机上，则需要选择"服务器将位于远程计算机"。

3）弹出"叫用 OPC 数据服务器"对话框，可以看到自带有三个 OPC 数据服务器，选择"RSLinx OPC Server"，连续单击"确定"按钮。

4）最终，可以在主文件下方看到添加好的 OPC 数据服务器，由此可以在 FactoryTalk View 组态软件中使用 PLC 中的数据变量用于 HMI 组态需要。

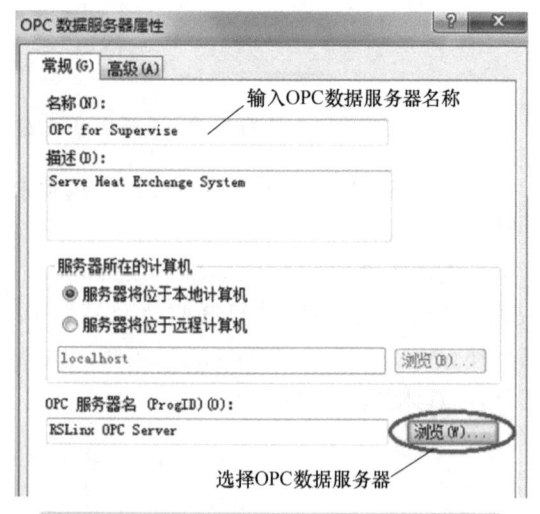

图 6.26 "OPC 数据服务器属性"对话框

6.5 上位机 HMI 组态设计

1. 用 FactoryTalk View Site Edition 新建工程的一般步骤

1）打开 FactoryTalk View Studio 软件，出现"应用程序类型选择"对话框，用户可以选择希望配置的应用程序类型，本系统使用"View Site Edition（本地站点）"。

2）弹出"新建/打开 Site Edition（本地站点）应用程序"对话框，用户可以选择新建或者打开一个现有工程，选择"新建"，填写相应的应用程序名称和描述，单击"创建"按钮。

3）弹出"添加过程面板"对话框，用户可以根据自己的需要选择希望添加的面板，也可以全部清除，用户自己在绘制 HMI 时自行添加。添加完成后，单击"确定"按钮。

4）成功建立新的应用程序，在界面左侧的"浏览器"界面中，可以看到新建应用程序的相关信息，如图 6.27 所示。

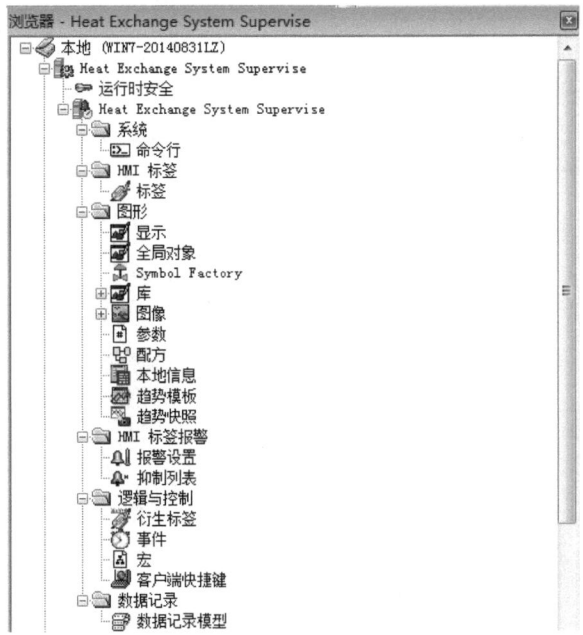

图 6.27 "浏览器"界面

2. HMI 中图形组态

在项目浏览器中找到"图形"文件夹，右键单击"显示"，在弹出菜单中选择"新建"选项，系统将会新建一个界面，用户可以在内部进行相关编辑绘制。

展开"库"，FactoryTalk View Site Edition 为用户提供了大量已经集成好了的图形组件，用户直接拖拽所需要的组件至图形界面中，通过自己排列组合和排布界面形成用户所需要的相关界面，如图 6.28a 所示的 PID 面板。另外，流程图界面的编辑一般尽量简洁美观，关键的参数要在界面显示，如图 6.28b 所示。界面组态完成后，选择"保存"并输入定义的界面名称即可。对于每一个独立的界面都要进行保存，这样才能保证在运行 Client 时所做的相关修改生效。

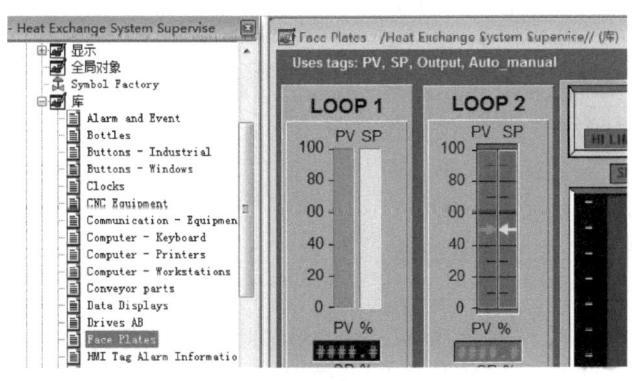

a) PID 面板

图 6.28 图形界面编辑

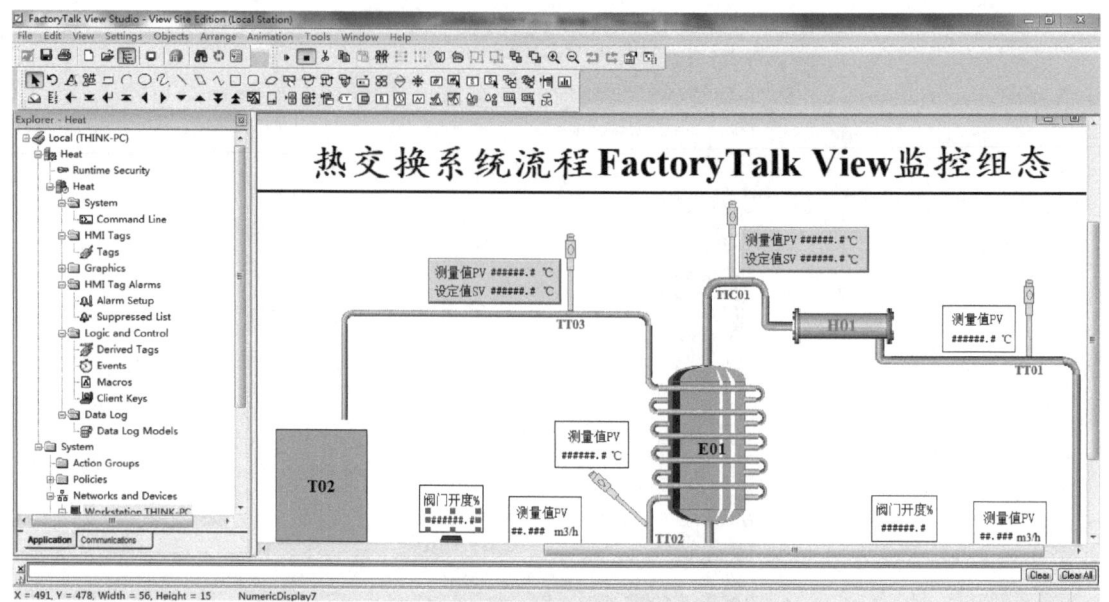

b) 利用各种图形元素编辑界面

图 6.28 图形界面编辑（续）

在整个绘制过程中，关键步骤是相关变量的关联和界面切换的相关设置，为实现在 HMI 组态界面中实现不同界面的切换和数据实时监控，需要进行相关变量的关联和界面切换的相关设置。建立图形界面中的各种图形元素的方法与一般组态软件类似，这里就不详细介绍相关过程。

3. 界面切换功能组态

界面切换的情况有多种，可以利用按钮的按下、重复和释放三种动作来关联相关的显示函数；也可以右键设置从库中所拖拽的组件，选择"动画"下的"触按"选项，同样可以关联显示函数。两种设置方法基本相同，这里只介绍按钮设置的方法。

1) 在图形绘制菜单栏选择"按钮"选项，并在绘图界面确定按钮的大小。

2) 弹出"按钮属性"对话框，可以在这里设置按钮的外观、操作、标签注释等属性，在"操作"选项卡下，可以选择操作类型。选择"运行命令"项，代表按下按钮后会执行一段关联的函数代码。若选择带有设置标签值字样的操作，则可以关联输入和输出数字量，实现开关功能，如图 6.29 所示。

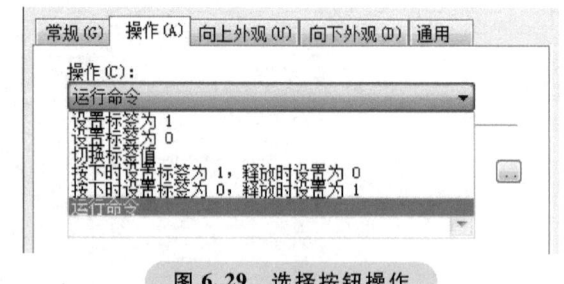

图 6.29 选择按钮操作

3) 可以在"按下操作""重复操作"和"释放操作"中分别设置关联的宏命令，这里在"释放操作"中进行编辑，单击"..."按钮浏览命令。

4) 弹出"命令向导第 1 步（共 2 步）"对话框，如图 6.30 所示。依次选择"图形"→"图形显示"→"导航"文件夹下面的"Display"命令，单击"下一步"按钮。

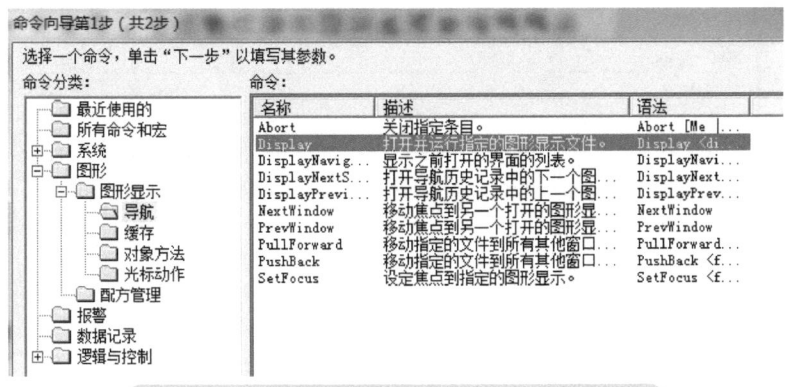

图 6.30 "命令向导第 1 步（共 2 步）"对话框

5）弹出"命令向导第 2 步（共 2 步）"对话框，如图 6.31 所示。在"文件"下拉菜单中选择希望切换的界面，在下方还可勾选相关的显示属性，单击"完成"按钮即可。

通过上述设置，在 Client 中运行 HMI 组态时就可以利用按钮来切换相关的界面。此外还要设置界面的切换方式（替换或层叠），在界面中右键单击菜单，选择"显示设置"，弹出"显示设置"对话框，在"属性"的"显示类型"中可以选择替换（打开并关闭，可用于主要界面之间的切换）或者层叠（将打开的界面叠在原有界面之上，可用于打开次要界面时），设置完成后单击"确定"按钮即可完成。

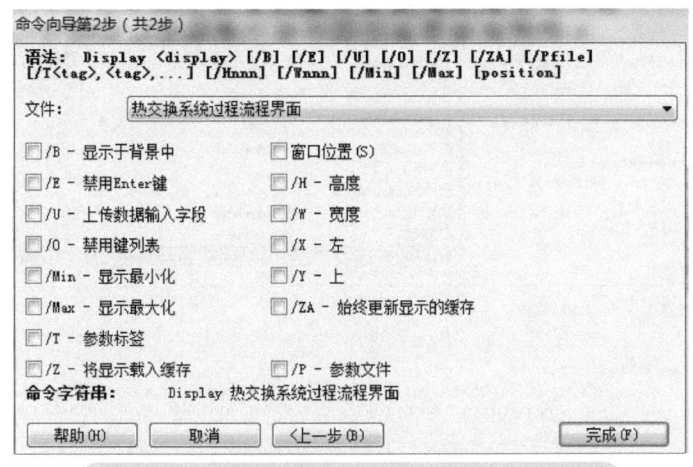

图 6.31 "命令向导第 2 步（共 2 步）"对话框

4. 参数显示组态

HMI 组态的一个重要功能是实时监控过程变量，并且实时读取控制回路的设定值大小、PID 参数大小等，进行监测。因此，实时读取 PLC 中的数据并显示在组态画面中是 HMI 组态的重要内容。这里将关联到 OPC 数据服务器中的变量，实现 HMI 各种参数的实时显示与输入。

1）在图形绘制菜单栏中选择"数字显示"选项并加入界面，确定显示框的大小。

2）弹出"数字显示属性"对话框，如图 6.32 所示。在最下方设置字段长度、小数位、格式和对齐方式。其中仅当格式选择浮点数时，小数位才有效，在"表达式"一栏中单击"标签"按钮。

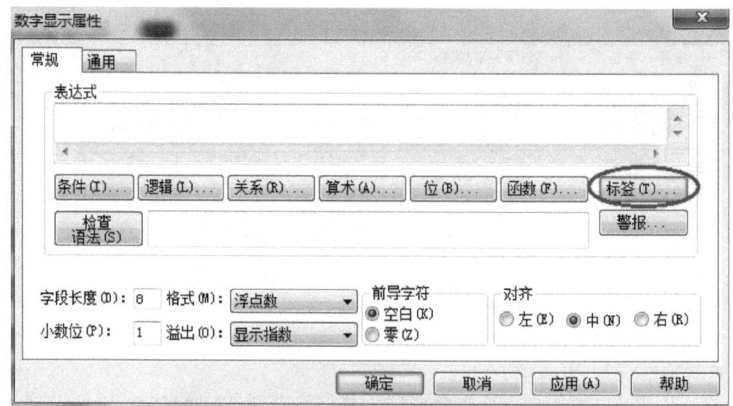

图 6.32 "数字显示属性"对话框

3）弹出"标签浏览器"对话框，如图 6.33 所示。选择之前在 RSLinx Classic 中建立的 OPC 数据服务器 OPC_Server_for_1769LE35，单击"Online"文件夹（PLC 要处于运行状态，否则不能及时更新变量标签），会看到当前 RSLogix 5000 工程中所有的扩展模块和用户自定义全局变量出现在右侧的浏览栏中（未连接设备将不会出现任何变量标签）。在这里选择需要读取的寄存器量，连续单击"确定"按钮即可。OPC 服务器是动态服务器，每次更改全局变量表时，都要单击"刷新所有文件夹"按钮，将最新的 OPC 实时数据更新到 FactoryTalk View Site Edition 的 OPC 数据服务器中。

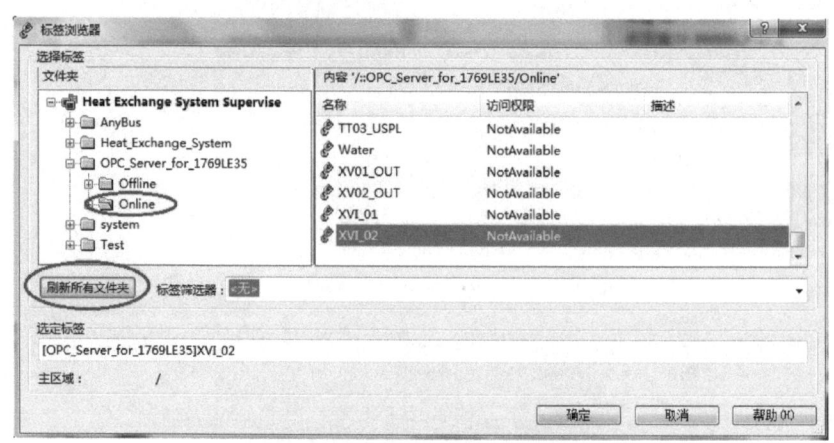

图 6.33 "标签浏览器"对话框

5. 趋势显示组态

在读取数据中，趋势图是一种读取数据并显示的重要组件。在热水出口温度控制回路和冷却水出口温度控制回路中，要实时监控 TIC01 和 TT03 测量温度是否平稳地控制在设定值之间，使用趋势图能够直观地看到两者的关系，也有助于控制效果的分析。下面将设置趋势图的显示风格和变量关联。

1）从库中可以找到相关的趋势图基本框架，将其拖拽至绘制界面中，或者在图形绘制菜单栏中选择"趋势图"，并在绘图界面中框选一定的范围。双击趋势图。

2）弹出"趋势属性"对话框，如图 6.34 所示。在"显示"选项卡中可以设置相关的图像显示风格。

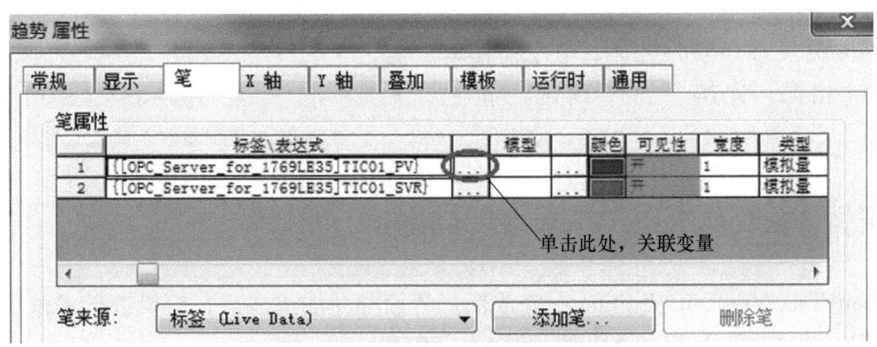

图 6.34 "趋势属性"对话框

3）选择"笔"选项卡，单击"添加笔"按钮，弹出"表达式编辑器"对话框，用同样方法选择位于 PLC 中需要显示的过程变量，并且还可以设置显示颜色、显示线型等属性。

4）在"X 轴"和"Y 轴"选项卡中可以设置时间跨度长短和显示最大值/最小值，设置内容十分完善，可以根据自身工程设计的一般规范进行相关的设置。这里设定 TIC01 回路的时间跨度为 60min，显示范围为 0~100℃；TT03 回路的时间跨度为 20min，显示范围为 0~50℃，如图 6.35 所示。

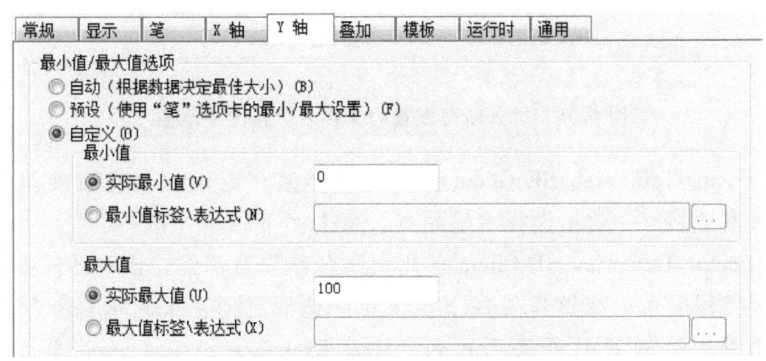

图 6.35 设置 Y 轴显示范围

6. 写入 PLC 数据设置

对于一个 HMI 来说，能够向控制器中写入设定值和 PID 参数等数据是基本的要求。写入变量的基本设置方法与读取方法类似。

1）在图形绘制菜单栏中选择"数字显示"选项，并在绘图界面中确定输入框大小。

2）弹出"数字输入属性"对话框，如图 6.36 所示。在"常规"选项卡中设置字段长度、小数位、格式和对齐方式，其中仅当格式选择"浮点数"时，小数位才有效。

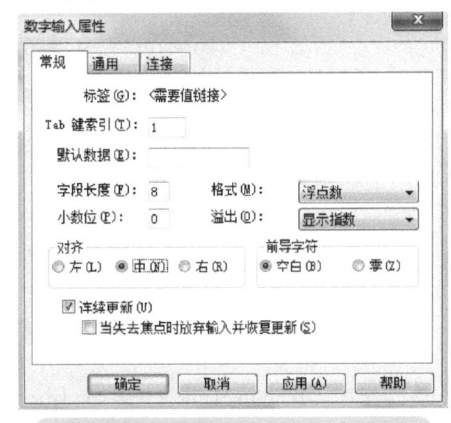

图 6.36 "数字输入属性"对话框

3)在"连接"选项卡中,如图 6.37 所示,选择在"标签浏览器"的 OPC 数据服务器,选择需要写入寄存器的名称,与之前读取的设置方法相同,连续单击"确定"按钮即可。

图 6.37 数字量输入关联变量标签

6.6 配置 FactoryTalk View SE Client

在 FactoryTalk View Site Edition 中完成图形界面等功能组态后,需要进行登录运行操作。该过程需要在 FactoryTalk View SE Client 中进行配置。

1)打开 FactoryTalk View SE Client 软件,弹出"FactoryTalk View SE Client 向导"对话框,在第一次配置时单击"新建"按钮。

2)弹出"FactoryTalk View SE Client 配置名称"对话框,输入新配置 Client 组态工程的名称和保存路径,如图 6.38 所示。单击"下一步"按钮。

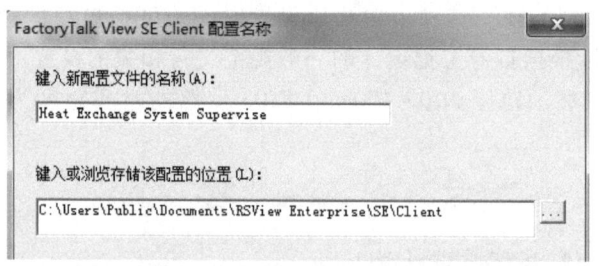

图 6.38 输入所要配置的文件名称和保存路径

3)弹出"FactoryTalk View SE Client 应用程序类型"对话框,有三种类型:网络分布式、网络站点和本地站点,这里选择本地站点,单击"下一步"按钮。

4)弹出"FactoryTalk View SE Client 应用程序名称"对话框,该对话框中会将所有编辑过的本地站点类工程展示,在这里要在下拉菜单中选择之前在 FactoryTalk View Site Edition 中编辑好的本地站点类的 HMI 组态工程名:Heat Exchange System Supervise,如图 6.39 所示。单击"下一步"按钮。

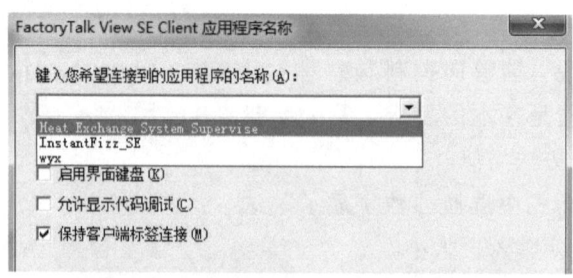

图 6.39 选择需要配置 Client 的工程文件

5)弹出"FactoryTalk View SE Client 组件"对话框,设置初始显示,选择绘制的组态系统控制网络为第一显示的界面(即为原始主界面),如图 6.40 所示。单击"下一步"按钮。

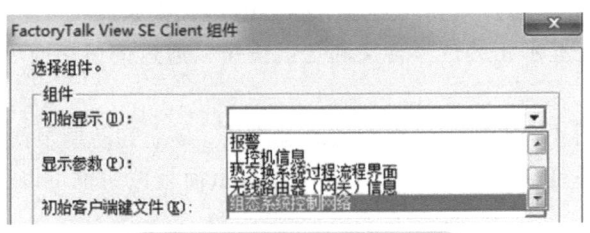

图 6.40　选择初始显示界面

6）弹出"FactoryTalk View SE Client 窗口属性"和"FactoryTalk View SE Client 自动注销",按照需要自行设置期望的窗口属性和自动注销时间,设置完毕后,连续单击"下一步"按钮。

7）弹出"FactoryTalk View SE Client 完成选项"对话框,勾选"保存配置并打开 FactoryTalk View SE Client",单击"完成"按钮就可成功配置 FactoryTalk View SE Client 文件,可以在 FactoryTalk View SE Client 中运行 HMI 组态了。

在配置完成后,可以直接选中图中的配置文件名称,单击"运行"按钮即可。也可以在 FactoryTalk View Site Edition 中单击"运行"按钮,选择路径后也可以成功运行 HMI 工程。

6.7　系统调试与运行

1. 换热实验系统 HMI 运行界面

HMI 运行后,可以看到热交换系统控制网络主界面(这是先前配置的结果),如图 6.41 所示。该界面展示了整个控制网络的详细构架,包括以太网、Anybus AB7007 网关与 DC1040 智能温度调节器的 RS-485 通信和相关的仪器仪表信息。

单击界面中的硬件,即可弹出相关的硬件信息和配置信息,包括型号、安装软件、配置信息等硬件信息。单击图 6.41 主界面中的"过程对象:热交换系统"按钮,将会显示如

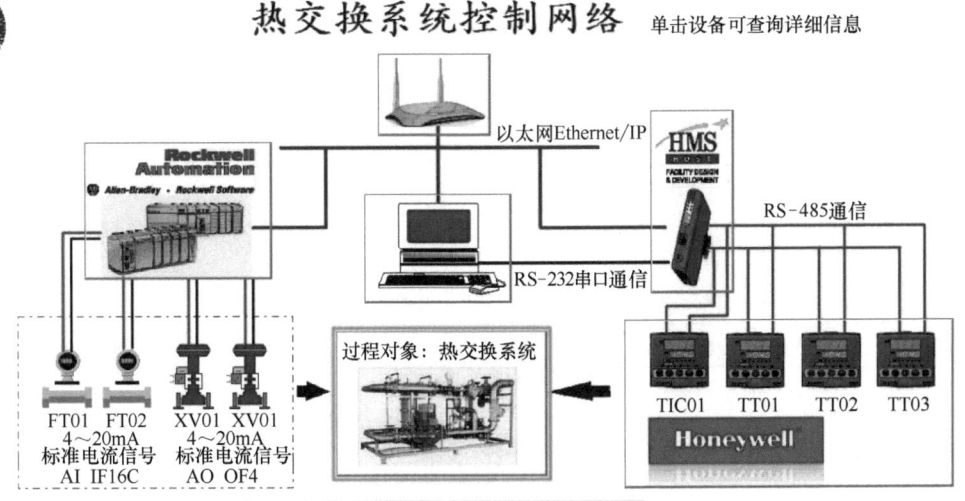

图 6.41　热交换系统控制网络主界面

图 6.42 所示的流程监控界面，该界面展现了相关的热交换系统的工艺流程和各个控制点的实时数据，左侧操作栏显示相关位号含义和切换按钮，通过按钮切换可以进入控制界面和返回主界面。

在界面中可以看到 4 个温度测量点的实时温度值，2 个气动调节阀的开度和 2 个流量测量点的实时流量值，并且单击 TT03 和 TIC01 2 个显示面板按钮也可以进入趋势图界面。

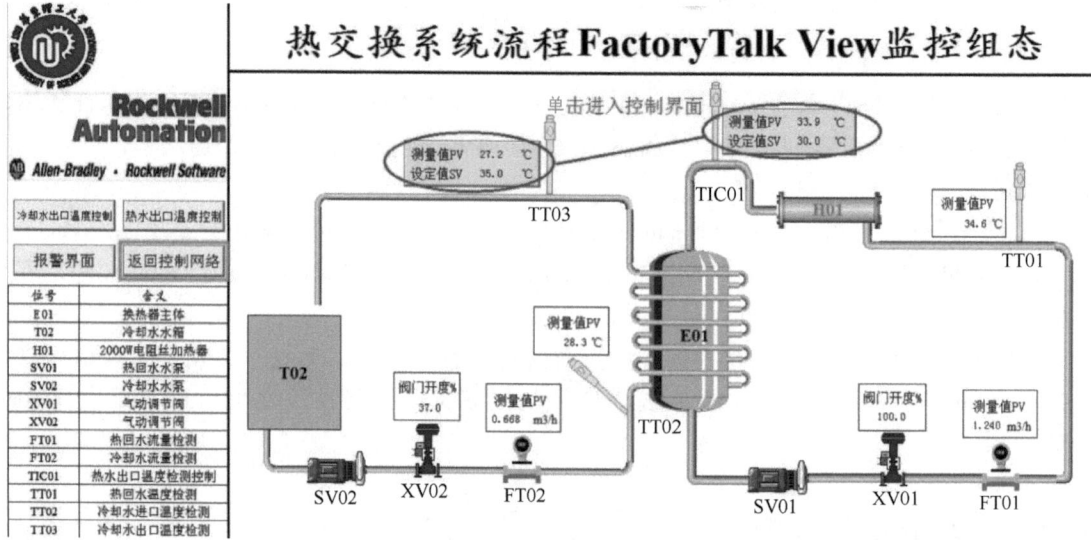

图 6.42 流程监控界面

单击图 6.42 中的"切换"按钮或者显示面板，即可进入如图 6.43 所示的控制界面。该界面提供显示和设定功能于一身，用户可以通过该界面获取仪表测量上下限、控制器中 PID 参数、测量值、设定值和二者的实时曲线变化情况。用户还可以在该界面中设定过程的设定值和控制器中的 PID 参数大小，用于调试合适的 PID 参数，达到更好的控制效果（具有运行曲线的界面见后面的控制效果分析，这里主要对界面图形元素做说明）。

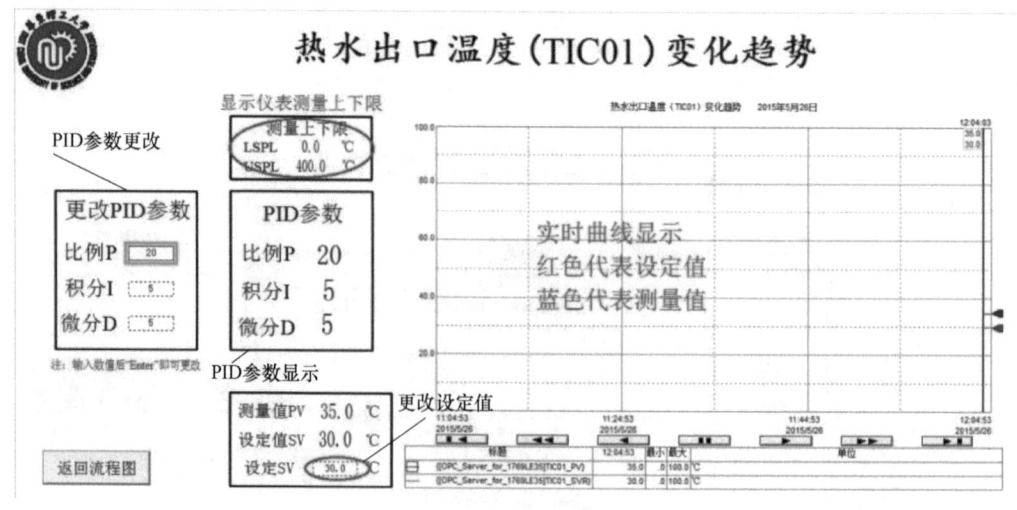

图 6.43 控制界面

2. 热水出口温度 TIC01 控制效果

整个控制过程第一步是热源稳定,一开始先关闭冷却水水泵 SV02,停止冷水循环,这样使热水温度快速上升,减少等待时间,在开启冷却水循环时相当于增加干扰,可以检验抗干扰能力。接着将热回水泵 SV01 打开并调节气动调节阀 XV01 开度为 100%,使热水循环流量最大,这样保证在热水出口温度超过设定值时散热迅速,另一方面保证换热效率。

将温度设定值设定为 75℃,经过多次调试后采取 PID:比例 P 为 50,积分 I 为 5,微分 D 为 15(该 PID 参数为 DC1040 仪表中的参数)。在趋势图中观察相关的实时曲线变化。如图 6.44 所示,设定值温度为 75℃(灰色线条),热水出口温度测量值(黑色线条)从 40℃ 开始上升至 75℃。根据 X 轴时间跨度来计算相关的上升时间,由坐标定位功能可以观测出上升时间。

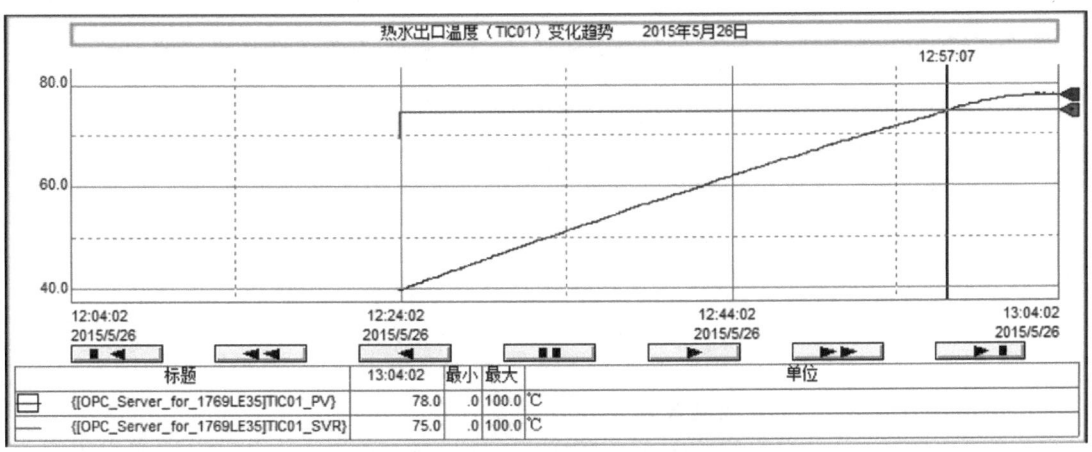

图 6.44 热水出口温度 TIC01 上升时间

$$T_r = (12:57:07 - 12:24:02) = 00:33:05 = (33 \times 60 + 5)s = 1985s$$

因此上升时间为 1985s。通过观测上升时间可以看出,温度控制对象的时间常数较大,控制难度较大。另外,也可以看出 2kW 电阻丝加热器的功率对于该过程来说较小,在还没有加入冷水循环的情况下,温度上升速度已经比较慢,如果加入冷水循环,效率将降低更多。这也将对后续的控制带来一定的不便。通过进一步实验,测量值达到最大值,计算出峰值时间为 2324s。进一步可以计算出超调量为 9.43%。

可见超调量和相对峰值时间处于适中水平,因为热回水流量 FT01 始终处于最大状态,因此散热效果较好,温度上升不至于过快,能在较短的时间内下降。如果减小 FT01 流量,散热效果下降,可能超调量会更大。

如图 6.45 所示,设 TIC01 控制回路采取上下波动 2℃(75±2℃)作为调节时间的误差带,通过坐标定位功能可以计算出调节时间为:

$$T_s = (13:07:15 - 12:24:02) = 00:42:13 = (42 \times 60 + 13)s = 2533s$$

控制过程经过一次波动就稳定,表明整个控制过程的稳定性较好。整个时域控制性能分析见表 6.1。

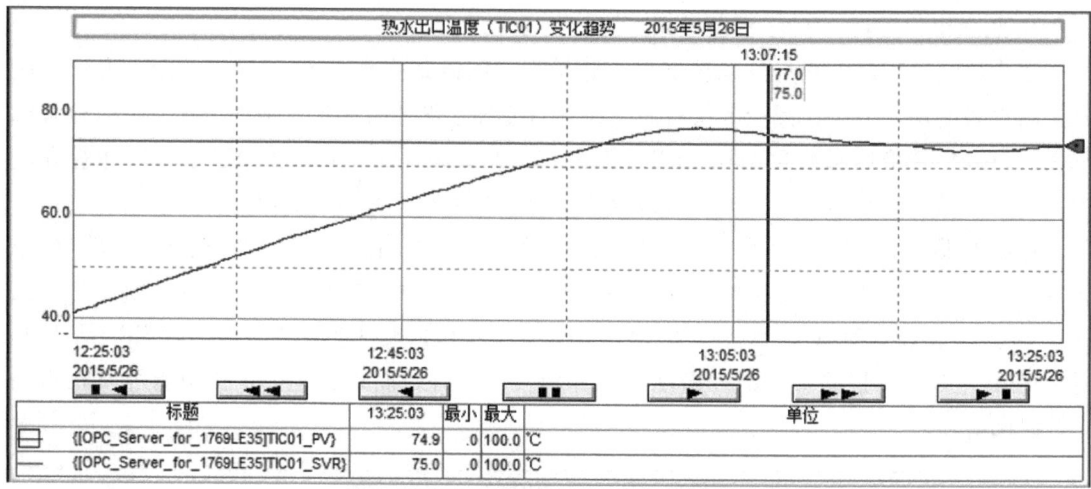

图 6.45 热水出口温度 TIC01 调节时间

表 6.1 TIC01 控制回路时域控制性能

被控变量	PID 参数	时域性能指标	对应数值
热水出口温度	比例 P = 50 积分 I = 5 微分 D = 15	上升时间 T_r	1985s
		峰值时间 T_p	2324s
		调节时间 T_s	2533s
		超调量 σ	9.43%

3. 冷却水出口温度 TT03 控制效果

在热水出口温度稳定后，将冷却水水泵打开，并将设定值设定在 36.5℃，设定 PID 参数：比例 P 为 30、积分 I 为 5、微分 D 为 15（该 PID 参数为 Logix PLC 的 PID 控制指令模块的参数），观察相关的控制效果。如图 6.46 所示，在一开始可以看到温度迅速上升，这是由于累计热量的缘故，瞬间通过的冷水迅速带走热量，将冷却水出口温度迅速抬高。测量值超过设定值 36.5℃时，PID 指令迅速动作，将输出信号传送至气动调节阀，气动调节阀开度变大，FT01 流量变大，增大冷水流量，而热介质保持不变，最后结果是冷却水出口温度下降。

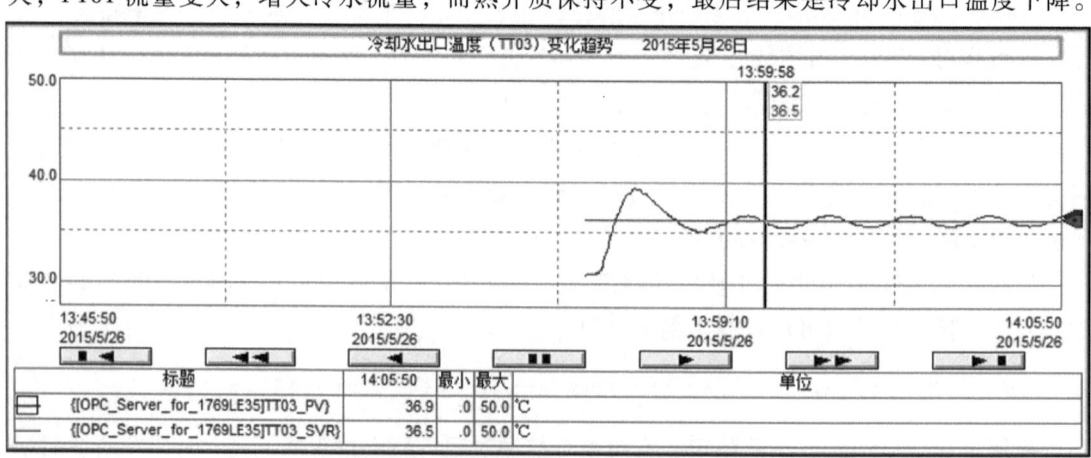

图 6.46 设定值 36.5℃时过渡过程曲线

从图 6.46 中可以看到，经过约为 4∶1 的衰减比，冷却水出口温度 TT03 会稳定在设定值附近上下波动，但始终无法减小差值，原因是该实验对象气动调节阀选型问题导致，K_v 值过大，微小输出控制信号就会引起流量剧烈变化。再加上冷却水水管过细，最终导致冷却水出口温度一直在小幅度波动。由此也可以看出，过程控制系统执行器选型的重要性以及工艺设计的不足会给控制带来困难。

第二次调试过程先将设定值设定在 38℃，设定 PID 参数：比例 P 为 30、积分 I 为 5、微分 D 为 15，从图 6.47 可以看出，实时曲线变化趋势与图 6.46 中的变化趋势大致相同，但是波动范围有所下降。产生波动的原因已说明，而波动范围的下降是由于之前所提到的 2kW 加热器的功率无法提供足够的热量，再加上 K_v 值过大导致流量变化剧烈，在测量值刚刚达到 38℃ 时，就快速下降至设定值之下。

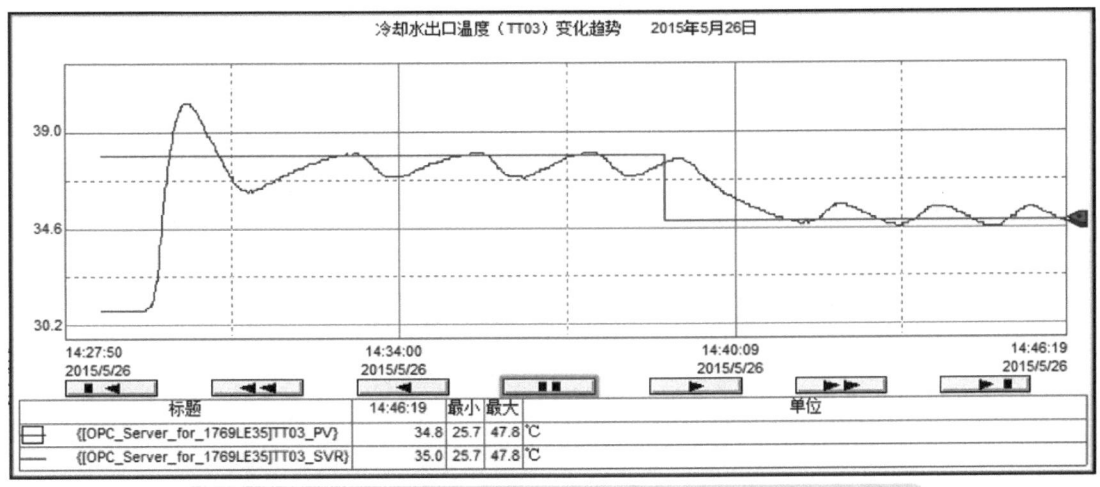

图 6.47　设定值先为 38℃ 然后改变至 35℃ 时被控变量过渡过程曲线

接着将设定值改为 35℃，观察系统跟随性。由图 6.47 可以看出，系统在大约 3min 内便能够将温度调节到新的设定值 35℃ 附近。测量值仍然呈现出波动性，但波动范围有所下降，特别是被控变量多数时刻是高于设定值，导致这样的原因是因为冷却水管过细，流通能力较差，冷却水进水流量 FT02 无法及时将多余的热量带走。

思　考　题

6-1　本章的流程工业控制与第 5 章的离散制造控制有何异同？

6-2　传统的仪表控制如何进行控制器正、反作用选择的？PLC 呢？

6-3　说明采用网关实现不同类型通信设备的数据交换存在的不足？

6-4　从本章实例说明控制系统分层结构的优势。

参 考 文 献

[1] 王华忠. 工业控制系统及应用——SCADA 系统篇 [M]. 2 版. 北京：电子工业出版社，2023.
[2] 钟耀球，张卫华. FF 总线控制系统设计与应用 [M]. 北京：中国电力出版社，2010.
[3] 李正军，李潇然. 工业以太网与现场总线 [M]. 北京：机械工业出版社，2022.
[4] 倪伟. 工业控制网络技术及应用 [M]. 北京：机械工业出版社，2022.
[5] 彭瑜. 先进物理层———网到底的最后突破 [J]. 自动化仪表，2020，41（4）：1-5，10.
[6] IEEE. IEEE Standard for Ethernet amendment 5：Physical layer specifications and management parameters for 10 Mb/s operation and associated power delivery over a single balanced pair of conductors：IEEE 802.3cg：2019 [S]. USA：IEEE，2019.